运筹学

（第2版）

夏伟怀　符　卓　编著

中南大学出版社
www.csupress.com.cn
·长沙·

内容简介

本教材是在线开放课程"运筹学"的配套教材，共分为12章，内容主要包括线性规划、对偶理论、整数规划、运输问题、指派问题、动态规划、图与网络分析、网络计划技术、决策论、存贮论、排队论等，涵盖了"运筹学"MOOC(中南大学)十大专题的全部内容。作为一本本科运筹学教材，本教材注重介绍运筹学的基本知识和基本思维方法，致力于从基础性的理论与方法上开启提升学习者的系统思维、逻辑思维、计算思维，批判思维、以及数学建模、决策分析和解决实际问题的能力。为了使学习过程更加直观和便捷，该书通过二维码链接了各章节关键知识点的讲解微视频、各章习题参考答案、各类案例和延伸选读材料。

学习者使用本教材，也可登录"爱课程"网(www.icourses.cn)或"中国大学 MOOC"手机客户端访问运筹学 MOOC(中南大学)中的微视频及随堂测验、主题讨论、PPT、测试题库、习题库、线下 SPOC 课堂学生课外研讨作品精选等线上持续更新的各类学习资源，可以帮助巩固和内化运筹学知识意义，将网络课堂学习与泛在自主学习有机结合，进一步改善运筹学学习的体验与成效。同样，教师使用本教材可以通过整合课程资源有效开展线上线下混合式教学改革，获得全新的教学体验和教学效果。

本书主要是为高等院校的交通运输与物流工程类、管理类、经济类和其他工科类有关专业编写的"纸质教材+教学微视频"数字化复合形态教材。该书不仅适合在线学习者，也适用于传统课堂教学，也可作为有关专业硕士研究生入学考试参考用书和管理干部与工程技术人员的自学用书。

前　言

　　运筹学是采用系统化的方法，通过建立数学模型寻求解决方案，支持决策者在复杂情况下做出更好或最佳决策的学科。运筹学的英文名称是 Operational Research（英）或 Operations Research（美），简称 OR。运筹学中文名源自《史记》"运筹帷幄之中，决胜千里之外"的成语，具有"运算""筹划"和"以策略取胜"等内涵。自古以来人们在生活和生产的实践中就有这种朴素的运筹思想，但真正成为一门独立的学科却是在 20 世纪三四十年代才形成并发展起来的。随着管理科学和计算技术的迅猛发展，运筹学得到了前所未有的重视和发展，无论是企业运营、项目管理还是公共政策制定，运筹学都发挥着不可或缺的作用。高等院校运筹学课程已成为管理科学、系统科学、工程管理、交通运输、物流工程等专业必修的专业基础课。

　　进入 21 世纪数字化和智能化时代，知识和信息变得唾手可得，"知识储备"型人才已难以适应时代要求。在学习知识的基础上，培养学生的批判思维、创新思维、跨学科思维、多学科思维和解决问题的综合能力将成为高校人才培养的重心。因此，在本教材的编写过程中，始终将提升学习者的系统思维、逻辑思维、计算思维，批判思维、创新思维、以及数学建模、决策分析和解决实际问题的综合能力摆在首位，努力贯彻现代先进教育理念，改革教学方法、更新和优化教学内容，使用新型教育技术手段，吸取国内外优秀运筹学教材的经验、融入作者三十多年、尤其是近十多年开展的从"开放式"到"混合式"等的系列运筹学教学改革、研究和实践中积累的成果，力求使教材更具特色，更加实用。

　　本教材在上一版的基础上，对部分章节内容进行了整合、优化与更新。在编写的过程中，注重以实际问题引发学习者的学习兴趣，以简明扼要的讲解构建学习者的知识和逻辑体系，以活跃的思维想象与迂回的教学技巧帮助学习者掌握教学难点，并力争在内容、形态和编排上体现一些特色：

　　(1)教材内容的编排以算法和建模的"逻辑推演"进行整合优化与更新。以线性规划模块为例，教材用了五章的篇幅阐述了如何根据线性规划模型特征设计算法的推演过程与数学建模的分析讨论及解决途径。其中，第 1、2 章是线性规划的基础理论。首先针对线性规划模型的规范式与非规范式，通过分析模型约束条件入手，算法从直观的图解法引出基本单纯形法，并对其进一步讨论得出大 M 法和两阶段法，完成各类线性规划问题求解；然后，引入对偶理论从另一面分析线性规划问题模型特征，构建对偶单纯形法，并借此讨论线性规划问题优化后的参数分析，即线性规划问题灵敏度分析。第 3、4 章则为线性规划基础理论的拓展。通过观察三类特殊线性规划(整数线性规划、运输问题、指派问题)模型特征，分别从变量和目标函数入手建立分支定界法和割平面法、表上作业法、匈牙利算法，力图呈现数学模型算法设计思想的推演进程。第 5 章为线性规划方法的应用。应用中的最大问题是在何种情形下如何根据实际情况建立繁简适当且能反映实际问题主要因素的线性规划模型，也是本模块最难、最为深邃的知识点。本章采用案例分析与讨论的方式展开，或以多种方式建模、或对其拓展进行讨论等等，以期学习者从中获取数学建模的启发。然而，实际应用问题规模往往较大，手工计算显然不现实。对此，教材增加了求解线性规划问题常用软件介绍，指引学习者应用软件或编程解决复杂工程中的实际问题。此外，全书的各类算法均给出了算法流程图，各章归纳了学习要点和学习方法建议，旨在帮助学习者清晰、系统地厘清运筹学知识结构。

(2)本教材融入了丰富的数字化学习资源。各章节的关键知识点均配有讲解微视频、嵌入与课程内容映射的课程思政案例和应用案例，以及供学有余力的学习者查阅的延伸阅读材料等。这些资源均可通过二维码链接，使学习过程更加直观与便捷，并力求提高教材的互动性、趣味性，可以帮助学习者建构高阶运筹思维和价值取向。

(3)为满足不同学习者的需要，并注意到本学科理论上的严谨性，在对有关原理和方法给予了必要的推导和论证的同时，着重用经济、几何概念解释和说明，力求做到内容的准确性与易读性并重，希望能够帮助每一位学习者深入理解运筹学的精髓，并将其应用于实际问题的解决中。

(4)本教材可与"运筹学"MOOC 配套使用。登录"爱课程"网(www.icourses.cn)或"中国大学 MOOC"手机客户端访问运筹学 MOOC(中南大学)中的微视频及随堂测验、主题讨论、PPT、测试题库、习题库、线下 SPOC 课堂学生课外研讨作品精选等线上持续更新的各类学习资源，帮助复习和巩固课程知识点，构建扎实的运筹学基础，将网络课堂学习与泛在自主学习有机结合，从而进一步改善运筹学学习的体验与成效。同样，教师使用本教材可以通过整合线上线下课程资源，有效开展混合式教学改革与因材施教，获得全新的教育体验和教学效果。

本教材分为线性规划，动态规划，网络规划，决策论，存贮论和排队论等六大模块、共12 章。其中第 1 章、第 2 章、第 3 章、第 5 章、第 7 章、第 8 章、第 9 章、第 11 章及各章的讨论题、习题和导学由夏伟怀教授执笔；第 4 章、第 6 章、第 10 章和第 12 章由符卓教授执笔；各关键知识点的微视频由夏伟怀教授和符卓教授合作完成；案例 2-1 和案例 3-1 由伍国华教授提供，案例 7-5 由符卓教授提供，其他案例均由夏伟怀教授提供；各章习题参考答案由李双琳副教授完成。全书由夏伟怀、符卓统稿定编。

本书得以顺利出版,与很多人的支持和帮助密不可分。首先要感谢中南大学交通运输工程学院陈维亚副院长及领导们的大力支持、中南大学出版社刘辉主任的指导和帮助以及编辑们辛勤付出,这本运筹学 MOOC 配套教材才能顺利面世。其次,要感谢教学团队的前辈汤代焱教授和中南大学土木工程学院张飞涟教授为本书写作提出了很多宝贵意见,运筹学 MOOC 团队同仁及老师们、超星公司蓝斐总监及团队的小伙伴们、中国大学 MOOC 平台的老师们以及参与运筹学 MOOC 学习的同学们等集体劳动付出,才使本教材在内容和形态上有所发展和创新。在长期的教学过程中,作者从许多国内外学者的著作中汲取了丰富的营养,在此一并表示衷心感谢。

鉴于编者水平所限,再加上时间仓促,书中的疏漏和不足之处在所难免,殷切希望同行、专家和读者批评指正!

编者

2024 年 1 月于长沙

目　录

第 1 章　线性规划及单纯形法

线性规划(linear programming, LP)是近 70 年发展起来的一种数学规划方法, 它是运筹学中最成熟、应用最为广泛的一个重要分支. 线性规划属于规划论中的静态规划, 即单周期决策, 是一种重要的优化技术, 能够解决有限资源的最佳配置问题. 由于各行各业都面临资源紧缺的问题, 所以线性规划的应用领域也是全方位的. 学好线性规划, 理解其科学内涵, 不仅在技术层面, 而且在思维素养层面都是很有意义的. 本章将通过具体的案例来介绍线性规划的数学模型及其求解方法.

1.1　线性规划问题及其数学模型

1.1.1　问题的提出

在生产管理和经营活动中, 常常会遇到这样一类问题, 即如何合理利用有限的人力、物力、财力等资源, 使预期目标达到最优; 或为了达到预期目标, 如何确定使资源消耗最少的生产和经营方案. 下面来看两个例子.

视频 1-1

例 1.1　某工厂利用铜和铝两种金属原料生产 A、B 两种产品, 已知生产单位产品所需的原料吨数及铜、铝两种原料的消耗等资料如表 1-1 所示. 问如何安排 A、B 产品的生产量, 才能使该厂获利最大?

表 1-1

原料 ＼ 产品	A	B	可供原料/t
铜	2	1	40
铝	1	3	30
单位产品利润/万元	3	4	

解　将上述问题用数学语言描述: 设 x_1 和 x_2 分别表示产品 A、B 的产量. 这时该工厂可获得的利润为 $(3x_1 + 4x_2)$ 万元, 若用 Z 表示利润, 问题要求获得利润最大, 即 $\max Z$. 因 Z 是变量 x_1、x_2 的函数, 则称 $Z = 3x_1 + 4x_2$ 为目标函数. 又产量 x_1、x_2 受原料铜、铝可供量限制, 用于描述限制条件的数学表达式称为约束条件.

综上,该生产计划问题可用数学模型表示为

目标函数 $\quad\quad\quad\quad\quad \max Z = 3x_1 + 4x_2$

约束条件

$$\text{s. t.}\begin{cases} 2x_1 + x_2 \leqslant 40 & (1\text{-}1a) \\ x_1 + 3x_2 \leqslant 30 & (1\text{-}1b) \\ x_1 \geqslant 0,\ x_2 \geqslant 0 & (1\text{-}1c) \end{cases}$$

模型中式(1-1a)和式(1-1b)分别表示 A、B 产品产量受原料铜和铝的可供量限制,式(1-1c)称为变量的非负约束,表明产品 A、B 的产量不可能为负数.符号 s. t.(subject to 的缩写)表示"约束于".

例1.2 甲、乙两发货点分别有货物 80 t 和 100 t,需要运送到 a, b, c 三个收货点,三点的收货量分别为 70 t,60 t 和 50 t;各发货点与各收货点之间的单位运价(元/t)如表 1-2 所示.现要求制定运输方案,使总的运输费用最小.

表 1-2

单位运价(元/t) 收点 \ 发点	a	b	c	发货量/t
甲	5	4	8	80
乙	8	6	2	100
收货量/t	70	60	50	

解 设 x_{ij} 表示第 i 个发点运送到第 j 个收点的货物吨数,$i=$ 甲,乙;$j=a,b,c$.这时,总的运输费用为 $(5x_{\text{甲}a}+4x_{\text{甲}b}+8x_{\text{甲}c}+8x_{\text{乙}a}+6x_{\text{乙}b}+2x_{\text{乙}c})$ 元,若用 S 表示总的运输费用,问题要求总运费最小,即 $\min S$.根据运输问题的特征,由某一发点发出的货物量应该等于该发点发到各收点的货物总量;同样,对于某一收点,接收到各发点的货物总量应为该收点总的收货量.于是,该运输问题的数学模型表示为

$$\min S = 5x_{\text{甲}a}+4x_{\text{甲}b}+8x_{\text{甲}c}+8x_{\text{乙}a}+6x_{\text{乙}b}+2x_{\text{乙}c}$$

$$\text{s. t.}\begin{cases} x_{\text{甲}a}+x_{\text{甲}b}+x_{\text{甲}c}=80 \\ x_{\text{乙}a}+x_{\text{乙}b}+x_{\text{乙}c}=100 \\ x_{\text{甲}a}+x_{\text{乙}a}=70 \\ x_{\text{甲}b}+x_{\text{乙}b}=60 \\ x_{\text{甲}c}+x_{\text{乙}c}=50 \\ x_{ij}\geqslant 0 \quad i=\text{甲},\text{乙};j=a,b,c \end{cases}$$

从以上两例可以看出,它们都是属于一类优化问题.它们的共同特征为:

(1)每一问题都可以用一组决策变量,如 $x_j(j=1,2,\cdots,n)$ 或 $x_{ij}(i,j=1,2,\cdots,n)$ 表示某一方案.一般情形下这些变量的取值是非负且连续的.

(2)约束条件可以用一组线性等式或线性不等式表示.

(3)都有一个要求达到的目标,且这个目标可表示为一组决策变量的线性函数(称为目标函数).按问题的不同,要求目标函数实现最大化或最小化.

满足以上三个条件的数学模型称为线性规划模型. 其一般形式为

$$\max(\text{或} \min)Z = c_1x_1 + c_2x_2 + \cdots + c_nx_n \tag{1-2a}$$

$$\text{s. t.}\begin{cases} a_{11}x_1 + a_{12}x_2 + \cdots + a_{1n}x_n \leqslant (\text{或} =, \geqslant)b_1 \\ a_{21}x_1 + a_{22}x_2 + \cdots + a_{2n}x_n \leqslant (\text{或} =, \geqslant)b_2 \\ \qquad\qquad\qquad\vdots \\ a_{m1}x_1 + a_{m2}x_2 + \cdots + a_{mn}x_n \leqslant (\text{或} =, \geqslant)b_m \end{cases} \tag{1-2b}$$

$$x_j \geqslant 0 \quad j = 1, 2, \cdots, n \tag{1-2c}$$

在线性规划的数学模型中, 式(1-2a)称为目标函数; $c_j(j = 1, 2, \cdots, n)$称为价值系数; 式(1-2b)和式(1-2c)称为约束条件; $a_{ij}(i = 1, 2, \cdots, m; j = 1, 2, \cdots, n)$称为消耗系数或技术系数, $b_i(i = 1, 2, \cdots, m)$称为资源系数; 式(1-2c)也称为变量的非负约束条件.

1.1.2　线性规划问题的图解法

上述对一类在有限资源条件下使目标达到最优的生产经营领域的问题建立了线性规划模型, 如何获取它们的最优生产方案呢? 对于模型中只含两个变量的线性规划问题, 可以通过在平面上作图的方法求解, 称之为图解法. 图解法简单直观, 有助于了解线性规划问题求解的基本原理. 下面用实例说明图解法的求解过程.

视频1-2

例1.3　给定两个变量的线性规划模型

$$\max Z = 10x_1 + 8x_2 \tag{1-3a}$$

$$\text{s. t.}\begin{cases} 3x_1 + 2x_2 \leqslant 120 & \text{(1-3b)} \\ x_1 \leqslant 30 & \text{(1-3c)} \\ x_2 \leqslant 45 & \text{(1-3d)} \\ x_1, x_2 \geqslant 0 & \text{(1-3e)} \end{cases}$$

解　以变量 x_1 为横坐标轴, x_2 为纵坐标轴画出平面直角坐标系, 并适当选取单位坐标长度. 由变量的非负约束条件(1-3e)知, 满足该约束条件的解(对应坐标系中的点)均在第一象限内(包括边界). 约束条件(1-3b)可分解为 $3x_1 + 2x_2 = 120$ 和 $3x_1 + 2x_2 < 120$, 前者是坐标平面上的一条直线, 后者为位于该直线下方的半平面, 由此约束条件 $3x_1 + 2x_2 \leqslant 120$ 是位于含直线 $3x_1 + 2x_2 = 120$ 及其下方半平面的点, 如图1-1所示. 类似地, 约束条件(1-3c)和(1-3d)同样在坐标系中表述. 同时满足约束条件(1-3b)到(1-3e)的点构成了如图1-1所示的阴影部分(五边形 $ABCDO$). 阴影区域中的每一个点

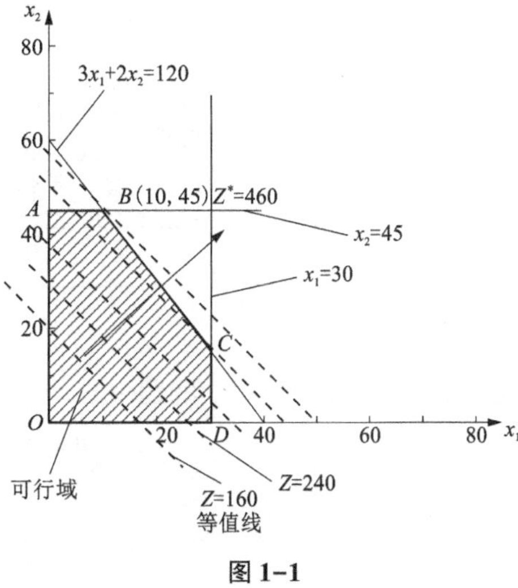

图1-1

(包括边界)都是这个线性规划问题的解(称为可行解).易知,可行解有无数个.因而,五边形 $ABCDO$ 区域是例 1.3 线性规划问题解的集合,称之为可行域.

再分析目标函数式(1-3a),在坐标平面上它可表示为以 Z 为参数、$-\dfrac{5}{4}$ 为斜率的一簇平行线

$$x_2 = \frac{Z}{8} - \frac{5}{4}x_1$$

位于同一直线上的点具有相同的目标函数值,因而称之为等值线.当 Z 由小变大时,直线 $x_2 = \dfrac{Z}{8} - \dfrac{5}{4}x_1$ 沿其法线方向向右上方移动(见图 1-1 中箭线方向).当移至 B 点时,不能再向右上方移动了,否则超过可行域的范围.这时在顶点 B 上实现了目标最大化,即得到了问题的最优解: $x_1 = 10$, $x_2 = 45$, $Z^* = 460$.

读者可以尝试利用同样的方法求解例 1.1,最优解为 $x_1 = 18$, $x_2 = 4$, $Z^* = 70$.表示 A, B 的产量分别为 18 单位和 4 单位时,工厂获利最大,最大利润为 70 万元.

上例中求得问题的最优解是唯一的.但对一般的线性规划问题,求解结果还可能出现以下几种情形:

(1)无穷多组最优解(多重最优解)

若将例 1.3 的目标函数换为 $\max Z = 3x_1 + 2x_2$,则表示目标函数中以参数 Z 的这簇平行直线与约束条件 $3x_1 + 2x_2 \le 120$ 的边界线平行,如图 1-2 所示.当 Z 值逐渐增大向右上方移动时必与线段 BC 重合,线段 BC 上的任一点都使 Z 取得相同的最大值,显然问题有无穷多组最优解(简称多重最优解).

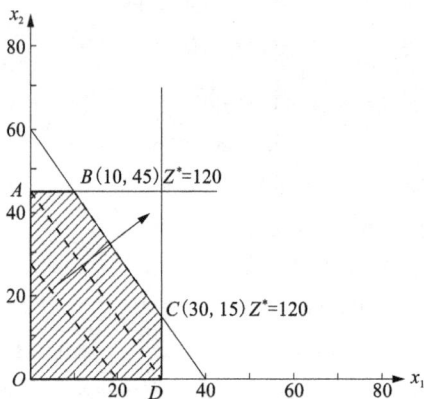

图 1-2

(2)无界解

例 1.4 对下述线性规划问题

$$\max Z = x_1 + x_2$$
$$\text{s.t.} \begin{cases} -2x_1 + x_2 \le 4 \\ x_1 - x_2 \le 2 \\ x_1, x_2 \ge 0 \end{cases}$$

用图解法求解结果如图 1-3 所示. 从图中可见此问题的可行域无界, 目标函数可以增加到无穷大, 这种情况的解为无限界解(简称无界解).

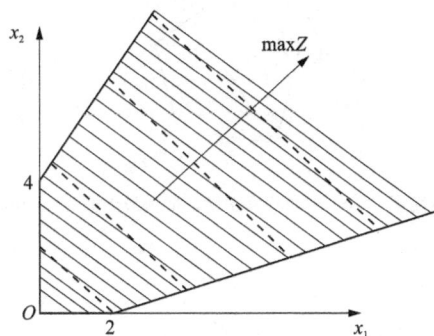

图 1-3

(3) 无可行解

以上三种情形(唯一最优解、多重最优解和无界解)线性规划问题都有可行解. 若将例 1.4 的约束条件变为

$$\begin{cases} -2x_1 + x_2 \geqslant 4 \\ x_1 - x_2 \geqslant 2 \\ x_1, \ x_2 \geqslant 0 \end{cases}$$

目标函数不变, 用图解法求解结果如图 1-4 所示, 该问题的可行域为空集, 从而没有可行解, 故该线性规划问题无最优解.

综合来说, 从图解法中直观地见到线性规划问题解的情形: 唯一最优解、多重最优解和无解(无界解和无可行解). 同时注意到唯一最优解、多重最优解和无界解均有可行解(可行域)存在. 至于如何判别则取决于目标函数和可行域的特征及它们之间的关系, 如图 1-5 所示.

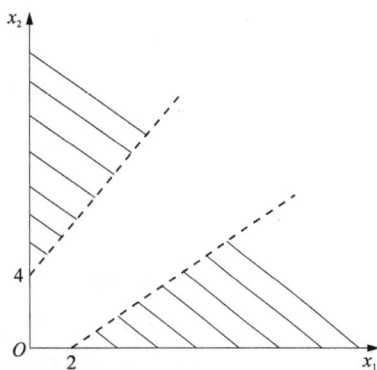

图 1-4

图解法虽然直观、简便, 当变量数多于两个及其以上时, 它就很困难甚至无法实现. 但图解法的求解过程对于求解一般线性规划问题具有重要启示:

① 当线性规划问题的可行域非空时, 它是有界或无界的凸多边形;

② 线性规划的最优解一定在可行域的顶点上达到;

③ 可行域中顶点的转移实现了数学的迭代, 且使目标函数值上升或下降, 这正是求解一般线性规划问题的通用方法——单纯形法的基本原理和算法思想.

为了便于进一步讨论，先规定线性规划问题数学模型的标准形式.

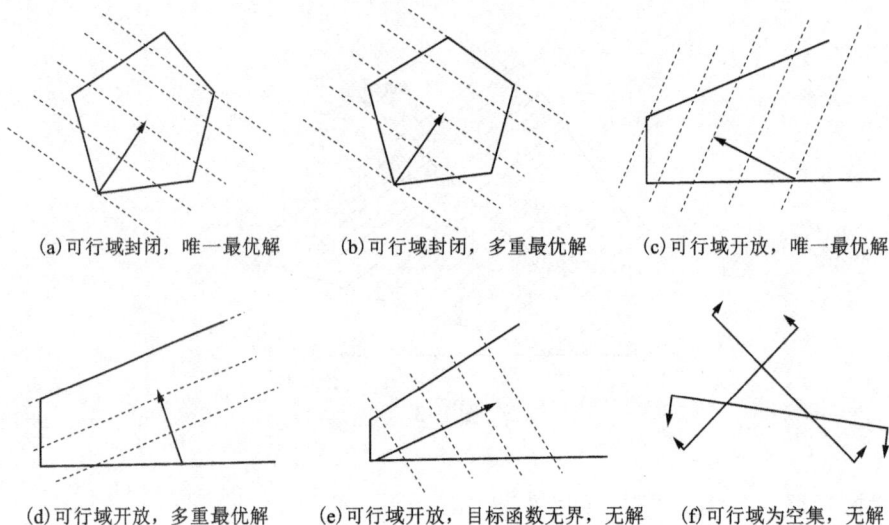

(a)可行域封闭，唯一最优解　(b)可行域封闭，多重最优解　(c)可行域开放，唯一最优解

(d)可行域开放，多重最优解　(e)可行域开放，目标函数无界，无解　(f)可行域为空集，无解

图 1-5

1.1.3　线性规划模型的标准形式及其转化

由于目标函数与约束条件内容和形式上的差别，线性规划模型可以有多种表达形式. 为方便建立算法，规定线性规划模型标准形式如下：

$$\max Z = c_1 x_1 + c_2 x_2 + \cdots + c_n x_n$$

$$\text{s. t.}\begin{cases} a_{11}x_1 + a_{12}x_2 + \cdots + a_{1n}x_n = b_1 \\ a_{21}x_1 + a_{22}x_2 + \cdots + a_{2n}x_n = b_2 \\ \qquad\qquad \vdots \\ a_{m1}x_1 + a_{m2}x_2 + \cdots + a_{mn}x_n = b_m \\ x_j \geq 0 \quad j = 1, 2, \cdots, n \end{cases}$$

视频1-3

其中 $b_i \geq 0$，若有 $b_i < 0$，将等式左右两端乘 -1，使 b_i 满足 $b_i \geq 0$.

为了便于讨论，线性规划模型的标准形式还可以表述为以下多种形式.

（1）缩写形式

$$\max Z = \sum_{j=1}^{n} c_j x_j$$

$$\text{s. t.}\begin{cases} \sum_{j=1}^{n} a_{ij}x_j = b_i \quad i = 1, 2, \cdots, m \\ x_j \geq 0 \qquad j = 1, 2, \cdots, n \end{cases}$$

（2）向量形式

$$\max Z = \boldsymbol{CX}$$

$$\text{s. t.} \begin{cases} \sum_{j=1}^{n} \boldsymbol{P}_j x_j = \boldsymbol{b} \\ x_j \geqslant 0 \quad j = 1, 2, \cdots, n \end{cases}$$

其中 $\boldsymbol{C} = (c_1, c_2, \cdots, c_n)$，向量 $\boldsymbol{P}_j$ 对应的决策变量是 x_j.

$$\boldsymbol{X} = \begin{bmatrix} x_1 \\ x_2 \\ \vdots \\ x_n \end{bmatrix}; \quad \boldsymbol{P}_j = \begin{bmatrix} a_{1j} \\ a_{2j} \\ \vdots \\ a_{mj} \end{bmatrix}; \quad \boldsymbol{b} = \begin{bmatrix} b_1 \\ b_2 \\ \vdots \\ b_m \end{bmatrix}$$

（3）矩阵形式

$$\max Z = \boldsymbol{CX}$$

$$\text{s. t.} \begin{cases} \boldsymbol{AX} = \boldsymbol{b} \\ \boldsymbol{X} \geqslant \boldsymbol{0} \end{cases}$$

其中 $\boldsymbol{A}$ 称为约束条件的系数矩阵（$m \times n$ 阶），且有

$$\boldsymbol{A} = \begin{pmatrix} a_{11} & a_{12} & \cdots & a_{1n} \\ a_{21} & a_{22} & \cdots & a_{2n} \\ \vdots & \vdots & & \vdots \\ a_{m1} & a_{m2} & \cdots & a_{mn} \end{pmatrix} = (\boldsymbol{P}_1, \boldsymbol{P}_2, \cdots, \boldsymbol{P}_n); \quad \boldsymbol{O} = \begin{bmatrix} 0 \\ 0 \\ \vdots \\ 0 \end{bmatrix}$$

上述规定线性规划模型的标准形式中，目标函数为求极大值，约束条件为等式，约束条件右端常数项 $b_i \geqslant 0$，变量 $x_j \geqslant 0 (j = 1, 2, \cdots, n)$. 对于不符合标准形式的线性规划模型（或称为非标准形式），可通过下列方法转化为标准形式.

（1）目标函数求最小值，即 $\min Z = \boldsymbol{CX}$. 因为求 $\min Z$ 等价于求 $\max(-Z)$，则令 $Z' = -Z$，即转化为 $\max Z' = -\boldsymbol{CX}$，亦即在原目标函数式 $\boldsymbol{CX}$ 中的各项同乘（-1）.

（2）约束条件右端项 $b_i < 0$ 时，只需将等式或不等式两端同乘（-1），则有 $b_i > 0$.

（3）约束条件为不等式. 这里有两种情形：

①约束条件不等式为"$\leqslant$"时，在不等式左边加上一个非负松弛变量，将不等式变为等式. 松弛变量的经济意义是未被利用的资源量.

②约束条件不等式为"$\geqslant$"时，在不等式左边减去一个非负剩余变量，则不等式的约束条件变为了等式约束方程. 剩余变量的经济意义为需要补充的资源量.

通常，将松弛变量和剩余变量统称为附加变量或虚变量，附加变量对目标函数不产生影响，所以在目标函数中，附加变量的目标（价值）系数均为零.

（4）决策变量 x_k 不满足非负条件. 有以下两种情形：

①取值无约束的变量（或称自由变量）. 如 x_k 无论取正值或负值时都可以，这时可令 $x_k = x_k' - x_k''$，其中 $x_k' \geqslant 0$，$x_k'' \geqslant 0$，由 x_k' 和 x_k'' 的大小决定 x_k 的正负.

②对 $x_k \leqslant 0$ 的情况，则令 $x_k' = -x_k$，显然 $x_k' \geqslant 0$.

例 1.5 将下列线性规划模型化为标准形式.

$$\min S = 6x_1 - 4x_2 + 3x_3$$

$$\text{s. t.} \begin{cases} 3x_1 + 2x_2 + 7x_3 \leqslant 60 \\ 4x_1 + 3x_2 + 9x_3 \geqslant 80 \\ 2x_1 + 4x_2 + 5x_3 = 70 \\ x_1 \geqslant 0, \ x_2 \leqslant 0, \ x_3 \text{ 为自由变量} \end{cases}$$

解 上述问题中,令 $Z = -S$,$x_2' = -x_2$,$x_3 = x_3' - x_3''$,其中 $x_3' \geqslant 0$,$x_3'' \geqslant 0$;再引入松弛变量 x_4 和剩余变量 x_5,得

$$\max Z = -6x_1 - 4x_2' - 3x_3' + 3x_3'' + 0x_4 + 0x_5$$

$$\text{s. t.} \begin{cases} 3x_1 - 2x_2' + 7x_3' - 7x_3'' + x_4 = 60 \\ 4x_1 - 3x_2' + 9x_3' - 9x_3'' - x_5 = 80 \\ 2x_1 - 4x_2' + 5x_3' - 5x_3'' = 70 \\ x_1, \ x_2', \ x_3', \ x_3'', \ x_4, \ x_5 \geqslant 0 \end{cases}$$

1.1.4 线性规划问题解的概念

在讨论线性规划问题的求解前,先要了解线性规划问题解的概念.由 1.1.3 节可知,一般线性规划问题的标准型为

$$\max Z = CX \tag{1-4a}$$

$$\text{s. t.} \begin{cases} AX = b & (1\text{-}4b) \\ X \geqslant 0 & (1\text{-}4c) \end{cases}$$

则线性规划问题的解有以下基本概念.

(1)**可行解** 满足上述模型中式(1-4b)和式(1-4c)的解 $X = (x_1, x_2, \cdots, x_n)^{\mathrm{T}}$,称为线性规划问题的**可行解**.全部可行解的集合称为**可行域**.

(2)**最优解** 使目标函数(1-4a)达到最大值的可行解称为**最优解**.

(3)**基(矩阵)** 设 A 是约束方程组(1-4b)的 $m \times n$ 阶系数矩阵(设 $n > m$),其秩为 m.若 B 是矩阵 A 中的一个 $m \times m$ 阶非奇异子矩阵($|B| \neq 0$),则称 B 是线性规划问题的一个**基**.也就是说,矩阵 B 是由 A 中 m 个线性独立的系数列向量组成.为不失一般性,可设

$$B = \begin{bmatrix} a_{11} & a_{12} & \cdots & a_{1m} \\ \vdots & \vdots & & \vdots \\ a_{m1} & a_{m2} & \cdots & a_{mm} \end{bmatrix} = (P_1, P_2, \cdots, P_m)$$

B 中的每一个列向量 $P_j (j = 1, 2, \cdots, m)$ 称为基向量,与基向量 P_j 对应的变量 $x_j (j = 1, 2, \cdots, m)$ 称为**基变量**,线性规划问题中除基变量以外的变量称为**非基变量**.则对应的基变量的数目为 m 个,非基变量的数目为 $(n - m)$ 个.

(4)**基本解** 在约束条件(1-4b)中,令所有非基变量 $x_{m+1} = x_{m+2} = \cdots = x_n = 0$,这时变量的个数等于线性方程的个数,而且 $|B| \neq 0$,用高斯消元法求得约束方程组中 m 个基变量的唯一解 $X_B = (x_1, x_2, \cdots, x_m)^{\mathrm{T}}$.将这个解加上非基变量取 0 的值有

$$X = (x_1, x_2, \cdots, x_m, 0, 0, \cdots, 0)^{\mathrm{T}}$$

该解的非零分量的个数不大于系数矩阵 A 的秩 m,称 X 为线性规划问题的**基本解**.由此可见,有一个基,就可以求出一个基本解,基本解的总数不超过 C_n^m 个.

(5)基本可行解 满足变量非负约束条件(1-4c)的基本解称为**基本可行解**.同样,基本可行解的非零分量的数目也不大于 m,并且都是非负的.

(6)可行基 对应于基本可行解的基,称为**可行基**.

(7)退化基本解 基本解中非零分量的个数小于 m 的基本解称为**退化基本解**(或称退化解).在以下的讨论中,假设不出现退化情况.

以上提到的线性规划问题的几种解的概念,它们之间的关系可用图 1-6 表示.

以上给出了线性规划问题解的概念和定义,它们将有助于用来分析线性规划问题的求解过程.

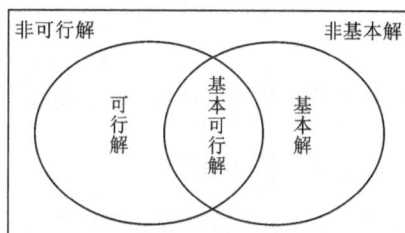

图 1-6

1.2 线性规划问题的几何意义

前面 1.1.2 节介绍线性规划问题图解法时,已直观地看到了可行域、可行解和最优解的几何特征,这里从理论上进一步讨论.同时,它也是后续单纯形法的理论基础.

1.2.1 基本概念

(1)凸集 设 K 是 n 维欧氏空间的一个点集,若任意两点 $X^{(1)} \in K$,$X^{(2)} \in K$ 的连线上的一切点 $\alpha X^{(1)} + (1-\alpha) X^{(2)} \in K$,$(0 \leqslant \alpha \leqslant 1)$,则称 K 为**凸集**.

从直观上讲凸集是指没有凹入部分、没有空洞的实心集合体.如图 1-7 中的(a),(b),(c)是凸集,(d)不是凸集;任意两个凸集的交集是凸集,如图 1-7(e).

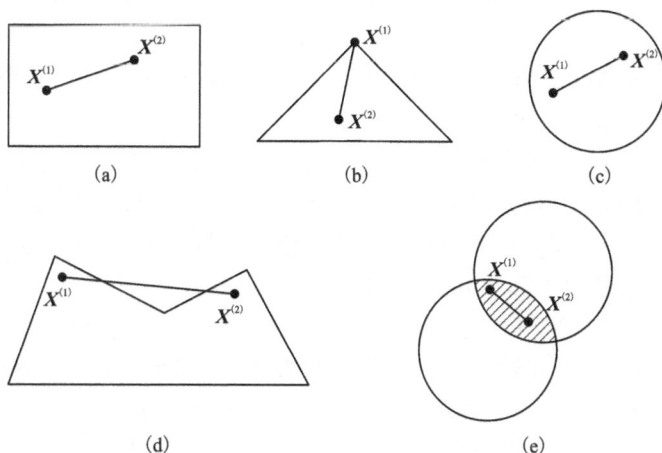

图 1-7

(2)凸组合 设 $X^{(1)}$,$X^{(2)}$,$\cdots$,$X^{(k)}$ 是 n 维欧式空间 E^n 中的 k 个点,若存在 β_1,β_2,$\cdots$,β_k,且 $0 \leqslant \beta_i \leqslant 1 (i=1, 2, \cdots, k)$,$\sum_{i=1}^{k} \beta_i = 1$,使

$$X = \beta_1 X^{(1)} + \beta_2 X^{(2)} + \cdots + \beta_k X^{(k)}$$

则称 X 为 $X^{(1)}$，$X^{(2)}$，$\cdots$，$X^{(k)}$ 的**凸组合**. 当 $0 < \beta_i < 1$ 时，称为**严格凸组合**.

（3）顶点 设 K 是凸集，$X \in K$；若 X 不能用不同的两点 $X^{(1)} \in K$ 和 $X^{(2)} \in K$ 的线性组合表示为

$$X = \alpha X^{(1)} + (1-\alpha) X^{(2)} \quad (0 < \alpha < 1)$$

则称 X 为凸集 K 的一个**顶点**(或极点).

1.2.2 基本定理

定理 1.1 若线性规划问题存在可行域，则其可行域

$$D = \{X | AX = b, X \geqslant 0\}$$

是凸集.

证 为了证明满足线性规划问题的约束条件

$$AX = b, \quad X \geqslant 0$$

的所有点(可行解)组成的集合是凸集，只要证明 D 中任意两点 $X^{(1)}$，$X^{(2)}$ 的连线上的点必在点集 D 内即可.

设 $X^{(1)} \in D$，$X^{(2)} \in D$，且 $X^{(1)} \neq X^{(2)}$，则有

$$AX^{(1)} = b, \quad X^{(1)} \geqslant 0$$
$$AX^{(2)} = b, \quad X^{(2)} \geqslant 0$$

令 X 为 $X^{(1)}$，$X^{(2)}$ 连线上的任意一点，即

$$X = \alpha X^{(1)} + (1-\alpha) X^{(2)} \in K, \quad (0 \leqslant \alpha \leqslant 1)$$

代入约束条件，得到

$$AX = A[\alpha X^{(1)} + (1-\alpha) X^{(2)}] = \alpha AX^{(1)} + (1-\alpha) AX^{(2)} = \alpha b + (1-\alpha) b = b$$

又因 $X^{(1)}$，$X^{(2)} \geqslant 0$，$\alpha \geqslant 0$，$(1-\alpha) \geqslant 0$，所以 $X = \alpha X^{(1)} + (1-\alpha) X^{(2)} \geqslant 0$，故有 $X \in D$，D 是凸集. 证毕.

定理 1.2 线性规划问题的可行解 $X = (x_1, x_2, \cdots, x_n)^{\mathrm{T}}$ 是基本可行解的充分必要条件是 X 的非零分量所对应的系数列向量线性无关.

证 必要性. 因 X 是基本可行解，根据基本可行解的定义，X 的非零分量一定是基变量，它们所对应的系数列向量为可行基的一部分，很显然，满足系数列向量线性无关.

充分性. 设 P_1，P_2，$\cdots$，P_k 为 X 的非零分量对应的系数列向量，它们是线性无关的. 很显然，一定有 $k \leqslant m$(m 是系数矩阵 A 的秩). 如果 $k = m$，则 $B = (P_1, P_2, \cdots, P_k)$ 恰构成一个 $m \times m$ 阶的满秩矩阵，是原问题的一个基；可行解 X 刚好是对应于这个基的一个基本可行解 $X = (x_1, x_2, \cdots, x_m, 0, \cdots, 0)^{\mathrm{T}}$. 如果 $k < m$，也就是 X 的非零分量的个数小于系数矩阵的秩 m，则一定可以在矩阵 A 的其他 $(n-k)$ 个列向量中找出 $(m-k)$ 个列向量，它们与 $(P_1, P_2, \cdots, P_k)$ 构成一个满秩矩阵 B，可行解 X 可以看作是对应于这个基的一个基本可行解. 证毕.

定理 1.3 线性规划问题的基本可行解 X 对应于可行域 D 的顶点.

定理 1.4 线性规划问题若有可行解，必有基本可行解. 或者说，线性规划问题的可行域 D 如为非空凸集，则必有顶点.

定理 1.3 和定理 1.4 建立了线性规划问题的基本可行解与可行域的顶点之间的对应关系. 在此不作证明.

定理 1.5　若线性规划问题有最优解, 则一定在可行域 D 的顶点上达到.

证　设 $\boldsymbol{X}^{(1)}$, $\boldsymbol{X}^{(2)}$, $\cdots$, $\boldsymbol{X}^{(k)}$ 是可行域的顶点, 若 $\boldsymbol{X}^{(0)}$ 不是顶点, 且目标函数值在 $\boldsymbol{X}^{(0)}$ 处达到最优 $Z^* = \boldsymbol{C}\boldsymbol{X}^{(0)}$ (标准型是 $Z^* = \max Z$).

因 $\boldsymbol{X}^{(0)}$ 不是顶点, 所以它可以用 D 的顶点线性组合表示为

$$\boldsymbol{X}^{(0)} = \sum_{i=1}^{k} \alpha_i \boldsymbol{X}^{(i)}, \ \alpha_i \geqslant 0, \ \sum_{i=1}^{k} \alpha_i = 1$$

所以

$$\boldsymbol{C}\boldsymbol{X}^{(0)} = \boldsymbol{C} \sum_{i=1}^{k} \alpha_i \boldsymbol{X}^{(i)} = \sum_{i=1}^{k} \alpha_i \boldsymbol{C}\boldsymbol{X}^{(i)} \tag{1-5}$$

在所有的顶点中, 必然能找到某一个顶点 $\boldsymbol{X}^{(m)}$, 使 $\boldsymbol{C}\boldsymbol{X}^{(m)}$ 是所有 $\boldsymbol{C}\boldsymbol{X}^{(i)}$ 中的最大者, 并将 $\boldsymbol{X}^{(m)}$ 代替式 (1-5) 中的所有 $\boldsymbol{X}^{(i)}$, 于是得到

$$\sum_{i=1}^{k} \alpha_i \boldsymbol{C}\boldsymbol{X}^{(i)} \leqslant \sum_{i=1}^{k} \alpha_i \boldsymbol{C}\boldsymbol{X}^{(m)} = \boldsymbol{C}\boldsymbol{X}^{(m)}$$

由此得到

$$\boldsymbol{C}\boldsymbol{X}^{(0)} \leqslant \boldsymbol{C}\boldsymbol{X}^{(m)}$$

根据假设 $\boldsymbol{C}\boldsymbol{X}^{(0)}$ 是最大值, 所以只能有

$$\boldsymbol{C}\boldsymbol{X}^{(0)} = \boldsymbol{C}\boldsymbol{X}^{(m)}$$

即目标函数在顶点 $\boldsymbol{X}^{(m)}$ 处也达到最大值.

有时目标函数可能在多个顶点处达到最大值, 这时在这些顶点的凸组合上也达到最大值, 称这种线性规划问题有无穷多个最优解.

假设 $\hat{\boldsymbol{X}}^{(1)}$, $\hat{\boldsymbol{X}}^{(2)}$, $\cdots$, $\hat{\boldsymbol{X}}^{(m)}$ 是目标函数达到最大值的顶点, 若 $\hat{\boldsymbol{X}}$ 是这些顶点的凸组合, 即

$$\hat{\boldsymbol{X}} = \sum_{i=1}^{k} \alpha_i \hat{\boldsymbol{X}}^{(i)}, \ \alpha_i \geqslant 0, \ \sum_{i=1}^{k} \alpha_i = 1$$

于是

$$\boldsymbol{C}\hat{\boldsymbol{X}} = \boldsymbol{C} \sum_{i=1}^{k} \alpha_i \hat{\boldsymbol{X}}^{(i)} = \sum_{i=1}^{k} \alpha_i \boldsymbol{C}\hat{\boldsymbol{X}}^{(i)}$$

设

$$\boldsymbol{C}\hat{\boldsymbol{X}}^{(i)} = m, \ i = 1, 2, \cdots, k$$

于是

$$\boldsymbol{C}\hat{\boldsymbol{X}} = \sum_{i=1}^{k} \alpha_i \boldsymbol{C}\hat{\boldsymbol{X}}^{(i)} = \sum_{i=1}^{k} \alpha_i m = m$$

证毕.

定理 1.5 描述了最优解在可行域中的位置. 若最优解唯一, 则最优解只能在某一顶点上达到; 若最优解不唯一, 则最优解是某些顶点的凸组合, 不可能是可行域的内点. 若可行域有界, 则一定有最优解; 若可行域无界, 则可能有最优解, 也可能无最优解, 若有也必定在某个顶点达到. 根据以上的讨论, 可以得到如下启示.

线性规划问题的最优解在可行域的顶点上达到, 而可行域的顶点与基本可行解是一一对应的. 这样, 在求解线性规划问题时, 不需要在无穷多个可行解中去寻找, 只需要在有限多个基本可行解 (它不大于 C_n^m 个) 中寻找即可. 但当 m, n 的数较大时, 这种办法就行不通了. 所以要继续讨论, 如何有效地找到最优解. 目前, 理论上有多种方法, 这里仅介绍单纯形法.

1.3 线性规划问题的单纯形法

单纯形法是由美国数学家丹捷格(G. B. Dantzig)于1947年首先提出的,是公认的20世纪最伟大的算法之一.单纯形法求解线性规划问题的基本思路是:根据线性规划模型的标准型,从可行域中的一个基本可行解(顶点)开始,判断其是否为最优解,如果不是就转换到另一个基本可行解(顶点),且使目标函数值不断增大,直到找到最优解为止.下面通过算例并从经济上解释单纯形法的原理和计算方法.

1.3.1 单纯形法的经济解释

为了便于直观地理解单纯形法的基本原理并掌握其计算方法,现对算例的求解过程作适当的经济解释.

例1.6 设某家具厂用木材和钢材生产甲,乙,丙三种家具,每件家具所需的材料和可获得的利润以及每月可供的木材和钢材数量如表1-3所示.问该家具厂应如何安排各种家具的生产量,才能使企业获得利润最大?

视频1-6

表1-3

家具	木材	钢材	每件家具获利/元
甲	3	2	4
乙	1	1	1
丙	4	4	5
材料可供量	8000	3000	

解 设 x_1, x_2, x_3 分别表示甲,乙,丙三种家具的件数,该问题的线性规划模型为

$$\max Z = 4x_1 + x_2 + 5x_3$$

$$\text{s. t.} \begin{cases} 3x_1 + x_2 + 4x_3 \leqslant 8000 \\ 2x_1 + x_2 + 4x_3 \leqslant 3000 \\ x_j \geqslant 0 \quad j = 1, 2, 3 \end{cases}$$

添加松弛变量 x_4, x_5($x_4 \geqslant 0$, $x_5 \geqslant 0$),化标准式为

$$\max Z = 4x_1 + x_2 + 5x_3 + 0x_4 + 0x_5 \tag{1-6}$$

$$\text{s. t.} \begin{cases} 3x_1 + x_2 + 4x_3 + x_4 = 8000 \\ 2x_1 + x_2 + 4x_3 + x_5 = 3000 \\ x_j \geqslant 0 \quad j = 1, 2, 3, 4, 5 \end{cases} \tag{1-7} \tag{1-8}$$

约束方程式(1-7)和式(1-8)的系数矩阵

$$A_1 = (P_1, P_2, P_3, P_4, P_5) = \begin{bmatrix} 3 & 1 & 4 & 1 & 0 \\ 2 & 1 & 4 & 0 & 1 \end{bmatrix}$$

从系数矩阵 A_1 中可以看到 x_4, x_5 的系数列向量

$$\boldsymbol{P}_4 = \begin{bmatrix} 1 \\ 0 \end{bmatrix}, \boldsymbol{P}_5 = \begin{bmatrix} 0 \\ 1 \end{bmatrix}$$

是线性无关的，它们构成了一个基 $\boldsymbol{B}_1$

$$\boldsymbol{B}_1 = (\boldsymbol{P}_4, \boldsymbol{P}_5) = \begin{bmatrix} 1 & 0 \\ 0 & 1 \end{bmatrix}$$

对应于 $\boldsymbol{B}_1$ 的变量 x_4, x_5 为基变量，其余变量 x_1, x_2, x_3 为非基变量. 从式(1-7)和式(1-8)可以得到

$$\begin{cases} x_4 = 8000 - 3x_1 - x_2 - 4x_3 \\ x_5 = 3000 - 2x_1 - x_2 - 4x_3 \end{cases} \tag{1-9}$$

将式(1-9)代入目标函数式(1-6)得

$$Z^{(0)} = 0 + 4x_1 + x_2 + 5x_3 \tag{1-10}$$

令非基变量 $x_1 = x_2 = x_3 = 0$，便得 $Z^{(0)} = 0$. 这时得到初始基本可行解 $\boldsymbol{X}^{(0)}$

$$\boldsymbol{X}^{(0)} = (0, 0, 0, 8000, 3000)^{\mathrm{T}}$$

$\boldsymbol{X}^{(0)}$ 表明该工厂未生产甲，乙，丙家具时，木材和钢材均未使用，剩余量分别为 $x_4 = 8000$ 单位，$x_5 = 3000$ 单位，所以工厂的利润指标 $Z^{(0)} = 0$.

现在分析目标函数式(1-10)可看到：非基变量 x_1, x_2 和 x_3 的系数均为正值，如果将非基变量换为基变量，目标函数值就可能增大. 从经济意义上讲，安排三种家具生产，就可增加工厂的利润. 所以只要在目标函数式(1-10)中还存在有正系数的非基变量，就表示目标函数值还有增加的可能，就需要将非基变量与基变量进行对换. 一般选择正系数最大的那个非基变量作为换入变量，将它换入到基变量中去，同时还要从基变量中确定一个换出变量成为非基变量.

本例中，观察式(1-10)发现 x_3 的系数最大，说明首先生产家具丙，单位获利较生产家具甲和乙都要大，则取 x_3 为换入变量. 这时必须从 x_4, x_5 中确定一个换出变量，并确保变量非负，即 x_4, $x_5 \geq 0$.

当非基变量 $x_1 = x_2 = 0$ 时，由式(1-9)可得

$$\begin{cases} x_4 = 8000 - 4x_3 \geq 0 \\ x_5 = 3000 - 4x_3 \geq 0 \end{cases} \tag{1-11}$$

从式(1-11)可以看出，只有选择

$$x_3 = \min\left\{ \frac{8000}{4}, \frac{3000}{4} \right\} = 750$$

时，才能使式(1-11)成立. 当 $x_3 = 750$ 时，基变量 $x_5 = 0$，这就决定了用 x_3 去替换 x_5，x_5 就成为了换出变量. 从经济意义上讲，上述数学分析说明了每生产一件家具丙，需要同时用掉 4 单位木材和 4 单位钢材. 这样，家具丙的最大生产量取决于木材和钢材中的薄弱环节，这里就是由钢材的数量确定了家具丙的产量，而木材却有剩余($x_4 = 5000$). 此时可得一新的基本可行解 $\boldsymbol{X}^{(1)}$

$$\boldsymbol{X}^{(1)} = (0, 0, 750, 5000, 0)^{\mathrm{T}}$$

$\boldsymbol{X}^{(1)}$ 表示家具丙生产 750 件，家具甲，乙均不生产，木材剩余 5000 单位，钢材全部用完，工厂可获利 3750 元.

此时，x_3 变为基变量，x_5 变为非基变量，也称 x_3 置换了 x_5. 所以，当前基变量为 (x_4, x_3)，非基变量为 (x_1, x_2, x_5). 同样，将式(1-7)和式(1-8)按照基变量在等式的左边，

非基变量和常数在等式的右边的规则整理,有

$$\begin{cases} x_4 + 4x_3 = 8000 - 3x_1 - x_2 \\ 4x_3 = 3000 - 2x_1 - x_2 - x_5 \end{cases} \qquad (1-12)$$

用高斯消元法,将式(1-12)中基变量的系数矩阵化为单位矩阵,则有

$$\begin{cases} x_4 = 5000 - x_1 - 0x_2 + x_5 \\ x_3 = \dfrac{3000}{4} - \dfrac{1}{2}x_1 - \dfrac{1}{4}x_2 - \dfrac{1}{4}x_5 \end{cases} \qquad (1-13)$$

将式(1-13)代入式(1-6)得

$$Z^{(1)} = 3750 + \frac{3}{2}x_1 - \frac{1}{4}x_2 - \frac{5}{4}x_5 \qquad (1-14)$$

令非基变量 $x_1 = x_2 = x_5 = 0$, $Z^{(1)} = 3750$,并得新的基矩阵 B_2 和系数矩阵 A_2

$$B_2 = (P_4, P_3) = \begin{bmatrix} 1 & 0 \\ 0 & 1 \end{bmatrix}; \quad A_2 = \begin{bmatrix} 1 & 0 & 0 & 1 & -1 \\ \dfrac{1}{2} & \dfrac{1}{4} & 1 & 0 & \dfrac{1}{4} \end{bmatrix}$$

分析目标函数表达式(1-14)可见, x_1 为换入变量,说明增加家具甲的产量 x_1 可提高工厂的利润指标. 换出变量的确定同样是确保式(1-13)满足非负条件,即可确定 x_3 为换出变量,则当前基变量变为 (x_4, x_1),非基变量变为 (x_2, x_3, x_5),此时,新的基矩阵 B_3 和约束条件的系数矩阵 A_3 分别为

$$B_3 = (P_4, P_1) = \begin{bmatrix} 1 & 0 \\ 0 & 1 \end{bmatrix}; \quad A_3 = \begin{bmatrix} 0 & -\dfrac{1}{2} & -2 & 1 & -\dfrac{3}{2} \\ 1 & \dfrac{1}{4} & 1 & 0 & \dfrac{1}{4} \end{bmatrix}$$

新的基本可行解最优解 $X^{(2)}$ 为

$$X^{(2)} = (1500, 0, 0, 3500, 0)^T$$

对应的目标函数为

$$Z^{(2)} = 6000 - x_2 - 3x_3 - 2x_5 \qquad (1-15)$$

从式(1-15)可看出,非基变量 x_2, x_3 和 x_5 的系数均为负值,说明若用剩余材料增加 x_2, x_3 和 x_5,将要付出代价而导致工厂利润减少. 所以,当 $x_2 = x_3 = x_5 = 0$ 时,目标达到最大值,则 $X^{(2)}$ 是最优解. 即该家具厂最优生产方案为:甲生产 1500 件、乙和丙均不生产,木材剩余 3500 单位,钢材全部用完,工厂获利最大为 6000 元.

通过对例 1.6 的求解和经济解析,可以比较清楚地了解单纯形法的算法思想和计算步骤. 若模型为两个变量的线性规划问题还可以看到每次迭代都对应着线性规划问题可行域的一个顶点(感兴趣的读者可以尝试). 但变量较多时,上述代数解法缺乏严格的计算程序,容易造成差错. 单纯形表就能很好地解决这个问题,它的功能与线性代数中的增广矩阵相似,将模型求解的所有相关内容凝为一体,使复杂的求解过程简洁、直观. 接下来应用单纯形表来完成上述例 1.6 的计算过程并阐述单纯形算法的一般步骤.

1.3.2 单纯形法的算法步骤

对于一个给定的线性规划模型,可按下列步骤求解.

第1步：确定初始基本可行解，列出初始单纯形表.

根据基本可行解的定义，它必须满足两个条件：一是不能违反任何约束条件，且在不退化的情况下，非零变量的个数等于约束条件方程数；二是基本可行解中的基变量的系数列向量构成基矩阵. 这就是说，不是任何解都可以作为初始基本可行解. 对于标准形式的线性规划问题，**初始基本可行解**的确定可分两种情形：

视频1-7

（1）将原问题化为标准形式后，系数矩阵 A 中自然出现一个单位子矩阵. 它可以是原问题的所有约束条件都是"≤"，添加松弛变量化为标准形式后，这些松弛变量的系数列向量就组成了一个单位子矩阵；也可以是原问题本身所具有的.

（2）因原问题化为标准形式后没有单位子矩阵，则可通过添加人工变量构造一个单位子矩阵. 这种情形的线性规划问题求解，将在 1.4 节单纯形法的进一步讨论中详细介绍.

为了讨论方便，以 1.3.1 节例 1.6 为例介绍单纯形法计算步骤.

线性规划模型的标准形式

$$\max Z = 4x_1 + x_2 + 5x_3 + 0x_4 + 0x_5$$

$$\text{s.t.} \begin{cases} 3x_1 + x_2 + 4x_3 + x_4 = 8000 \\ 2x_1 + x_2 + 4x_3 + x_5 = 3000 \\ x_j \geq 0 \quad j = 1, 2, 3, 4, 5 \end{cases}$$

视频1-8

其中单位子矩阵

$$B = (P_4, P_5) = \begin{bmatrix} 1 & 0 \\ 0 & 1 \end{bmatrix}$$

取变量 x_4, x_5 为基变量，其余变量 x_1, x_2, x_3 为非基变量，并令 $x_1 = x_2 = x_3 = 0$，则基变量 $x_4 = 8000$，$x_5 = 3000$，即 $X^{(0)} = (0, 0, 0, 8000, 3000)^T$ 满足初始基本可行解的要求.

确定初始基本可行解后，将有关数据和符号填入表格中，编制出初始单纯形表. 如表 1-4 所示.

表1-4

A	B	C			D			E
	$c_j \rightarrow$		4	1	5	0	0	θ_i
C_B	X_B	b	x_1	x_2	x_3	x_4	x_5	
0	x_4	8000	3	1	4	1	0	8000/4
0	x_5	3000	2	1	[4]	0	1	3000/4 $\xrightarrow{L}$
	Z_j		0	0	0	0	0	
	$c_j - Z_j$		4	1	5	0	0	

$\uparrow K$

表 1-4 的结构表示下述意义：

A 栏（C_B 列）填入基变量的价格系数（基变量在目标函数中的系数值），本例表 1-4 填入 $0(c_4 = 0)$ 和 $0(c_5 = 0)$；它们是与基变量相对应的.

B 栏（X_B 列）是基本可行解中基变量的名称. 本例表 1-4 填入 x_4, x_5. 即

$$X_B = (x_4, x_5)^T$$

C 栏(b 列)填入约束方程右端的常数,这里填 8000 和 3000;在迭代过程中,表示同一行中基变量的取值.

D 栏下面各行元素表示为:

(1)与各变量 x_j 对应的目标函数系数 c_j;

(2)决策变量 x_j,本例为 x_1, x_2, x_3, x_4, x_5;

(3)与 x_j 相应的约束方程系数矩阵元素 a_{ij},即为约束条件方程中 x_j 对应的系数列向量;表中下面的 Z_j 称为机会成本,计算公式为

$$Z_j = \sum_{i=1}^{m} c_i' a_{ij}$$

其中,c_i' 是对应于第 i 行基变量的 c_j 值,如表 1-4 中第一行(这里是第一个约束条件)的基变量是 x_4,x_4 对应于目标函数的 $c_4 = 0$.这里 c_i' 中 $i = 1$ 时的 c_1' 与 c_4 对应.

表 1-4 最后一行为 $c_j - Z_j$,称为检验数.它是将基变量的函数式代入目标函数式后非基变量在目标函数中的系数.读者在 1.3.1 节代数迭代过程中,可逐步与式(1-10)、式(1-14)和式(1-15)对照可加深理解.

E 栏(θ_i 列)的数字是算法第 2 步在确定换入变量后,按照 θ 规则计算后填入.

由 1.3.1 节可知,从初始基本可行解出发,要经过有限次的迭代运算,才能得到最优基本可行解(简称最优解).在运算过程中 b 值和 a_{ij} 值随之变动.为表述方便,在以后的迭代过程中,b 以 $\bar{b}$ 表示,a_{ij} 以 $\bar{a}_{ij}$ 表示.

第 2 步:最优性检验与解的判别.

与 1.3.1 节中式(1-9)和式(1-13)一样,可将初始基本可行解写成一般形式

$$\begin{cases} x_1 = b_1 - a_{1,m+1}x_{m+1} - \cdots - a_{1n}x_n \\ x_2 = b_2 - a_{2,m+1}x_{m+1} - \cdots - a_{2n}x_n \\ \vdots \qquad \vdots \qquad \vdots \qquad \qquad \vdots \\ x_m = b_m - a_{m,m+1}x_{m+1} - \cdots - a_{mn}x_n \end{cases}$$

经过迭代后,新的基本可行解可描述为

$$x_i = \bar{b}_i - \sum_{j=m+1}^{n} \bar{a}_{ij}x_j \quad (i = 1, 2, \cdots, m) \tag{1-16}$$

将式(1-16)代入目标函数整理后得

$$Z = \sum_{i=1}^{m} c_i'\bar{b}_i + \sum_{j=m+1}^{n} \left(c_j - \sum_{i=1}^{m} c_i'\bar{a}_{ij} \right) x_j$$

令 $\qquad Z_0 = \sum_{i=1}^{m} c_i'\bar{b}_i, \quad Z_j = \sum_{i=1}^{m} c_i'\bar{a}_{ij} \quad (j = m+1, m+2, \cdots, n)$

于是

$$Z = Z_0 + \sum_{j=m+1}^{n} (c_j - Z_j)x_j \tag{1-17}$$

式(1-17)中的($c_j - Z_j$)称为**检验数**,它表示非基变量转换为基变量后对目标函数的单位贡献(增加或减少),运用它即可进行线性规划的最优性检验和解的判别.

(1)若所有非基变量 x_j ($j = m+1, m+2, \cdots, n$)的检验数 $c_j - Z_j \leqslant 0$,即 $\sum_{j=m+1}^{n} (c_j - Z_j)x_j \leqslant 0$,

由式(1-17)可知：任一非基变量作为换入变量，新的目标函数值一定不大于当前解的目标函数值，说明当前目标函数已达最大值，当前的基本可行解为最优解，计算终止.

(2)若至少有一个非基变量 x_j $(j = m+1, m+2, \cdots, n)$ 的检验数 $c_j - Z_j > 0$，且对应的系数列向量中至少有一个 $\bar{a}_{ij} > 0$，将非基变量 x_j 作为换入变量，目标函数仍可以改善，应继续迭代，进行第 3 步.

(3)若非基变量 x_j $(j = m+1, m+2, \cdots, n)$ 的检验数 $c_j - Z_j > 0$，且对应的系数列向量的 $\bar{a}_{ij}$ 中，都是 $\bar{a}_{ij} \leqslant 0$ 的情况，则问题有**无限界解**，也就是无最优解.

本例表 1-4 中，x_1，x_2，x_3 对应的检验数 $c_1 - Z_1 = 4$，$c_2 - Z_2 = 1$，$c_3 - Z_3 = 5$ 都大于零，且对应的系数列向量都满足 $\bar{a}_{ij} > 0$，说明当前解尚未达到最优，需继续迭代，进行第 3 步.

第 3 步：确定换入变量和换出变量.

前面提到某一个变量的检验数表示对目标函数的贡献. 选择检验数为正数且最大的非基变量作为**换入变量**(安排生产)可以使目标函数值增加更多. 即换入变量的确定

$$\max\{c_j - Z_j > 0\} = c_K - Z_K \tag{1-18}$$

由式(1-18)确定的 x_K 为换入变量. 本例表 1-4 中

$$\max\{c_1 - Z_1, c_2 - Z_2, c_3 - Z_3\} = \max\{4, 1, 5\} = 5$$

即 $K = 3$，换入变量为 x_3. 为讨论方便，称换入变量所在的列为换入列，或称 K 列，并在表 1-4 中以箭头 $\uparrow K$ 标明.

根据题意考虑 x_3 的生产安排. 组织 x_3 生产时，每生产一个单位需要消耗 4 个单位的钢材和 4 个单位的木材. 按木材供应量，x_3 可生产 $8000 \div 4 = 2000$ 件，按钢材供应量，x_3 可生产 $3000 \div 4 = 750$ 件. 但要同时满足两种资源的限制，x_3 只能生产 750 件. 当 x_3 生产 750 件时，钢材全部耗尽($x_5 = 0$). 同时，x_5 由基变量变为非基变量，x_3 由非基变量变为基变量，则称 x_5 为换出变量，x_3 为换入变量. 对应 x_5 所在的行称为换出行($L = 2$)，以箭头 $\xrightarrow{L}$ 标明，K 列与 L 行的交点元素 $\bar{a}_{LK}$ 为**主元素**，则本例主元素为 $\bar{a}_{23} = 4$，并记为 [4]，如表 1-4 所示.

一般地，由式(1-18)确定 K 列情形下，取

$$\theta = \min\left\{\frac{\bar{b}_i}{\bar{a}_{iK}} \,\Big|\, \bar{a}_{iK} > 0\right\} = \frac{\bar{b}_L}{\bar{a}_{LK}} \tag{1-19}$$

由式(1-19)确定 L 行中的基变量 x_L 为**换出变量**. 本例表 1-4 中

$$\theta = \min\left\{\frac{8000}{4}, \frac{3000}{4}\right\} = \frac{3000}{4} = 750, \ x_5 为换出变量$$

第 4 步：进行系数变换，编制新的单纯形表.

单纯形表的系数变换一般采用系数矩阵法，也称为**旋转运算或迭代**。考虑以下形式的约束方程组

$$\begin{cases} x_1 & & + \bar{a}_{1,m+1}x_{m+1} & + \cdots & + \bar{a}_{1K}x_K & + \cdots & + \bar{a}_{1n}x_n & = \bar{b}_1 \\ & x_2 & + \bar{a}_{2,m+1}x_{m+1} & + \cdots & + \bar{a}_{2K}x_K & + \cdots & + \bar{a}_{2n}x_n & = \bar{b}_2 \\ & \quad \ddots & \vdots & & \vdots & & \vdots & \vdots \\ & \quad\quad x_L & + \bar{a}_{L,m+1}x_{m+1} & + \cdots & + \bar{a}_{LK}x_K & + \cdots & + \bar{a}_{Ln}x_n & = \bar{b}_L \\ & \quad\quad\quad \ddots & \vdots & & \vdots & & \vdots & \vdots \\ & \quad\quad\quad\quad x_m & + \bar{a}_{m,m+1}x_{m+1} & + \cdots & + \bar{a}_{mK}x_K & + \cdots & + \bar{a}_{mn}x_n & = \bar{b}_m \end{cases} \tag{1-20}$$

式(1-20)中换入变量 x_K 和换出变量 x_L 的系数列向量分别为

$$P_K = \begin{bmatrix} \overline{a}_{1K} \\ \overline{a}_{2K} \\ \vdots \\ \overline{a}_{LK} \\ \vdots \\ \overline{a}_{mK} \end{bmatrix}; \qquad P_L = \begin{bmatrix} 0 \\ \vdots \\ 1 \\ 0 \\ \vdots \\ 0 \end{bmatrix} \leftarrow \text{第 } L \text{ 个分量}$$

为了使 x_K 与 x_L 进行对换,须把 x_K 对应的列向量 P_K 变为单位向量,这可通过对式(1-20)系数矩阵的增广矩阵进行初等变换来实现.

$$\begin{array}{ccccccccc} x_1 & \cdots & x_L & \cdots & x_m & x_{m+1} & \cdots & x_K & \cdots & x_n & b \end{array}$$

$$\begin{bmatrix} 1 & & & & & \overline{a}_{1,m+1} & \cdots & \overline{a}_{1K} & \cdots & \overline{a}_{1n} & \overline{b}_1 \\ & \ddots & & & & \vdots & & \vdots & & \vdots & \vdots \\ & & 1 & & & \overline{a}_{L,m+1} & \cdots & \overline{a}_{LK} & \cdots & \overline{a}_{Ln} & \overline{b}_L \\ & & & \ddots & & \vdots & & \vdots & & \vdots & \vdots \\ & & & & 1 & \overline{a}_{m,m+1} & \cdots & \overline{a}_{mK} & \cdots & \overline{a}_{mn} & \overline{b}_m \end{bmatrix} \tag{1-21}$$

变换的步骤是:

(1)将增广矩阵式(1-21)中的第 L 行除以 $\overline{a}_{LK}$,得到

$$\left(0, \cdots, 0, \frac{1}{\overline{a}_{LK}}, 0, \cdots, 0, \frac{\overline{a}_{L,m+1}}{\overline{a}_{LK}}, \cdots, 1, \cdots, \frac{\overline{a}_{Ln}}{\overline{a}_{LK}} \Big| \frac{\overline{b}_L}{\overline{a}_{LK}}\right) \tag{1-22}$$

(2)将式(1-21)中的 x_K 列的各元素,除 $\overline{a}_{LK}$ 变换为 1 以外,其他元素都应变换为零. 其他行的变换是将式(1-22)乘 $\overline{a}_{iK}(i \neq L)$ 后,从式(1-21)的第 i 行减去,得到新的第 i 行.

$$\left(0, \cdots, 0, -\frac{\overline{a}_{iK}}{\overline{a}_{LK}}, 0, \cdots, 0, \overline{a}_{i,m+1} - \frac{\overline{a}_{L,m+1}}{\overline{a}_{LK}} \cdot \overline{a}_{iK}, \cdots, 0, \cdots, \overline{a}_{in} - \frac{\overline{a}_{Ln}}{\overline{a}_{LK}} \cdot \overline{a}_{iK} \Big| \overline{b}_i - \frac{\overline{b}_L}{\overline{a}_{LK}} \cdot \overline{a}_{iK}\right)$$

这种变换实际上是利用主元消去法进行迭代. 由此可得到变换后系数矩阵各元素的变换公式

$$\overline{a}'_{ij} = \begin{cases} \overline{a}_{ij} - \dfrac{\overline{a}_{Lj}}{\overline{a}_{LK}} \cdot \overline{a}_{iK} & (i \neq L) \\[3mm] \dfrac{\overline{a}_{Lj}}{\overline{a}_{LK}} & (i = L) \end{cases} ; \qquad \overline{b}'_i = \begin{cases} \overline{b}_i - \dfrac{\overline{a}_{iK}}{\overline{a}_{LK}} \cdot \overline{b}_L & (i \neq L) \\[3mm] \dfrac{\overline{b}_L}{\overline{a}_{LK}} & (i = L) \end{cases}$$

其中 $\overline{a}'_{ij}$,$\overline{b}'_i$ 是变换后的新元素.

根据上述基变换和系数变换的原理,由表 1-4 可得新的单纯形表,如表 1-5 所示.

表 1-5

C_B	X_B	b	$c_j \rightarrow$ 4	1	5	0	0	θ_i	
			x_1	x_2	x_3	x_4	x_5		
0	x_4	5000	1	0	0	1	-1	5000/1	
5	x_3	750	[1/2]	1/4	1	0	1/4	750/(1/2)	$\xrightarrow{L}$

续表 1-5

C_B	X_B	b	$c_j \rightarrow$ 4 x_1	1 x_2	5 x_3	0 x_4	0 x_5	θ_i
	Z_j		5/2	5/4	5	0	5/4	
	$c_j - Z_j$		3/2	$-1/4$	0	0	$-5/4$	

$\uparrow K$

表 1-5 中 $c_1 - Z_1 = \dfrac{3}{2} > 0$，问题尚未达到最优，应继续迭代.

第 5 步：重复第 2 步至第 4 步，继续进行迭代计算.

由表 1-5 可知，用 x_1 换 x_3，还可以改善目标函数. 其新的单纯形表如表 1-6 所示.

表 1-6

C_B	X_B	b	$c_j \rightarrow$ 4 x_1	1 x_2	5 x_3	0 x_4	0 x_5
0	x_4	3500	0	$-1/2$	-2	1	$-3/2$
4	x_1	1500	1	1/2	2	0	1/2
	Z_j		4	2	8	0	2
	$c_j - Z_j$		0	-1	-3	0	-2

表 1-6 中所有的检验数 $c_j - Z_j \leqslant 0$，表示目标函数不可能再增大，于是得到问题的最优解

$$X = (1500, 0, 0, 3500, 0)^\mathrm{T}, \ Z^* = 6000$$

即生产家具甲 1500 件，乙和丙两种家具不生产，木材剩余 3500 单位，钢材全部用完，所获利润最大为 6000 元.

归纳起来，单纯形法的计算步骤，可用程序框图图 1-8 表述；单纯形算法思想的精髓可通过案例 1-1 深入理解.

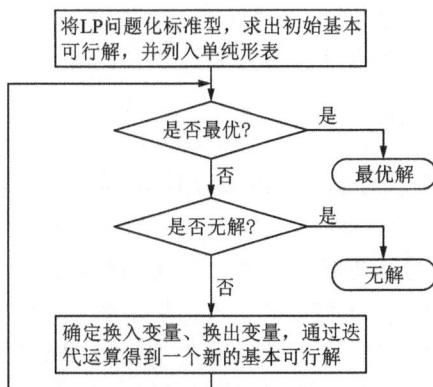

图 1-8

案例 1-1

1.4 单纯形法的进一步讨论

本节就线性规划问题通过人工变量构造初始基本可行解及其求解过程和单纯形表中检验数的灵活运用等问题对单纯形法作进一步讨论.

1.4.1 人工变量构造初始基

本章 1.3.2 节的第(2)种情形:通过向无单位列向量的等式中加入人工变量构造初始基,从而得到初始基本可行解. 如

例 1.7 设有线性规划模型

$$\min S = 10x_1 + 8x_2 + 7x_3 \tag{1-23a}$$

$$\text{s.t.} \begin{cases} 2x_1 + x_2 \geq 6 \\ x_1 + x_2 + x_3 \geq 4 \\ x_1, x_2, x_3 \geq 0 \end{cases} \tag{1-23b}$$

观察模型约束条件式(1-23b),当分别减去剩余变量 x_4, x_5 转化为等式后,发现第二个约束条件中的 x_3 的系数列向量为单位列向量, x_3 即可作为初始基变量;而第一个约束条件中却没有相应的变量所对应的系数列向量为单位列向量,这时就需要在第一个约束条件中添加一个非负人工变量 x_6,如式(1-24)所示.

$$\begin{cases} 2x_1 + x_2 - x_4 + x_6 = 6 \\ x_1 + x_2 + x_3 - x_5 = 4 \\ x_1, x_2, x_3, x_4, x_5, x_6 \geq 0 \end{cases} \tag{1-24}$$

显然,式(1-24)中 x_3, x_6 的系数列向量构成了一个 2×2 阶的单位矩阵,即 x_3, x_6 为基变量. 令非基变量 x_1, x_2, x_4, x_5 为零,便得到一个初始基本可行解

$$\boldsymbol{X}^{(0)} = (0, 0, 4, 0, 0, 6)^{\mathrm{T}}$$

这样在标准型的约束条件等式中添加人工变量构造基的方式即可得到初始基本可行解.

由于人工变量是为了便于计算而人为加进的,只有在人工变量取值为零时,原来的约束条件才是它本来的意义. 当初始基本可行解无法直接获得时,需用特定的方法求解,特定方法包括大 M 法和两阶段法.

(1)大 M 法

大 M 法是因设人工变量在目标函数中的系数为 M(或 $-M$)(M 为充分大的正数)而得名,是在求解线性规划模型中约束条件有"$\geq$"或"$=$"情形,且不具备有基变量条件的变量时采用的单纯形法. 它与上面介绍的单纯形法在换入变量、换出变量和迭代方法以及最优性检验等方面完全相同,不同的是由于人工变量的引入,在 Z_j 和 $c_j - Z_j$ 中含有 M. 需要注意的是:人工变量是一个人造变量或虚拟变量,它没有经济意义. 这样规定的目的是使人工变量不能进入最优解,在最优单纯形表中,若最优解基变量中含有人工变量,则表示问题无解.

下面应用大 M 法求解例 1.7 线性规划问题.

解 将目标函数转化为最大化并添加相应虚变量项,这里 M 是一个任意大的正数,约束

方程为式(1-24). 整理得

$$\max Z = -10x_1 - 8x_2 - 7x_3 - 0x_4 - 0x_5 - Mx_6$$

$$\text{s. t.} \begin{cases} 2x_1 + x_2 - x_4 + x_6 = 6 \\ x_1 + x_2 + x_3 - x_5 = 4 \\ x_j \geq 0 \quad j = 1, 2, 3, \cdots, 6 \end{cases}$$

用单纯形法进行计算, 如表1-7所示.

表 1-7

C_B	X_B	b	x_1 -10	x_2 -8	x_3 -7	x_4 0	x_5 0	x_6 $-M$	θ_i
$-M$	x_6	6	[2]	1	0	-1	0	1	6/2
-7	x_3	4	1	1	1	0	-1	0	4/1
	$c_j - Z_j$		$2M-3$	$M-1$	0	$-M$	-7	0	
-10	x_1	3	1	1/2	0	$-1/2$	0	1/2	6
-7	x_3	1	0	[1/2]	1	1/2	-1	$-1/2$	2
	$c_j - Z_j$		0	1/2	0	$-3/2$	-7	$1.5-M$	
-10	x_1	2	1	0	-1	-1	1	1	
-8	x_2	2	0	1	2	1	-2	1	
	$c_j - Z_j$		0	0	-1	-2	-6	$-M+2$	

表1-7中所有的 $c_j - Z_j \leq 0$, 且 X_B 中不含人工变量, 问题达到最优. 最优解为

$$X^* = (2, 2, 0, 0, 0, 0)^T$$

此时 $\max Z = -36$, 原最优目标函数值 $S^* = 36$.

值得注意的是, 本例目标函数可直接采用求 $\min S = 10x_1 + 8x_2 + 7x_3 + 0x_4 + 0x_5 + Mx_6$, 但要求用所有检验数 $c_i - Z_j \geq 0$ 来判别目标函数是否实现了最小化.

归纳起来, 大 M 法中人工变量 x_j 的系数规定为

$$c_j = \begin{cases} -M & (\text{目标函数求大}) \\ +M & (\text{目标函数求小}) \end{cases}$$

(2) 两阶段法

两阶段法是分两个阶段求解含有人工变量的线性规划问题的方法.

第一阶段: 不考虑原问题是否存在初始基本可行解, 给原线性规划问题加入人工变量, 构造仅含人工变量的新的目标函数, 新目标函数中人工变量 x_j 的系数规定为

$$c_j = \begin{cases} -1 & (\text{目标函数求大}) \\ 1 & (\text{目标函数求小}) \end{cases}$$

用单纯形法求解, 若得到新的目标函数值为零, 则原问题存在基本可行解, 可以进行第二阶段计算. 否则原问题无可行解, 计算停止.

仍引用例 1.7 来说明. 先在模型的约束条件式(1-23b)中加入人工变量 x_6, 给出第一阶段的数学模型为

$$\max Z = -x_6$$
$$\text{s. t.} \begin{cases} 2x_1 + x_2 - x_4 + x_6 = 6 \\ x_1 + x_2 + x_3 - x_5 = 4 \\ x_j \geqslant 0 \quad j = 1, 2, 3, \cdots, 6 \end{cases}$$

用单纯形法求解, 如表 1-8 所示.

表 1-8

	$c_j \rightarrow$		0	0	0	0	0	-1	θ_i
C_B	X_B	b	x_1	x_2	x_3	x_4	x_5	x_6	
-1	x_6	6	[2]	1	0	-1	0	1	6/2
0	x_3	4	1	1	1	0	-1	0	4/1
	$c_j - Z_j$		2	1	0	-1	0	0	
0	x_1	3	1	1/2	0	-1/2	0	1/2	6
0	x_3	1	0	1/2	1	1/2	-1	-1/2	2
	$c_j - Z_j$		0	0	0	0	0	-1	

表 1-8 计算结果表明: 所有的检验数 $c_j - Z_j \leqslant 0$, 问题达到最优. 第一阶段目标函数值 $Z = 0$, 最优解为

$$x_1 = 3, \ x_2 = 0, \ x_3 = 1, \ x_4 = x_5 = x_6 = 0$$

因人工变量 $x_6 = 0$, 所以 $X = (3, 0, 1, 0, 0)^T$ 是该线性规划问题的基本可行解. 于是, 进入第二阶段计算.

第二阶段: 将第一阶段计算得到的最终表, 去掉人工变量, 将目标函数的系数换回原问题的目标函数系数, 作为第二阶段计算的初始表. 这里将表 1-8 的最优单纯形表中的 x_6 列删除, 并在变量 x_1, x_2, x_3 的 c_j 处填入原问题的目标函数系数, 进行第二阶段计算, 如表 1-9 所示.

表 1-9

	$c_j \rightarrow$		10	8	7	0	0	θ_i
C_B	X_B	b	x_1	x_2	x_3	x_4	x_5	
10	x_1	3	1	1/2	0	-1/2	0	6
7	x_3	1	0	[1/2]	1	1/2	-1	2
	$c_j - S_j$		0	-1/2	0	3/2	7	
10	x_1	2	1	0	-1	-1	1	
8	x_2	2	0	1	2	1	-2	
	$c_j - S_j$		0	0	1	2	6	

由表 1-9 可知, 因原问题目标函数式(1-23a)求最小, 则所有的检验数 $c_j - S_j \geqslant 0$ 时达到最优, 最优解为 $\boldsymbol{X}^* = (2, 2, 0, 0, 0)^{\mathrm{T}}$, $S^* = 36$, 所得结果与大 M 法所得结果一致.

1.4.2　检验数的几种表现形式

本章 1.1.3 节规定以 $\max Z = \boldsymbol{CX}$; $\boldsymbol{AX} = \boldsymbol{b}$, $\boldsymbol{X} \geqslant 0$ 为标准型, 并针对该标准型建立了单纯形算法步骤, 以 $c_j - Z_j \leqslant 0 (j = 1, 2, \cdots, n)$ 为最优解的判别准则. 其实, 在单纯形法的实际计算过程中, 检验数还有其他的形式.

为了叙述方便, 将式(1-17)表示为两种形式

$$Z = \sum_{i=1}^{m} c_i' \bar{b}_i + \sum_{j=m+1}^{n} \left(c_j - \sum_{i=1}^{m} c_i' \bar{a}_{ij} \right) x_j = Z_0 + \sum_{j=m+1}^{n} (c_j - Z_j) x_j \qquad (1-25)$$

或

$$Z = \sum_{i=1}^{m} c_i' \bar{b}_i - \sum_{j=m+1}^{n} \left(\sum_{i=1}^{m} c_i' \bar{a}_{ij} - c_j \right) x_j = Z_0 - \sum_{j=m+1}^{n} (Z_j - c_j) x_j \qquad (1-26)$$

要求目标函数实现最大化时, 若用式(1-25)来分析, 就得到 $c_j - Z_j \leqslant 0 (j = 1, 2, \cdots, n)$ 的判别准则; 若用式(1-26)来分析, 就得到 $Z_j - c_j \geqslant 0 (j = 1, 2, \cdots, n)$ 的判别准则.

同样, 在要求目标函数实现最小化时, 刚好相反: 用式(1-25)或式(1-26)分析, 这时分别用 $c_j - Z_j \geqslant 0$ 或 $Z_j - c_j \leqslant 0 (j = 1, 2, \cdots, n)$ 判别目标函数已达到最小. 这样, 在用单纯形法求解极小化的线性规划问题时, 仅就约束条件和变量进行标准化变换, 而目标函数就不需要转换为极大了, 可简化计算过程.

1.5　线性规划问题解的讨论

线性规划问题图解法讨论了两个变量的线性规划问题解在平面坐标图中的各种情形, 包括唯一最优解、多重最优解、无解(无可行解和无限界解). 上述用单纯形法求解的线性规划问题(例 1.6 和例 1.7)所得解均为唯一最优解, 其最优单纯形表的特征为

① 非零基变量的数目为线性规划模型系数矩阵的秩;

② 基变量的检验数均为零, 非基变量的检验数均满足最优性检验且不等于零.

接下来讨论用单纯形法求线性规划问题解的其他几种情形.

(1)多重最优解(简称多重解)

线性规划问题多重最优解的最优单纯形表特征为检验数为零的个数多于基变量个数. 当以检验数为零的非基变量作为换入变量继续迭代, 可得和原最优目标值相等的新的最优解(或最优方案). 可以证明, 如果线性规划问题存在两组最优解, 就有无穷多组最优解.

若设 $\boldsymbol{X}_1$ 和 $\boldsymbol{X}_2$ 是线性规划问题的两组最优解向量, α 为解的参数 $(0 \leqslant \alpha \leqslant 1)$. 多重最优解的通式为

$$\boldsymbol{Y} = \alpha \boldsymbol{X}_1 + (1 - \alpha) \boldsymbol{X}_2$$

α 取不同的值, 就可以得到新的最优解 $\boldsymbol{Y}$. 下面举例说明.

例 1.8 现将例 1.6 的线性规划模型中的 $c_2 = 1$ 改为 $c_2 = 2$，即

$$\max Z = 4x_1 + 2x_2 + 5x_3$$

$$\text{s. t.} \begin{cases} 3x_1 + x_2 + 4x_3 \leqslant 8000 \\ 2x_1 + x_2 + 4x_3 \leqslant 3000 \\ x_j \geqslant 0 \quad j = 1, 2, 3 \end{cases}$$

用单纯形法求解得最优单纯形表如表 1-10 所示.

表 1-10

C_B	X_B	b	$c_j \rightarrow$ 4 x_1	2 x_2	5 x_3	0 x_4	0 x_5
0	x_4	3500	0	$-1/2$	-2	1	$-3/2$
4	x_1	1500	1	$1/2$	2	0	$1/2$
	$c_j - Z_j$		0	0	-3	0	-2

表 1-10 中检验数均满足最优性检验，但 $c_j - Z_j = 0$ 有 3 个，而基变量只有 2 个. 若取非基变量 x_2 入基，根据 θ 规则 x_1 为换出变量，迭代后得最优单纯形表如表 1-11 所示.

表 1-11

C_B	X_B	b	$c_j \rightarrow$ 4 x_1	2 x_2	5 x_3	0 x_4	0 x_5
0	x_4	5000	1	0	0	1	-1
2	x_2	3000	2	1	4	0	1
	$c_j - Z_j$		0	0	-3	0	-2

由此可知该问题有两组最优解：一组是 $X_1 = (1500, 0, 0, 3500, 0)^T$，另一组是 $X_2 = (0, 3000, 0, 5000, 0)^T$，它们的目标函数值均为 $Z^* = 6000$.

如取 $\alpha = 0.3$，$Y = 0.3X_1 + (1 - 0.3)X_2$，新的最优解为

$$Y = \begin{bmatrix} x_1 \\ x_2 \\ x_3 \\ x_4 \\ x_5 \end{bmatrix} = 0.3 \begin{bmatrix} 1500 \\ 0 \\ 0 \\ 3500 \\ 0 \end{bmatrix} + (1 - 0.3) \begin{bmatrix} 0 \\ 3000 \\ 0 \\ 5000 \\ 0 \end{bmatrix} = \begin{bmatrix} 450 \\ 2100 \\ 0 \\ 4550 \\ 0 \end{bmatrix}, \quad Z^* = 6000$$

（2）无可行解

如果某一线性规划问题的最优单纯形表的基变量中含有人工变量，这个问题就不存在可行. 因为设置人工变量的目的是使系数矩阵中出现单位矩阵，人工变量进入最优解实际上是企业的生产经营过程中并不存在的活动，无实际意义. 这种情况的发生说明线性规划问题的数学模型有错误，有矛盾的约束条件. 现举例说明.

视频 1-11

例 1.9 如有线性规划问题模型

$$\max Z = 10x_1 + 15x_2 + 12x_3$$

$$\text{s. t.} \begin{cases} 5x_1 + 3x_2 + x_3 \leqslant 9 \\ -5x_1 + 6x_2 + 15x_3 \leqslant 15 \\ 2x_1 + x_2 + x_3 \geqslant 5 \\ x_1, x_2, x_3 \geqslant 0 \end{cases}$$

解 变换约束条件：在第一、二约束条件中分别添加松弛变量 x_4、x_5，第三个约束条件中减去剩余变量 x_6，加入人工变量 x_7，且 $x_4, x_5, x_6, x_7 \geqslant 0$. 现用两阶段法求解，设第一阶段目标函数为 $\max S = -x_7$，第一阶段最后单纯形表如表 1-12 所示.

表 1-12

$c_j \rightarrow$			0	0	0	0	0	0	-1
C_B	X_B	b	x_1	x_2	x_3	x_4	x_5	x_6	x_7
0	x_1	3/2	1	39/80	0	3/16	-1/80	0	0
0	x_3	3/2	0	9/16	1	1/16	1/16	0	0
-1	x_7	1/2	0	-43/80	0	-7/16	-3/80	-1	1
	$c_j - S_j$		0	-43/80	0	-7/16	-3/80	-1	0

根据两阶段法的计算原理，第一阶段最后单纯形表中所有检验数 $c_j - S_j \leqslant 0$ 满足最优性检验，但目标函数值不等于零，基变量包含人工变量(x_7)，故该线性规划问题无可行解.

（3）无限界解

单纯形法求解线性规划问题的过程中，若单纯形表中某个非基变量 x_j 的检验数不满足最优性检验（即极大化问题有 $c_j - Z_j > 0$，或极小化问题有 $c_j - Z_j < 0$），但其列向量各系数均为负数或零（$\bar{a}_{ij} \leqslant 0(i = 1, 2, \cdots, m)$），则该问题为无限界解.

这是因为换入 x_j 后将会使换出变量不能趋近于零，而没有换出变量，x_j 能被换入其数值没有限制，不违反任一约束条件，但目标函数值会无限增大（或减小），导致问题无解，如例 1.10 产生无限界解的原因是数学模型有错误，缺乏必要的约束条件.

例 1.10 现有线性规划问题的数学模型

$$\max Z = 2x_1 - x_2 + 2x_3$$

$$\text{s. t.} \begin{cases} x_1 + x_2 + x_3 \geqslant 6 \\ -2x_1 + x_3 \geqslant 2 \\ 2x_2 - x_3 \geqslant 0 \\ x_1, x_2, x_3 \geqslant 0 \end{cases}$$

解 用两阶段法求解，得第二阶段最后单纯形表如表 1-13 所示.

表 1-13

$c_j \to$			2	-1	2	0	0	0
C_B	X_B	b	x_1	x_2	x_3	x_4	x_5	x_6
2	x_1	3/4	1	0	0	-1/4	3/8	1/8
2	x_3	7/2	0	0	1	-1/2	-1/4	1/4
-1	x_2	7/4	0	1	0	-1/4	-1/8	-3/8
	$c_j - Z_j$		0	0	0	5/4	-3/8	-9/8

表 1-13 中的 $c_4 - Z_4 = 5/4 > 0$，应取 x_4 入基，但 $\bar{a}_{i4}$ 都是负数，换入 x_4 后只能使基变量 x_1, x_2, x_3 中任何一个都增大而不会成为零，故没有换出变量. 所以，该线性规划问题无限界解即无解.

(4) 退化解

若线性规划问题的基本可行解中非零基变量个数少于约束条件系数矩阵的秩或约束条件数时，称此基本可行解为退化解. 退化解产生的原因是由于单纯形法计算中用 θ 规则确定换出变量时，存在两个或两个以上相同的最小比值，这样在下一次迭代中就会出现一个甚至几个基变量等于零. 在退化情况下，如果取退化的基变量为换出变量，则变化后的解仍为退化解，且目标函数值不变，产生退化现象. 在以后的迭代中，如果每次都取退化的基变量为换出变量，则迭代可能只在可行域的几个顶点之间反复进行，即出现计算过程的循环，而达不到最优解.

在实际中，尽管循环现象极少出现，但也有可能. 针对这一现象，先后有人提出了"摄动法"，"字典序法". 如 1974 年由勃兰特(Bland)提出一种简便的规则(简称勃兰特规则).

①选取 $c_j - Z_j > 0$ 中下标最小的非基变量 x_k 为换入变量，即

$$k = \min\{j | c_j - Z_j > 0\}$$

②当按 θ 规则计算存在两个和两个以上最小比值时，选取下标最小的基变量为换出变量.

按勃兰特规则计算时，一定能避免出现循环. 证明详见参考文献[4].

【本章导学】

1. 学习要点提示
(1) 线性规划模型：一般式、规范式、标准式；标准式特点及转化.
(2) 线性规划图解法：思想、步骤、意义、解的图象特征、局限性与启示.
(3) 线性规划解的概念：可行解、最优解、基、基本解、基本可行解；多重解、退化解和无解(无界解、无可行解).
(4) 单纯形法：几何意义、经济解释(代数迭代)、标准型、单纯形表、算法流程等.

（5）一般线性规划问题的处理：人工变量，大 M 法和两阶段法（算法思想、原理及实施）等.

2. 学习思路与方法建议

本章通过对经营实践中的一类生产计划问题分析建立线性规划模型，并根据线性规划模型的特征应用图解法或单纯形法求得最优生产计划方案的全过程. 注意到其内容的逻辑推演进程：

（1）线性规划问题及其数学模型：按数学逻辑运用数学语言对问题进行描述；对于线性规划问题，通过设置决策变量、确定目标函数和寻找约束条件即可建立线性规划模型.

（2）两个变量的线性规划问题图解法：约束集合为多边形（凸集），如果存在有限最优解，则必定存在一个顶点（或两个顶点及其连线）为最优解；否则，问题无解（无可行解或无限界解）.

（3）两个变量的线性规划问题向多个变量的线性规划问题推广：由直观的图解法回顾到中学已学过的代数法（高斯消去法）引出单纯形法.

（4）用代数法实现线性规划的求解过程：线性规划的标准形式中，约束集合表示为等式约束（方程组）与决策变量的非负约束不等式. 利用核心概念"基"，通过对等式约束方程组找到基本解并考察决策变量的非负性得到基本可行解，即极点（顶点）；通过对变换后的目标函数中非基变量系数（检验数）考察，判断是否最优解；若是，则达到目的；否则，寻找新的基本可行解，即新的极点（顶点）. 单纯形法的基本思路是有选择地取基本可行解.

（5）对于规范形式的线性规划问题，标准化后就方便地得到初始基本可行解；而对于一般形式需要引入人工变量构造初始基本可行解.

（6）对于含有人工变量的线性规划问题，采用大 M 法或两阶段法即可求得问题的最终解.

【思考与讨论】

（1）为什么要建立线性规划模型的标准型？线性规划模型的标准型是否可以设置为其他形式？为什么？

（2）在求解极大化（$\max Z$）的线性规划问题的单纯形法中，为什么说当 $c_K - Z_K > 0$ 并且 $\overline{a}_{iK} \leqslant 0 (i = 1, 2, \cdots, m)$ 时，线性规划具有无界解？

（3）在单纯形法中，选择出基变量为什么要遵循最小比值规则（θ 规则），如果不遵循最小比值规则会是什么结果？

（4）在线性规划问题求解过程中，你认为基本可行解中的非零分量是否固定不变？为什么？

（5）在确定初始可行基时，什么情况下要在约束条件中增添人工变量，在目标函数（$\max Z$）中人工变量前的系数为 $-M$（M 为充分大的正数）的经济意义是什么？

（6）当某线性规划问题存在最优决策时，引入人工变量应用大 M 法求解. 你认为人工变量的引入会对问题最优决策产生影响吗？请说明理由.

（7）设 $X^{(1)}$，$X^{(2)}$，$X^{(3)}$ 是某线性规划问题的三个最优解，试说明 $X = \lambda_1 X^{(1)} + \lambda_2 X^{(2)} + \lambda_3 X^{(3)}$（其中 λ_1，λ_2，$\lambda_3 \geqslant 0$ 且 $\lambda_1 + \lambda_2 + \lambda_3 = 1$）也是该线性规划问题的最优解.

（8）线性规划问题的解为什么会出现唯一最优解、多重解、无解等多种情形？

【习题】

1.1 将下列线性规划问题模型化为标准形式.

（1）

$$\min S = -5x_1 + 4x_2 - 2x_3 + 4x_4$$

$$\text{s. t.} \begin{cases} 3x_1 - 2x_2 + x_3 - x_4 = -4 \\ x_1 + x_2 + 3x_3 - x_4 \leqslant 14 \\ -x_1 + 4x_2 - x_3 - x_4 \geqslant 2 \\ x_1,\ x_2,\ x_3,\ x_4 \geqslant 0 \end{cases}$$

（2）

$$\max Z = x_1 - 4x_2 + x_3$$

$$\text{s. t.} \begin{cases} 3x_1 - 2x_2 + x_3 \leqslant 4 \\ -x_1 + x_2 + 3x_3 \geqslant 6 \\ -x_1 + 4x_2 - x_3 = -2 \\ x_1,\ x_2 \geqslant 0 \end{cases}$$

1.2 用图解法求解下列线性规划问题，并指出各问题解的特征.

（1）

$$\min S = 6x_1 + 4x_2$$

$$\text{s. t.} \begin{cases} 2x_1 + x_2 \geqslant 1 \\ 3x_1 + 4x_2 \leqslant 12 \\ x_1,\ x_2 \geqslant 0 \end{cases}$$

（2）

$$\max Z = 4x_1 + 8x_2$$

$$\text{s. t.} \begin{cases} 2x_1 + 2x_2 \leqslant 10 \\ -x_1 + x_2 \geqslant 8 \\ x_1,\ x_2 \geqslant 0 \end{cases}$$

（3）

$$\max Z = x_1 + x_2$$

$$\text{s. t.} \begin{cases} 8x_1 + 6x_2 \geqslant 24 \\ 4x_1 + 6x_2 \geqslant -12 \\ 2x_2 \geqslant 4 \\ x_1,\ x_2 \geqslant 0 \end{cases}$$

（4）

$$\max Z = 3x_1 + 9x_2$$

$$\text{s. t.} \begin{cases} x_1 + 3x_2 \leqslant 9 \\ -x_1 + x_2 \leqslant 4 \\ x_2 \leqslant 6 \\ 2x_1 - 5x_2 \leqslant 10 \\ x_1,\ x_2 \geqslant 0 \end{cases}$$

1.3 用图解法解下列线性规划问题,并指出所有的基本可行解及相应的目标函数值.

(1)

$$\min S = 3x_1 + 7x_2$$

$$\text{s. t.} \begin{cases} 2x_1 + 5x_2 \geqslant 10 \\ 3x_1 + x_2 \geqslant 8 \\ x_1, \ x_2 \geqslant 0 \end{cases}$$

(2)

$$\max Z = 5x_1 - 3x_2$$

$$\text{s. t.} \begin{cases} 3x_1 + 4x_2 \leqslant 16 \\ 2x_1 + x_2 \leqslant 8 \\ x_2 \leqslant 4 \\ x_1, \ x_2 \geqslant 0 \end{cases}$$

1.4 分别用单纯形法和图解法求解下列线性规划问题,并对照指出单纯形法迭代的每一步相当于图解法可行域中的哪一个顶点?

(1)

$$\max Z = 10x_1 + 5x_2$$

$$\text{s. t.} \begin{cases} 3x_1 + 4x_2 \leqslant 9 \\ 5x_1 + 2x_2 \leqslant 8 \\ x_1, \ x_2 \geqslant 0 \end{cases}$$

(2)

$$\max Z = 100x_1 + 200x_2$$

$$\text{s. t.} \begin{cases} x_1 + x_2 \leqslant 500 \\ x_1 \leqslant 200 \\ 2x_1 + 6x_2 \leqslant 1200 \\ x_1, \ x_2 \geqslant 0 \end{cases}$$

1.5 用单纯形法求解某线性规划问题得到最终单纯形表如表 1-14 所示.

表 1-14

C_B	X_B	b	50	40	10	60
	$c_j \rightarrow$		x_1	x_2	x_3	x_4
m	c	6	0	1	1/2	1
n	d	4	1	0	1/4	2
$c_j - Z_j$			0	0	e	f

要求:

(1)给出 m, n, c, d, e, f 的值或表达式.

（2）指出该问题是求目标函数的最大值还是最小值，并求出目标函数值.

1.6　分别用大 M 法和两阶段法求解下列线性规划问题，并指出问题解的特征.

（1）

$$\max Z = x_1 + 2x_2 + 3x_3 - x_4$$

$$\text{s. t.} \begin{cases} x_1 + 2x_2 + 3x_3 = 15 \\ 2x_1 + x_2 + 5x_3 = 20 \\ x_1 + 2x_2 + x_3 + x_4 = 10 \\ x_1, \ x_2, \ x_3, \ x_4 \geq 0 \end{cases}$$

（2）

$$\max Z = 2x_1 + x_2 + 3x_3$$

$$\text{s. t.} \begin{cases} 4x_1 + 2x_2 + 2x_3 \geq 4 \\ 2x_1 + 4x_2 \leq 20 \\ 4x_1 + 8x_2 + 2x_3 \leq 16 \\ x_1, \ x_2, \ x_3 \geq 0 \end{cases}$$

1.7　表 1-15 中给出某求目标函数极大值的线性规划问题的单纯形表，问表中 a_1，a_2，f_1，f_2，d 为何值或表中变量有何特征时，有：

（1）表中解为唯一最优解？

（2）表中解为多重最优解？

（3）表中解为退化解？

（4）下一步迭代将以 x_1 替换基变量 x_5？

（5）该线性规划问题具有无界解？

（6）该线性规划问题无可行解？

表 1-15

X_B	b	x_1	x_2	x_3	x_4	x_5
x_3	d	4	a_1	1	0	0
x_4	2	-1	-5	0	1	0
x_5	3	a_2	-3	0	0	1
$c_j - Z_j$		f_1	f_2	0	0	0

习题答案

第2章 线性规划的对偶理论与灵敏度分析

所谓对偶是指对同一事物(问题)从不同的角度(立场)观察,有两种拟似对立的表述,通常把这两种表述互称为对偶问题. 如对正方形的描述,可分别表述为:周长一定,正方形面积最大;面积一定,正方形周长最短. 又如一个企业决策者做生产规划时,可表述为:在有限的资源条件下实现利润最大;也可以提出确保生产任务完成的情况下,实现资源消耗最小. 科学中的对偶现象相当普遍,广泛存在于数学、物理、经济等诸多领域.

线性规划的对偶问题是 1947 年美籍匈牙利数学家冯·诺依曼提出的,是线性规划早期发展中最重要的发现. 即任何一个线性规划问题(称为原问题)都有一个称为对偶问题的另一个线性规划问题与之对应. 随后的研究表明,原问题与对偶问题之间有着非常密切的关系,以至于可以根据一个问题的最优解,得出另一个问题最优解的全部信息. 学习对偶理论,不仅能帮助决策者从另一个视角求解原始线性规划问题,而且能够帮助决策者进行灵敏度(敏感性)分析,并提供有意义的决策启示.

2.1 对偶问题及其数学模型

下面先来看一个实例.

例 2.1 有一机械厂在年度内计划生产甲、乙两种产品,两种产品分别需要在 A, B, C, D 四种不同的机床上加工. 每种产品在各机床上所需要的加工工时及每种机床在年内可以提供的机器台时如表 2-1 所示. 又知该工厂每生产一件甲产品可获利 2 元,每生产一件乙产品可获利 3 元. 问如何确定甲、乙产品的产量,才能使工厂总利润最大?

视频2-1

表 2-1

产品 \ 机器台时	A	B	C	D
甲	2	1	4	0
乙	2	2	0	4
可供台时	1200	800	1600	1200

解 设 x_1 和 x_2 分别表示甲产品和乙产品的年产量,该问题的线性规划模型(LP1)为

$$\max Z = 2x_1 + 3x_2$$

$$\text{s. t.} \begin{cases} 2x_1 + 2x_2 \leqslant 1200 \\ x_1 + 2x_2 \leqslant 800 \\ 4x_1 \leqslant 1600 \\ 4x_2 \leqslant 1200 \\ x_1, x_2 \geqslant 0 \end{cases}$$

现从另一角度来讨论上述问题. 假定该厂不再生产甲、乙两种产品,而是将四种机床出租,获取租金收入. 问工厂应如何定价才能确保租金收入不低于生产甲、乙产品所获利润?

显然,工厂出租机床设备的条件是,出租获利应不低于用同等数量机床资源由自己组织生产甲、乙两种产品所获得的利润.

设 y_1, y_2, y_3 和 y_4 分别表示 A, B, C, D 四种机床台时出租单价. 因工厂生产 1 单位的甲产品可获利 2 元,若不生产,将生产 1 单位甲产品所耗费的机床台时出租,所得租金不应低于 2 元,否则工厂选择生产产品而不会选择机床出租方案. 则有

$$2y_1 + y_2 + 4y_3 + 0y_4 \geqslant 2$$

同理,对于乙产品,得到不等式

$$2y_1 + 2y_2 + 0y_3 + 4y_4 \geqslant 3$$

出租设备的总收入为

$$S = 1200y_1 + 800y_2 + 1600y_3 + 1200y_4$$

工厂总是希望把出租收入提高,但过分地提高就不会有人来租,问题也就没有实际意义了. 考虑租赁双方都能接受为前提,工厂只能得到与自己生产甲、乙产品最优效果相同的租金收入,即满足约束条件的最低租价. 于是,上述问题的线性规划模型(LP2)为

$$\min S = 1200y_1 + 800y_2 + 1600y_3 + 1200y_4$$

$$\text{s. t.} \begin{cases} 2y_1 + y_2 + 4y_3 + 0y_4 \geqslant 2 \\ 2y_1 + 2y_2 + 0y_3 + 4y_4 \geqslant 3 \\ y_1, y_2, y_3, y_4 \geqslant 0 \end{cases}$$

上述 LP1 和 LP2 两个线性规划模型所依据的基础数据是一样的,区别在于 LP1 是资源一定,谋求生产收益最大化;LP2 则是确保收益一定,寻求资源耗费成本最小. 两个数学模型本质上涉及的都是工厂收益问题,从不同角度表达而已,实质上是一样的,通常称前者为原问题,后者为前者的对偶问题;有趣的是,当问题达到最优解时,LP1 与 LP2 具有相同目标值,即 $\max Z = \min S$.

2.2　线性规划的对偶理论

2.1 节通过对特定生产计划案例的讨论,可直观地了解到线性规划的原问题与其对偶问题之间的关系;本节将从理论上进一步讨论线性规划的对偶问题.

2.2.1　原问题与对偶问题的对应关系

将例 2.1 推广到一般情形，假设生产 n 种产品、消耗 m 种资源，从不同角度建立的原问题和对偶问题的数学模型为

视频2-2

原问题

$$\max Z = c_1 x_1 + c_2 x_2 + \cdots + c_n x_n$$

$$\text{s. t.} \begin{cases} a_{11}x_1 + a_{12}x_2 + \cdots + a_{1n}x_n \leqslant b_1 \\ a_{21}x_1 + a_{22}x_2 + \cdots + a_{2n}x_n \leqslant b_2 \\ \qquad\qquad \vdots \\ a_{m1}x_1 + a_{m2}x_2 + \cdots + a_{mn}x_n \leqslant b_m \\ x_j \geqslant 0 \quad j = 1, 2, \cdots, n \end{cases}$$

对偶问题

$$\min S = b_1 y_1 + b_2 y_2 + \cdots + b_m y_m$$

$$\text{s. t.} \begin{cases} a_{11}y_1 + a_{21}y_2 + \cdots + a_{m1}y_m \geqslant c_1 \\ a_{12}y_1 + a_{22}y_2 + \cdots + a_{m2}y_m \geqslant c_2 \\ \qquad\qquad \vdots \\ a_{1n}y_1 + a_{2n}y_2 + \cdots + a_{mn}y_m \geqslant c_n \\ y_i \geqslant 0 \quad i = 1, 2, \cdots, m \end{cases}$$

用矩阵形式表示为

原问题

$$\max Z = CX$$

$$\text{s. t.} \begin{cases} AX \leqslant b \\ X \geqslant 0 \end{cases}$$

对偶问题

$$\min S = Yb$$

$$\text{s. t.} \begin{cases} YA \geqslant C \\ Y \geqslant 0 \end{cases}$$

上述线性规划原问题与对偶问题数学模型满足以下条件：

(1) 两个模型所用数据集相同，均为 (A, C, b)，变量均满足非负约束；

(2) 对称(或称"一致")关系：若原问题的目标函数求极大时，其约束条件均取"$\leqslant$"形式；对应其对偶问题的目标函数为求极小，约束条件均为"$\geqslant$"形式，反之亦然.

将上述对称形式下线性规划原问题与对偶问题进一步分析比较，可以列出如表 2-2 所示的对应关系.

表 2-2

y_i ＼ x_j	x_1	x_2	$\cdots$	x_n	原关系	$\min S$
y_1	a_{11}	a_{12}	$\cdots$	a_{1n}	$\leqslant$	b_1
y_2	a_{21}	a_{22}	$\cdots$	a_{2n}	$\leqslant$	b_2
$\vdots$	$\vdots$	$\vdots$		$\vdots$	$\vdots$	$\vdots$
y_m	a_{m1}	a_{m2}	$\cdots$	a_{mn}	$\leqslant$	b_m
对偶关系	$\geqslant$	$\geqslant$	$\cdots$	$\geqslant$	$\max Z = \min S$	
$\max Z$	c_1	c_2	$\cdots$	c_n		

表 2-2 是将原问题与对偶问题的关系汇总于一个表中，从表格行观察是原问题，而从表格列去看就是对偶问题. 因此，只要某线性规划问题模型满足(1)(2)条件，就可以直接写出其对偶问题模型.

然而，在很多情况下，并非所有的线性规划问题具有对称(或"一致")形式，故下面讨论一般形式下线性规划问题模型如何写出其对偶问题模型.

对于非对称形式，处理的方式为：先将原问题转化为满足对称性条件的形式，然后再按表 2-2 写出其对偶问题. 下面用例子说明.

例 2.2 现有线性规划问题模型

$$\min S = 6x_1 + 3x_2 + 5x_3 \tag{2-1a}$$

$$\text{s. t.} \begin{cases} x_1 + 2x_2 + 3x_3 \geq 16 & (2\text{-}1b) \\ 2x_1 + 5x_2 - x_3 \leq 10 & (2\text{-}1c) \\ x_1 + x_2 + x_3 = 6 & (2\text{-}1d) \\ x_1 \geq 0,\ x_2 \leq 0,\ x_3\ \text{无约束} & (2\text{-}1e) \end{cases}$$

试写出它的对偶问题数学模型.

解 先将模型式(2-1)转化成为对称形式，再按表 2-2 的对应关系写出其对偶问题.

因该线性规划模型目标函数为求极小，则可考虑变量和约束条件变换为：目标极小、所有约束条件"≥"和所有变量非负的形式. 或者将模型式(2-1)转换为：目标极大、所有约束条件"≤"和所有变量非负的形式(这里读者可自行尝试). 为此

(1)在约束条件式(2-1e)中，令 $x_2' = -x_2$，由此 $x_2' \geq 0$；令 $x_3 = x_3' - x_3''$，其中 $x_3' \geq 0$，$x_3'' \geq 0$；

(2)将目标函数式(2-1a)中的变量进行替换，得 $\min S = 6x_1 - 3x_2' + 5(x_3' - x_3'')$；

(3)尽管约束条件式(2-1b)与目标函数极小化满足对称(或称"一致")关系，但需进行变量替换，得 $x_1 - 2x_2' + 3(x_3' - x_3'') \geq 16$；

(4)将约束条件式(2-1c)两边同乘 -1，得 $-2x_1 + 5x_2' + x_3' - x_3'' \geq -10$；

(5)对于约束条件(2-1d)的变换：先将其换为两个约束条件，有 $x_1 + x_2 + x_3 \geq 6$ 和 $x_1 + x_2 + x_3 \leq 6$；然后再将第二个变换为"≥"，即 $-x_1 - x_2 - x_3 \geq -6$；最后将两式中的变量均作替换，得：$x_1 - x_2' + x_3' - x_3'' \geq 6$ 和 $-x_1 + x_2' - (x_3' - x_3'') \geq -6$.

经整理，原问题数学模型可重新表达为

$$\min S = 6x_1 - 3x_2' + 5(x_3' - x_3'')$$

$$\text{s. t.} \begin{cases} x_1 - 2x_2' + 3(x_3' - x_3'') \geq 16 \\ -2x_1 + 5x_2' + (x_3' - x_3'') \geq -10 \\ x_1 - x_2' + (x_3' - x_3'') \geq 6 \\ -x_1 + x_2' - (x_3' - x_3'') \geq -6 \\ x_1 \geq 0,\ x_2' \geq 0,\ x_3' \geq 0,\ x_3'' \geq 0 \end{cases}$$

令各约束条件对应的对偶变量分别为 y_1, y_2', y_3', y_3''，按表 2-2 的对应关系写出其对偶问题为

$$\max Z = 16y_1 - 10y_2' + 6y_3' - 6y_3''$$

$$\text{s. t.} \begin{cases} y_1 - 2y_2' + y_3' - y_3'' \leq 6 & (2\text{-}2a) \\ -2y_1 + 5y_2' - y_3' + y_3'' \leq -3 & (2\text{-}2b) \\ 3y_1 + y_2' + y_3' - y_3'' \leq 5 & (2\text{-}2c) \\ -3y_1 - y_2' - y_3' + y_3'' \leq -5 & (2\text{-}2d) \\ y_1, y_2', y_3', y_3'' \geq 0 \end{cases}$$

若在式(2-2)中，令 $y_2 = -y_2'$，$y_3 = y_3' - y_3''$，将式(2-2b)两端同乘 -1，再将式(2-2c)和

式(2-2d)合并转化为 $3y_1 - y_2 + y_3 = 5$, 由此可得

$$\max Z = 16y_1 + 10y_2 + 6y_3$$

$$\text{s. t.} \begin{cases} y_1 + 2y_2 + y_3 \leqslant 6 \\ 2y_1 + 5y_2 + y_3 \geqslant 3 \\ 3y_1 - y_2 + y_3 = 5 \\ y_1 \geqslant 0, \ y_2 \leqslant 0, \ y_3 \ \text{为自由变量} \end{cases} \quad (2-3)$$

将对偶问题式(2-3)与原问题式(2-1)对比发现,无论是对称(或"一致")或非对称(不满足"一致")的线性规划问题,在写出其对偶问题时,原问题和对偶问题模型的基本结构没有差别,区别的只是约束条件的形式与其对应变量的取值. 根据例 2.2 线性规划问题的对偶问题构建过程,可将对称和非对称线性规划问题、原问题与对偶问题的对应关系统一归纳为表 2-3 所示的形式.

表 2-3

原问题(对偶问题)		对偶问题(原问题)	
目标函数	$\max Z = \sum\limits_{j=1}^{n} c_j x_j$	目标函数	$\min S = \sum\limits_{i=1}^{m} b_i y_i$
变量	$x_j \quad j = 1, 2, \cdots, n$	约束条件	有 n 个$(j = 1, 2, \cdots, n)$
	$x_j \geqslant 0$		$\sum\limits_{i=1}^{m} a_{ij} y_i \geqslant c_j$
	$x_j \leqslant 0$		$\sum\limits_{i=1}^{m} a_{ij} y_i \leqslant c_j$
	x_j 为自由变量		$\sum\limits_{i=1}^{m} a_{ij} y_i = c_j$
约束条件	有 m 个$(i = 1, 2, \cdots, m)$	变量	$y_i \quad i = 1, 2, \cdots, m$
	$\sum\limits_{j=1}^{n} a_{ij} x_j \leqslant b_i$		$y_i \geqslant 0$
	$\sum\limits_{j=1}^{n} a_{ij} x_j \geqslant b_i$		$y_i \leqslant 0$
	$\sum\limits_{j=1}^{n} a_{ij} x_j = b_i$		y_i 为自由变量

根据表 2-3 原问题与对偶问题的对应关系,就可直接从原(对偶)问题写出对偶(原)问题. 值得注意的是:在写对偶问题时,原问题是最大化还是最小化形式,对对偶问题的变量与约束条件的对应关系影响较大. 如例 2.2,直接对应其原问题的三个约束条件设置对偶变量 y_1, y_2, y_3,根据式(2-1)约束条件不等式方向与目标函数(minS)关系,可确定 $y_1 \geqslant 0, y_2 \leqslant 0, y_3$ 为自由变量. 然后根据原问题中的变量取值$(x_1 \geqslant 0, x_2 \leqslant 0, x_3$ 无约束),即可确定对偶问题中的约束条件不等号($\leqslant, \geqslant, =$),其他按表 2-2 与对称形式相同,直接可得式(2-3)对偶模型.

2.2.2 对偶问题的基本性质

(1) 对称性

对偶问题的对偶是原问题.

证 设原问题为

$$\max Z = CX;\ AX \leqslant b;\ X \geqslant 0$$

根据对偶问题的对称变换关系,可以找到它的对偶问题为

$$\min S = Yb;\ YA \geqslant C;\ Y \geqslant 0$$

将上式两边乘 -1, 又因 $\max(-S) = -\min S$, 于是

$$\max(-S) = -Yb;\ -YA \leqslant -C;\ Y \geqslant 0$$

根据对称变换关系,得上式的对偶问题为

$$\min Z = -CX;\ -AX \geqslant -b;\ X \geqslant 0$$

又因

$$-\min Z = \max Z$$

可得

$$\max Z = CX;\ AX \leqslant b;\ X \geqslant 0$$

这就是原问题. 证毕.

(2) 弱对偶性

若 $\overline{X}$ 是原问题的可行解,$\overline{Y}$ 是对偶问题的可行解,则存在 $C\overline{X} \leqslant \overline{Y}b$.

证 设原问题为

$$\max Z = CX;\ AX \leqslant b;\ X \geqslant 0$$

因 $\overline{X}$ 是原问题的可行解,故满足约束条件

$$A\overline{X} \leqslant b$$

若 $\overline{Y}$ 是给定的一组值,设它是对偶问题的可行解,$\overline{Y} \geqslant 0$, 将 $\overline{Y}$ 左乘上式,得

$$\overline{Y}A\overline{X} \leqslant \overline{Y}b$$

原问题的对偶问题是

$$\min S = Yb;\ YA \geqslant C;\ Y \geqslant 0$$

因为 $\overline{Y}$ 是对偶问题的可行解,所以满足

$$\overline{Y}A \geqslant C$$

在上式两边右乘 $\overline{X}$, 得

$$\overline{Y}A\overline{X} \geqslant C\overline{X}$$

于是得到

$$C\overline{X} \leqslant \overline{Y}A\overline{X} \leqslant \overline{Y}b$$

证毕.

(3) 无界性

若原问题(对偶问题)为无界解,则其对偶问题(原问题)无可行解.

视频2-3

证　由弱对偶性可以推得.

但需注意, 无界性不存在逆. 当原问题(对偶问题)无可行解时, 其对偶问题(原问题)或具有无界解或无可行解. 例如下述原问题与对偶问题均无可行解.

原问题(对偶问题)　　　　对偶问题(原问题)

$$\max Z = x_1 + x_2 \qquad \min S = -y_1 - y_2$$

$$\text{s. t.} \begin{cases} x_1 - x_2 \leqslant -1 \\ -x_1 + x_2 \leqslant -1 \\ x_1,\ x_2 \geqslant 0 \end{cases} \qquad \text{s. t.} \begin{cases} y_1 - y_2 \geqslant 1 \\ -y_1 + y_2 \geqslant 1 \\ y_1,\ y_2 \geqslant 0 \end{cases}$$

(4)可行解是最优解时的性质

若 $\hat{X}$ 是原问题的可行解, $\hat{Y}$ 是对偶问题的可行解, 当 $C\hat{X} = \hat{Y}b$ 时, $\hat{X}$, $\hat{Y}$ 是最优解.

证　由弱对偶性可知, 对偶问题的所有可行解 $\overline{Y}$ 都存在 $\overline{Y}b \geqslant C\hat{X}$, 现在 $C\hat{X} = \hat{Y}b$, 所以 $\overline{Y}b \geqslant \hat{Y}b$. 可见 $\hat{Y}$ 是使目标函数值达到最小值的可行解, 因此是最优解. 同理可以证明, 对于原问题的所有可行解 $\overline{X}$, 存在

$$C\hat{X} = \hat{Y}b \geqslant C\overline{X}$$

所以 $\hat{X}$ 是最优解. 证毕.

(5)对偶定理

若原问题有最优解, 那么对偶问题也有最优解, 且原问题与对偶问题的最优目标函数值相等.

证　设 $\hat{X}$ 为原问题的最优解, 它对应的基矩阵 B 必存在 $C - C_B B^{-1}A \leqslant 0$. 即得到 $\hat{Y}A \geqslant C$, 其中 $\hat{Y} = C_B B^{-1}$.

若这时 $\hat{Y}$ 是对偶问题的可行解, 它使

$$S = \hat{Y}b = C_B B^{-1}b$$

因原问题的最优解是 $\hat{X}$, 使目标函数取值

$$Z = C\hat{X} = C_B B^{-1}b$$

故有

$$\hat{Y}b = C_B B^{-1}b = C\hat{X}$$

可见 $\hat{Y}$ 是对偶问题的最优解. 证毕.

(6)互补松弛性

若 $\hat{X}$, $\hat{Y}$ 分别是原问题和对偶问题的可行解, 那么 $\hat{Y}X_s = 0$ 和 $Y_s\hat{X} = 0$, 当且仅当 $\hat{X}$, $\hat{Y}$ 为最优解.

证　设原问题和对偶问题的标准型分别为

原问题　　　　　对偶问题

$$\max Z = CX \qquad \min S = Yb$$

$$\begin{cases} AX + X_S = b \\ X,\ X_S \geqslant 0 \end{cases} \qquad \begin{cases} YA - Y_S = C \\ Y,\ Y_S \geqslant 0 \end{cases}$$

将原问题目标函数中的系数向量 C 用 $C = YA - Y_S$ 代替, 得

$$Z = CX = (YA - Y_S)X = YAX - Y_SX \tag{2-4}$$

将对偶问题的目标函数中的系数列向量, 用 $b = AX + X_S$ 代替, 得

$$S = Yb = Y(AX + X_S) = YAX + YX_S \tag{2-5}$$

若 $Y_S \hat{X} = 0$, $\hat{Y} X_S = 0$, 则 $\hat{Y}b = \hat{Y}A\hat{X} = C\hat{X}$, 由对偶定理可知, $\hat{X}$, $\hat{Y}$ 是最优解.

又若 $\hat{X}$, $\hat{Y}$ 分别是原问题和对偶问题的最优解, 同上理, 则有

$$C\hat{X} = \hat{Y}A\hat{X} = \hat{Y}b$$

由式 $(2-4)$ 和式 $(2-5)$ 可知, 必有 $\hat{Y}X_S = 0$, $Y_S\hat{X} = 0$. 证毕.

互补松弛定理即意味着有

$$\hat{y}_i \times \hat{x}_{n+i} = 0, \quad i = 1, 2, \cdots, m$$

$$\hat{x}_j \times \hat{y}_{m+j} = 0, \quad j = 1, 2, \cdots, n$$

若原问题是资源配置问题, 互补松弛性表明: 当资源 i 存在剩余时 (即 $\hat{x}_{n+i} > 0$), 其对应的对偶解一定为零; 反之, 如果某种资源对应的对偶解取值为正, 那么该资源已全部用完 ($\hat{x}_{n+i} = 0$), 即为系统的瓶颈资源.

互补松弛定理揭示了线性规划原问题与对偶问题最优解间的对应关系, 即可从原问题 (对偶问题) 的最优解直接判断求出对偶问题 (原问题) 的最优解.

例 2.3 现有线性规划问题

$$\min S = 2x_1 + 3x_2 + 5x_3 + 2x_4 + 3x_5$$

$$\text{s. t.} \begin{cases} x_1 + x_2 + 2x_3 + x_4 + 3x_5 \geqslant 4 \\ 2x_1 - x_2 + 2x_3 + x_4 + x_5 \geqslant 3 \\ x_j \geqslant 0 \quad j = 1, 2, 3, 4, 5 \end{cases}$$

已知其对偶问题的最优解为 $(y_1, y_2) = \left(\dfrac{4}{5}, \dfrac{3}{5}\right)$, 试用对偶理论求出原问题的最优解.

解 先写出它的对偶问题

$$\max Z = 4y_1 + 3y_2$$

$$\text{s. t.} \begin{cases} y_1 + 2y_2 \leqslant 2 & (2\text{-}6a) \\ y_1 - y_2 \leqslant 3 & (2\text{-}6b) \\ 2y_1 + 2y_2 \leqslant 5 & (2\text{-}6c) \\ y_1 + y_2 \leqslant 2 & (2\text{-}6d) \\ 3y_1 + y_2 \leqslant 3 & (2\text{-}6e) \\ y_1, y_2 \geqslant 0 \end{cases}$$

将 y_1, y_2 最优值代入对偶问题的 5 个约束条件, 得式 $(2\text{-}6b)$、式 $(2\text{-}6c)$ 和式 $(2\text{-}6d)$ 为严格不等式约束, 由互补松弛性可知它们对应的原问题的决策变量取值为零, 即 $x_2 = x_3 = x_4 = 0$. 因 $y_1, y_2 \geqslant 0$; 原问题的两个约束条件应取等式, 并将 $x_2 = x_3 = x_4 = 0$ 代入, 则有

$$\begin{cases} x_1 + 3x_5 = 4 \\ 2x_1 + x_5 = 3 \end{cases}$$

求解后得到 $x_1 = 1$, $x_5 = 1$; 故原问题的最优解为

$$X^* = (1, 0, 0, 0, 1)^{\mathrm{T}}, \ Z^* = 5$$

（7）设原问题是

$$\max Z = CX;\ AX + X_S = b;\ X,\ X_S \geqslant 0$$

它的对偶问题是

$$\min S = Yb;\ YA - Y_S = C;\ Y,\ Y_S \geqslant 0$$

则原问题单纯形表的检验数行对应其对偶问题的一个基本可行解，其对应关系如表 2-4 所示.

表 2-4

	$C\rightarrow$		C_B	C_N	$\mathbf{0}$
C_B	X_B	b	X_B	X_N	X_S
C_B	X_B	$B^{-1}b$	I	$B^{-1}N$	B^{-1}
	Z	$C_B B^{-1}b$	$\mathbf{0}$	$C_N - C_B B^{-1}N$	$-C_B B^{-1}$
	S	$C_B B^{-1}b$	Y_{S_1}	$-Y_{S_2}$	$-Y$

表中 Y_{S_1} 是对应原问题中基变量 X_B 的对偶约束条件的剩余变量，Y_{S_2} 是对应原问题中非基变量 X_N 的对偶约束条件的剩余变量.

证　设 B 是原问题的一个可行基，于是 $A = (B, N)$；原问题可以改写成

$$\max Z = C_B X_B + C_N X_N$$

$$\text{s. t.} \begin{cases} BX_B + NX_N + X_S = b \\ X_B,\ X_N,\ X_S \geqslant 0 \end{cases}$$

相应的对偶问题为

$$\min S = Yb$$

$$\text{s. t.} \begin{cases} YB - Y_{S_1} = C_B & (2\text{-}6) \\ YN - Y_{S_2} = C_N & (2\text{-}7) \\ Y,\ Y_{S_1},\ Y_{S_2} \geqslant 0 \end{cases}$$

这里 $Y_S = (Y_{S_1},\ Y_{S_2})$.

当求得原问题的一组解

$$X_B = B^{-1}b$$

其相应的检验数为 $C_N - C_B B^{-1}N$ 与 $-C_B B^{-1}$.

现分析这些检验数与对偶问题的解之间的关系：令 $Y = C_B B^{-1}$，将它代入式（2-6）和式（2-7）得

$$Y_{S_1} = \mathbf{0};\ -Y_{S_2} = C_N - C_B B^{-1}N$$

这些对应关系可在单纯形法计算表中看到，在求解原问题时，隐含着同时可获得对偶问题的解. 现举例说明.

例 2.4 以例 2.1 的原问题为例，求其对偶问题的最优解.

解 原问题数学模型 LP1 的标准型为

$$\max Z = 2x_1 + 3x_2$$

$$\text{s. t. } \begin{cases} 2x_1 + 2x_2 + x_3 = 1200 \\ x_1 + 2x_2 + x_4 = 800 \\ 4x_1 + x_5 = 1600 \\ 4x_2 + x_6 = 1200 \\ x_j \geqslant 0 \quad j = 1, 2, 3, 4, 5, 6 \end{cases}$$

应用单纯形法求解，最优单纯形表如表 2-5 所示.

表 2-5

	$c_j \rightarrow$		2	3	0	0	0	0
C_B	X_B	b	x_1	x_2	x_3	x_4	x_5	x_6
0	x_3	0	0	0	1	-1	$-1/4$	0
2	x_1	400	1	0	0	0	1/4	0
0	x_6	400	0	0	0	-2	1/2	1
3	x_2	200	0	1	0	1/2	$-1/8$	0
	$c_j - Z_j$		0	0	0	$-3/2$	$-1/8$	0

原问题的最优解为：

$$X^* = (400, 200, 0, 0, 0, 400)^T$$

目标函数最优值 $Z^* = 1400$.

根据表 2-4 的对应关系，对偶问题的最优解直接对应于单纯形表 2-5 中的检验数，关键是找到变量与变量之间的对应关系. 对偶问题的决策变量 y_1 对应于原问题的约束条件 $2x_1 + 2x_2 \leqslant 1200$；在利用单纯形法计算时，该约束引入了松弛变量 x_3. 因此，对偶问题的最优解中，y_1 即对应于变量 x_3 的检验数，即 $y_1 = 0$. 类似地，y_2，y_3，y_4 对应于变量 x_4，x_5，x_6 的检验数；由互补松弛性可知，对偶问题约束中的剩余变量 y_5，y_6 对应于变量 x_1，x_2 的检验数，而 x_1，x_2 均为基变量，则 y_5，y_6 属于 Y_{S_1} 集合，所以 Y_{S_2} 为空集. 故有

$$Y^* = (y_1, y_2, y_3, y_4)^T = \left(0, \frac{3}{2}, \frac{1}{8}, 0\right)^T$$

$$Y_{S_1}^* = (y_5, y_6)^T = (0, 0)^T$$

目标函数最优值 $S^* = 1400$.

这也就是例 2.1 中所要回答的问题，即工厂将四种机床出租时的出租价格标准为 $y_i (i = 1, 2, 3, 4)$，至于它们的经济含义将在 2.3 节进一步讨论.

同样，也可用单纯形法求解对偶问题模型 LP2，在对偶问题的最优单纯形表中找到原问题的最优解.

将对偶问题模型 LP2 的约束条件化等式后, 对 y_3 和 y_4 的系数进行处理可得单位矩阵,
故无须设置人工变量, 有

$$\min S = 1200y_1 + 800y_2 + 1600y_3 + 1200y_4 + 0y_5 + 0y_6$$

$$\text{s. t.} \begin{cases} \dfrac{1}{2}y_1 + \dfrac{1}{4}y_2 + y_3 - \dfrac{1}{4}y_5 = \dfrac{1}{2} \\ \dfrac{1}{2}y_1 + \dfrac{1}{2}y_2 + y_4 - \dfrac{1}{4}y_6 = \dfrac{3}{4} \\ y_i \geq 0 \quad i = 1, 2, \cdots, 6 \end{cases}$$

用单纯形法求解, 得对偶问题最优单纯形表如表 2-6 所示.

表 2-6

b_B	Y_B	C	y_1	y_2	y_3	y_4	y_5	y_6
	$b_i \rightarrow$		1200	800	1600	1200	0	0
1600	y_3	1/8	1/4	0	1	-1/2	-1/4	1/8
800	y_2	3/2	1	1	0	2	0	-1/2
	$b_i - S_i$		0	0	0	400	400	200

对偶问题最优解为

$$Y^* = \left(0, \frac{3}{2}, \frac{1}{8}, 0, 0, 0\right)$$

目标函数最优值 $S^* = 1400$.

根据表 2-4 的对应关系, 从表 2-6 可直接获取原问题的最优解:

$$X^* = (x_1, x_2)^{\mathrm{T}} = (400, 200)^{\mathrm{T}}$$
$$X_{S_1}^* = (x_4, x_5)^{\mathrm{T}} = (0, 0)^{\mathrm{T}}$$
$$X_{S_2}^* = (x_3, x_6)^{\mathrm{T}} = (0, 400)^{\mathrm{T}}$$

即　　　　$X^* = (x_1, x_2, x_3, x_4, x_5, x_6)^{\mathrm{T}} = (400, 200, 0, 0, 0, 400)^{\mathrm{T}}$
$$Z^* = 1400$$

所以, 原问题的最优解 $X^* = (x_1, x_2, x_3, x_4, x_5, x_6)^{\mathrm{T}} = (400, 200, 0, 0, 0, 400)^{\mathrm{T}}$.
最优目标值 $Z = 1400$.

这里值得注意的是: 以上原问题与对偶问题解的对应关系中, 当求得一个线性规划问题的最优单纯形表后, 在找其对偶问题的最优解时, 对偶问题最优解的实变量对应于最优单纯形表中原问题虚变量(松弛变量、多余变量、人工变量等)的检验数; 而对偶问题最优解的虚变量对应于最优单纯形表中原问题实变量的检验数, 而实变量中又有基变量和非基变量之分. 如表 2-6 中, 找虚变量 x_3, x_4, x_5, x_6 的值时, 表 2-6 中 y_2, y_3 为基变量, y_1, y_4 为非基变量. 由表 2-4 的对应关系, x_4, x_5 对应基变量 y_2, y_3 的检验数; x_3, x_6 则对应于非基变量 y_1, y_4 的检验数.

此外,根据上述性质还可由原问题(对偶问题)的数学模型形式直接推证对偶问题(原问题)解的情形.

例 2.5 已知线性规划问题数学模型

$$\max Z = x_1 + x_2$$

$$\text{s. t.} \begin{cases} -x_1 + x_2 + x_3 \leqslant 2 \\ -2x_1 + x_2 - x_3 \leqslant 1 \\ x_1,\ x_2,\ x_3 \geqslant 0 \end{cases}$$

试用对偶理论证明该线性规划问题无最优解.

证 首先看到该问题存在可行解,如 $\boldsymbol{X} = (0,\ 0,\ 0)^{\mathrm{T}}$;而它的对偶问题为

$$\min S = 2y_1 + y_2$$

$$\text{s. t.} \begin{cases} -y_1 - 2y_2 \geqslant 1 \\ y_1 + y_2 \geqslant 1 \\ y_1 - y_2 \geqslant 0 \\ y_1,\ y_2 \geqslant 0 \end{cases}$$

由第一约束条件可知对偶问题无可行解,因原问题有可行解,故无最优解.

通过上述对偶理论的分析与讨论发现,线性规划的原问题和对偶问题之间存在着诸多密切联系.这些联系对于提高线性规划问题的求解效率具有一定的启示:一般来说,求解一个线性规划问题的计算量,是同这个问题所含约束条件的个数有密切关系的.若约束条件的个数愈多,则基本可行解中基变量的个数也随之增多,相应地确定主元素和迭代变换的计算量也愈大,这样就可以考虑是解它的原问题还是对偶问题,使计算工作量相对小一点.根据经验,单纯形法的迭代次数大约是约束条件的 $1\sim1.5$ 倍.因此,当 $m < n$ 时,对原问题求解较好;当 $m > n$ 时,则对其对偶问题求解较好.然后,再根据表 2-4 的对应关系得到要求的最优解.

总之,对偶理论不仅仅是揭示事物之间奇妙的对应关系,最主要的是它具有重要的应用价值.无论从理论方面,还是从实际方面来看,对偶理论都是线性规划中非常重要和有趣的课题,其中还蕴含有深刻的"对立统一"的辩证思维,详见案例 2-1.

案例 2-1

2.3 对偶问题的经济解释

上述对偶理论从数学角度阐明了原问题和对偶问题之间的数量关系,其研究大大丰富了线性规划的内涵,使人们不仅可以求得线性规划问题的最优解,还能了解原问题和对偶问题之间的若干数量关系.下面从经济角度进一步揭示两者的内在联系.

视频 2-4

2.3.1　影子价格的概念

从 2.2.2 节对偶问题的基本性质可知, 当线性规划原问题求得最优解 x_j^* ($j = 1$, 2, $\cdots$, n)时, 其对偶问题也得到最优解 y_i^* ($i = 1, 2, \cdots, m$), 将它们代入各自目标函数后有

$$Z^* = \sum_{j=1}^{n} c_j x_j^* = \sum_{i=1}^{m} b_i y_i^* = S^* \qquad (2\text{-}8)$$

对式(2-8)求 Z^* 对 b_i 的偏导数, 得

$$\frac{\partial Z^*}{\partial b_i} = y_i^* \qquad (2\text{-}9)$$

式(2-8)和式(2-9)中 b_i 是线性规划原问题约束条件右端项, 它表示第 i 种资源的拥有量; 对偶变量 y_i^* 的意义代表在资源最优利用条件下, 资源 i 的单位改变量引起最优目标函数值 Z^* 的改变量, 通常称为**影子价格**(shadow price)或**边际价格**(marginal price). 影子价格表明对偶解对系统内部资源的客观估价, 这种估价不是资源的市场价格, 而是根据资源在最优生产方案中做出的贡献而给出的一种价值判断.

影子价格, 又称 Lagrange 乘子或灵敏度系数, 通常指线性规划对偶模型中对偶变量的最优解. 如果原规划模型属于在一定资源约束条件下, 按一定的生产消耗生产一组产品并寻求总体效益(如利润)函数最大化问题, 那么其对偶模型属于对本问题中每一资源以某种方式进行估价以便得出与最优生产计划一致的企业最低总耗费. 该对偶模型中资源的估价表现为相应资源的影子价格, 当所有资源按最优方式分配时, 第 i 种资源的影子价格 y_i^* 给出了第 i 种资源单位追加量的边际利润. 也就是说, 在原规划模型最优基保持不变的前提下, 增加(或减少)单位第 i 种资源, 原规划模型的目标函数值将增加(或减少)一个 y_i^* 值. 因此, 可根据 y_i^* 的大小, 对第 i 种资源紧缺程度和占用的经济效果作出判断, 探讨资源的优化利用, 为企业决策服务.

影子价格 y_i^* 随着目标函数、约束条件的经济意义和测度单位不同而有种种不同的具体内容. 例如将 y_i^* 视为第 i 种资源的边际值, 它反映了在一定条件下, 增加(或减少)单位第 i 种资源占用量对目标函数值增加或减少的影响程度. 将 y_i^* 视为第 i 种资源机会成本或机会损失, 它反映了企业若放弃单位第 i 种资源的利用, 将失去一次获利的机会, 其损失值为 y_i^*; 若增加单位第 i 种资源的利用, 企业将赢得一次增值为 y_i^* 的获利机会. y_i^* 看作一种附加值或附加价格, 它取决于企业对第 i 种资源使用效果的一种评价. 若第 i 种资源的单位市场价格为 m_i, 当 $y_i^* > m_i$ 时, 企业愿意购进这种资源. 也就是说, 如果第 i 种资源追加一单位, 做最优分配时所得利润 y_i^* 比成本 m_i 要大, 单位纯利润为 $y_i^* - m_i$, 购进这种资源有利可图; 如果 $y_i^* < m_i$, 企业愿意有偿转让这种资源, 可获单位纯利 $m_i - y_i^*$, 否则, 企业将无利可图, 甚至亏损.

另外, 当原问题或对偶问题模型为非对称形式, 也就是目标函数与其约束条件不一致(即 $\max Z$ 对应"$\geqslant$", 或 $\min S$ 对应"$\leqslant$"情形)时, 其经济上的解释要作相应的修正(详见本章 2.5 节).

现以例 2.1 为例, 结合具体数据对影子价格 y_i^* 作进一步的经济解释. 在 2.2 节中已求得原问题和对偶问题的最优解, 为了便于分析, 将原问题的数学模型陈述如下.

$$\max Z = 2x_1 + 3x_2$$

$$\text{s. t.} \begin{cases} 2x_1 + 2x_2 \leqslant 1200 \\ x_1 + 2x_2 \leqslant 800 \\ 4x_1 \leqslant 1600 \\ 4x_2 \leqslant 1200 \\ x_1, \ x_2 \geqslant 0 \end{cases}$$

原问题的最优解 $\boldsymbol{X}^* = (400, 200, 0, 0, 0, 400)^{\mathrm{T}}$

最优目标函数值 $Z^* = 1400$

对偶问题的最优解 $\boldsymbol{Y}^* = \left(0, \dfrac{3}{2}, \dfrac{1}{8}, 0, 0, 0\right)$

最优目标函数值 $S^* = 1400$

说明对偶问题的最优解 y_i^* 表示原问题中 A, B, C, D 四种资源(机床台时)的影子价格(出租定价)分别为 $0, \dfrac{3}{2}, \dfrac{1}{8}$ 和 0.

这就是说,在现有资源(机床台时)的基础上,若再增加机床 B 1 台时,可使总利润增加 $\dfrac{3}{2}$ 元;若再增加机床 C 1 台时,可使利润增加 $\dfrac{1}{8}$ 元;但再增加机床 A 和(或)机床 D 的台时,将不会使总利润增加(因为 $y_1^* = y_4^* = 0$).

为什么会出现上述几种不同的情况呢? 由互补松弛条件可知,对偶最优解

$$y_2^* = \frac{3}{2} > 0, \ y_3^* = \frac{1}{8} > 0$$

原问题的第 2 和第 3 两个约束条件将变成等式,即

$$\begin{cases} x_1^* + 2x_2^* = 800 \\ 4x_1^* = 1600 \end{cases}$$

说明按最优生产计划安排生产,现有资源中机床 B 和机床 C 的台时全部用完而没有剩余. 因此,若再增加两种机床台时,必须会给工厂带来新的收益. 而这时 $x_1^* = 400, x_2^* = 200$ 将使原问题的第 4 个约束条件变成严格不等式,即

$$4x_2^* < 1200$$

则必有 $y_4^* = 0$,说明按最优生产计划,第四种资源(机床 D 的台时)还有剩余(剩余量为 $x_6^* = 400$). 若再增加机床 D 的台时,只能造成积压,而不会使工厂增加收益.

在此,值得说明的是,在上述条件下,第 1 个约束条件也是严格等式,第一种资源(机床 A 的台时)已全部用完($x_3^* = 0$). 但是增加机床 A 的台时,并不能给工厂带来收益,其原因在于原问题出现了退化现象(如表 2-5 所示,有关线性规划的退化问题,读者可参阅本书 1.5.4 节或相关参考书).

2.3.2 影子价格在经营决策中的应用

影子价格在经营决策中的应用十分广泛,可为经济活动提供更多有价值的信息,日益为经济界人士所关注. 如

（1）影子价格能指明企业内部挖潜的方向

利用影子价格进行企业经济活动分析，不仅可以实现资源的最优配置，而且可以指明企业内部挖潜的主攻方向. 因为影子价格的大小能反映出各种资源在实现企业最优目标时的影响程度，影子价格越高的资源，表明它对目标增益的影响愈大，同时也表明这种资源对该企业来说愈稀缺和愈贵重，企业的管理者就应该更加重视对这种资源的管理，通过挖潜革新、降低消耗或及时补充该种资源，以保证其给企业带来较大的收益.

一般来说，对影子价格大于零的资源应采取措施，增加投入，以保证生产正常进行，实现利润最大化. 对影子价格为零的资源，企业的管理者也不应忽视，这种资源对该企业来说是相对富裕的. 一方面，可以向其他企业转让这种资源或者以市场价格出售获取收益，以免形成积压和浪费；另一方面，通过企业内部的改造、挖潜和增加对影子价格大于零的资源的投入后，使原有的剩余资源得以充分利用即产生"乘数"效应，变为新的紧缺资源（变为影子价格大于零）. 这种不断调整、补充，可以真正实现资源的合理利用.

（2）影子价格在企业经营决策中的作用

因为影子价格不是市场价格，它是根据企业本身的资源情况 b_i、消耗系数 a_{ij} 和产品的利润系数 c_j 计算出来的一种价格，是新增资源所创造的价格，是边际价格. 不同的企业，即使是相同的资源（例如钢材），其影子价格也不一定相同. 就是同一个企业，在不同的生产周期，资源的影子价格也不完全一样. 因此，企业的决策者可以把本企业资源的影子价格与当时的市场价格相比较，当第 i 种资源的影子价格高于市场价格时，则企业可以买进该种资源；而当某种资源的影子价格低于市场价格时（特别是当影子价格为零时），则企业可以卖出该种资源，以获得较大的利润. 随着资源的买进和卖出，它的影子价格也将发生变化，直到影子价格与市场价格保持同等水平时，才处于平衡状态. 所以我们说影子价格又是一种机会成本，它在决定企业的经营策略中起着十分重要的作用.

此外，影子价格在新产品开发决策中的应用、利用影子价格分析现有产品价格变动对资源紧缺情况的影响以及利用影子价格分析工艺改变后对资源的影响等.

值得指出的是，影子价格不是资源的实际价格，而是资源配置结构的反映，是在其他数据相对稳定的条件下某种资源增加一个单位导致的目标函数值的增量变化. 如若其他数据变了，影子价格也随之变化；即使其他数据不变，它也只能在一定的范围内保持不变，超出这个范围，最优基将发生变化，原来的影子价格也就变化了. 正是由于影子价格在经济管理中对收益能提供大量的信息，所以对偶理论中的影子价格概念正日益受到管理人员的重视. 以上的分析都是在最优基不变的条件下进行的，如果最优基有变化，则应结合本章 2.5 节线性规划的灵敏度分析的方法进行分析.

2.4　对偶单纯形法

2.4.1　对偶单纯形法的基本思想

对偶单纯形法是根据对偶问题的性质求解线性规划问题的一种单纯形法. 对偶问题性质在阐述原问题与对偶问题之间解的对应关系时指出：用单纯形表求解线性规划问题的过程

中，b 列得到的是原问题的基本可行解，而检验数行得到的是对偶问题的基本解. 通过逐步迭代，当所有变量的检验数均满足最优性检验（$\max Z$：$c_j - Z_j \leqslant 0$；$\min S$：$b_i - S_i \geqslant 0$，（$i = 1$，2，$\cdots$，m；$j = 1$，2，$\cdots$，n））时，检验数行得到的对偶问题解也是基本可行解. 根据对偶问题的性质，即为对偶问题的最优解，且原问题与对偶问题都是最优解. 迭代过程可简述为：保持原问题可行，通过迭代将对偶问题由不可行向可行转化，当对偶问题得到可行解时，即原问题和对偶问题的解均为基本可行解，问题达到最优.

根据对偶问题的对称性，也可以这样考虑：若保持对偶问题的解是基本可行解（即检验数满足最优性检验），而原问题在非可行解的基础上，通过逐步迭代达到基本可行解，这样也得到了最优解. 与上述对应可归纳为：保持对偶问题可行，将原问题由不可行向可行转化，当原问题得到可行解时，便得到了最优解. 这样做的优点是原问题的初始解不一定是基本可行解，可从非基本可行解开始迭代.

2.4.2 对偶单纯形法的算法步骤

下面仍以例 2.1 阐述对偶单纯形法的算法步骤.

例 2.6 取例 2.1 的对偶问题数学模型（LP2），考虑读者的习惯，变量换用 x_j 表示如下（LP2′）

$$\min S = 1200x_1 + 800x_2 + 1600x_3 + 1200x_4$$

$$\text{s. t.} \begin{cases} 2x_1 + x_2 + 4x_3 \geqslant 2 \\ 2x_1 + 2x_2 + 4x_4 \geqslant 3 \\ x_1, x_2, x_3, x_4 \geqslant 0 \end{cases}$$

现在用对偶单纯形法求解存在约束条件 "$\geqslant$" 形式的问题.

解 第一步：将问题（LP2′）化成下列形式，以便得到对偶问题的初始可行基. 为此，在约束条件两边同乘 -1，并将目标函数转换为求极大，即

$$\max Z = -1200x_1 - 800x_2 - 1600x_3 - 1200x_4 + 0x_5 + 0x_6$$

$$\text{s. t.} \begin{cases} -2x_1 - x_2 - 4x_3 + 0x_4 + x_5 = -2 \\ -2x_1 - 2x_2 + 0x_3 - 4x_4 + x_6 = -3 \\ x_j \geqslant 0 \quad j = 1, 2, \cdots, 6 \end{cases}$$

第二步：列出初始单纯形表，检查 b 列数字，若都为非负，检验数都为非正，则已得最优解，停止计算. 若检查 b 列数字时，至少还有一个负分量，检验数保持非正，转入第三步. 本例初始单纯形表如表 2-7 所示.

表 2-7

$c_j \rightarrow$			-1200	-800	-1600	-1200	0	0
C_B	X_B	b	x_1	x_2	x_3	x_4	x_5	x_6
0	x_5	-2	-2	-1	-4	0	1	0
0	x_6	-3	-2	-2	0	$[-4]$	0	1
	$c_j - Z_j$		-1200	-800	-1600	-1200	0	0

显然，表 2-7 中 $b = (-2, -3)^T$，不满足非负的要求，进入第三步计算.

第三步：确定换出变量. 按 $\min\{\bar{b}_i | \bar{b}_i < 0\} = \bar{b}_L$ 对应的基变量为换出变量，L 行也称为换出行. 表 2-7 中 $\min\{-2, -3\} = -3$，第二行 $(L = 2)$ 为换出行，对应的基变量 x_6 为换出变量.

第四步：确定换入变量. 在单纯形表中检查 L 行的各系数 $\bar{a}_{Lj}(j = 1, 2, \cdots, n)$. 若所有的 $\bar{a}_{Lj} \geq 0$，则无可行解，停止计算. 若存在 $\bar{a}_{Lj} < 0 (j = 1, 2, \cdots, n)$，计算

$$\theta = \min_j\left\{\frac{c_j - Z_j}{\bar{a}_{Lj}} \bigg| \bar{a}_{Lj} < 0\right\} = \frac{c_K - Z_K}{\bar{a}_{LK}}$$

按 θ 规则所对应的列的非基变量 x_K 为换入变量. 这样才能保持得到的对偶问题的解仍为可行解. 本例表 2-7 中，$\bar{a}_{21} = -2$，$\bar{a}_{22} = -2$，$\bar{a}_{24} = -4$，于是

$$\theta = \min\left\{\frac{-1200}{-2}, \frac{-800}{-2}, \frac{-1200}{-4}\right\} = 300$$

则 $K = 4$，x_4 为换入变量.

第五步：以 $\bar{a}_{LK}$ 为主元素，按原单纯形法在表中进行迭代运算，得到新的单纯形表. 如本例表 2-7 中以 $\bar{a}_{24}(\bar{a}_{24} = -4)$ 为主元素进行迭代运算，得到新的单纯形表如表 2-8 所示.

表 2-8

$c_j \rightarrow$			−1200	−800	−1600	−1200	0	0
C_B	X_B	b	x_1	x_2	x_3	x_4	x_5	x_6
0	x_5	−2	−2	[−1]	−4	0	1	0
−1200	x_4	3/4	1/2	1/2	0	1	0	−1/4
$c_j - Z_j$			−600	−200	−1600	0	0	−300

重复第三至第五步，直到 b 列的数值全部是正数为止. 本例在表 2-8 的基础上继续迭代的单纯形表如表 2-9 所示.

表 2-9

$c_j \rightarrow$			−1200	−800	−1600	−1200	0	0
C_B	X_B	b	x_1	x_2	x_3	x_4	x_5	x_6
−800	x_2	2	2	1	4	0	−1	0
−1200	x_4	−1/4	−1/2	0	[−2]	1	1/2	−1/4
$c_j - Z_j$			−200	0	−800	0	−200	−300
−800	x_2	3/2	1	1	0	2	0	−1/2
−1600	x_3	1/8	1/4	0	1	−1/2	−1/4	1/8
$c_j - Z_j$			0	0	0	−400	−400	−200

表 2-9 中，b 列的数字全为非负，检验数全为非正，故问题已达最优，最优解及最优目标值为

$$X^* = \left(0, \frac{3}{2}, \frac{1}{8}, 0, 0, 0\right)^T; \quad \min S = -\max Z = 1400$$

若原问题的变量换用 y_1，y_2 分别对应模型 LP2′ 的两个约束条件，添加松弛变量 y_3，y_4，y_5，y_6，则有

$$Y^* = (y_1^*, y_2^*, y_3^*, y_4^*, y_5^*, y_6^*) = (400, 200, 0, 0, 0, 400); \quad 最优目标值为 1400.$$

通过例 2.6 的分析，对于目标求最大（$\max Z$）形式的线性规划问题，对偶单纯形法的计算过程可归纳为如图 2-1 所示.

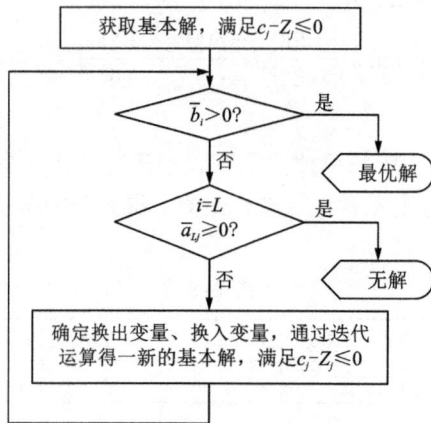

图 2-1

从以上求解过程可以看到对偶单纯形法有以下优点.

(1)初始解可以是非可行解，当检验数都满足最优性检验时，就可以进行基的变换，这时不需要加入人工变量，因此可以简化计算. 如线性规划模型中存在"≥"的约束条件时，不需加入人工变量，只要将该约束条件不等式两边同乘 − 1 后再加入松弛变量化为等式，若所有的检验数都满足最优性检验，即可用对偶单纯形法求解.

(2)一般来说，线性规划问题中变量数多于约束条件数时，单纯形法求解工作量相对小一些. 因此，若遇到变量较少，而约束条件很多的线性规划问题，可先变换成对偶问题，然后灵活应用单纯形法或对偶单纯形法计算，可以减少计算工作量.

(3)在灵敏度分析及求解整数规划的分支定界法和割平面法中，增加新的约束条件，不必对新问题从头做起，而用对偶单纯形法可以求出问题新的最优解，从而可使问题的处理简化. 具体的应用过程将在本章 2.5 节和第 3 章进一步介绍.

对偶单纯形法的局限性主要是：对大多数线性规划问题，很难找到一个对偶问题的初始可行基（即单纯形表基变量对应有单位矩阵，且满足最优性检验），因而这种方法在求解线性规划问题时很少单独应用.

2.5 线性规划的灵敏度分析

在之前讨论线性规划问题时,总是假设参数 c_j, b_i, a_{ij} 都是常数. 但实际上这些系数往往是估计值或预测值,而且随着条件的变化,这些数值也会发生变化. 如市场行情的变化会引起价值系数 c_j 的变化;单耗系数 a_{ij} 往往是因工艺条件的改变而改变; b_i 是根据资源投入后的经济效果决定的一种选择. 因此,很自然会提出这样的问题:当这些系数有一个或几个发生变化时,已求得的线性规划问题的最优解或最优基会产生怎样的变化;或者说这些系数在什么范围内变化,线性规划问题的最优解或最优基保持不变;以及在原最优解或最优基发生变化后,如何用最简便的方法求出新的最优解或最优基. 这些就是灵敏度分析所要讨论的问题.

视频2-5

所以,线性规划问题的**灵敏度分析**就是在线性规划问题求出最优解后,当参数变化时,不必从头开始重算一次,就能知道最优解及目标函数值会发生什么变化,使决策人员经济、便利地得到比一组最优解更多的信息. 由于它是在已求得线性规划最优解的基础上进行分析讨论的,所以灵敏度分析(sensitivity analysis)又称为**优化后分析**(post-optimality analysis).

2.5.1 灵敏度分析的基本原理

设有线性规划问题,数学模型用矩阵表示为

$$\max Z = CX$$

$$\text{s. t.} \begin{cases} AX \leqslant b \\ X \geqslant 0 \end{cases} \tag{2-10}$$

将式(2-10)化为标准型,并将决策变量向量分块为基变量 X_B、非基变量 X_N 和松弛变量 X_S,三块列向量为 $X = (X_B, X_N, X_S)^T$,其他向量和矩阵也作相应的分块变换,如式(2-11)所示.

$$\max Z = C_B X_B + C_N X_N + 0 X_S$$

$$\text{s. t.} \begin{cases} BX_B + NX_N + IX_S = b \\ X_B, X_N, X_S \geqslant 0 \end{cases} \tag{2-11}$$

这里用矩阵方法将基矩阵变换成单位矩阵. 将式(2-11)中的约束方程两边同时左乘基矩阵 B 的逆阵 B^{-1},可得

$$B^{-1}BX_B + B^{-1}NX_N + B^{-1}IX_S = B^{-1}b$$

即

$$IX_B + B^{-1}NX_N + B^{-1}X_S = B^{-1}b$$

所以有

$$X_B = B^{-1}b - B^{-1}NX_N - B^{-1}X_S \tag{2-12}$$

将式(2-12)代入式(2-11)中的目标函数式,可得

$$Z = C_B B^{-1}b + (C_N - C_B B^{-1}N)X_N - C_B B^{-1}X_S$$

此时,该线性规划模型可以表示为

$$\max Z = C_B B^{-1}b + (C_N - C_B B^{-1}N)X_N - C_B B^{-1}X_S$$

$$\text{s. t.} \begin{cases} IX_B + B^{-1}NX_N + B^{-1}X_S = B^{-1}b \\ X_B, X_N, X_S \geqslant 0 \end{cases} \tag{2-13}$$

将式(2-13)列入单纯形表如表2-10所示.

表 2-10

$C\rightarrow$			C_B	C_N	0
C_B	X_B	b	X_B	X_N	X_S
C_B	X_B	$B^{-1}b$	I	$B^{-1}N$	B^{-1}
Z		$-C_BB^{-1}b$	0	$C_N-C_BB^{-1}N$	$-C_BB^{-1}$

表 2-10 中基本解 $X = (X_B, X_N, X_S)^{\mathrm{T}} = (B^{-1}b, 0, 0)^{\mathrm{T}}$ 为最优解的条件是

$$\begin{cases} B^{-1}b\geq 0 & (2-14) \\ C_N-C_BB^{-1}N\leq 0 & (2-15) \\ -C_BB^{-1}\leq 0 & (2-16) \end{cases}$$

其中：式(2-14)表述原问题解可行条件,式(2-15)和式(2-16)为原问题最优性检验条件(同时也是对偶问题可行解的条件). 若表 2-10 同时满足上述三个条件,即为最优单纯形表. 最优解 X^* 为

$$X^* = (B^{-1}b, 0, 0)^{\mathrm{T}};\ \text{其中：} B \text{ 为最优基}$$

由式(2-14)、式(2-15)和式(2-16)不难看出：当线性规划问题中的参数 c_j, b_i, a_{ij} 一个或多个发生变化时,就有可能使得最优解或最优基发生变化. 如资源向量 b 中元素 b_i 变化,就会影响式(2-14)的成立；目标函数系数向量 C 中元素 c_j 变化,式(2-15)或式(2-16)的成立受到影响；而系数矩阵 A 中的元素 a_{ij} 的变化,则可能同时影响上述最优解的三个条件(因为 B 是 A 的子矩阵). 因此,灵敏度分析的理论依据就是看这些参数变化后,最优解条件式(2-14)、式(2-15)和式(2-16)是否仍成立. 所以,线性规划问题灵敏度分析的任务为

(1)保持已得最优解或最优基不变,求出这些系数的变化范围,即所谓系数的稳定性区间.

(2)当这些系数的变化超出了稳定性区间时,如何在原有最优解或最优基的基础上,作微小调整或进一步计算,就能尽快求出新的最优解或最优基.

当然,这些系数有可能是同时发生变化,为了理论研究的简便,这里仅讨论只有一个参数发生变化的情况,即单因素灵敏度分析；而且是针对目标函数求极大、约束条件均为小于等于形式进行讨论. 对于线性规划问题的其他形式可作必要的分析与变换后应用灵敏度分析的基本原理展开分析.

2.5.2 参数的灵敏度分析

(1)价值系数 c_j 的灵敏度分析

目标函数系数 c_j 的灵敏度分析是指在不改变原来最优解及其取值的条件下,求出 c_j 值的允许变动范围,也就是求出 c_j 变动值 Δc_j 的上下限.

由表 2-10 可知,目标函数系数 c_j 的变化只会影响到检验数的变化,即影响式(2-15)和式(2-16)能否成立.下面对应表 2-10 分两种情形讨论.

视频2-6

① c_j 为非基变量 x_j 的价值系数

设非基变量 x_j 的价值系数 c_j 改变为 Δc_j，即 $c_j' = c_j + \Delta c_j$，在上述最优解的条件中，只有式(2-15)会改变，为了讨论问题的方便，检验数$(c_j - Z_j)$用符号 σ_j 表示，即变化后的检验数为

$$\sigma_j' = c_j + \Delta c_j - C_B B^{-1} P_j = c_j + \Delta c_j - Z_j = \sigma_j + \Delta c_j$$

要保持原最优解不变，则必须满足

$$\sigma_j' = \sigma_j + \Delta c_j \leqslant 0$$

由此可导出

$$\Delta c_j \leqslant -\sigma_j = -(c_j - Z_j) \tag{2-17}$$

式(2-17)是保持原最优解不变时，非基变量 x_j 的目标系数 c_j 的变化范围，若超出这个范围，就要以 x_j 为换入变量在原最优单纯形表的基础上继续迭代，寻求新的最优解.

例 2.7 已知线性规划问题

$$\max Z = x_1 + 5x_2 + 3x_3 + 4x_4$$

$$\text{s. t.} \begin{cases} 2x_1 + 3x_2 + x_3 + 2x_4 \leqslant 800 & \text{（资源 1）} \\ 5x_1 + 4x_2 + 3x_3 + 4x_4 \leqslant 1200 & \text{（资源 2）} \\ 3x_1 + 4x_2 + 5x_3 + 3x_4 \leqslant 1000 & \text{（资源 3）} \\ x_j \geqslant 0 \quad j = 1, 2, 3, 4 \end{cases}$$

令 x_5, x_6, x_7 分别为资源 1，2，3 约束中的松弛变量，且 $x_5 \geqslant 0$, $x_6 \geqslant 0$, $x_7 \geqslant 0$. 该问题的最优单纯形表如表 2-11 所示.

表 2-11

C_B	X_B	b	x_1	x_2	x_3	x_4	x_5	x_6	x_7
$c_j \rightarrow$			1	5	3	4	0	0	0
0	x_5	100	0.25	0	-3.25	0	1	0.25	-1
4	x_4	200	2	0	-2.00	1	0	1	-1
5	x_2	100	-0.75	1	2.75	0	0	-0.75	1
Z_j		1300	4.25	5	5.75	4	0	0.25	1
σ_j			-3.25	0	-2.75	0	0	-0.25	-1

若保持现有最优解不变，试分别求非基变量 x_1, x_3 的价值系数 c_1, c_3 的变化范围.

解　由表 2-11 可知

$$\sigma_1 = -3.25, \quad \sigma_3 = -2.75$$

由式(2-17)可知，要保持现有最优解不变，c_1, c_3 的变动范围为

$$\Delta c_1 \leqslant 3.25, \quad \Delta c_3 \leqslant 2.75$$

即　　　　$c_1' = c_1 + \Delta c_1 \leqslant 1 + 3.25 = 4.25$；$c_3' = c_3 + \Delta c_3 \leqslant 3 + 2.75 = 5.75$

当 c_1 和 c_3 在区间$(-\infty, 4.25]$，$(-\infty, 5.75]$ 范围变动时，原最优解保持不变.

若 $c_1' = 5$ 时，超出了 c_1 的变化范围，最优解将会发生变化，新的最优解可在最优单纯形

表(表 2-11)的基础上, 将 x_1 的价值系数 1 换为 5, 求出新的 σ_1. 因为 $\sigma_1 > 0$, 则以 x_1 作为换入变量继续迭代, 如表 2-12 所示.

表 2-12

$c_j \rightarrow$			5	5	3	4	0	0	0
C_B	X_B	b	x_1	x_2	x_3	x_4	x_5	x_6	x_7
0	x_5	100	0.25	0	-3.25	0	1	0.25	-1
4	x_4	200	2	0	-2	1	0	1	-1
5	x_2	100	-0.75	1	2.75	0	0	-0.75	1
	σ_j		0.75	0	-2.75	0	0	-0.25	-1
0	x_5	75	0	0	-3	-0.125	1	0.125	-0.875
5	x_1	100	1	0	-1	0.5	0	0.5	-0.5
5	x_2	175	0	1	2	0.375	0	-0.375	0.625
	σ_j		0	0	-2	-0.375	0	-0.625	-0.625

已求得新的最优解为

$$X^* = (100, 175, 0, 0, 75, 0, 0)^T$$

新的最优目标函数值 $Z^* = 1375$.

② c_j 为基变量 x_j 的价值系数

对于最优基 $\boldsymbol{B}$ 而言, 某个基变量 x_j 的价值系数 c_j 变化, 将直接影响到最优解的条件式(2-15)和式(2-16), 使得最优单纯形表中的检验数发生变化. 设基变量 x_i (即 x_j 在最优单纯形表中处于第 i 行), 其价值系数记为 c_i', 变化值为 $\Delta c_i'$. 由于 Z_j 的计算式为

$$Z_j = \sum_{i=1}^{m} c_i' \overline{a}_{ij} \qquad (2-18)$$

当 c_i' 变化 $\Delta c_i'$ 后, 式(2-18)变成 $Z_j^N = \sum_{i=1}^{m} (c_i' + \Delta c_i') \overline{a}_{ij}$

$$\sigma_j' = c_j - Z_j^N = c_j - \sum_{i=1}^{m} (c_i' + \Delta c_i') \overline{a}_{ij}$$

$$= c_j - \sum_{i=1}^{m} c_i' \overline{a}_{ij} - \sum_{i=1}^{m} \Delta c_i' \overline{a}_{ij}$$

$$= \sigma_j - \sum_{i=1}^{m} \Delta c_i' \overline{a}_{ij}$$

因仅作单因素分析, 假定某一个 c_i' 变化 $\Delta c_i'$, 则有

$$\sigma_j' = \sigma_j - \Delta c_i' \overline{a}_{ij} \quad (j = 1, 2, \cdots, n) \qquad (2-19)$$

若要求最优解不变, 对于所有的非基变量 x_j 必须满足 $\sigma_j' \leqslant 0$, 即

$$\sigma_j - \Delta c_i' \overline{a}_{ij} \leqslant 0 \quad (j = 1, 2, \cdots, n)$$

由此可导出

当 $\bar{a}_{ij} < 0$ 时, 有

$$\Delta c_i' \leqslant \sigma_j / \bar{a}_{ij}$$

当 $\bar{a}_{ij} > 0$ 时, 有

$$\Delta c_i' \geqslant \sigma_j / \bar{a}_{ij}$$

综合起来, 基变量 x_i 的价值系数 c_i' 的允许变化范围 $\Delta c_i'$ 为

$$\max_j \left\{ \frac{\sigma_j}{\bar{a}_{ij}} \Big| \bar{a}_{ij} > 0 \right\} \leqslant \Delta c_i' \leqslant \min_j \left\{ \frac{\sigma_j}{\bar{a}_{ij}} \Big| \bar{a}_{ij} < 0 \right\} \tag{2-20}$$

如例 2.7 表 2-11 中, 求基变量 x_2, x_4 的价值系数 c_2, c_4 的灵敏度范围.

按基变量的排序, 求 c_4(即 c_2') 的灵敏度范围: 如表 2-11, 基变量 x_4 处在单纯形表的第 2 行($i = 2$), 对应的非基变量列有 $j = 1$, 3, 6, 7, 由式(2-20)有

$$\max_{j = 1, 6} \left\{ \frac{-3.25}{2}, \frac{-0.25}{1} \right\} \leqslant \Delta c_2' \leqslant \min_{j = 3, 7} \left\{ \frac{-2.75}{-0.75}, \frac{-1}{-1} \right\}$$

$$-0.25 \leqslant \Delta c_4 \leqslant 1$$

$$3.75 \leqslant c_4 \leqslant 5$$

同理, c_2(即 c_3')

$$\max_{j = 3, 7} \left\{ \frac{-2.75}{2.75}, \frac{-1}{1} \right\} \leqslant \Delta c_3' \leqslant \min_{j = 1, 6} \left\{ \frac{-3.25}{-0.75}, \frac{-0.25}{-0.75} \right\}$$

$$-1 \leqslant \Delta c_2 \leqslant 0.33$$

$$4 \leqslant c_2 \leqslant 5.33$$

故, 基变量 x_2, x_4 的价值系数 c_2, c_4 的灵敏度范围分别为 $[4, 5.33]$ 和 $[3.75, 5]$.

若 c_i 的变化超出其允许范围, 需要求新的最优解, 同样用变化后的 c_i' 代替原来的 c_i, 并修改原检验数, 继续迭代, 求新的最优解.

(2)资源系数 b_i 的灵敏度分析

b_i 的变化在实际问题中表现为可用资源数量发生变化. 资源量的变化必然会引起基变量取值的变化, 使得最优解发生变化. 因此, b_i 的灵敏度分析则是在保持最优解基变量不变, 但基变量的取值可以变动的条件下, 求 b_i 灵敏度范围.

根据灵敏度分析的基本原理, b_i 的变化只有可能影响到最优解条件式(2-14)的成立. 现设资源向量 b 中的某个系数 b_k 发生变化, 即 $b_k' = b_k + \Delta b_k$, 而规划问题中的其他系数都不变. 这样使最终表中原问题的解相应变化为

$$X_B' = B^{-1}(b + \Delta b) \tag{2-21}$$

其中, $\Delta b = (0, \cdots, \Delta b_k, 0, \cdots, 0)^\mathrm{T}$. 只要 $X_B' \geqslant 0$, 因最终表中检验数不变, 则最优基不变, 但最优解的取值发生了变化, 所以 X_B' 为新的最优解. 新的最优解的值可在 b_k 的允许范围内用以下方法确定.

由式(2-21)可得

$$B^{-1}(b + \Delta b) = B^{-1}b + B^{-1}\Delta b = B^{-1}b + B^{-1} \begin{bmatrix} 0 \\ \vdots \\ \Delta b_k \\ \vdots \\ 0 \end{bmatrix}$$

为不失一般性, 在模型式(2-11)中, 设第 k 行约束条件添加的松弛变量为 x_{n+k}(且 $x_{n+k} \geqslant 0$, n 为实变量的数目). 则最优单纯形表中的 $\boldsymbol{B}^{-1}$ 如式(2-22)所示.

$$\boldsymbol{B}^{-1} = \begin{bmatrix} \bar{a}_{1,\,n+1} & \bar{a}_{1,\,n+2} & \cdots & \bar{a}_{1,\,n+k} & \cdots & \bar{a}_{1,\,n+m} \\ \bar{a}_{2,\,n+1} & \bar{a}_{2,\,n+2} & \cdots & \bar{a}_{2,\,n+k} & \cdots & \bar{a}_{2,\,n+m} \\ & & \vdots & & \vdots & \vdots \\ \bar{a}_{i,\,n+1} & \bar{a}_{i,\,n+2} & \cdots & \bar{a}_{i,\,n+k} & \cdots & \bar{a}_{i,\,n+m} \\ & & \vdots & & \vdots & \vdots \\ \bar{a}_{m,\,n+1} & \bar{a}_{m,\,n+2} & \cdots & \bar{a}_{m,\,n+k} & \cdots & \bar{a}_{m,\,n+m} \end{bmatrix} \qquad (2\text{-}22)$$

则有

$$\boldsymbol{B}^{-1} \begin{bmatrix} 0 \\ \vdots \\ \Delta b_k \\ \vdots \\ 0 \end{bmatrix} = \begin{bmatrix} \bar{a}_{1,\,n+k} \Delta b_k \\ \vdots \\ \bar{a}_{i,\,n+k} \Delta b_k \\ \vdots \\ \bar{a}_{m,\,n+k} \Delta b_k \end{bmatrix} = \Delta b_k \begin{bmatrix} \bar{a}_{1,\,n+k} \\ \vdots \\ \bar{a}_{i,\,n+k} \\ \vdots \\ \bar{a}_{m,\,n+k} \end{bmatrix}$$

所以

$$\boldsymbol{X}'_B = \boldsymbol{B}^{-1}\boldsymbol{b} + \Delta b_k \begin{bmatrix} \bar{a}_{1,\,n+k} \\ \vdots \\ \bar{a}_{i,\,n+k} \\ \vdots \\ \bar{a}_{m,\,n+k} \end{bmatrix} = \begin{bmatrix} \bar{b}_1 \\ \vdots \\ \bar{b}_i \\ \vdots \\ \bar{b}_m \end{bmatrix} + \Delta b_k \begin{bmatrix} \bar{a}_{1,\,n+k} \\ \vdots \\ \bar{a}_{i,\,n+k} \\ \vdots \\ \bar{a}_{m,\,n+k} \end{bmatrix} \qquad (2\text{-}23)$$

在最终表中求得的经过变化后的 $\boldsymbol{b}$ 列的所有元素, 要求 $\bar{b}_i + \bar{a}_{i,\,n+k} \Delta b_k \geqslant 0$, $i = 1, 2, \cdots, m$. 由此可得

$$\bar{a}_{i,\,n+k} \Delta b_k \geqslant -\bar{b}_i, \quad i = 1, 2, \cdots, m$$

当 $\bar{a}_{i,\,n+k} > 0$ 时, 有

$$\Delta b_k \geqslant \frac{-\bar{b}_i}{\bar{a}_{i,\,n+k}}$$

当 $\bar{a}_{i,\,n+k} < 0$ 时, 得

$$\Delta b_k \leqslant \frac{-\bar{b}_i}{\bar{a}_{i,\,n+k}}$$

通过检查所有约束条件($i = 1, 2, \cdots, m$), 得 Δb_k 的灵敏度范围

$$\max_i \left\{ \frac{-\bar{b}_i}{\bar{a}_{i,\,n+k}} \,\middle|\, \bar{a}_{i,\,n+k} > 0 \right\} \leqslant \Delta b_k \leqslant \min_i \left\{ \frac{-\bar{b}_i}{\bar{a}_{i,\,n+k}} \,\middle|\, \bar{a}_{i,\,n+k} < 0 \right\} \qquad (2\text{-}24)$$

以例 2.7 为例, 对于资源 2, 求 Δb_2, 其中 $n = 4$, $k = 2$, $i = 1, 2, 3$. 将表 2-11 的相关数据代入式(2-24)有

$$\max \left\{ \frac{-\bar{b}_1}{\bar{a}_{1,\,6}}, \frac{-\bar{b}_2}{\bar{a}_{2,\,6}} \right\} \leqslant \Delta b_2 \leqslant \min \left\{ \frac{-\bar{b}_3}{\bar{a}_{3,\,6}} \right\}$$

$$\max\left\{\frac{-100}{0.25}, \frac{-200}{1}\right\} \leqslant \Delta b_2 \leqslant \min\left\{\frac{-100}{-0.75}\right\}$$

$$-200 \leqslant \Delta b_2 \leqslant 133.33$$

$$1000 \leqslant b_2 \leqslant 1333.33$$

b_2 的灵敏度范围[1000, 1333.3]有两层含义：第一，资源 2 可降低到 1000 单位或增加到 1333.33 单位，最优解的基变量仍是 x_5, x_4, x_2；第二，在这个范围内增加或减少任何数量的资源 2，它的影子价格（或称边际值）都是 0.25 元($y_2^* = 0.25$). 例如，如能多获得 100 单位资源 2，每单位资源 2 都可使利润增加 0.25 元，总利润增加 25 元.

由式(2-23)可知，若 b_i 在其灵敏度范围内变动，原基变量新的取值可用式(2-25)求得（约束条件方程是"≤"型式）

$$X^N = X^0 + (\Delta b_k)(\bar{a}_{n+k}) \tag{2-25}$$

式中　X^N——基向量新的取值

　　X^0——原基向量的取值

　　$(\bar{a}_{n+k})$——在最优单纯形表中的 x_{n+k} 列对应的系数列向量

在例 2.7 中，如 $\Delta b_2 = 100$，原来基向量的最优值为

$$X^0 = [100, 200, 100]^T$$

$$[\bar{a}_{4+2}] = [\bar{a}_6] = [0.25, 1, -0.75]^T$$

$$X^N = \begin{bmatrix} x_5^N \\ x_4^N \\ x_2^N \end{bmatrix} = \begin{bmatrix} 100 \\ 200 \\ 100 \end{bmatrix} + 100 \begin{bmatrix} 0.25 \\ 1.00 \\ -0.75 \end{bmatrix} = \begin{bmatrix} 125 \\ 300 \\ 25 \end{bmatrix}$$

新的最优目标值：$125 \times 0 + 300 \times 4 + 25 \times 5 = 1325$（元），较原方案（1300 元）增加了 25 元. 与用影子价格（或边际值）分析的结论相同.

(3)技术系数 a_{ij} 的灵敏度分析

技术系数 a_{ij} 是线性规划模型的系数矩阵 A 中的元素. 根据灵敏度分析原理，当线性规划问题求出最优解以后，一个或多个技术系数 a_{ij} 发生变化，可能同时影响原问题最优解的各个条件式(2-14)至式(2-16). 这里先讨论单个技术系数 a_{ij} 的变化情形.

技术系数 a_{ij} 的灵敏度分析是指在不改变最优解基变量及其取值的条件下，求 a_{ij} 的允许变动范围. 为了分析方便，将原线性规划问题的第 i 个约束条件（"≤"型）化为

$$\sum_{j=1}^m a_{ij}x_j + \sum_{j=m+1}^n a_{ij}x_j + x_{n+i} = b_i \quad (i = 1, 2, \cdots, m) \tag{2-26}$$

其中对应 $j = 1, 2, \cdots, m$ 的 x_j 为基变量，$j = m+1, m+2, \cdots, n$ 的 x_j 为非基变量，x_{n+i} 为松弛变量. 从式(2-26)不难看出，a_{ij} 的变化涉及两种情况：一是 a_{ij} 处于基变量系数列中，即 a_{ij} 为基矩阵 B 中的元素；二是 a_{ij} 处于非基变量系数列中，则 a_{ij} 为非基矩阵 N 中的元素.

①基变量 x_j 对应 a_{ij} 的变化

对于最优基 B 而言，当基变量 x_j 的系数 a_{ij} 发生变化时，对基 B 及其逆矩阵 B^{-1} 都有影响，即不仅影响现行最优解的可行性式(2-14)，同时也影响到它的最优性式(2-15)和式(2-16). 从式(2-26)可看出，还与虚变量（松弛变量）x_{n+i} 的取值有关，下面分两种情形讨论.

● **资源 i 被全部用完($x_{n+i} = 0$)**. 此时, 若 $\Delta a_{ij} > 0$, 即单位产品 x_j 消耗的资源 i 增加, 原有的资源 i 就不够用, 原来的最优解就不再是可行解了. 因此, 必须有 $\Delta a_{ij} \leq 0$. 另一方面, 若 $\Delta a_{ij} < 0$, 则节约下来的资源可以移作他用. 因为已有假设资源 i 被全部用完, 松弛变量 $x_{n+i} = 0$, 不在基变量内, 其检验数 $\sigma_{n+i} = c_{n+i} - Z_{n+i} \leq 0$, 必有 $Z_{n+i} \geq 0$, 也就是资源 i 的影子价格为正数. 说明节约的资源可以增加利润, 现行最优解将不再是最优. 因此不能有 $\Delta a_{ij} < 0$, 必须有 $\Delta a_{ij} \geq 0$.

综上所述, 若要保持最优解的基变量及其取值不变, 必有

$$\Delta a_{ij} = 0 \qquad\qquad (2\text{-}27)$$

在本章的例 2.7 中, 属于这种情况的 Δa_{ij} 有 Δa_{22}, Δa_{24}, Δa_{32}, Δa_{34}. 所以有

$$\Delta a_{22} = \Delta a_{24} = \Delta a_{32} = \Delta a_{34} = 0$$

● **资源 i 没有被全部用完($x_{n+i} > 0$)**. 此时, 若单位产品 x_j 消耗资源 i 增加, 即 $\Delta a_{ij} > 0$, 就会减少剩余资源量(松弛变量)x_{n+i}, 只要不减为负数, 原来最优解仍是可行解. 又因为 $c_{n+i} = 0$, 松弛变量 x_{n+i} 减少不会减少利润, 原来的解仍保持最优, 所以只需满足 $\Delta a_{ij} x_j \leq x_{n+i}$, 即 Δa_{ij} 的上限为 $\dfrac{x_{n+i}}{x_j}$; 反之, a_{ij} 减少, 只会增加已有剩余的资源 i, 也不会改变最优解, 所以 Δa_{ij} 的下限为 $-\infty$.

综合起来, 有

$$-\infty < \Delta a_{ij} \leq \frac{x_{n+i}}{x_j} \qquad\qquad (2\text{-}28)$$

在例 2.7 中, 属于这种情况的 Δa_{ij} 有 Δa_{12} 和 Δa_{14}, 即

$$-\infty < \Delta a_{12} \leq 1 \qquad\qquad -\infty < \Delta a_{14} \leq \frac{1}{2}$$

②非基变量 x_j 对应 a_{ij} 的变化

对于最优基 $\boldsymbol{B}$ 而言, 当非基变量 x_j 的系数 a_{ij} 发生变化时, 基 $\boldsymbol{B}$ 及其逆矩阵 $\boldsymbol{B}^{-1}$ 都不受影响, 即不影响它的可行性式(2-14). 但非基矩阵 $\boldsymbol{N}$ 发生变化, 将会影响到非基变量的最优性式(2-15). 由于在最优基 $\boldsymbol{B}$ 的条件下, 非基变量取值为 0, 则其分析与资源 i 是否被全部用完无关.

设非基变量 x_j 的系数 a_{ij} 改变为 $a'_{ij} = a_{ij} + \Delta a_{ij}$, 其对应的系数列向量 $\boldsymbol{P}_j$ 变为 $\boldsymbol{P}'_j = \boldsymbol{P}_j + \Delta \boldsymbol{P}_j$, 其中 $\Delta \boldsymbol{P}_j = (0, \cdots, \Delta a_{ij}, \cdots, 0)^{\mathrm{T}}$, 则变化后的检验数为

$$\sigma'_j = \boldsymbol{C}_j - \boldsymbol{C}_B \boldsymbol{B}^{-1} \boldsymbol{P}'_j = \boldsymbol{C}_j - \boldsymbol{C}_B \boldsymbol{B}^{-1} (\boldsymbol{P}_j + \Delta \boldsymbol{P}_j)$$
$$= \sigma_j - \boldsymbol{Y} \Delta \boldsymbol{P}_j \qquad (j = 1, 2, \cdots, n)$$

其中 $\boldsymbol{Y} = \boldsymbol{C}_B \boldsymbol{B}^{-1}$ 为对偶问题可行解, 要使原问题最优解保持不变, 则必须 $\sigma'_j \leq 0$, 即

$$\boldsymbol{Y} \Delta \boldsymbol{P}_j \geq \sigma_j \quad (j = 1, 2, \cdots, n) \qquad\qquad (2\text{-}29)$$

$$(y_1, \cdots, y_i, \cdots, y_m) \begin{bmatrix} 0 \\ \vdots \\ \Delta a_{ij} \\ \vdots \\ 0 \end{bmatrix} = y_i \Delta a_{ij} \geq \sigma_j$$

由此可导出

当 $y_i > 0$ 时, 有

$$\Delta a_{ij} \geqslant \frac{\sigma_j}{y_i} \qquad (2\text{-}30)$$

当 $y_i < 0$ 时, 有

$$\Delta a_{ij} \leqslant \frac{\sigma_j}{y_i} \qquad (2\text{-}31)$$

注意, 式(2-30)和式(2-31)中, 当原问题线性规划模型目标函数为极大(极小)时, 第 i 个约束条件对应为小于等于(大于等于)型时, 从经济意义上来说, $y_i > 0$ 给目标函数带来正贡献; 相反, 目标函数为极大(极小), 第 i 个约束条件对应为大于等于(小于等于)型时, $y_i < 0$ (即给目标函数带来的是负贡献); 同时发现当 $y_i = 0$ 时, a_{ij} 的变化没有限制.

在例 2.7 中, 表 2-11 中属于这种情形的 a_{ij} 有 Δa_{11}, Δa_{13}, Δa_{21}, Δa_{23}, Δa_{31}, Δa_{33}. 因为 $y_1 = 0$, $y_2 = 0.25 > 0$, $y_3 = 1 > 0$, 则由式(2-30)可计算出 $\Delta a_{21} \geqslant -13$, $\Delta a_{23} \geqslant -11$, $\Delta a_{31} \geqslant -3.25$, $\Delta a_{33} \geqslant -2.75$, Δa_{11}, Δa_{13} 无限制, 进而就可以求出这些参数的灵敏度范围.

此外, 对于多个技术系数 a_{ij} 的变化情形主要包括增加新产品的灵敏度分析和增加新约束条件的灵敏度分析.

增加新产品的灵敏度分析是指在原问题已得最优生产方案的基础上, 经过调研, 获得该种新产品的各种技术参数, 如单位耗费、单位价格等, 决定该产品是否值得投入生产. 这里在原问题已获得最优解的基础上, 依据灵敏度分析的基本思想与原理, 增加新产品是否有利的分析会变得很容易.

设增加的新产品的产量为 x_N, 对应的价值系数为 c_N, 消耗各种资源的单位耗费为 a_{iN}, 即在原系数矩阵 $\boldsymbol{A}$ 中增加的系数列向量 $\boldsymbol{P}_N = (a_{1N}, a_{2N}, \cdots, a_{mN})^{\mathrm{T}}$, 则把 x_N 看成非基变量, 在原来的最优单纯形表中增加一列, 系数向量为

$$\boldsymbol{P}'_N = \boldsymbol{B}^{-1} \boldsymbol{P}_N = (a'_{1N}, a'_{2N}, \cdots, a'_{mN})^{\mathrm{T}} \qquad (2\text{-}32)$$

由上述非基变量 x_j 对应 a_{ij} 的变化分析可知, 非基变量的技术系数的变化将会影响其最优性式(2-15), 则非基变量 x_N 的检验数为

$$\sigma_N = c_N - \boldsymbol{C}_B \boldsymbol{B}^{-1} \boldsymbol{P}_N = c_N - \boldsymbol{Y} \boldsymbol{P}_N = c_N - \sum_{i=1}^{m} a_{iN} y_i \qquad (2\text{-}33)$$

若 $\sigma_N \leqslant 0$, 则原问题最优解不变, 说明增加这种新产品不能使原最优目标值得到改进, 故增加该新产品不利; 反之, $\sigma_N \geqslant 0$, 则原问题最优解变化, 生产该新产品有利, 其新的最优解可将式(2-32)加入原问题最优单纯形表继续迭代求解.

在例 2.7 中, 如建议生产新产品, 设产量为 x_N, 已知 $a_{1N} = 5$, $a_{2N} = 4$, $a_{3N} = 3$, $c_N = 9$, 问该产品是否值得投产?

从表 2-11 得知 $y_1 = 0$, $y_2 = 0.25$, $y_3 = 1$, 所以

$$\sigma_N = c_N - \sum_{i=1}^{m} a_{iN} y_i = 9 - (5 \times 0 + 4 \times 0.25 + 3 \times 1) = 5 > 0$$

故该新产品值得投入生产. 至于该新产品的生产量和多获得利润的确定, 只需在单纯形表 2-11 中增加 x_N 列, 对应系数列向量按式(2-32)换成 $\boldsymbol{P}'_N$, 然后以 x_N 作为换入变量进行迭代即可.

增加新约束条件的灵敏度分析. 在原来线性规划问题的最优解求出以后, 增加一个新的约束条件, 在现实的管理中经常遇到, 如在生产过程中, 某些原材料或零部件因多方面的原

因不能得到满足, 即原料(或部件)供应受到限制. 此时, 是否仍按原计划生产?

这样就要在原线性规划问题中增加一个约束条件, 使得原来线性规划模型的系数矩阵 A 增加了一行 $a_{m+1,j}$ ($j = 1, 2, \cdots, n$). 此时系数矩阵 A 的变化既涉及到基变量系数的变化, 同时涉及到非基变量系数的变化. 若采用前述单个技术系数 a_{ij} 的分析方法, 问题变得较为复杂. 对此, 依据灵敏度分析的基本思想与原理, 应用对偶单纯形法, 使得增加新的约束条件后, 新问题不必从头算起, 就可做出是否改变原来生产方案的判断以及获取新的最优方案.

具体做法是: 首先把已求得的原问题的最优解代入新增加的约束条件, 如果满足, 原问题最优解仍是新问题的最优解, 计算停止; 如果不满足, 则将新的约束条件变换为等式(加松弛变量或减多余变量)加入到原来最优单纯形表中去, 并作初等变换得到一个满足最优性检验, 但不可行的单纯形表, 然后应用对偶单纯形法, 即可求得新的最优解, 具体计算过程详见 2.5.3 节应用示例.

2.5.3 灵敏度分析应用示例

例 2.8 某工厂用 5 种生产方法生产 A、B、C 三种产品, 有关数据如表 2-13 和表 2-14 所示.

表 2-13

产品 每批产量 \ 生产方法	I	II	III	IV	V	单位售价/元
A	3	2	4	4	0	10
B	6	1	2	1	4	5
C	2	6	5	1	8	4

表 2-14

资源 资源单耗 \ 生产方法	I	II	III	IV	V	可取得数量
工时/h	0	4	6	1	2	80
机器小时/h	1	1	2	1	1	50
每批成本/元	48	19	30	44	7	—

有一合同要求至少生产 A 产品 110 单位.

设 x_j 为使用第 j 种生产方法生产的批数($j = 1, 2, \cdots, 5$), x_6 为 A 产品产量超过 110 单位的数量, x_7 为松弛工时, x_8 为松弛机器小时, 求最大利润的数学模型标准型为

$$\max Z = 20x_1 + 30x_2 + 40x_3 + 5x_4 + 45x_5 + 0x_6 + 0x_7 + 0x_8$$

$$\text{s. t.} \begin{cases} 3x_1 + 2x_2 + 4x_3 + 4x_4 - x_6 = 110 & (合同) \\ 4x_2 + 6x_3 + x_4 + 2x_5 + x_7 = 80 & (工时) \\ x_1 + x_2 + 2x_3 + x_4 + x_5 + x_8 = 50 & (机器小时) \\ x_j \geqslant 0 \quad j = 1, 2, \cdots, 8 \end{cases}$$

求得最优单纯形表如表 2-15 所示.

表 2-15

	$c_j \rightarrow$		20	30	40	5	45	0	0	0
C_B	X_B	b	x_1	x_2	x_3	x_4	x_5	x_6	x_7	x_8
20	x_1	26	1	0	0.4	1	0	-0.2	-0.2	0.4
30	x_2	16	0	1	1.4	0.5	0	-0.2	0.3	-0.6
45	x_5	8	0	0	0.2	-0.5	1	0.4	-0.1	1.2
	Z_j		20	30	59	12.5	45	8	0.5	44
	$c_j - Z_j$		0	0	-19	-7.5	0	-8	-0.5	-44

假设以下十种情形是相互独立的, 试对它们进行灵敏度分析.

解　(1) 如第 Ⅱ 种生产方法的每批成本提高到 21 元, 问是否会改变最优解?

如表 2-15 所示, x_2 在基变量内, 成本增加 2 元就是利润减少 2 元, 即 c_2 变动. 根据式 (2-20) 得 Δc_2 的上下限为

$$\max\left\{\frac{-19}{1.4}, \frac{-7.5}{0.5}, \frac{-0.5}{0.3}\right\} \leqslant \Delta c_2 \leqslant \min\left\{\frac{-8}{-0.2}, \frac{-44}{-0.6}\right\} \qquad (2\text{-}34)$$

$$-1.67 \leqslant \Delta c_2 \leqslant 40; \quad 即 \ 28.33 \leqslant c_2 \leqslant 70$$

因 c_2 减少 2 元超出下限, 所以最优解将会改变. 从式 (2-34) 可看出, Δc_2 的下限是在 x_7 列达到的. 因此, 第 Ⅱ 种生产方法的利润 $c_2 \leqslant 28.33$ 时, 检验数第一个取正数的非基变量是 x_7, 即 x_7 将入基. 然后, 根据 θ 规则在表 2-15 上继续迭代, 即可求得新的最优解.

(2) 如果产品 B 的单位售价增加到 6 元, 是否影响最优解?

B 的单位售价增加, 五种生产方法对应的 c_j 值都会变动, 这是一个参数规划问题. 但用灵敏度分析的知识也可解决, 只是方法较繁而已.

① 求出新的 c_j 值: $c_1 = 26$, $c_2 = 31$, $c_3 = 42$, $c_4 = 6$, $c_5 = 49$.

② 将新的 c_j 值代替表 2-15 中的 c_j 值, 重新计算 Z_j 和 $c_j - Z_j$, 并检验是否最优, 如表 2-16 所示.

表 2-16

	$c_j \rightarrow$		26	31	42	6	49	0	0	0
C_B	X_B	b	x_1	x_2	x_3	x_4	x_5	x_6	x_7	x_8
26	x_1	26	1	0	0.4	1.0	0	-0.2	-0.2	0.4
31	x_2	16	0	1	1.4	0.5	0	-0.2	0.3	-0.6
49	x_5	8	0	0	0.2	-0.5	1	0.4	-0.1	1.2
	Z_j		26	31	63.6	17	49	8.2	-0.8	50.6
	$c_j - Z_j$		0	0	-21.6	-11	0	-8.2	0.8	-50.6

表 2-16 中 $c_7-Z_7=0.8>0$，问题尚未达到最优．将 x_7 入基，再根据 θ 规则在表 2-15 上继续迭代，即可求得新的最优解．

（3）现在每工时的工资为 3 元，如果加班，需要另付加班费每小时 0.3 元，问加班是否有利？如有利，在不改变现有生产方案的条件下最多可加班多少小时？

从表 2-15 可看出，工时（第 2 种资源）的影子价格（边际值）$y_2=0.5$ 元，这意味着工时在其灵敏度范围内每增加 1 h，利润将增加 0.5 元．而加班费每小时只需要 0.3 元，所以加班是有利的．为确定在不改变现有生产方案的条件下最多可增加的加班时数，需对 b_2 进行灵敏度分析，根据式（2-24）有

$$\max\left\{\frac{-16}{0.3}\right\}\leqslant\Delta b_2\leqslant\min\left\{\frac{-26}{-0.2},\frac{-8}{-0.1}\right\}$$

$$-53\frac{1}{3}\leqslant\Delta b_2\leqslant80$$

可见加班最多为 80 h，可增加利润 $(0.5-0.3)\times80=16$（元）．

新的最优方案根据式（2-25）计算得

$$\begin{bmatrix}x_1^N\\x_2^N\\x_5^N\end{bmatrix}=\begin{bmatrix}26\\16\\8\end{bmatrix}+80\begin{bmatrix}-0.2\\0.3\\-0.1\end{bmatrix}=\begin{bmatrix}10\\40\\0\end{bmatrix}$$

如果加班工时超过 80 h，最优解的基变量将会发生变化，此时就成了参数规划问题．

（4）现准备购置一批新机器，购置价为每台 30 万元，机器的经济寿命为 5 年，每年按 250 工作日计算，机器每天运转时间为 8 h，若不考虑随机器而增加的其他费用，问购置新机器是否有利？若有利，在不改变现有生产方案的条件下，最多购置多少台新机器最为合适？

由表 2-15 得知机器小时的影子价格（边际值）为 44 元（$y_3=44$）．假定不考虑随新增机器而发生的费用，每机器小时的成本为 30 元，所以新增机器是有利的．

为确定在不改变现有生产方案的条件下，最多可增加的机器时数，可对 b_3 进行灵敏度分析，根据式（2-24）有

$$\max\left\{\frac{-26}{0.4},\frac{-8}{1.2}\right\}\leqslant\Delta b_3\leqslant\min\left\{\frac{-16}{-0.6}\right\}$$

$$-6\frac{2}{3}\leqslant\Delta b_3\leqslant26\frac{2}{3}$$

即最多可增加的机器时数为 26.67 h，按机器每天运转 8 h 计，最多可以增加 3 台新机器．

（5）如题中所述，公司按合同每天至少供应 110 单位 A 产品，如变更合同减少供应量，是否有利？

决策人应考虑变更合同是否影响工厂的信誉、工厂与顾客的关系等因素．若从运筹学角度来说，由于合同的约束条件是"$\geqslant$"型式，由表 2-15 得知产品 A 的影子价格（边际值）为 $y_1=-8$ 元，这就意味着，增加 1 单位的合同供应量，将会减少利润 8 元．现求 Δb_1 的灵敏度范围

$$\max\left\{\frac{-8}{0.4}\right\}\leqslant-\Delta b_1\leqslant\min\left\{\frac{-26}{-0.2},\frac{-16}{-0.2}\right\}$$

$$-80\leqslant\Delta b_1\leqslant20$$

表明合同减少 80 单位，利润可增加 640 元．在此，同样对式（2-25）作相应的修正，因

x_6 为剩余变量，则有 $\boldsymbol{X}^N = \boldsymbol{X}^0 + (\Delta b_k)(-\bar{\boldsymbol{a}}_{n+k})$. 则基变量新的取值为

$$\begin{bmatrix} x_1^N \\ x_2^N \\ x_5^N \end{bmatrix} = \begin{bmatrix} 26 \\ 16 \\ 8 \end{bmatrix} + (-80)\begin{bmatrix} 0.2 \\ 0.2 \\ -0.4 \end{bmatrix} = \begin{bmatrix} 10 \\ 0 \\ 40 \end{bmatrix}$$

这里可通过目标函数值进行检算：$Z^0 = 1360$（元），$Z^N = 2000$（元），即利润增加 640 元，与上述用边际值计算的结论一致. 若减少合同供货数超出 80 单位，是否可增加利润，是参数规划研究的问题，这里不作讨论.

（6）第 IV 种生产方法的成本要降低到什么程度才能增加利润？

由表 2-15 可看出，第 IV 种生产方法对应的 x_4 是非基变量，先根据式（2-17）求 x_4 的灵敏度范围

$$-\infty < \Delta c_4 \leqslant -(-7.5), \quad -\infty < c_4 \leqslant 12.5$$

说明 c_4 超出该灵敏度范围，x_4 就可入基，从而改变当前最优基和最优解，使得目标函数值进一步增加. 所以，第 IV 种生产方法的成本降低 7.5 元以上，可使利润增加.

（7）如果改进第 III 种生产方法，使每批产品中的 A 由 4 单位增至 5 单位而不影响 B 和 C 的产量，但将增加成本 10 元，问此建议是否可取？

这一建议涉及技术系数 a_{ij} 的变化，使 a_{13} 由 4 变为 5，即 $\Delta a_{13} = 1$，而 c_3 没有改变（增加的收入与增加的成本抵消）. 对技术系数 a_{13}（x_3 为非基变量）进行灵敏度分析，因 $y_1 = -8 < 0$，根据式（2-31）有

$$\Delta a_{13} \leqslant \frac{-19}{-8} = 2.375$$

现 $\Delta a_{13} = 1$ 在其灵敏度范围内，所以最优解不变，亦即这个建议不可取.

（8）如果采取一些措施，使第 III 种生产方法每批产品所消耗的机器小时由 2 降至 1.5，而增加的费用和减少机器小时而节约的数字恰好相等，问是否应采取这些措施？

此时 $\Delta a_{33} = -0.5$，而 Δa_{33} 的灵敏度范围，根据式（2-30）应为 $\Delta a_{33} \geqslant \dfrac{-19}{44} \approx -0.43$，可见 a_{33} 的变化已超过灵敏度范围，必然使最优解变动，使 x_3 进入最优解，进而使得目标函数值增加. 因此，该建议可取.

（9）现生产部门提出一种新的生产方法生产 A、B、C 三种产品的建议，该种生产方法下，每批产品产量 A 为 6 单位，B 为 4 单位，不生产 C 产品，消耗工时为 4 h，不消耗机器小时，每批成本 20 元，问这一建议是否可采纳？若采纳，试求出新的生产方案.

设新生产方法的生产批数为 x_N，对应模型中目标函数系数

$$c_N = 6 \times 10 + 4 \times 5 + 0 \times 4 - 20 = 60$$

x_N 在模型中的系数列向量 $\boldsymbol{P}_N = [6, 4, 0]^{\mathrm{T}}$，由最优单纯形表 2-15 可知，$y_1 = -8$，$y_2 = 0.5$，$y_3 = 44$. 式（2-33）可得

$$\sigma_N = c_N - \sum_{i=1}^{m} a_{iN} y_i = 60 - [6 \times (-8) + 4 \times 0.5 + 0 \times 44] = 106 > 0$$

故该建议应采纳.

此时，在表 2-15 中加入新的变量 x_N，对应的系数列向量由式（2-32）得

$$P'_N = B^{-1}P_N = \begin{bmatrix} -0.2 & -0.2 & 0.4 \\ -0.2 & 0.3 & -0.6 \\ 0.4 & -0.1 & 1.2 \end{bmatrix} \begin{bmatrix} 6 \\ 4 \\ 0 \end{bmatrix} = \begin{bmatrix} -2 \\ 0 \\ 2 \end{bmatrix}$$

将 P'_N 加入最优单纯形表 2-15 中继续迭代，如表 2-17 所示.

表 2-17

C_B	X_B	b	$c_j \to$ 20 x_1	30 x_2	40 x_3	5 x_4	45 x_5	0 x_6	0 x_7	0 x_8	60 x_N
20	x_1	26	1	0	0.4	1	0	-0.2	-0.2	0.4	-2
30	x_2	16	0	1	1.4	0.5	0	-0.2	0.3	-0.6	0
45	x_5	8	0	0	0.2	-0.5	1	0.4	-0.1	1.2	[2]
	$c_j - Z_j$		0	0	-19	-7.5	0	-8	-0.5	-44	106
20	x_1	34	1	0	0.6	0.5	1	0.2	-0.3	1.6	0
30	x_2	16	0	1	1.4	0.5	0	-0.2	0.3	-0.6	0
60	x_N	4	0	0	0.1	-0.25	0.5	0.2	-0.05	0.6	1
	$c_j - Z_j$		0	0	-20	-5	-5	-10	0	-50	0

表 2-17 表明：当前解为最优解. 新的生产方案为第 Ⅰ 种生产方法生产 34 批；第 Ⅱ 种生产方法生产 16 批；新的生产方法生产 4 批，最大利润为 1400 元，较原最优方案增加利润 40 元.

(10) 现在最优生产方案(最优单纯形表 2-15)中第 Ⅰ 种生产方法生产 26 批，若因多方的原因，要求第 Ⅰ 种生产方法的批数不能超过 20 批，问最优生产方案会发生什么变化？

第 Ⅰ 种生产方法的产量不能超过 20 批，就是在原有模型中增加约束条件 $x_1 \leqslant 20$.

根据增加约束条件的灵敏度分析方法，将 $x_1 \leqslant 20$ 加入松弛变量 $x_9(x_9 \geqslant 0)$，化为等式 $x_1 + x_9 = 20$，直接加入最优单纯形表 2-15 中，应用对偶单纯形法继续迭代，如表 2-18 所示.

表 2-18

C_B	X_B	b	$c_j \to$ 20 x_1	30 x_2	40 x_3	5 x_4	45 x_5	0 x_6	0 x_7	0 x_8	0 x_9
20	x_1	26	1	0	0.4	1	0	-0.2	-0.2	0.4	0
30	x_2	16	0	1	1.4	0.5	0	-0.2	0.3	-0.6	0
45	x_5	8	0	0	0.2	-0.5	1	0.4	-0.1	1.2	1
0	x_9	20	1	0	0	0	0	0	0	0	1

续表 2-18

C_B	X_B	b	$c_j\to$ 20 x_1	30 x_2	40 x_3	5 x_4	45 x_5	0 x_6	0 x_7	0 x_8	0 x_9
20	x_1	26	1	0	0.4	1	0	-0.2	-0.2	0.4	0
30	x_2	16	0	1	1.4	0.5	0	-0.2	0.3	-0.6	0
45	x_5	8	0	0	0.2	-0.5	1	0.4	-0.1	1.2	0
0	x_9	-6	0	0	-0.4	-1	0	0.2	0.2	-0.4	1
c_j-Z_j			0	0	-19	-7.5	0	-8	-0.5	-44	0
20	x_1	20	1	0	0	0	0	0	0	0	1
30	x_2	13	0	1	1.2	0	0	-0.1	0.4	-0.8	0.5
45	x_5	11	0	0	0.4	0	1	0.3	-0.2	1.4	-0.5
5	x_4	6	0	0	0.4	1	0	-0.2	-0.2	0.4	-1
c_j-Z_j			0	0	-16	0	0	-9.5	-2	-41	-7.5

表 2-18 中原问题可行且所有的检验数均满足最优性检验，问题达到最优. 最优生产方案为第 Ⅰ 种生产方法生产 20 批，第 Ⅱ 种生产方法生产 13 批，第 Ⅳ 种生产方法生产 6 批，第 Ⅴ 种生产方法生产 11 批，最大利润为 1315 元. 因增加约束条件限制使利润减少了 45 元，即为满足新增条件所付出的代价.

以上所举的示例只是在不变动对问题重新求解的情况下，灵敏度分析能回答一些问题的代表类型. 实际情况是千差万别的，运筹学工作者应该善于利用灵敏度分析这个工具，解决它能够解决的问题.

【本章导学】

1. 学习要点提示

(1) 线性规划问题的对偶问题：模型构建、性质、对偶变量的经济意义等.

(2) 对偶单纯形法：算法原理、算法流程、应用等.

(3) 线性规划问题的灵敏度分析：概念、原理、参数分析及应用.

2. 学习思路与方法建议

通过分析线性规划问题的对偶关系，理解对偶单纯形法的思路及其求解过程、对偶理论在线性规划问题优化后分析(灵敏度分析)中的意义和作用. 学会从不同角度对一个系统的认识，培养逻辑推理、理性思维与创新开拓能力. 本章内容的逻辑推演进程为：

(1) 线性规划问题的对偶特点，充分认识原问题与对偶问题的各种对应关系.

(2) 对偶单纯形法的认识必须站在最优性的本质特征上，认识对偶单纯形法与单纯形法的特点和区别.

(3) 线性规划问题的最优单纯形表具有三个条件：①单纯形表中约束部分存在单位矩阵；②单纯形表中基本量取值非负；③检验数行满足最优性检验. 面对这三个条件有两种实现方法：单纯形法是在保持①②的条件下，寻求满足条件③的解，即为最优解；对偶单纯形法则是在保持①③的条件下，寻求满足②的解，即为最优解.

（4）现实中，线性规划模型的参数肯定是变化的，问题也复杂得多，如何应用线性规划问题的相关理论去解决实际问题，而且使决策者获得更多更可靠、更有价值的决策信息？灵敏度分析则是解决这类问题的有效方法.

（5）在灵敏度分析中，注重最优单纯形表中各个量的意义，以及它们之间的联系，也就是灵敏度分析的基本原理. 从代数运算的过程及经济意义去理解，就比较容易学好这个知识点内容.

【思考与讨论】

（1）你认为对偶问题是一类新型的线性规划问题吗？为什么？

（2）试用唯物辩证法的对立统一规律解析线性规划问题的对偶现象.

（3）对偶问题的性质对于线性规划问题的求解有何启发？

（4）有人说"影子价格是资源的市场股价"，你认为这种说法对吗？为什么？

（5）将 a_{ij}，b_i，c_j 的变化分别直接反映到最终单纯形表中，表中原问题和对偶问题的解各自将会出现什么变化，有多少种不同情况以及如何去处理？

【习题】

2.1　写出下列线性规划问题的对偶问题模型.

（1）
$$\max Z = 2x_1 + 4x_2 + 3x_3$$
$$\text{s. t.} \begin{cases} x_1 + 2x_2 - 3x_3 \geqslant 5 \\ 2x_1 - 3x_2 - 2x_3 \leqslant 3 \\ 4x_1 + 8x_2 + 2x_3 = 1 \\ x_1, x_2, x_3 \geqslant 0 \end{cases}$$

（2）
$$\min S = 2x_1 + 4x_2 - 6x_3$$
$$\text{s. t.} \begin{cases} 2x_1 + x_2 - x_3 + 2x_4 \geqslant 5 \\ 2x_1 + x_3 \leqslant -4 \\ 2x_1 + x_3 + x_4 = 10 \\ x_1, x_2 \geqslant 0, x_3 \leqslant 0, x_4 \text{ 无约束} \end{cases}$$

（3）
$$\min S = 3x_1 - 2x_2 + 6x_3$$
$$\text{s. t.} \begin{cases} -1 \leqslant x_1 \leqslant 5 \\ 3 \leqslant x_2 \leqslant 14 \\ -12 \leqslant x_3 \leqslant -8 \end{cases}$$

2.2　已知线性规划问题

$$\min S = 8x_1 + 6x_2 + 3x_3 + 6x_4$$

$$\text{s. t.} \begin{cases} x_1 + 2x_2 + x_4 \geqslant 3 \\ 3x_1 + x_2 + x_3 + x_4 \geqslant 6 \\ x_3 + x_4 = 2 \\ x_1 + x_3 \geqslant 2 \\ x_1,\ x_2,\ x_3,\ x_4 \geqslant 0 \end{cases}$$

(1)写出其对偶问题;

(2)已知原问题最优解为 $\boldsymbol{X}^* = (1,\ 1,\ 2,\ 0)^{\mathrm{T}}$,试根据对偶理论,直接求出对偶问题的最优解.

2.3　已知线性规划问题

$$\max Z = 2x_1 + x_2 + 5x_3 + 6x_4$$

$$\text{s. t.} \begin{cases} 2x_1 + x_3 + x_4 \leqslant 8 \\ 2x_1 + 2x_2 + x_3 + 2x_4 \leqslant 12 \\ x_1,\ x_2,\ x_3,\ x_4 \geqslant 0 \end{cases}$$

其对偶问题的最优解 $y_1^* = 4$,$y_2^* = 1$,试根据对偶问题的性质,求出原问题的最优解.

2.4　用对偶单纯形法求解下列线性规划问题.

(1)

$$\min S = 5x_1 + 2x_2 + 4x_3$$

$$\text{s. t.} \begin{cases} 3x_1 + x_2 + 2x_3 \geqslant 4 \\ 6x_1 + 3x_2 + 5x_3 \geqslant 10 \\ x_1,\ x_2,\ x_3 \geqslant 0 \end{cases}$$

(2)

$$\min S = 3x_1 + 2x_2 + x_3 + 4x_4$$

$$\text{s. t.} \begin{cases} 2x_1 + 4x_2 + 5x_3 + x_4 \geqslant 0 \\ 3x_1 - x_2 + 7x_3 - 2x_4 \geqslant 2 \\ 5x_1 + 2x_2 + x_3 + 6x_4 \geqslant 15 \\ x_1,\ x_2,\ x_3,\ x_4 \geqslant 0 \end{cases}$$

2.5　设有线性规划问题

$$\min S = 6x_1 + 3x_2 + 2x_3$$

$$\text{s. t.} \begin{cases} x_1 + x_2 + x_3 \geqslant 20 \\ 2x_1 + 2x_2 + x_3 \geqslant 24 \\ 2x_1 + x_2 + x_3 \geqslant 10 \\ x_1,\ x_2,\ x_3 \geqslant 0 \end{cases}$$

要求:

(1)建立该问题的对偶问题;

(2) 求对偶问题的最优解;

(3) 根据对偶问题的最优解, 指出原问题的最优解;

(4) 用对偶单纯形法求出原问题的最优解, 验证(3)的结果.

2.6 现有要求利润达到最大的生产计划问题, 其线性规划模型的标准形式如下:

$$\max Z = 21x_1 + 9x_2 + 4x_3$$

$$\text{s. t.} \begin{cases} 2x_1 + x_2 + x_3 + x_4 = 31 & (\text{资源 1}) \\ 3x_1 + 2x_2 + x_3 + x_5 = 60 & (\text{资源 2}) \\ x_1 + 2x_2 + x_3 - x_6 = 50 & (\text{资源 3}) \\ x_j \geq 0 \quad j = 1, 2, 3, 4, 5, 6 \end{cases}$$

(注: 资源 3 的约束条件为 "≥" 约束)

该问题的最优单纯形表如表 2-19 所示.

表 2-19

C_B	X_B	b	$c_j \rightarrow$ 21 x_1	9 x_2	4 x_3	0 x_4	0 x_5	0 x_6
21	x_1	4	1	0	1/3	2/3	0	1/3
0	x_5	2	0	0	-2/3	-4/3	1	1/3
9	x_2	23	0	1	1/3	-1/3	0	-2/3
	Z_j		21	9	10	11	0	1
	$c_j - Z_j$		0	0	-6	-11	0	-1

请回答下列问题:

(1) 资源 1, 2, 3 的影子价格(边际值)各为多少?

(2) 对 c_1, c_2, c_3 进行灵敏度分析;

(3) 对 b_1, b_2, b_3 进行灵敏度分析;

(4) 对 a_{21}, a_{13}, a_{23}, a_{33} 进行灵敏度分析;

(5) 如果资源 1 减少 5 单位, 利润将减少多少?

(6) 如果 b_3 减少 1 单位, 对利润有什么影响?

(7) 如果生产一种新产品, 单位成本为 8 元, 每单位产品消耗资源 1, 2, 3 的单位数各为 1, 2, 2. 问该新产品的售价最少是多少, 才能使生产新产品有利?

(8) 目前第二种产品的产量为 23 单位, 如市场需求发生了变化, 第二种产品的需求量减少, 经调查, 第二种产品的需求不能超过 20 单位, 问最优生产方案将如何变化?

(9) 如果生产中除了上述三种资源外, 还考虑电的用量(单位: 百度), 设产品 1, 2, 3 的单位用电量分别为 4, 2 和 5, 电的总用量限制在 80 以内, 又应如何安排生产?

2.7　某厂生产 A、B 两种产品需要同种原料,所需原料、工时和利润等参数如表 2-20 所示.

表 2-20

单耗　　产品　耗费	A	B	可用量
原料/kg	1	2	200
工时/h	2	1	300
利润/万元	4	3	

要求:

(1)试建立该问题的数学模型使该厂总利润最大,并求解;

(2)如果原料和工时的限制分别为 300 kg 和 900 h,又如何安排生产?

(3)如果生产中除原料和工时外,尚考虑水的用量,设产品 A,B 单位耗水 4 t 和 2 t,水的总用量限制在 400 t 以内,又应如何安排生产?

2.8　某工厂生产甲、乙两种产品,需要 A、B 两种原料,生产、消耗等参数如表 2-21 所示(表中的消耗系数单位为 kg/件).

表 2-21

单耗　　产品　原料	甲	乙	可用量/kg	原料成本/(元/kg)
A	2	4	160	1.0
B	3	2	180	2.0
产品售价/元	13	16		

要求:

(1)试建立该问题的数学模型使该厂利润最大,并求解;

(2)原料 A、B 的影子价格各为多少?

(3)现有新产品丙,每件消耗 3 kg 原料 A 和 4 kg 原料 B,问该产品的销售价格至少为多少时才值得投产?

(4)工厂可在市场上买到原料 A,工厂是否应该购入该原料以扩大生产?若购入有利,在保持原问题最优基不变的情况下,最多应购入多少?可增加多少利润?

2.9　线性规划问题为

$$\max Z = -5x_1 + 5x_2 + 13x_3$$

$$\text{s. t.} \begin{cases} -x_1 + x_2 + 3x_3 \leqslant 20 \\ 12x_1 + 4x_2 + 10x_3 \leqslant 90 \\ x_1, x_2, x_3 \geqslant 0 \end{cases}$$

先用单纯形法求解，然后分析下列各种条件下，最优解分别有什么变化？

(1) 第 2 个约束条件的右端常数由 90 变为 70；

(2) 目标函数中 x_3 的系数由 13 变为 8；

(3) 变量 x_1 的系数列向量(包括目标函数)由 $(-5, -1, 12)^T$ 变为 $(-2, 0, 5)^T$；

(4) 变量 x_2 的系数列向量(包括目标函数)由 $(5, 1, 4)^T$ 变为 $(6, 2, 5)^T$；

(5) 增加一个约束条件 $2x_1 + 3x_2 + 5x_3 \leqslant 50$；

(6) 将原来第 2 个约束条件改为 $10x_1 + 5x_2 + 10x_3 \leqslant 100$。

习题答案

第 3 章 整数规划

在前面介绍的线性规划问题中，有一个重要的假设是所有决策变量都在一个连续区间内取值. 在该假设下，线性规划的可行域是凸集，其最优解一定在可行域的边界上取得. 因此，连续性要求也是单纯形法的基本出发点. 但是，对于很多实际问题，决策变量的最优取值只能取整数才有意义. 例如：决策变量表示完成工作的人数、工程项目的个数、装货的车辆数等等. 当规划问题的全部或者部分决策变量要求取整数即离散点时，直接利用单纯形法很显然是失效的，此时需要引入新的算法来优化求解.

整数规划（integer programming，IP）是指规划问题中的全部或部分决策变量只能取整数的规划问题. 严格来说，整数规划既包括线性整数规划，也包括非线性整数规划. 本章聚焦于线性整数规划情形，即目标函数和约束条件均为线性形式. 为了讨论方便，将线性整数规划简称为整数规划（简记为 IP），其中，全部决策变量要求取整数值，称为**纯整数规划**（pure integer programming）或称为**全整数规划**（all integer programming）；决策变量中有一部分要求取整数值，另一部分可以不取整数值的整数规划则称之为**混合整数规划**（mixed integer programming）；此外，整数规划的一种特殊情形是 0-1 规划，其决策变量只能取值 0 或 1.

3.1 整数规划数学模型及其特点

整数规划数学模型的一般形式为

$$\max(\text{或 }\min)Z = \sum_{j=1}^{n} c_j x_j$$

$$\text{s. t.} \begin{cases} \sum_{j=1}^{n} a_{ij}x_j \leqslant (\text{或} \geqslant; \text{或} =)b_i & (i=1, 2, \cdots, m) \\ x_j \geqslant 0 & (j=1, 2, \cdots, n) \\ x_1, x_2, \cdots, x_n \text{ 中部分或全部取整数} \end{cases} \tag{3-1}$$

从模型（3-1）来看，整数规划是在相应线性规划中添加变量为整数的约束条件而成，似乎是相应线性规划的一种特殊情况，实际上两者有着本质的区别.

（1）在可行解问题上，一般线性规划的可行解的集合是一个凸集，任意两个可行解的凸组合仍为可行解；而整数规划问题的任意两个可行解的凸组合不一定满足整数约束条件，因而不一定仍为整数规划问题的可行解.

（2）在整数规划问题中，由于整数解的非连续性，对整数自变量 x_j 的偏导数是不存在的，这是整数规划区别于一般线性规划问题的又一个特征.

（3）在求解整数规划问题最优解时，通过相应线性规划问题的最优解的"舍零化整"所得到的解不一定是整数规划问题的最优解，甚至也不一定是整数规划问题的可行解.

（4）在最优目标函数值问题上，整数规划问题的可行解集合是其相应线性规划问题可行解集合的一个子集，也一定是其相应线性规划问题的可行解（反之则不一定）. 所以，整数规划问题的最优解的目标函数值不会优于相应线性规划问题最优解的目标函数值.

下面以实例来说明.

例 3.1 某家具生产厂家拟用现代化设备加工桌子和椅子出售（桌子和椅子不要求成套），加工每件家具所需的时间、木料、利润及其每天最多所能提供的量如表 3-1 所示.

表 3-1

产品	工时/h	木料/根	利润/(元·件$^{-1}$)
桌子	1	9	8
椅子	1	5	5
每天可用量	6	45	

问：如何安排生产，可使每天获得利润最大？

解 设 x_1，x_2 分别为桌子和椅子的加工数量（当然都是非负整数），这是一个纯整数规划问题，其数学模型为

$$\max Z = 8x_1 + 5x_2$$

$$\text{s. t.} \begin{cases} x_1 + x_2 \leqslant 6 & ① \\ 9x_1 + 5x_2 \leqslant 45 & ② \\ x_1, x_2 \geqslant 0 & ③ \\ x_1, x_2 \ 均为整数 & ④ \end{cases} \qquad (3-2)$$

在模型（3-2）中先不考虑约束条件④，求解其相应的线性规划问题，得最优解为

$$x_1 = 3.75, \quad x_2 = 2.25, \quad Z^* = 41.25$$

由于 x_1，x_2 是表示加工的桌子数和椅子数，应该为整数，则不符合条件④的要求.

下面尝试把所得的非整数最优解经过"舍零化整"获取模型（3-2）的最优解.

将解（$x_1 = 3.75$，$x_2 = 2.25$）按"四舍五入"规则化为（$x_1 = 4$，$x_2 = 2$），发现不满足约束条件②（木料的限额），因而它不是可行解.

再看解（$x_1 = 3.75$，$x_2 = 2.25$）邻近的其余三点.

取（$x_1 = 4$，$x_2 = 3$）：发现不满足约束条件①和②，即加工时间和所用木料均超出限额，因而不可行；

取（$x_1 = 3$，$x_2 = 2$）：满足所有的约束条件，可行，目标函数值 $Z = 34$；

取（$x_1 = 3$，$x_2 = 3$）：满足所有的约束条件，可行，目标函数值 $Z = 39$.

相比之下，四点之中的点（$x_1 = 3$，$x_2 = 3$）可行，目标函数值相对最大，但它并不是该整数规划模型（3-2）的最优解.

因为，当 $x_1 = 5$，$x_2 = 0$（也是可行解）时，目标函数值 $Z^* = 40$.

故家具厂最优生产计划为：每天加工桌子 5 张，不加工椅子，获利最大为 40 元.

另外，本例用图解法更能直观地说明上述整数规划问题解的特征.

如图 3-1，相应线性规划问题的可行域 $OABC$ 为一凸集，最优解在点 $B(3.75，2.25)$ 达到，可行域内（包括边界）画"+"号的点表示整数可行解（离散的点集，均在可行域 $OABC$ 内）. "舍零化整"后的四个点中，点 $(4，3)$ 和点 $(4，2)$ 均不在可行域 $OABC$ 内；其余两点虽在可行域内，但将目标函数的等值线从点 B 向原点方向平行移动，首先遇到的"+"点是点 $C(5，0)$，而不是点 $(3，3)$ 和点 $(3，2)$，故点 $C(5，0)$ 为最优整数点.

比较目标函数值：$Z^* = 41.25$ 和 $Z^* = 40$，利润减少了 1.25 元，这是由于变量的不可分性造成的.

由此看来，对整数规划的求解方法进行专门研究是非常必要的.

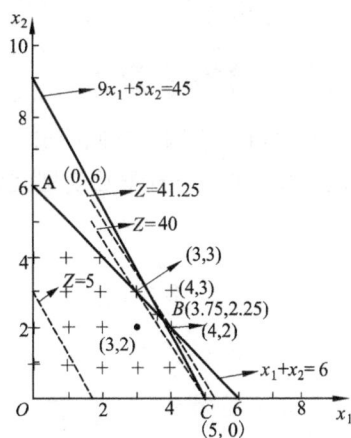

图 3-1

3.2　分支定界法

在求解纯整数规划问题时，若可行域有界，则其可行解数目必定是有限的，容易想到的方法就是逐个计算这些可行解的目标函数值，如图 3-1 中所有"+"号点（包括可行域边界上的整数坐标点），然后比较它们的目标函数值确定最优解，这样的方法叫穷举法或完全枚举法. 穷举法对于小规模的整数规划问题求解是可行的；但在很多实际问题中，整数规划问题的规模一般比较大，穷举法是不可取的.

视频 3-2

分支定界法（branch and bound method）则是一种"隐式"枚举法（implicit enumeration）或部分枚举法. 在枚举过程中，逐批地把整数规划的一部分非可行解排除，通过检查整数可行解的一部分，就能确定最优整数解，从而大大减少了计算工作量，可用于求解纯整数规划和混合整数规划问题. 分支定界法是 20 世纪 60 年代初由 Land Doig 和 Dakin 等人提出. 由于这种方法灵活且便于计算机求解，所以它已成为求解整数规划的重要方法之一，现在大部分整数规划的商业软件，如 CPLEX 和 BARON 等都是基于分支定界法开发的.

3.2.1　算法思想

分支定界法是通过分支枚举寻求最优解. 即首先不考虑决策变量的整数约束，求解相应线性规划问题. 若相应线性规划问题有最优解但不符合整数约束，则把它分解为两部分，每一部分都增加新的约束条件以减小原相应线性规划问题的可行域，逐批排除相应线性规划问题的非整数可行解，通过不断分解，以求得满足整数约束的最优解. 这就是所谓的**"分支"**.

由于整数规划问题的可行解集是它相应线性规划问题可行解集的一个子集，前者最优解

的目标函数值不会优于后者最优解的目标函数值. 这样就可以以目标函数值作为"界限", 对于那些相应线性规划问题最优解的目标函数值劣于"界限"值的分支问题, 就可以剔除不再考虑; 对于那些分支过程中出现更好的"界限", 则以它来取代原来的"界限", 以提高求解效率. 这一过程称之为"**定界**".

3.2.2 算法步骤

下面通过一个例子来阐明分支定界法的算法步骤.

例3.2 求解下列整数规划问题

$$\max Z = 6x_1 + 4x_2$$

$$\text{s. t.} \begin{cases} 2x_1 + 4x_2 \leqslant 13 \\ 2x_1 + x_2 \leqslant 7 \\ x_j \geqslant 0, \ j = 1, 2 \\ x_1, \ x_2 \ 为整数 \end{cases} \quad (3\text{-}3)$$

解 记整数规划问题为(IP), 相应线性规划问题为(LP). 首先不考虑 x_1, x_2 的整数约束, 应用图解法(如图3-2所示)求得(LP)的最优解

$x_1 = \dfrac{5}{2}$, $x_2 = 2$; 最优目标函数值记为 $Z_0 = 23$

此时, 可以为(IP)最优目标函数值"定界"了. 因(IP)目标函数求极大, 其最优目标函数值不会超过(LP)的最优目标函数值, 即为上界或称初始上界, 记为 $\overline{Z} = Z_0 = 23$; 初始下界取(IP)的任意可行解的目标函数值, 记为 $\underline{Z}$, 如 $\underline{Z} = 0$.

接下来对(LP)的约束条件进行"分支". 如图3-2

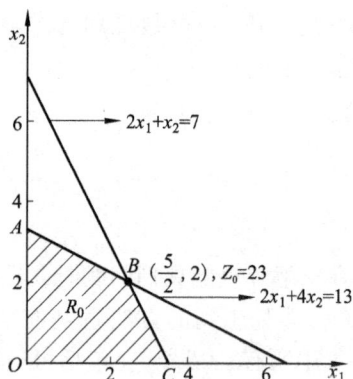

图 3-2

(LP)可行域 $OABC$ 记为 R_0, 由于 R_0 有界, 故满足整数要求的最优解一定在 R_0 内.

虽然 $x_2 = 2$ 已为整数, 但 $x_1 = \dfrac{5}{2}$ 不为整数. 为了寻找满足整数要求的最优解, 把可行域 R_0 分为两个区域, 并且把一部分不满足整数约束条件的可行解排除. 为此, 选择不满足整数要求的变量 $x_1 = \dfrac{5}{2}$ 进行分解, 则满足整数要求的最优解应落在 $x_1 \leqslant 2$ 或 $x_1 \geqslant 3$ 的区域内, 而不会落在 $2 < x_1 < 3$ 区域内. 据此, 把约束条件 $x_1 \leqslant 2$ 和 $x_1 \geqslant 3$ 分别添加到式(3-3)中去, 得式(3-4)和式(3-5)两个后继问题

$$\max Z = 6x_1 + 4x_2$$

$$\text{s. t.} \begin{cases} 2x_1 + 4x_2 \leqslant 13 \\ 2x_1 + x_2 \leqslant 7 \\ x_1 \leqslant 2 \\ x_j \geqslant 0 \ 且为整数, \ j = 1, 2 \end{cases} \quad (3\text{-}4)$$

$$\max Z = 6x_1 + 4x_2$$

$$\mathrm{s.\,t.}\begin{cases} 2x_1 + 4x_2 \leqslant 13 \\ 2x_1 + x_2 \leqslant 7 \\ x_1 \geqslant 3 \\ x_j \geqslant 0 \text{ 且为整数}, j = 1, 2 \end{cases} \tag{3-5}$$

同样, 在不考虑变量的整数要求时, 它们的可行域分别记为 R_1 和 R_2, 如图 3-3 所示, 这个过程称为 "分支" 过程, 式 (3-4) 和式 (3-5) 称为两个分支, 不难发现, 它们的最优解分别在 R_1 区域的 D 点和 R_2 区域的 E 点达到. 分支树形图如图 3-4 所示, 图中方框内数据分别代表 (LP) 的最优解.

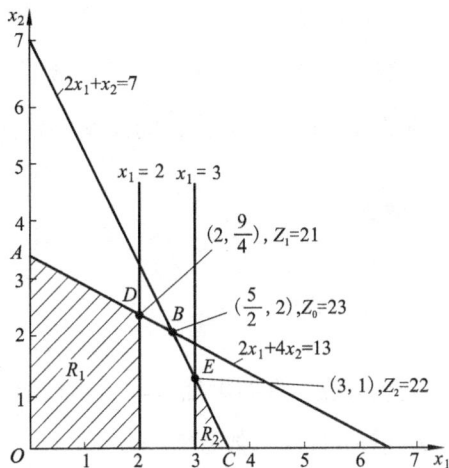

图 3-3

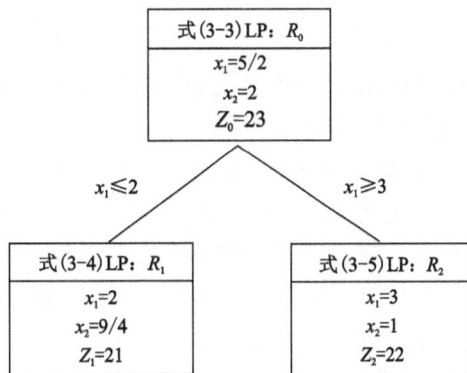

图 3-4

下面来分析两支的目标函数值修改 (IP) 的 "上界" 和 "下界": 分支式 (3-4) 的变量仍不满足整数要求, 若要得到满足整数要求的解, 只有继续分支; 而分支式 (3-5) 的变量已满足整数要求, 即为式 (3-3) 的一个整数可行解, 其目标函数值优于初始 "下界", 则修改 (IP) 的下界 $\underline{Z} = 22$, 说明式 (3-3) 的最优目标函数值不会比 22 更小. 这样一来, 对于分支式 (3-4) 来说: 目标函数值为 21, 变量仍未满足整数要求, 继续分支的话, 目标函数值只可能更小, 因此两支比较, 分支式 (3-4) 没有必要继续分支了. 至此, 将整数规划式 (3-3) 的最优目标函数值的 "上界" 修改为分支以后所得到的 "最好" 目标值, 即为 22, 记 $\overline{Z} = 22$. 上界和下界均修改了以后发现有: $\overline{Z} = \underline{Z} = 22$.

故, 整数规划问题式 (3-3) 的最优解为 $x_1 = 3$, $x_2 = 1$, 最优目标函数值为 22.

根据分支定界法的基本思想和上例的分析求解, 归纳总结出分支定界法求解整数规划问题的一般步骤 (以极大化问题为例).

第一步: 求解相应的线性规划问题, 并确定初始上、下界

首先不考虑变量的整数要求, 求解相应的线性规划问题. 若该线性规划问题无解, 则原整数规划问题无解, 停止计算; 若相应线性规划问题的最优解满足整数要求, 则该整数解即为原整数规划问题的最优解, 计算完毕; 若得到非整数最优解, 其最优目标函数值就是原整数规划问

题的初始上界,记为 $\overline{Z}$;而初始下界可取任一整数可行解,记为 $\underline{Z}$,如 $\underline{Z}=0$;若整数可行解难以得到时,可取 $\underline{Z}=-\infty$ 或待分支定界法求出一个整数可行解后,再给出下界.转入第二步.

第二步:分支并求解

任选一个不满足整数要求的变量 $x_i=\overline{b}_i$,令 $[\overline{b}_i]$ 为 $\overline{b}_i$ 的整数部分,将原整数规划问题分为两支,一支为原整数规划问题添加约束条件 $x_i\leqslant[\overline{b}_i]$;另一支为原整数规划问题添加约束条件 $x_i\geqslant[\overline{b}_i]+1$;然后分别求解两支相应线性规划问题,转入第三步.

第三步:修改上下界

先修改下界 $\underline{Z}$:下界 $\underline{Z}$ 一般是迄今为止求得的最优整数可行解对应的目标函数值.因此,每求出一个新的整数可行解后,都要把新的 Z 值与原来的下界比较,若新的 Z 值更大,则以它为新的下界 $\underline{Z}$,在整个分支定界法的求解过程中,下界 $\underline{Z}$ 的值不断增大.

接着修改上界 $\overline{Z}$:新的上界 $\overline{Z}$ 应该不大于原来的上界,而且是迄今为止所有未被分支的问题的目标函数值中最大的一个,在整个分支定界法的求解过程中,上界 $\overline{Z}$ 的值不断减少.

第四步:剪支与比较

求解每一分支时,出现下列三种情形之一者,均应剪支.

(1)该支无可行解;

(2)该支已得到整数解;

(3)该支得到非整数最优解,且目标函数值 $Z<\underline{Z}$.

否则,得到非整数最优解,且 $Z>\underline{Z}$,返回第二步继续分支,直到出现 $\overline{Z}=\underline{Z}$ 为止.此时,解 $\boldsymbol{X}^*=(x_j^*)^{\mathrm{T}}(j=1,2,\cdots,n)$ 为原整数规划问题的最优解,目标函数值 $Z^*=\underline{Z}=\overline{Z}$.

上述步骤归纳起来如图 3-5 所示.

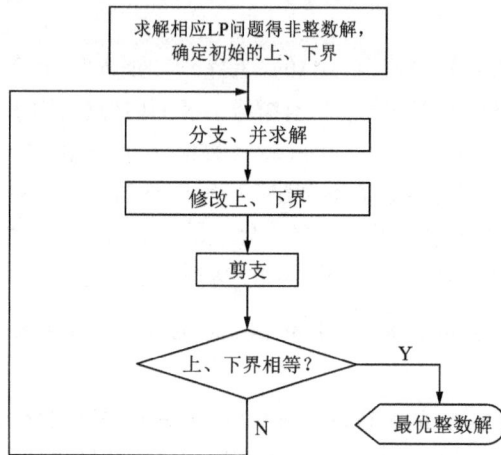

图 3-5

例 3.3 用分支定界法求解例 3.1 的整数规划问题.

解 第一步:不考虑变量的整数要求,用单纯形法求解式(3-2)相应的线性规划,最优单纯形表如表 3-2 所示.最优解为

$$x_1 = \frac{15}{4},\ x_2 = \frac{9}{4},\ Z = \frac{165}{4}$$

则有

$$\overline{Z} = \frac{165}{4}$$

又由于目标函数求极大，简便起见取 $\underline{Z} = 0$.

表 3-2

C_B	X_B	b	$c_j \rightarrow$			
			8	5	0	0
			x_1	x_2	x_3	x_4
5	x_2	9/4	0	1	9/4	-1/4
8	x_1	15/4	1	0	-5/4	1/4
	$c_j - Z_j$		0	0	-5/4	-3/4

第二步：分支并求解，选取 x_1 进行分支，构造新的约束条件为

$$x_1 \leqslant 3 \quad 和 \quad x_1 \geqslant 4$$

若将原整数规划问题式(3-2)记为 IP-0，相应线性规划问题记为 LP-0，将 $x_1 \leqslant 3$ 添加到 LP-0 中构成一支，记为 LP-01；而另一支将约束条件 $x_1 \geqslant 4$ 添加到 LP-0 中去，记为 LP-02，分支图如图 3-6 所示. 分别求解 LP-01 和 LP-02，即将约束条件 $x_1 \leqslant 3$ 和 $x_1 \geqslant 4$ 分别添加到表 3-2 进行矩阵变换，应用对偶单纯形法，即可求得最优解，如表 3-3 和表 3-4 所示.

表 3-3

C_B	X_B	b	$c_j \rightarrow$					备注
			8	5	0	0	0	
			x_1	x_2	x_3	x_4	x_5	
5	x_2	9/4	0	1	9/4	-1/4	0	①引入松弛变量 x_5，$x_1 + x_5 = 3$
8	x_1	15/4	1	0	-5/4	1/4	0	
0	x_5	3	1	0	0	0	1	②把第二行乘 -1 对应加到第三行上，进行初等变换
5	x_2	9/4	0	1	9/4	-1/4	0	
8	x_1	15/4	1	0	-5/4	1/4	0	
0	x_5	-3/4	0	0	5/4	-1/4	1	
	$c_j - Z_j$		0	0	-5/4	-3/4	0	③满足最优性检验，但不可行
5	x_2	3	0	1	7/2	0	1	④用对偶单纯形法求解
8	x_1	3	1	0	0	0	1	
0	x_4	3	0	0	-5	1	-4	
	$c_j - Z_j$		0	0	-35/2	0	-13	⑤满足最优条件

表 3-4

	$c_j \rightarrow$		8	5	0	0	0	备注
C_B	X_B	b	x_1	x_2	x_3	x_4	x_5	
5	x_2	9/4	0	1	9/4	-1/4	0	①引入松弛变量
8	x_1	15/4	1	0	-5/4	1/4	0	$x_5, -x_1+x_5=-4$
0	x_5	-4	-1	0	0	0	1	②把第二行对应
5	x_2	9/4	0	1	9/4	-1/4	0	加到第三行上,
8	x_1	15/4	1	0	-5/4	1/4	0	进行初等变换
0	x_5	-1/4	0	0	-5/4	1/4	1	
	$c_j - Z_j$		0	0	-5/4	-3/4	0	③满足最优性检验, 但不可行
5	x_2	9/5	0	1	0	1/5	9/5	④用对偶单纯形
8	x_1	4	1	0	0	0	-1	法求解
0	x_3	1/5	0	0	1	-1/5	-4/5	
	$c_j - Z_j$		0	0	0	-1	-1	⑤满足最优条件

将所得最优解分别填入分支图 3-6 对应分支上.

第三步: 修改上、下界: $\underline{Z} = 39$, $\overline{Z} = 41$.

第四步: 剪支与比较. 支 LP-01 已得整数可行解, 剪支; 支 LP-02 中 x_2 不满足整数要求, 且 $Z = 41 > \underline{Z}$, 继续分支. 因为 $x_2 = \dfrac{9}{5}$, 所以, 一支添加约束条件 $x_2 \leq 1$ 并记为 LP-021; 另一支添加约束条件 $x_2 \geq 2$, 并记为 LP-022. 分别求出 LP-021 和 LP-022 的最优解(单纯形表略). 并填入分支图 3-6 中.

LP-022 支无解, 剪支; LP-021 支得到非整数最优解, 目标函数值 $Z = \dfrac{365}{9}$, 且有 $Z < \overline{Z}$, 修改上界 $\overline{Z} = \dfrac{365}{9}$, 而 $\underline{Z} = 39$, 填到相应方框旁边见图 3-6; 又有 $Z > \underline{Z}$, 继续分支.

由于 $x_1 = \dfrac{40}{9}$, 则将 $x_1 \leq 4$ 和 $x_1 \geq 5$ 分别添加到 LP-021 中去成为两支: LP-0211 和 LP-0212, 并求解, 得到最优解填入分支图 3-6 的分支上, 修改上、下界, 由于下界不断地增加, 尽管 LP-0211 支是整数解, 但 $Z = 37 < \underline{Z}$, 而 LP-0212 支也是整数解, 且 $Z = 40 > \underline{Z}$, 故修改下界为 $\underline{Z} = 40$; 而上界不断减小, 并且是迄今为止所有未被分支问题的目标函数值中最大的一个, 故 $\overline{Z} = 40$.

有 $\underline{Z} = \overline{Z}$, 则原问题得到最优整数解: $x_1 = 5$, $x_2 = 0$, $Z^* = 40$.

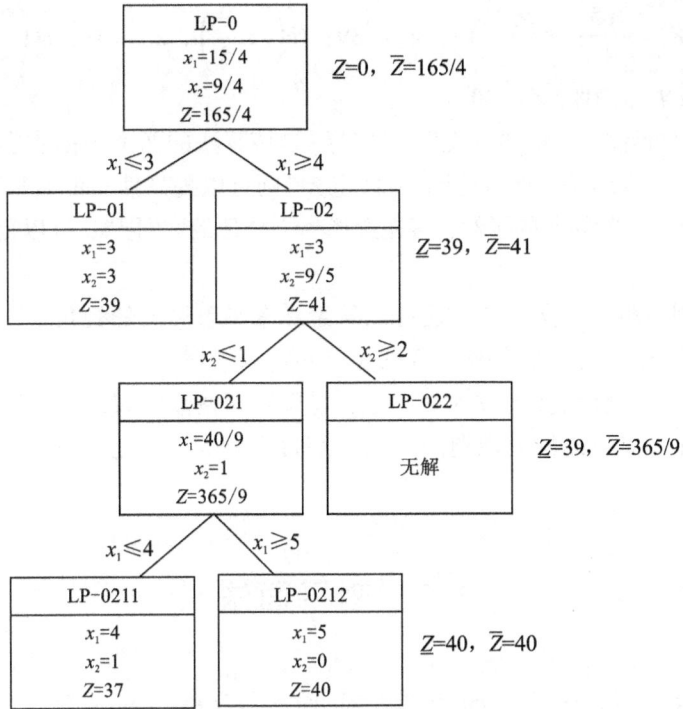

图 3-6

其可行域变化的图解如图 3-7 所示.

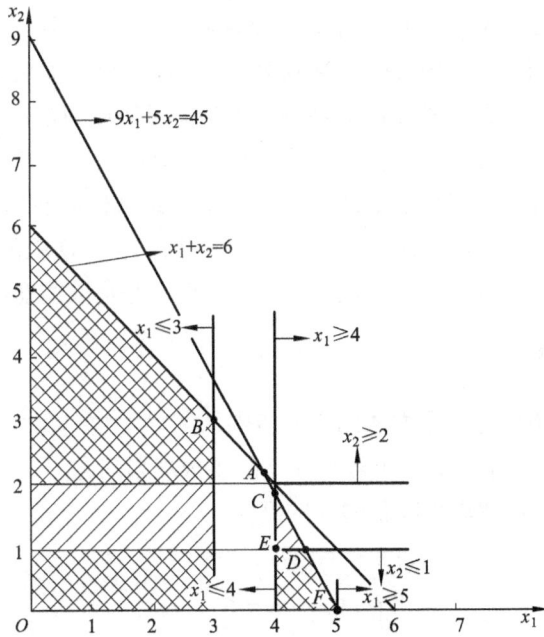

图 3-7

$$A\left(\frac{15}{4}, \frac{9}{4}\right), Z = \frac{165}{4}; B(3, 3), Z = 39; C\left(4, \frac{9}{5}\right), Z = 41; D\left(\frac{40}{9}, 1\right), Z = \frac{365}{9};$$

$$E(4, 1), Z = 37; F(5, 0), Z = 40$$

通过以上的分析计算发现，"分支"和"定界"是该算法的两个关键步骤，"分支"为整数规划问题最优解的出现缩减了搜索范围，而"定界"则可以提高搜索的效率. 经验表明，在可能的情况下，根据对实际问题的了解，事先选择一个合理的"界限"，可以提高分支定界法的搜索效率.

求解整数规划问题的分支定界法还可以从毛泽东军事思想的视角加以解析，读者可扫描二维码查阅案例3-1会有更深入的理解.

若用分支定界法求解混合整数规划问题，则只对有整数约束的变量进行分支，求解过程与纯整数规划问题的求解过程相同，在此不再赘述.

案例3-1

3.3 割平面法

割平面法是 R. E. Gomory 于1958年首先提出的，故又称 Gomory 割平面法，它既可以求解纯整数规划问题，又可以求解混合整数规划问题.

视频3-3

3.3.1 算法思想

割平面法(cutting plane approach)的基础仍是求解线性规划问题. 在求解整数规划时，先不考虑对变量的整数约束，求解相应的线性规划问题. 若得到非整数最优解，通过增加线性约束条件(在几何上叫割平面)，把相应线性规划问题的可行域切割一部分，切割掉的这部分不包含任何整数可行解；然后，在缩小的可行域上求解对应的线性规划问题；通过不断地增加线性约束条件，使可行域经切割不断地缩小，最终找到原整数规划问题的最优解. 在这个过程中，关键在于如何寻找满足上述要求的割平面(一般不会一次就能找到)，使切割后整数规划最优解成为了某个线性规划可行域的顶点，该顶点恰好是该线性规划的最优解.

3.3.2 算法步骤

下面通过一个例子来阐述割平面法的算法步骤.

例 3.4 用割平面法的基本思想求解例3.1的整数规划问题.

解 式(3-2)相应的线性规划问题的标准型为

$$\max Z = 8x_1 + 5x_2$$

$$\text{s. t.} \begin{cases} x_1 + x_2 + x_3 = 6 \\ 9x_1 + 5x_2 + x_4 = 45 \\ x_j \geq 0 \quad j = 1, 2, 3, 4 \end{cases} \tag{3-6}$$

应用单纯形法求解, 得最优单纯形表, 如表 3-5 所示.

表 3-5

$c_j \rightarrow$			8	5	0	0
C_B	X_B	b	x_1	x_2	x_3	x_4
5	x_2	9/4	0	1	9/4	-1/4
8	x_1	15/4	1	0	-5/4	1/4
$c_j - Z_j$			0	0	-5/4	-3/4

因为没有得到整数解, 故增加新的约束条件(割平面方程). 这里 x_1, x_2 均为分数, 先来看 x_1, 取出表 3-5 中 x_1 所在行的约束方程式

$$x_1 - \frac{5}{4}x_3 + \frac{1}{4}x_4 = \frac{15}{4} \tag{3-7}$$

将式(3-7)左端各非基变量的系数及右端的常数都分解成一个整数与一个非负真分数之和, 于是有

$$x_1 + \left(-2 + \frac{3}{4}\right)x_3 + \left(0 + \frac{1}{4}\right)x_4 = \left(3 + \frac{3}{4}\right) \tag{3-8}$$

然后通过移项对式(3-8)进行重新组合.

组合的方式为式中各非基变量的系数为非负真分数的部分留在等式的左边, 其余各项移到等式右边, 并将右边整理成两项: 一项是常数项的非负真分数, 另一项是右边其他项之和, 即

$$\frac{3}{4}x_3 + \frac{1}{4}x_4 = \frac{3}{4} + (3 - x_1 + 2x_3) \tag{3-9}$$

因为要求 x_1, x_2 都是非负整数, 又根据式(3-6)可知, x_3, x_4 也是非负整数(否则, 应在引入松弛变量 x_3, x_4 之前, 将不等式两端同乘适当常数, 使原始约束条件中所有系数与常数都为整数).

因为 $x_3 \geq 0$, $x_4 \geq 0$, 所以 $\frac{3}{4}x_3 + \frac{1}{4}x_4 \geq 0$, 则

$$\frac{3}{4} + (3 - x_1 + 2x_3) \geq 0 \tag{3-10}$$

又因为 x_1, x_3 均为整数, 故 $3 - x_1 + 2x_3$ 也为整数, 要使式(3-10)成立, $(3 - x_1 + 2x_3)$ 必为 0 或正整数.

分析式(3-9), 则有

$$\frac{3}{4}x_3 + \frac{1}{4}x_4 \geq \frac{3}{4} \tag{3-11}$$

为了避免引入人工变量, 将式(3-11)两边同乘 -1 得

$$-\frac{3}{4}x_3 - \frac{1}{4}x_4 \leq -\frac{3}{4} \tag{3-12}$$

加入松弛变量 $x_5(x_5 \geqslant 0)$，将式(3-12)化为等式

$$-\frac{3}{4}x_3 - \frac{1}{4}x_4 + x_5 = -\frac{3}{4} \tag{3-13}$$

式(3-13)即为所求的割平面方程.

将式(3-13)添加到式(3-6)中去，继续求解. 将新增加的约束条件式(3-13)直接加到原线性规划问题的最优单纯形表(表3-5)中去，应用对偶单纯形法求解，如表3-6所示.

表3-6

C_B	X_B	b	$c_j \rightarrow$ 8 x_1	5 x_2	0 x_3	0 x_4	0 x_5
5	x_2	9/4	0	1	9/4	-1/4	0
8	x_1	15/4	1	0	-5/4	1/4	0
0	x_5	-3/4	0	0	-3/4	-1/4	1
	$c_j - Z_j$		0	0	-5/4	-3/4	0
5	x_2	0	0	1	0	-1	3
8	x_1	5	1	0	0	2/3	-5/3
0	x_3	1	0	0	1	1/3	-3/4
	$c_j - Z_j$		0	0	0	-1/3	-5/3

从表3-6可以看出，所有的检验数均满足最优性检验，同时又可行，故问题已达最优且变量取值均为整数.

$$X = (5,\ 0,\ 1,\ 0,\ 0)^T,\ Z^* = 40$$

即为整数规划问题式(3-2)的最优解.

上述求解过程可用图解法更清晰地说明.

如图3-8所示，原整数规划问题相应线性规划问题的可行域 $OABC$ 为凸集，最优解在 $B\left(\dfrac{15}{4},\ \dfrac{9}{4}\right)$ 点达到，区域 $OABC$ 内(包括边界)各整数坐标点的集合为整数规划式(3-2)的可行解集，很明显，B 点不是整数点.

由式(3-6)可得

$$\begin{cases} x_3 = 6 - x_1 - x_2 \\ x_4 = 45 - 9x_1 - 5x_2 \end{cases} \tag{3-14}$$

将式(3-14)代入式(3-12)可得

$$3x_1 + 2x_2 \leqslant 15 \tag{3-15}$$

将式(3-15)取等式 $3x_1 + 2x_2 = 15$ 添加到图3-8中，原来可行域 $OABC$ 切割掉图中的阴影部分 $\triangle DBC$.

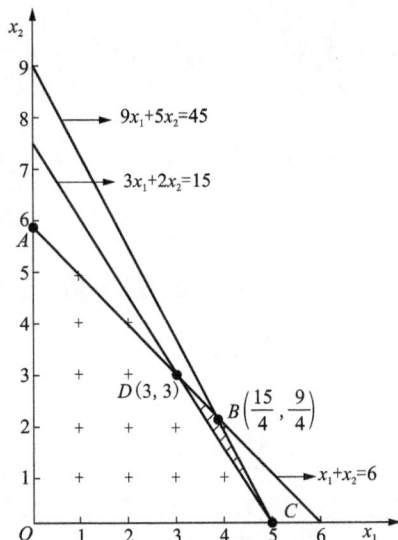

图 3-8

从图中直观可以看出，被切割掉的这部分不包含任何整数坐标点. 此时，可行域 $OADC$ 为凸集，最优解在凸集的顶点 C 处达到，因点 $C(5,0)$ 为整数坐标点，故原整数规划问题的最优解为 $x_1 = 5$，$x_2 = 0$，最优目标值 $Z^* = 40$.

在例 3.4 的求解过程中，关键在于确定满足切割条件的割平面方程. 下面推导割平面方程一般形式.

为不失一般性，设纯整数规划问题为

$$\max Z = \sum_{j=1}^{n} c_j x_j$$

$$\text{s.t.} \begin{cases} \sum_{j=1}^{n} a_{ij} x_j \leqslant b_i \ (i = 1, 2, \cdots, m) \\ x_j \geqslant 0 \ 且全为整数, j = 1, 2, \cdots, n \end{cases} \tag{3-16}$$

式中的 a_{ij}，$b_i(i = 1, 2, \cdots, m; j = 1, 2, \cdots, n)$ 均为整数，或者可以全部化为整数.

用割平面法求解式(3-16)问题时，先不考虑整数约束，求解相应线性规划问题，得最优单纯形表(所有的 $c_j - Z_j \leqslant 0$，$\bar{b}_i$ 非负). 若 $\bar{b}_i(i = 1, 2, \cdots, m)$ 全为非负整数，则问题已得解决. 否则，$\bar{b}_i(i = 1, 2, \cdots, m)$ 不全为整数，可按下述方法处理.

设 x_i 是相应线性规划问题最优单纯形表中第 i 行约束方程式的基变量，其值 $\bar{b}_i$ 为非整数，由最优单纯形表可得

$$x_i + \sum_{j \in J} \bar{a}_{ij} x_j = \bar{b}_i \tag{3-17}$$

其中，$\bar{a}_{ij}$ 为最优单纯形表中非基变量 x_j 的系数，$j \in J$，J 为非基变量下标的集合.

令：$\bar{b}_i = [\bar{b}_i] + f_i$，这里 $[\bar{b}_i]$ 是不大于 $\bar{b}_i$ 的最大整数，$0 < f_i < 1$；
$\bar{a}_{ij} = [\bar{a}_{ij}] + f_{ij}$，这里 $[\bar{a}_{ij}]$ 是不大于 $\bar{a}_{ij}$ 的最大整数，$0 \leqslant f_{ij} < 1$.

代入式(3-17)得

$$x_i + \sum_{j \in J} ([\bar{a}_{ij}] + f_{ij})x_j = [\bar{b}_i] + f_i \tag{3-18}$$

将式(3-18)移项变换为

$$\sum_{j \in J} f_{ij}x_j = f_i + ([\bar{b}_i] - x_i - \sum_{j \in J} [\bar{a}_{ij}]x_j) \tag{3-19}$$

因为 $\sum_{j \in J} f_{ij}x_j \geq 0$ 则 $f_i + ([\bar{b}_i] - x_i - \sum_{j \in J} [\bar{a}_{ij}]x_j) \geq 0$

又 $0 < f_i < 1$，故 $([\bar{b}_i] - x_i - \sum_{j \in J} [\bar{a}_{ij}]x_j)$ 必为 0 或正整数，分析式(3-19)则有

$$\sum_{j \in J} f_{ij}x_j \geq f_i$$

或

$$-\sum_{j \in J} f_{ij}x_j \leq -f_i \tag{3-20}$$

式(3-20)加入松弛变量化为等式，即为割平面方程的一般形式.

现在来考察式(3-20)割平面方程的性质.

性质 1：割平面未割去原整数规划问题的任一可行解，即未割去其相应线性规划问题的任一整数可行解.

这是因为相应线性规划问题的任意整数可行解都满足式(3-20)，从而整数最优解始终被保留在每次切割后所形成的线性规划可行域中.

性质 2：割平面割去了整数规划问题的相应线性规划的最优解.

这里引用式(3-20)进行说明，从它的推导过程可知，凡是能够满足原有各个约束条件的整数可行解，也必定能够满足式(3-20)的约束. 因此，整数最优解不会被割掉；另一方面，在增加约束条件式(3-20)之前，非整数最优解是在 $x_j = 0$，$j \in J$（J 为非基变量下标集合）的条件下求得，若把 $x_j = 0$ 代入式(3-20)，将有 $0 \leq -f_i$，即 $f_i \leq 0$，这与 $f_i > 0$ 矛盾. 因此，增加约束条件式(3-20)就能把原有的非整数最优解分割出去.

综上，可以归纳出割平面法求解全整数规划问题的算法步骤.

首先，检查原整数规划问题的约束条件中的所有系数 a_{ij} 及右端常数项 b_i 是否全部为整数. 若不是，将约束条件两边同乘某一个数转化为整数.

第一步：用单纯形法求解原整数规划问题的相应线性规划问题. 若相应线性规划问题无解，则原整数规划问题无解，计算终止；若相应线性规划问题有最优解，且 $\bar{b}_i(i = 1, 2, \cdots, m)$ 均为整数，则相应线性规划问题的最优解即为原整数规划问题的最优解，计算终止；若相应线性规划问题有最优解，但 $\bar{b}_i(i = 1, 2, \cdots, m)$ 不满足整数要求，转入第二步.

第二步：计算 $\bar{b}_i = [\bar{b}_i] + f_i$，$[\bar{b}_i]$ 是不大于 $\bar{b}_i$ 的最大整数 $(i = 1, 2, \cdots, m)$，$0 < f_i < 1$.

选取 $f_k = \max\{f_i\}$（经验表明，取最大的 f_i 可以减少"切割"次数），对应 k 行的非基变量系数 $\bar{a}_{kj}$，计算 $\bar{a}_{kj} = [\bar{a}_{kj}] + f_{kj}$，其中 $[\bar{a}_{kj}]$ 为不大于 $\bar{a}_{kj}$ 的最大整数，$0 \leq f_{kj} < 1$，增加新的约束条件（割平面）$-\sum_j f_{kj}x_j \leq -f_k$.

第三步：将新的约束条件加入松弛变量转化为等式（割平面方程），并入到相应线性规划问题最优单纯形表中，用对偶单纯形法进行迭代计算，求出最优解. 若最优表中的基变量均为整数，即该最优解为原整数规划问题的最优解. 否则，转入第二步.

上述步骤归纳起来，如图 3-9 所示.

下面用算例说明上述计算步骤.

例 3.5 用割平面法求解下列整数规划问题.

$$\max Z = 3x_1 + 2x_2$$

$$\text{s. t.} \begin{cases} x_1 + \dfrac{3}{2}x_2 \leqslant 7 \\ 2x_1 + x_2 \leqslant 9 \\ x_j \geqslant 0, \ j = 1, 2 \\ x_j \ \text{全为整数} \end{cases} \quad (3-21)$$

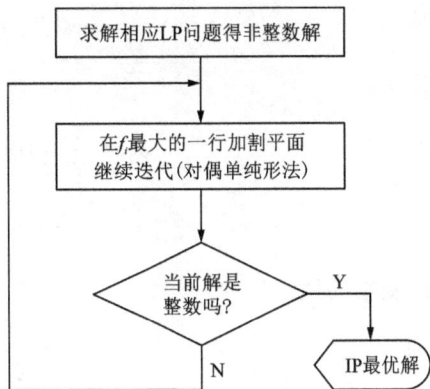

图 3-9

解 先将式(3-21)中的所有变量的系数和常数项化为整数，即第一个约束条件两边同乘 2 得：$2x_1 + 3x_2 \leqslant 14$，然后转化为标准型，得

$$\max Z = 3x_1 + 2x_2$$

$$\text{s. t.} \begin{cases} 2x_1 + 3x_2 + x_3 = 14 \\ 2x_1 + x_2 + x_4 = 9 \\ x_j \geqslant 0, \ j = 1, 2, 3, 4 \\ x_j \ \text{全为整数} \end{cases} \quad (3-22)$$

用单纯形法求解式(3-22)相应线性规划问题，得最优单纯形表，如表 3-7 所示.

表 3-7

$c_j \rightarrow$			3	2	0	0
C_B	X_B	b	x_1	x_2	x_3	x_4
2	x_2	5/2	0	1	1/2	-1/2
3	x_1	13/4	1	0	-1/4	3/4
$c_j - Z_j$			0	0	-1/4	-5/4

最优解为

$$x_1 = \frac{13}{4}, \ x_2 = \frac{5}{2}, \ x_3 = x_4 = 0, \ Z^* = \frac{59}{4}$$

因为 x_1, x_2 均不为整数，计算

$$\bar{b}_1 = \frac{5}{2} = 2 + \frac{1}{2}$$

则有

$$[\bar{b}_1] = 2, \ f_1 = \frac{1}{2}$$

又，$\bar{b}_2 = \dfrac{13}{4} = 3 + \dfrac{1}{4}$，所以有 $[\bar{b}_2] = 3, \ f_2 = \dfrac{1}{4}$

取 $$f_k = \max\{f_1, f_2\} = \max\left\{\frac{1}{2}, \frac{1}{4}\right\} = \frac{1}{2}$$

所以 $$k = 1$$

又有 $$\bar{a}_{13} = \frac{1}{2} = 0 + \frac{1}{2}, \; [\bar{a}_{13}] = 0, \; f_{13} = \frac{1}{2}$$

$$\bar{a}_{14} = -\frac{1}{2} = -1 + \frac{1}{2}, \; [\bar{a}_{14}] = -1, \; f_{14} = \frac{1}{2}$$

则新增约束条件为 $$-f_{13}x_3 - f_{14}x_4 \leqslant -f_1$$

即 $$-\frac{1}{2}x_3 - \frac{1}{2}x_4 \leqslant -\frac{1}{2} \tag{3-23}$$

所以, 式(3-23)为需要添加的割平面.

在式(3-23)中引入松弛变量 x_5 且 $x_5 \geqslant 0$, 得

$$-\frac{1}{2}x_3 - \frac{1}{2}x_4 + x_5 = -\frac{1}{2} \tag{3-24}$$

将式(3-24)并入表3-7, 用对偶单纯形法求解, 如表3-8所示.

表 3-8

C_B	X_B	b	$c_j \rightarrow$ 3	2	0	0	0
			x_1	x_2	x_3	x_4	x_5
2	x_2	5/2	0	1	1/2	-1/2	0
3	x_1	13/4	1	0	-1/4	3/4	0
0	x_5	-1/2	0	0	-1/2	-1/2	1
	$c_j - Z_j$		0	0	-1/4	-5/4	0
2	x_2	2	0	1	0	-1	1
3	x_1	7/2	1	0	0	1	-1/2
0	x_3	1	0	0	1	1	-2
	$c_j - Z_j$		0	0	0	-1	-1/2

从表3-8可得增加约束条件后的最优解为

$$x_1 = \frac{7}{2}, \; x_2 = 2, \; x_3 = 1, \; x_4 = x_5 = 0, \; Z^* = \frac{29}{2}$$

其中 x_1 仍不满足整数约束条件, 继续增加割平面.

由表3-8可知: $\bar{b}_2 = \frac{7}{2} = 3 + \frac{1}{2}$, 所以有 $[\bar{b}_2] = 3$, $f_2 = \frac{1}{2}$, 即 $k = 2$, 则有

$$\bar{a}_{24} = 1 + 0, \; [\bar{a}_{24}] = 1, \; f_{24} = 0$$

$$\bar{a}_{25} = -\frac{1}{2} = -1 + \frac{1}{2}, \; [\bar{a}_{25}] = -1, \; f_{25} = \frac{1}{2}$$

则新的约束条件为

$$-\frac{1}{2}x_5 \leqslant -\frac{1}{2} \tag{3-25}$$

式(3-25)即为新的割平面.

在式(3-25)中引入松弛变量 x_6 且 $x_6 \geqslant 0$，则有

$$-\frac{1}{2}x_5 + x_6 = -\frac{1}{2} \tag{3-26}$$

将式(3-26)添加到表 3-8 的最优单纯形表中去，并用对偶单纯形法求解，如表 3-9 所示.

表 3-9

$c_j \rightarrow$			3	2	0	0	0	0
C_B	X_B	b	x_1	x_2	x_3	x_4	x_5	x_6
2	x_2	2	0	1	0	-1	1	0
3	x_1	7/2	1	0	0	1	-1/2	0
0	x_3	1	0	0	1	1	-2	0
0	x_6	-1/2	0	0	0	0	-1/2	1
$c_j - Z_j$			0	0	0	-1	-1/2	0
2	x_2	1	0	1	0	-1	0	2
3	x_1	4	1	0	0	1	0	-1
0	x_3	3	0	0	1	1	0	-4
0	x_5	1	0	0	0	0	1	-2
$c_j - Z_j$			0	0	0	-1	0	-1

最优解为

$$x_1 = 4,\ x_2 = 1,\ x_3 = 3,\ x_4 = 0,\ x_5 = 1,\ x_6 = 0$$
$$Z^* = 14$$

即满足整数约束条件，故为原整数规划问题式(3-21)的最优解.

割平面法同样适用于求解混合整数规划问题. 区别在于添加割平面时仅对要求为整数而不为整数的变量对应的方程加割平面，直到得到满足混合整数规划问题的约束条件要求为止.

值得注意的是，在用割平面法求解整数规划问题时，常会遇到收敛很慢的情形. 因此，在实际使用时可以考虑与分支定界法配合使用.

3.4 0-1 规划的割平面法

由于 0-1 规划的变量取值仅为 0 或 1 两种情形，因此，求解其最优解时，人们往往想到从变量取值入手，将各变量等于 0 或 1 的各种可能组合或部分组合(经筛选)代入目标函数中去，按目标函数值的大小选择最优解，这就是大多数文献中介绍的隐枚举法的基本思想. 但这种方法计算工作量大，一般只适应于变量较少的 0-1 规划问题.

其实，0-1 规划是一种特殊的整数规划，可以用求解整数规划的割平面法求解.

用割平面法求解 0-1 规划，关键在于将 0-1 规划中的约束条件 $x_j=0$ 或 1 转化为一般整数规划问题的约束条件，其他部分和原 0-1 规划相同.

现有 0-1 规划模型

$$\max Z=\sum_{j=1}^{n} c_j x_j$$

$$\text{s.t.}\begin{cases}\sum_{j=1}^{n} a_{ij}x_j \leqslant b_i \ (i=1,2,\cdots,m)\\ x_j=0 \text{ 或 } 1,\ j=1,2,\cdots,n\end{cases} \tag{3-27}$$

将式(3-27)转化为式(3-28)

$$\max Z=\sum_{j=1}^{n} c_j x_j$$

$$\text{s.t.}\begin{cases}\sum_{j=1}^{n} a_{ij}x_j \leqslant b_i \ (i=1,2,\cdots,m)\\ x_j\leqslant 1\\ x_j\geqslant 0 \text{ 且为整数},\ j=1,2,\cdots,n\end{cases} \tag{3-28}$$

然后，对式(3-28)应用割平面法进行求解，所得的最优整数解即为式(3-27)0-1 规划的最优解，下面以例题说明.

例 3.6 求解 0-1 规划问题

$$\min S=8x_1+2x_2+4x_3+7x_4+5x_5$$

$$\text{s.t.}\begin{cases}3x_1+3x_2-x_3-2x_4-3x_5\geqslant 2\\ 5x_1+3x_2+2x_3+x_4-x_5\geqslant 4\\ x_j=0 \text{ 或 } 1,\ j=1,2,\cdots,5\end{cases} \tag{3-29}$$

解 将式(3-29)的 0-1 规划模型转化为

$$\min S = 8x_1 + 2x_2 + 4x_3 + 7x_4 + 5x_5$$

$$\text{s.t.}\begin{cases} 3x_1 + 3x_2 - x_3 - 2x_4 - 3x_5 \geq 2 \\ 5x_1 + 3x_2 + 2x_3 + x_4 - x_5 \geq 4 \\ x_j \leq 1 \\ x_j \geq 0 \text{ 且为整数} \quad j = 1, 2, \cdots, 5 \end{cases} \tag{3-30}$$

针对式(3-30)，先不考虑整数约束条件，应用单纯形法求解相应的线性规划问题，若所得的解中 $x_1, x_2, \cdots, x_5$ 均为整数，则计算终止(则实变量 $x_1 \sim x_5$ 的整数解必为 0 或 1，而加入的松弛变量或多余变量则不一定为整数). 否则，$x_1 \sim x_5$ 中某一个或多个不为整数时，则按割平面法的规则加割平面方程进行求解，经过有限次运算后，即可得最优解. 应用割平面法(因篇幅所限，读者可以自行完成)求得本例的最优解为

$$x_1 = 0, \ x_2 = x_3 = 1, \ x_4 = x_5 = 0$$

最优目标函数值为 6.

从以上应用割平面法求解 0 - 1 规划问题的过程可以看出，其最大的优点是不需要对变量取 0 和 1 的各种组合进行试算，而是按经典的单纯形算法来找最优方案，虽然变量较多时，手算的工作量大，但采用计算机计算，问题能很快得到解决.

【本章导学】

1. 学习要点提示

(1)整数规划：概念、模型特征.

(2)求解方法：分支定界法和割平面法(思想、原理、流程、实施).

(3)0-1规划：模型特征、求解方法.

2. 学习思路与方法建议

本章的重点在于通过认识整数规划(这里实际上是指线性整数规划)问题及其数学模型特征，根据模型特征联系第 1 章和第 2 章线性规划问题的求解方法，构建整数规划问题相应算法(分支定界法和割平面法)的思维逻辑，探究如何从单纯形法和对偶单纯形法求解线性规划模型的思路中拓展. 注意到本章内容的逻辑推演进程：

(1)认识一类整数规划问题及其数学模型的特征，探寻其求解算法.

(2)分支定界法和割平面法均是在用单纯形法求出相应线性规划模型的最优解后，因不满足变量的整数约束条件，再从变量入手，逐步加入对各变量的整数约束，或构造一个切割平面(约束方程)，从而把原整数规划问题逐次迭代求出最优解. 两者的差别在于一次性加入变量的个数不同，但在具体求解过程中均涉及对偶单纯形法的应用.

(3)两种算法以隐枚举的方式充分利用了"线性规划问题最优解在可行域的顶点上达到"这一性质，全过程都在求解增加约束后的线性规划问题最优解.

(4)利用变换模型的变量约束，巧妙地将 0 - 1 规划问题转化为一般整数规划问题. 这样，整数规划问题的算法就能方便地用于 0 - 1 规划问题的求解. 这种变换给数学模型的算法设计带来一定的启示.

【思考与讨论】

(1)分支定界法中的"分支"与"定界"的目的是什么？

(2)请谈谈分支定界算法思想特征，及其对于复杂算法设计的启示.

(3)分支定界法与割平面法相比，哪种方法解题效率高？各自的优势体现在哪些方面？

【习题】

3.1 对下列整数规划问题，先求解相应线性规划问题，然后进行"舍零化整"能否得到最优整数解？

(1)

$$\max Z = 3x_1 + 2x_2$$

$$\text{s. t.} \begin{cases} 2x_1 + 3x_2 \leqslant 16 \\ 2x_1 + x_2 \leqslant 7 \\ x_1, \ x_2 \geqslant 0 \ 且为整数 \end{cases}$$

(2)

$$\max Z = 2x_1 + 8x_2$$

$$\text{s. t.} \begin{cases} 2x_1 + x_2 \leqslant 8 \\ x_1 + 2x_2 \geqslant 6 \\ x_1, \ x_2 \geqslant 0 \ 且为整数 \end{cases}$$

3.2 分别用分支定界法和割平面法求解下列整数规划问题.

(1)

$$\max Z = 4x_1 + 11x_2$$

$$\text{s. t.} \begin{cases} 2x_1 - x_2 \leqslant 4 \\ 2x_1 + 5x_2 \leqslant 16 \\ -x_1 + 2x_2 \leqslant 4 \\ x_1, \ x_2 \geqslant 0 \ 且为整数 \end{cases}$$

(2)

$$\min S = 4x_1 + 5x_2$$

$$\text{s. t.} \begin{cases} 3x_1 + 2x_2 \geqslant 7 \\ x_1 + 4x_2 \geqslant 5 \\ 3x_1 + x_2 \geqslant 2 \\ x_1, \ x_2 \geqslant 0 \ 且为整数 \end{cases}$$

（3）
$$\max Z = 4x_1 + 6x_2 + 2x_3$$

$$\text{s. t.} \begin{cases} 4x_1 - 4x_2 \leqslant 5 \\ -x_1 + 6x_2 \leqslant 5 \\ -x_1 + x_2 + x_3 \leqslant 5 \\ x_1,\ x_2,\ x_3 \geqslant 0\ \text{且为整数} \end{cases}$$

3.3 用割平面法求解下列 0 - 1 规划问题.

$$\min S = 3x_1 + 4x_2 + 2x_3$$

$$\text{s. t.} \begin{cases} x_1 + 4x_2 + 3x_3 \leqslant 4 \\ x_1 + 4x_2 + 3x_3 \geqslant 3 \\ x_1 + x_3 \geqslant 1 \\ x_1,\ x_2,\ x_3 = 0\ \text{或}\ 1 \end{cases}$$

习题答案

第4章 运输问题与指派问题

运输问题是一种特殊的线性规划问题，又称为康特洛维奇问题，因最初研究交通运输问题而得名. 实际上，这种问题的解法除了解决交通运输中的线性规划以外，还可以用于工业、农业、商业、军事等各方面同类型的规划问题.

指派问题是一种整数规划问题，但根据其求解算法的思想，把它归为运输问题的一种特殊形式更为合适.

4.1 运输问题及其数学模型

设某种物资有 m 个产地 A_1, A_2, $\cdots$, A_m, 产量分别为 a_1, a_2, $\cdots$, a_m 个单位；另外有 n 个销地 B_1, B_2, $\cdots$, B_n, 销量分别为 b_1, b_2, $\cdots$, b_n 个单位，又假设产销总量是平衡的，即

$$\sum_{i=1}^{m} a_i = \sum_{j=1}^{n} b_j$$

此外，还知道由产地 A_i 向销地 B_j 运输每单位货物的运价为 c_{ij}. 这些数据通常用产销平衡表(见表4-1)和单位运价表(见表4-2)来表示，有时可把两表合一. 问应该如何调动这种物资才能使总运费最小?

视频4-1

表 4-1 产销平衡表

产　地＼销　地	B_1	B_2	$\cdots$	B_n	产量
A_1					a_1
A_2					a_2
$\vdots$					$\vdots$
A_m					a_m
销　量	b_1	b_2	$\cdots$	b_n	

表 4-2　单位运价表

产　地 ＼ 销　地	B_1	B_2	…	B_n
A_1	c_{11}	c_{12}	…	c_{1n}
A_2	c_{21}	c_{22}	…	c_{2n}
⋮	⋮	⋮		⋮
A_m	c_{m1}	c_{m2}	…	c_{mn}

除了经常遇到的煤炭、粮食、钢铁、木材等物资的调运问题外，在其他工作中有时也会遇到类似的问题. 这类问题就称之为**运输问题**（transportation problem，TP）.

下面用数学语言来描述.

设 x_{ij} 表示从产地 A_i 向销地 B_j 调运这种物资的数量，那么在产销平衡的情况下，由 A_i 运出的物资总量应该等于 A_i 的产量，所以有

$$\sum_{j=1}^{n} x_{ij} = a_i, \ i = 1, 2, \cdots, m$$

同样，运进 B_j 的物资总量应该等于 B_j 的销量，可得

$$\sum_{i=1}^{m} x_{ij} = b_j, \ j = 1, 2, \cdots, n$$

而总运费可表示为

$$S = \sum_{i=1}^{m} \sum_{j=1}^{n} c_{ij} x_{ij}$$

因此，我们可以把上述表示归纳为以下的数学模型

$$\min S = \sum_{i=1}^{m} \sum_{j=1}^{n} c_{ij} x_{ij}$$

$$\text{s. t.} \begin{cases} \sum_{j=1}^{n} x_{ij} = a_i, \ i = 1, 2, \cdots, m \\ \sum_{i=1}^{m} x_{ij} = b_j, \ j = 1, 2, \cdots, n \\ x_{ij} \geqslant 0 \ (\sum_{i=1}^{m} a_i = \sum_{j=1}^{n} b_j) \end{cases}$$

这就是运输问题的数学模型. 可见，这是一个线性规划问题. 它包含（$m \times n$）个变量，（$m + n$）个约束方程. 运输问题既然是一个线性规划问题，当然可以用单纯形法求解. 但由于这个问题具有一种固定的结构，比较特殊，人们在单纯形法的基础上，提出了一种更为简便的专门用来求解运输问题的运输单纯形法. 在我国，这种方法习惯上称为表上作业法.

4.2　表上作业法

表上作业法是单纯形法在求解运输问题时的一种简化方法，其实质是单纯形法. 与用单纯形法解线性规划问题一样，运输问题的最优解也一定可以在基本可行解中找到，其求解过

程也类似,即首先求初始基本可行解,然后判别是否是最优解,不是最优解时就要进行调整,直到找到最优解为止.下面先来了解运输问题的基本可行解所具有的特征.

视频4-2

在讨论线性规划的标准形式时,一般都假设约束方程组中没有多余方程.但在产销平衡的运输问题的约束方程组中,其增广矩阵的前 m 行的和减去后 n 行的和恰好得到一个零向量.因此,约束方程组的增广矩阵的行是线性相关的,也就是说,约束方程组中存在多余方程.可以证明,在 $(m+n)$ 个约束方程式中的任意 $(m+n-1)$ 都是线性无关的,因此运输问题的每一组基应由 $(m+n-1)$ 个基变量组成.

怎样的 $(m+n-1)$ 个变量才能组成一组基呢? 我们先引入闭回路的概念,然后给出有关定理来回答.

定义 4.1 凡是能排列成下列形式的变量的集合称为一个闭回路.

$$x_{i_1 j_1},\ x_{i_1 j_2},\ x_{i_2 j_2},\ x_{i_2 j_3},\ \cdots,\ x_{i_s j_s},\ x_{i_s j_1} \qquad (4-1)$$

其中 $i_1, i_2, \cdots, i_s$ 互不相同,$j_1, j_2, \cdots, j_s$ 互不相同,这些出现在式(4-1)中的变量称为这个闭回路的顶点.

例如,设 $m=3$,$n=4$,则 x_{21},x_{23},x_{13},x_{14},x_{34},x_{31} 就是一个闭回路.这里 $i_1=2$,$i_2=1$,$i_3=3$;$j_1=1$,$j_2=3$,$j_3=4$.若用直线把闭回路中相邻的顶点(以及最后一个顶点与第一个顶点)用直线相连,那么上述闭回路就具有表 4-3 所示形状.

表4-3

销地 产地	B_1	B_2	B_3	B_4
A_1	x_{11}	x_{12}	x_{13}	x_{14}
A_2	x_{21}	x_{22}	x_{23}	x_{24}
A_3	x_{31}	x_{32}	x_{33}	x_{34}

又如 x_{12},x_{13},x_{23},x_{22} 和 x_{11},x_{12},x_{32},x_{34},x_{24},x_{21} 也是闭回路,它们画在表上,分别如表 4-4 和表 4-5 所示.

表 4-4

销地 产地	B_1	B_2	B_3	B_4
A_1				
A_2				
A_3				

表 4-5

销地 产地	B_1	B_2	B_3	B_4
A_1				
A_2				
A_3				

定理 4.1 $m+n-1$ 个变量 $x_{i_1 j_1}$,$x_{i_2 j_2}$,$\cdots$,$x_{i_s j_s}(s=m+n-1)$ 构成基本可行解的充要条件是它不含闭回路.(证略)

由上所述,对运输问题基本可行解的特征已有了了解,下面就来介绍求解运输问题的表上作业法.

4.2.1 确定初始基本可行解

确定初始基本可行解的方法很多.下面介绍两种方法,即最小元素法和差值法.

(1)最小元素法

这种方法的基本思想是就近供应,即从单位运价表中最小的运价

视频4-3

开始确定供销关系(若有几个地方同时达到最小,则可任取一个),然后次小,一直到给出初始基本可行解为止. 为清楚起见,用下例介绍这个方法,并将单位运价 c_{ij} 写在格子的左边,x_{ij} 写在格子的右边.

例 4.1 根据表 4-6,用最小元素法求初始基本可行解.

解 第一步:从表 4-6 中找出最小运价为 $c_{21}=1$,这表示应优先考虑将 A_2 的产品供应给 B_1,于是给 x_{21} 以尽可能大的值,即令 $x_{21}=\min\{3,5\}=3$,在表中 x_{21} 处填上 3 并画圈. 现在,B_1 所需的 3 个单位的销量已得到满足,无须再从其他产地供应,故在 x_{11},x_{31} 处打上"×",表示其取值为 0. 而 A_2 还余下 2 单位的产量,得表 4-7.

表 4-6

产地\销地	B_1		B_2		B_3		B_4		产量
A_1	2	x_{11}	9	x_{12}	10	x_{13}	7	x_{14}	9
A_2	1	x_{21}	3	x_{22}	4	x_{23}	2	x_{24}	5
A_3	8	x_{31}	4	x_{32}	2	x_{33}	5	x_{34}	7
销量	3		8		4		6		

表 4-7

产地\销地	B_1		B_2	B_3	B_4	产量
A_1	2	×	9	10	7	9
A_2	1	③	3	4	2	5
A_3	8	×	4	2	5	7
销量	3		8	4	6	

第二步:在表 4-7 中没有填上画圈的数字和打"×"的格子中再找一个 c_{ij} 的最小值,这时 $c_{24}=2$,$c_{33}=2$,都是最小,可任取一个,例如,取 c_{24}. 类似地,令 $x_{24}=\min\{2,6\}=2(A_2$ 只余下 2 单位的产量),在表中 x_{24} 处填上 2 并画圈. 因 A_2 余下的 2 单位的产量现已调运完毕,故相应地在 x_{22},x_{23} 处打上"×",得表 4-8.

表 4-8

产地\销地	B_1		B_2		B_3		B_4		产量
A_1	2	×	9		10		7		9
A_2	1	③	3	×	4	×	2	②	5
A_3	8	×	4		2		5		7
销量	3		8		4		6		

类似地，一步步进行下去，直到表中所有格子的右边要么填上画圈的数字，要么打"×"为止. 最后得到一个初始调运方案，见表4-9. 这个方案的总运费为

$$Z = 1 \times 3 + 9 \times 5 + 4 \times 3 + 2 \times 4 + 7 \times 4 + 2 \times 2 = 100$$

表4-9

产　地＼销　地	B_1		B_2		B_3		B_4		产量
A_1	2	×	9	⑤	10	×	7	④	9
A_2	1	③	3	×	4	×	2	②	5
A_3	8	×	4	③	2	④	5	×	7
销　量	3		8		4		6		

用最小元素法给出的初始调运方案就是运输问题的初始基本可行解，画圈的数字就为相应的基变量的取值，其理由是

第一，用最小元素法给出的初始解，是从单位运价表中逐次地挑选最小元素，并比较产量和销量，确定供应关系，并填入一个画圈的数字. 当产大于销，划去该元素所在列(在相应的格子中打"×"表示). 当产小于销，划去该元素所在行. 然后在未划去的元素中再找最小元素，再确定供应关系. 这样在表上每填入一个画圈的数字，在表上就划去一行或一列. 表中共有 m 行 n 列，总共可划 $(m+n)$ 条直线. 但当表中剩下一个元素，在表中填入最后一个画圈的数字时，产量已全部供应完，而销量也正好全部得到满足，这样在表上就同时划去一行和一列. 此时把表上所有元素都划去了，相应地在表上填入了 $(m+n-1)$ 个画圈的数字，即给出了 $(m+n-1)$ 个基变量的值.

第二，不存在以画圈数字的格子为顶点构成的闭回路.

在用最小元素法求初始基本可行解的中间步骤中，若在确定某基变量 x_{ij} 的取值时，出现 A_i 处的余量等于 B_j 处的需量，在填入相应的数字后，应在表上同时划去一行和一列. 但为了使表上有 $(m+n-1)$ 个画圈的数字格，这时应在对同时划去的那行或那列的任一空格处，填入一个0，并画上圈. 这就表示相应的变量也为基变量，取值为0，即出现退化.

例 4.2 根据表4-10，用最小元素法求初始基本可行解.

表4-10

产　地＼销　地	B_1		B_2		B_3		B_4		产量
A_1	3	x_{11}	11	x_{12}	4	x_{13}	5	x_{14}	7
A_2	7	x_{21}	7	x_{22}	3	x_{23}	8	x_{24}	4
A_3	1	x_{31}	2	x_{32}	10	x_{33}	6	x_{34}	9
销　量	3		6		5		6		

解 首先在运价表中取最小元素 $c_{31} = 1$，并令 $x_{31} = \min\{3, 9\} = 3$，相应地划去第一列. 这时余下的单位运价中最小元素为 $c_{32} = 2$，其对应的销地 B_2 需要量为 6，而对应的产地 A_3 未分配量也是 6. 于是 $= \min\{6, 9-3\} = 6$，相应地应在表中同时划去 B_2 列和 A_3 行，因此应在相应空格 (1, 2)，(2, 2)，(3, 3)，(3, 4) 中任选一格添加一个 0，例如选空格 (3, 3)，得表 4-11.

表 4-11

产 地 ＼ 销 地	B_1		B_2		B_3		B_4		产量
A_1	3	×	11	×	4		5		7
A_2	7	×	7	×	3		8		4
A_3	1	③	2	⑥	10	⓪	6	×	9
销 量	3		6		5		6		

余下的步骤请读者完成.

应该注意的是，用最小元素法时，如果只剩下一行或一列未填数和打"×"的格子时，只准填数，不准打"×". 这样做的目的是保证画圈的个数为 $(m + n - 1)$ 个.

(2) 差值法

差值法，也称伏格尔 (Vogel) 法，一般能得到一个比最小元素法更好的初始基本可行解. 用最小元素法时，为了节省一处的费用，有时造成在其他处要多花几倍的运费. 而差值法则考虑到，一产地的产品假如不能按最小运费就近供应，就考虑次小运费，这就有一个差额. 差额越大，说明不能按最小运费调运时，运费增加越多. 因而对差额最大处，就应当采用最小运费调运. 仍以例 4.1 为例，说明差值法的步骤.

第一步：在表 4-6 中分别计算出各行、各列的最小运费和次小运费的差值，并填入该表的最后列和最下行，见表 4-12.

表 4-12

产 地 ＼ 销 地	B_1		B_2	B_3	B_4	产量	行差值
A_1	2	③	9	10	7	9	5
A_2	1	×	3	4	2	5	1
A_3	8	×	4	2	5	7	2
销 量	3		8	4	6		
列差值	1		1	2	3		

第二步：从行或列差值中选出最大者，并选出它所在行或列中的最小元素. 在表 4-12 中

A_1 行是最大差值所在行. 该行中最小元素为 2, 可确定 A_1 的产品先供应 B_1 的需要. 给 x_{11} 以尽可能大的值, 即令 $x_{11} = \min\{3, 9\} = 3$, 在 x_{11} 处填上 3, 并画上圈. 此时第一列已满足, 故在 x_{21}, x_{31} 处打上 "×", 如表 4-12 所示.

第三步: 对表 4-12 中未填数和未打 "×" 的元素再分别计算出各行、各列的最小运费和次小运费的差值. 重复第一、二步. 最后得出一组基本可行解, 如表 4-13 所示.

表 4-13

产 地 ＼ 销 地	B_1		B_2		B_3		B_4		产量
A_1	2	③	9	⑤	10	×	7	①	9
A_2	1	×	3	×	4	×	2	⑤	5
A_3	8	×	4	③	2	④	5	×	7
销 量	3		8		4		6		

该解对应的目标函数值为

$$S = 2 \times 3 + 9 \times 5 + 4 \times 3 + 2 \times 4 + 7 \times 1 + 2 \times 5 = 88$$

在用差值法时, 也会遇到前面例 4.2 中的情况, 这时也用与前面一样的方法处理, 以保证基变量的个数为 $(m+n-1)$ 个.

定理 4.2 用最小元素法及差值法得到的解是一组基本可行解, 而画圈的地方正好是基变量. (证略)

第一章曾讨论过, 有些线性规划问题存在最优解, 而有些没有最优解. 在运输问题中则有如下定理.

定理 4.3 任何运输问题都有最优解.

证 由定理 4.2 可知, 任何运输问题都有基本可行解. 又因为 c_{ij} 都是非负的, 即可行解必使

$$S = \sum_{i=1}^{m} \sum_{j=1}^{n} c_{ij} x_{ij}$$

永远取非负值, 所以目标函数必有下界. 这就证明了任何运输问题必有最优解. 证毕.

4.2.2 最优解的判别

与用单纯形法解线性规划问题一样, 在求出初始基本可行解以后, 就应检查这组基本可行解是否为最优解. 在求目标函数值极小化的线性规划问题中, 若所有的检验数 $c_j - Z_j$ 都非负, 表示所检验的基本可行解是最优解; 若有负检验数, 就需要迭代. 这个判别准则对运输问题也适用. 因此, 首先就需要求出检验数. 由于运输问题是线性规划问题的特殊情况, 有其独特的求检验数的方法. 下面介绍两种求运输问题检验数的方法.

视频 4-4

(1) 闭回路法

前面已经介绍了闭回路的概念. 在用闭回路法求检验数时, 还需用到下述定理.

定理 4.4 设变量组 $x_{i_1j_1}$，$x_{i_2j_2}$，$\cdots$，$x_{i_sj_s}(s=m+n-1)$ 是运输问题表格中的一组基变量，y 是一个非基变量，则在变量组

$$y，x_{i_1j_1}，x_{i_2j_2}，\cdots，x_{i_sj_s}$$

中，存在唯一的闭回路.（证略）

换句话说，从任一非基变量对应的格子（空格）出发，用水平或垂直线向前划，每碰到一画圈数字格转 90° 后，继续前进，最后总能回到起始空格.

下面介绍求检验数的闭回路法. 设 x_{ij} 是一个非基变量，根据定理 4.4，在表格中可以找到以 x_{ij} 作为第 1 个顶点，其他顶点均为基变量的唯一的闭回路，然后沿着一个方向将闭回路中的第 1，3，5…奇数顶点对应的 c_{ij} 值取为正，第 2，4，6…偶数顶点对应的 c_{ij} 值取为负，它们的代数和即为非基变量 x_{ij} 的检验数，填入相应的格子内.

例 4.3 仍以例 4.1 为例，若已用最小元素法求出的初始基本可行解如表 4-9 所示，求诸非基变量（空格）的检验数.

解 以非基变量 x_{11} 为起点的闭合回路为 x_{11}，x_{14}，x_{24}，x_{21}，如表 4-14 所示. 故 x_{11} 对应的检验数为

$$\lambda_{11}=c_{11}-c_{14}+c_{24}-c_{21}=2-7+2-1=-4$$

表 4-14

产地＼销地	B_1	B_2	B_3	B_4	产量
A_1	2	9 ⑤	10	7 ④	9
A_2	1 ③	3	4	2 ②	5
A_3	8	4 ③	2 ④	5	7
销量	3	8	4	6	

而 x_{23} 对应的检验数为

$$\lambda_{23}=c_{23}-c_{24}+c_{14}-c_{12}+c_{32}-c_{33}=4-2+7-9+4-2=2$$

其他非基变量对应的检验数用同样的方法求出，结果见表 4-15. 格中右边画圈的数字为基变量的取值，不画圈的数字为非基变量对应的检验数.

表 4-15

产地＼销地	B_1	B_2	B_3	B_4	产量
A_1	2 −4	9 ⑤	10 3	7 ④	9
A_2	1 ③	3 −1	4 2	2 ②	5
A_3	8 7	4 ③	2 ④	5 3	7
销量	3	8	4	6	

用闭回路法求检验数的经济解释为：在给定的基本可行解表中，从某空格出发，沿着其闭回路把调运方案调整一个单位给总运费带来的影响. 例如，在 x_{11} 对应的空格处把调运方案改变一下，即由 A_1 调一个单位给 B_1，为了保持平衡，就要在 x_{14} 处减少一个单位，x_{24} 处增加一个单位，x_{21} 处减少一个单位. 这就自然地构成了一条除 x_{11} 这一空格外，其余均为有画圈的数字格为顶点的闭回路. 这样的方案调整对总运费会带来何种变化呢？显而易见，x_{11} 处增加一个单位，运费增加 2，x_{14} 处减少一个单位，运费减少 7，x_{24} 处增加一个单位，运费增加 2，x_{21} 处减少一个单位，运费减少 1，增减的代数和（检验数）为 -4，即总运费减少 4. 说明调运方案的这一改变是有利的. 反之，如果某一空格的检验数为正，则说明在这一空格调整方案是不可取的. 若求出的检验数全部大于或等于零，表明对调运方案作任何改变都会使总运费增加，即给定的基本可行解已是最优解.

从表 4-15 可见，存在负的检验数，故这一组基本可行解不是最优解.

（2）位势法

用闭回路法求检验数，需要对每一空格寻找闭回路，然后再去求检验数. 当一个运输问题的产销点很多时，这种方法的计算量很大. 下面介绍一种较为简便的方法——位势法.

设给定一组基本可行解，它的基变量为

$$x_{i_1j_1}, x_{i_2j_2}, \cdots, x_{i_sj_s}(s = m+n-1)$$

又设 $u_1, u_2, \cdots, u_m; v_1, v_2, \cdots, v_n$ 是对应于运输问题的 $(m+n)$ 个约束条件的对偶变量，并且由上述基本可行解出发建立一个方程组

$$\begin{cases} u_{i_1}+v_{j_1} = c_{i_1j_1} \\ u_{i_2}+v_{j_2} = c_{i_2j_2} \\ \vdots \quad \vdots \quad \vdots \\ u_{i_s}+v_{j_s} = c_{i_sj_s} \end{cases} \tag{4-2}$$

方程组（4-2）中一共有 $(m+n-1)$ 个方程，$(m+n)$ 个未知数. 在这 $(m+n)$ 个未知数中，若任意决定其中一个的取值（一般可取 $u_1 = 0$），就可以解出方程组（4-2）. 我们把这个方程组的解叫做位势.

仍以例 4.1 为例说明方程组的建立方法. 表 4-9 中给出了一组基本可行解，$x_{12}, x_{14}, x_{21},$ x_{24}, x_{32}, x_{33} 是此基本可行解中的基变量. 这时相应的方程组应该是

$$\begin{cases} u_1+v_2 = c_{12} = 9 \\ u_1+v_4 = c_{14} = 7 \\ u_2+v_1 = c_{21} = 1 \\ u_2+v_4 = c_{24} = 2 \\ u_3+v_2 = c_{32} = 4 \\ u_3+v_3 = c_{33} = 2 \end{cases}$$

在求位势时，可在表上直接进行，不必写出方程组，只须保证对每一个有画圈数字的格子来说，有 $u_i+v_j = c_{ij}$.

第一步：求位势. 如前所述，取 $u_1 = 0$，不难看出，$v_2 = 9$，$v_4 = 7$. 由 $v_2 = 9$，可得 $u_3 = -5$. 由 $u_3 = -5$，可得 $v_3 = 7$. 由 $v_4 = 7$，可得 $u_2 = -5$. 由 $u_2 = -5$，可得 $v_1 = 6$. 将这些数字分别填在表 4-16 的左边与上边.

表 4-16

产　地＼销　地		6 B_1		9 B_2		7 B_3		7 B_4		产量
0	A_1	2		9	⑤	10		7	④	9
−5	A_2	1	③	3		4		2	②	5
−5	A_3	8		4	③	2	④	5		7
销　量		3		8		4		6		

第二步：求各空格(非基变量)的检验数. 例如, 先求 λ_{11}, 由闭回路法可得

$$\lambda_{11} = c_{11} - c_{14} + c_{24} - c_{21} = c_{11} - (u_1 + v_4) + (u_2 + v_4) - (u_2 + v_1)$$
$$= c_{11} - (u_1 + v_1) = 2 - (0 + 6) = -4$$

更一般地, 存在如下定理.

定理 4.5　设给出一组基本可行解, $u_1, u_2, \cdots, u_m$; $v_1, v_2, \cdots, v_n$ 是此基本可行解对应的位势, 则对于每一个非基变量 x_{ij} 而言, 它对应的检验数 λ_{ij} 为

$$\lambda_{ij} = c_{ij} - (u_i + v_j)$$

(证略)

利用定理 4.5, 将表 4-16 中的检验数都求出来, 并填在相应的格子中, 就有表 4-17.

表 4-17

产　地＼销　地		6 B_1		9 B_2		7 B_3		7 B_4		产量
0	A_1	2	−4	9	⑤	10	3	7	④	9
−5	A_2	1	③	3	−1	4	2	2	②	5
−5	A_3	8	7	4	③	2	④	5	3	7
销　量		3		8		4		6		

可以看出, 表 4-17 中的检验数与表 4-15 中用闭回路法求出的检验数是一样的.

4.2.3　方案的调整

对已求得的基本可行解, 若存在负的检验数, 表明它还不是最优解, 应进行调整, 以求出另一组能使目标函数值下降的基本可行解.

为求出一组新的基本可行解, 首先要确定哪一个非基变量要进入基中, 哪一个基变量要从基中移出. 与单纯形法一样, 在负的检验数中, 一般取最小的检验数所对应的非基变量作为换入变量. 根据定理 4.4, 设 y 为换入变量, 以 y 为起点, 可以找到唯一的闭回路. 在由 y 出发的闭回路的偶顶点上, x_{ij} 的最小值就是调整量, 而相应的基变量 x_{ij} 就为

换出变量. 若有两个偶顶点同时有同一最小值时, 则任取一个作为换出变量.

然后, 按以下方法进行调整.

(1) 在上述闭回路顶点以外的地方, x_{ij} 的值不变.

(2) 在上述闭回路的奇顶点上, x_{ij} 的值都加上调整量; 在偶顶点上, x_{ij} 的值都减去调整量.

例如, 表 4-17 中有两个负的检验数, 其中最小的是 -4. 因此, 应该把 x_{11} 作为换入变量. x_{11} 对应的闭回路如表 4-18 所示.

表 4-18

产地 \ 销地	B_1		B_2		B_3		B_4		产量
A_1	2	-4	9	⑤	10	3	7	④	9
A_2	1	③	3	-1	4	2	2	②	5
A_3	8	7	4	③	2	④	5	3	7
销量	3		8		4		6		

从 x_{11} 出发的第 2 个顶点 x_{14} 的值为 4, 第 4 个顶点 x_{21} 的值为 3, 最小值为 3. 因此, x_{21} 是换出变量, 调整量是 3. 按照上述调整方法, x_{11}, x_{24} 的值加 3, x_{14}, x_{21} 的值减 3. 这样, 得新的基本可行解如表 4-19 所示. 表中 x_{21} 变为非基变量.

表 4-19

产地 \ 销地	B_1		B_2		B_3		B_4		产量
A_1	2	③	9	⑤	10	×	7	①	9
A_2	1	×	3	×	4	×	2	⑤	5
A_3	8	×	4	③	2	④	5	×	7
销量	3		8		4		6		

用位势法对表 4-19 中的方案求检验数, 得表 4-20.

表 4-20

产地 \ 销地		2 B_1		9 B_2		7 B_3		7 B_4		产量
0	A_1	2	③	9	⑤	10	3	7	①	9
-5	A_2	1	4	3	-1	4	2	2	⑤	5
-5	A_3	8	11	4	③	2	④	5	3	7
销量		3		8		4		6		

表 4-20 中，x_{22} 处的检验数为负，故该解仍不是最优解，还要调整. 从表 4-20 中可以看出，闭回路的第 2 和第 4 个顶点处的 x_{ij} 的值都是 5，所以调整量是 5. 但为了保持基变量的个数为 $(m+n-1)$ 个，故只能取一个作为换出变量. 例如，取 x_{12} 作为换出变量，则调整后得表 4-21.

表 4-21

产　地＼销　地	B_1		B_2		B_3		B_4		产量
A_1	2	③	9	×	10	×	7	⑥	9
A_2	1	×	3	⑤	4	×	2	⓪	5
A_3	8	×	4	③	2	④	5	×	7
销　量	3		8		4		6		

表 4-21 中，$x_{24}=0$ 是基变量，故不能打"×"，而是把该 0 画上圈. 对表 4-21 求出检验数后，得表 4-22.

表 4-22

产　地＼销　地	2 B_1		8 B_2		6 B_3		7 B_4		产量
0　A_1	2	③	9	1	10	4	7	⑥	9
−5　A_2	1	4	3	⑤	4	3	2	⓪	5
−4　A_3	8	10	4	③	2	④	5	2	7
销　量	3		8		4		6		

从表 4-22 可见，所有检验数都非负，故所表示的解为最优解. 它对应的目标函数值为

$$S = 2 \times 3 + 7 \times 6 + 3 \times 5 + 4 \times 3 + 2 \times 4 = 83$$

以上是表上作业法的主要内容，其求解步骤可用图 4-1 所示的框图表示. 表上作业法的实质是单纯形法用于求解运输问题这类特殊线性规划问题时的简化.

最后需要指出的是，在运输问题最优解表中，若非基变量的检验数为 0 时，与用单纯形法求解线性规划问题的情形一样，说明该问题有多个最优解. 若以相应的空格为起点找闭回路，并在该闭回路中进行方案调整后，便可得到另一最优解.

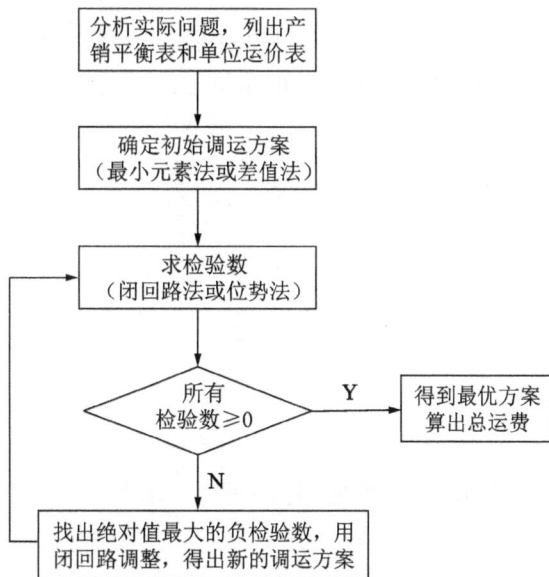

图 4-1

4.3　特殊运输问题的解法

前面讲的表上作业法, 都是以产销平衡为前提的, 即

$$\sum_{i=1}^{m} a_i = \sum_{j=1}^{n} b_j$$

但在实际问题中, 产销往往是不平衡的. 为了应用表上作业法求解, 就需要把产销不平衡的问题转化成产销平衡的问题. 下面就介绍这类问题的处理方法.

4.3.1　产大于销

当产大于销时, 即

$$\sum_{i=1}^{m} a_i > \sum_{j=1}^{n} b_i$$

运输问题的数学模型可写成

$$\min S = \sum_{i=1}^{m} \sum_{j=1}^{n} c_{ij} x_{ij}$$

$$\text{s.t.} \begin{cases} \sum_{j=1}^{n} x_{ij} \leqslant a_i, \ i = 1, 2, \cdots, m \\ \sum_{i=1}^{m} x_{ij} = b_j, \ j = 1, 2, \cdots, n \\ x_{ij} \geqslant 0 \end{cases}$$

由于总的产量大于销量, 可以增加一个虚销地 B_{n+1}, 相应的虚销量为

$$b_{n+1} = \sum_{i=1}^{m} a_i - \sum_{j=1}^{n} b_j$$

这实际上就是把多余的物资在产地就地贮存起来, 并设 $x_{i,n+1}$ 是产地 A_i 的贮存量, 同时令从各地的虚销地 B_{n+1} 的单位运价 $c_{i,n+1} = 0$(就地贮存, 不需要运输), 这样, 问题的数学模型可写成

$$\min S = \sum_{i=1}^{m} \sum_{j=1}^{n} c_{ij} x_{ij}$$

$$\text{s.t.} \begin{cases} \sum_{j=1}^{n} x_{ij} + x_{i,n+1} = \sum_{j=1}^{n+1} x_{ij} = a_i, \ i = 1, 2, \cdots, m \\ \sum_{i=1}^{m} x_{ij} = b_j, \ j = 1, 2, \cdots, n \\ x_{ij} \geqslant 0 \ (\sum_{i=1}^{m} a_i = \sum_{j=1}^{n} b_j + b_{n+1} = \sum_{j=1}^{n+1} b_j) \end{cases}$$

从该模型中可见, 原问题已转化为一个产销平衡的运输问题.

例 4.4 现有表 4-23 所示的运输问题,试决定总运费最少的调运方案.

表 4-23

产地＼销地	B_1	B_2	B_3	B_4	产量
A_1	2	11	3	4	7
A_2	10	3	5	9	5
A_3	7	8	1	2	7
销 量	2	3	4	6	

解 产地总产量为 19 t,销地总销量为 15 t. 所以是一个产大于销的运输问题. 按上述方法,增加一个虚销地,得新的产销平衡表和单位运价表,如表 4-24.

表 4-24

产地＼销地	B_1	B_2	B_3	B_4	虚销地	产量
A_1	2	11	3	4	0	7
A_2	10	3	5	9	0	5
A_3	7	8	1	2	0	7
销 量	2	3	4	6	4	

用表上作业法解这个新的问题,就可求出它的最优调运方案.

4.3.2 销大于产

类似地,当销大于产时,可以在产销平衡表中增加一个虚产地 A_{m+1},该产地的虚产量为

$$a_{m+1} = \sum_{j=1}^{n} b_j - \sum_{i=1}^{m} a_i$$

并令从该虚产地到各销地的运价 $c_{m+1,j} = 0$,就可将原问题转化为一个产销平衡的运输问题.

4.3.3 应用举例

实际工作中遇到的运输问题是各种各样的,必须灵活运用各种技巧来建立数学模型. 下面举几个这方面的例子.

例 4.5 设有三个化肥厂供应四个地区的农用化肥. 假定等量的化肥在这些地区使用效果相同,各化肥厂年产量、各地区年需要量及从各化肥厂到各地区运送化肥的单位运价(万元/万 t)如表 4-25 所示. 试求出总运费最少的化肥调拨方案.

解 这是一个产销不平衡的运输问题,总产量为 160 万 t,四个地区的最低需求为 110 万 t,最高需求为无限. 但根据现有产量,第Ⅳ个地区每年最多能分配到 60 万 t,这样最高需求为 210 万 t,大于产量. 为了求得平衡,在产销平衡表中增加一个假想的化肥厂 D,其年产量为 50 万 t.

表 4-25

需求地区 / 化肥厂	I	II	III	IV	产量 /(万 t)
A	16	13	22	17	50
B	14	13	19	15	60
C	19	20	23	—	50
最低需求/(万 t)	30	70	0	10	
最高需求/(万 t)	50	70	30	不限	

由于各地的需要量包含两部分, 如地区 I, 其中 30 万 t 是最低需求, 故不能由假想化肥厂 D 供给, 令相应运价为 M(任意大正数). 而另一部分 20 万 t 满足或不满足均可以, 因此可以由假想化肥厂 D 供给, 按前面讲的, 令相应运价为 0. 对需求分两种情况的地区, 实际上可按照两个地区看待. 这样可以写出这个问题新的产销平衡表和单位运价表, 如表 4-26.

表 4-26

销地 / 产地	I′	I″	II	III	IV′	IV″	产量 /(万 t)
A	16	16	13	22	17	17	50
B	14	14	13	19	15	15	60
C	19	19	20	23	M	M	50
D	M	0	M	0	M	0	50
销量/(万 t)	30	20	70	30	10	50	

用表上作业法, 可求得这个问题的最优方案如表 4-27 所示, 总运费最少为 2460 万元.

表 4-27

销地 / 产地	I′	I″	II	III	IV′	IV″	产量 /(万 t)
A			50				50
B			20		10	30	60
C	30	20	0				50
D				30		20	50
销量/(万 t)	30	20	70	30	10	50	

例 4.6 某公司有两个工厂，生产某种产品. 有 3 家商店需要这种产品. 按合同规定，产品要运至商店交货. 假定工厂总生产量超过总需要量. 问该公司应如何安排供货才能使生产成本和运输费用最少？试写出求解该问题的产销平衡表和单位运价表.

解 设 $c_i(i=1,2)$ 为工厂 i 的单位生产成本，$t_{ij}(i=1,2;j=1,2,3)$ 为从工厂 i 到商店 j 的运费，$a_i(i=1,2)$ 为工厂 i 的生产能力，$b_j(j=1,2,3)$ 为商店 j 的需要量.

由题设，工厂总生产量超过总需要量，故增加一个虚销地，可得该问题的产销平衡表和单位运价表，如表 4-28 所示.

表 4-28

商店／工厂	B_1	B_2	B_3	虚销地	产量
A_1	c_1+t_{11}	c_1+t_{12}	c_1+t_{13}	0	a_1
A_2	c_2+t_{21}	c_2+t_{22}	c_2+t_{23}	0	a_2
销量	b_1	b_2	b_3	b_4	

例 4.7 某种货物从产地 A_1 至销地 B_1，B_2，B_3 的单位运价及其产销量由表 4-29 给出. 现规定货物可以在这 5 个点中任一个进行中转，再运至销地. 各点间运送一个单位货物的运价为：A_1，A_2 间为 1；B_1，B_2 间为 2；B_1，B_3 间为 1；B_2，B_3 间为 3. 问应如何确定该种货物的运输方案，使运输费用最小？

表 4-29

销地／产地	B_1	B_2	B_3	产量
A_1	5	3	5	10
A_2	4	1	2	20
销量	10	10	10	

解 转运地点既是产地又是销地. 因此，把整个问题看成是有 5 个产地和 5 个销地的扩大的运输问题.

按给定条件，对扩大的运输问题建立单位运价表. 因为从某地运一个单位货物到本地实际上不会发生，只是一种松弛行动，用来平衡相应的行或列的数字，所以对角线上的运价为 0.

由题设条件，允许转运的货物最多不能超过 30 个单位，而每个点都可以是转运点，故每行的发量和每列的收量均应加上 30 个单位.

按上面分析，可以建立该问题的产销平衡表和单位运价表，如表 4-30 所示.

表 4-30

产地 \ 销地	A_1	A_2	B_1	B_2	B_3	产量
A_1	0	1	5	3	5	40
A_2	1	0	4	1	2	50
B_1	5	4	0	2	1	30
B_2	3	1	2	0	3	30
B_3	5	2	1	3	0	30
销量	30	30	40	40	40	

用表上作业法，求出最优解如表 4-31 所示.

表 4-31

产地 \ 销地	A_1	A_2	B_1	B_2	B_3	产量
A_1	30	10				40
A_2		20		10	20	50
B_1			30			30
B_2				30		30
B_3			10		20	30
销量	30	30	40	40	40	

在最优解中，对角线格子中的数字是松弛变量的取值，只起平衡相应的行或列的作用. 从对角线以外的数字可以看出，A_1 发 10 个单位货物至 A_2 转运，A_2 发 10 个单位货物至 B_2，发 10 个单位货物至 B_3，另运 10 个单位货物至 B_3 转运 B_1. 其总运费为

$$S = 10 \times 1 + 10 \times 1 + 20 \times 2 + 10 \times 1 = 70$$

由于在变量个数相等的情况下，表上作业法的计算远比单纯形法简单. 所以在实际工作中，可把某些特殊的线性规划问题化为运输问题来求解. 如第 5 章例 5.8 生产与存贮问题就属这种情况.

4.4 指派问题及其匈牙利算法

4.4.1 指派问题及其数学模型

指派问题(assignment problem)是运筹学中一个既有理论意义又有实用价值的问题. 其一般提法是：设有 n 个人，需要分派他们去做 n 件工作. 由于每人的专长不同，各人做任一种工作的效率可能不同，因而创造的价值也不同. 应如何安排，才能使创造的总价值最大？

视频4-6

例 4.8 现有 4 辆装载不同货物的待卸车，派班员要分派给 4 个装卸班组，每个班组卸一辆. 由于各个班组的技术专长不同，各个班组卸不同车辆所需时间 (h) 如表 4-32 所示. 问派班员应如何分配卸车任务，才能使卸车所花的总时间最少？

表 4-32

待卸车 装卸班组	P_1	P_2	P_3	P_4
I	4	3	4	1
II	2	3	6	5
III	4	3	5	4
IV	3	2	6	5

类似的例子很多，如有 n 项加工任务，如何分派到 n 台机床加工使总费用最低；有 n 条航线，怎样指定 n 艘船去航行等. 对应于每个指派问题，给出了类似于表 4-32 那样的表格称为系数矩阵，其元素 c_{ij} ($c_{ij} \geq 0$, $i, j = 1, 2, \cdots, n$) 根据实际问题的不同，可表示时间、费用、距离等.

为求解此类问题，引入 0-1 变量 x_{ij}，并令

$$x_{ij} = \begin{cases} 1 & \text{当指派第 } i \text{ 人去完成第 } j \text{ 项任务} \\ 0 & \text{当不指派第 } i \text{ 人去完成第 } j \text{ 项任务} \end{cases}$$

这样，指派问题的数学模型就可表示为

$$\min Z = \sum_{i=1}^{n} \sum_{j=1}^{n} c_{ij} x_{ij} \tag{4-3}$$

$$\text{s. t.} \begin{cases} \displaystyle\sum_{j=1}^{n} x_{ij} = 1, \ i = 1, 2, \cdots, n & (4\text{-}4) \\[3mm] \displaystyle\sum_{i=1}^{n} x_{ij} = 1, \ j = 1, 2, \cdots, n & (4\text{-}5) \\[3mm] x_{ij} = 0 \text{ 或 } 1 & (4\text{-}6) \end{cases}$$

约束条件式 (4-4) 说明第 j 项任务只能由 1 人去完成；约束条件式 (4-5) 说明第 i 人只能完成 1 项任务. 从数学模型中不难看出，指派问题实际上是运输问题的特殊情形. 但是，用运输问题的表上作业法求解此类问题时，必须解决基本可行解中出现的严重退化而引起的问题，所以一般采用另一种特殊的方法——匈牙利算法求解.

4.4.2 匈牙利算法

我们知道，指派问题都要给出系数矩阵，例 4.8 中的系数矩阵为

$$(c_{ij}) = \begin{bmatrix} 4 & 3 & 4 & 1 \\ 2 & 3 & 6 & 5 \\ 4 & 3 & 5 & 4 \\ 3 & 2 & 6 & 5 \end{bmatrix}$$

求出指派问题一个可行解并不难,问题是如何求出最优解.指派问题的最优解有这样的性质:若从系数矩阵(c_{ij})的一行(列)各元素中分别减去该行(列)的最小元素,得到新矩阵(b_{ij}),那么以(b_{ij})为系数矩阵求得的最优解和用原系数矩阵求得的最优解相同.

下面利用这个性质并结合例4.8,讨论指派问题的一般解法.

第一步:对系数矩阵进行变换,使各行各列中都出现0元素.

(1)从系数矩阵的每行元素中减去该行的最小元素;

(2)再从所得系数矩阵的每列元素中减去该列的最小元素.

若某行(列)已有0元素,就不必再减了.例4.8的计算为

$$
(c_{ij}) = \begin{bmatrix} 4 & 3 & 4 & 1 \\ 2 & 3 & 6 & 5 \\ 4 & 3 & 5 & 4 \\ 3 & 2 & 6 & 5 \end{bmatrix} \begin{matrix} -1 \\ -2 \\ -3 \\ -2 \\ -2 \end{matrix} \longrightarrow \begin{bmatrix} 3 & 2 & 3 & 0 \\ 0 & 1 & 4 & 3 \\ 1 & 0 & 2 & 1 \\ 1 & 0 & 4 & 3 \end{bmatrix} \longrightarrow \begin{bmatrix} 3 & 2 & 1 & 0 \\ 0 & 1 & 2 & 3 \\ 1 & 0 & 0 & 1 \\ 1 & 0 & 2 & 3 \end{bmatrix} = (b_{ij})
$$

总共减去的数为:$1 + 2 + 3 + 2 + 2 = 10$

第二步:试求最优解.

经过第一步的变换后,矩阵的每行每列都有了0元素.我们的目的是找出n个位于不同行不同列的0元素,通常称之为"独立0元素",并以独立0元素对应的$x_{ij} = 1$,令其余的$x_{ij} = 0$.这样的解对变换后的系数矩阵(b_{ij})来说,其目标函数值为零,故为(b_{ij})问题的最优解,根据上述性质,这也是原问题的最优解.

在(b_{ij})中找独立0元素可按下述方法进行.

(1)从行开始,遇到每行只有一个0元素的就用括号括上,记作(0),然后划去所在列的其他0元素,用$\emptyset$表示,遇到有两个及以上0元素的行先放下.

(2)进行检验,给只有一个0元素的列的0元素用括号括上,记作(0),然后划去所在行的其他0元素,用$\emptyset$表示.

(3)反复进行(1)、(2)两步.

(4)若仍有没有括上的0元素,且同行(列)的0元素至少有两个,这时可从有0元素最少的行(列)开始,比较这行(列)各0元素所在列(行)中的0元素的数目,选择0元素少的那列(行)的这个0元素加括号,然后划掉同行同列的其他0元素.反复进行,直到所有0元素都已括上和划掉为止.

(5)若(0)元素的数目等于系数矩阵的阶数n,那么这指派问题的最优解已得到.否则转入第三步.

例4.8中,第一行只有一个0元素,就在0处作出标号(0),表示第4辆车已分配给第1组工人卸车,因此,第四列其他元素如有0就不能再分派.同理,第二行有一个0元素,作出标号(0).第三行有两个0元素,先放下.第四行有一个0元素,作出标号(0),同时划去同列的0元素,作标号$\emptyset$.得到

$$
\begin{bmatrix} 3 & 2 & 1 & (0) \\ (0) & 1 & 2 & 3 \\ 1 & \emptyset & 0 & 1 \\ 1 & (0) & 2 & 3 \end{bmatrix}
$$

然后进行列检验，第一、第二、第四列已没有未作标号的 0，第三列有一个 0，标上括号，表示第 3 辆车分派给第 3 组工人卸车，于是得

$$\begin{bmatrix} 3 & 2 & 1 & (0) \\ (0) & 1 & 2 & 3 \\ 1 & \emptyset & (0) & 1 \\ 1 & (0) & 2 & 3 \end{bmatrix}$$

此时 (0) 元素的数目等于系数矩阵的阶数 4，故该指派问题的最优解已得到，最优解的矩阵形式为

$$(x_{ij}) = \begin{bmatrix} 0 & 0 & 0 & 1 \\ 1 & 0 & 0 & 0 \\ 0 & 0 & 1 & 0 \\ 0 & 1 & 0 & 0 \end{bmatrix}$$

其目标函数值为

$$Z = c_{14} + c_{21} + c_{33} + c_{42} = 1 + 2 + 5 + 2 = 10$$

注意，此值与前面在求 (b_{ij}) 的过程中所减去的数值相等.

例 4.9　求系数矩阵 (c_{ij}) 如下所示的指派问题的最优解.

$$(c_{ij}) = \begin{bmatrix} 10 & 9 & 7 & 8 \\ 5 & 8 & 7 & 7 \\ 5 & 4 & 6 & 5 \\ 2 & 3 & 4 & 5 \end{bmatrix}$$

视频 4-8

解　按上述第一步，对原系数矩阵进行变换.

$$(c_{ij}) = \begin{bmatrix} 10 & 9 & 7 & 8 \\ 5 & 8 & 7 & 7 \\ 5 & 4 & 6 & 5 \\ 2 & 3 & 4 & 5 \end{bmatrix} \begin{matrix} -7 \\ -5 \\ -4 \\ -2 \end{matrix} \longrightarrow \begin{bmatrix} 3 & 2 & 0 & 1 \\ 0 & 3 & 2 & 2 \\ 1 & 0 & 2 & 1 \\ 0 & 1 & 2 & 3 \end{bmatrix} \longrightarrow \begin{bmatrix} 3 & 2 & 0 & 0 \\ 0 & 3 & 2 & 1 \\ 1 & 0 & 2 & 0 \\ 0 & 1 & 2 & 2 \end{bmatrix}$$

$$-1$$

按上述第二步，试求最优解，得到矩阵 $(4-7)$.

$$\begin{bmatrix} 3 & 2 & (0) & \emptyset \\ (0) & 3 & 2 & 1 \\ 1 & (0) & 2 & \emptyset \\ \emptyset & 1 & 2 & 2 \end{bmatrix} \tag{4-7}$$

这里 (0) 的个数为 3，而 $n = 4$，所以还未求出最优解，转入第三步.

第三步：作最少的直线覆盖所有 0 元素. 能覆盖所有 0 元素的最少直线数等于在 0 处作出标号 (0) 的最多个数. 为此按以下方法进行.

(1) 对没有 (0) 的行打"√"号；

(2) 对打"√"号的行上的所有有 $\emptyset$ 元素的列打"√"号；

(3) 再对打"√"号的列上有 (0) 的行打"√"号；

(4) 重复 (2)、(3) 项，直到得不出新的打"√"号的行、列为止；

(5) 对没有打"√"号的行画横线，所有打"√"号的列画纵线，这就是能覆盖所有 0 元素的最少的直线数.

在例 4.9 中，对矩阵(4-7)式按以下次序进行：先对第四行打"√"号，接着对第一列打"√"号，再对第二行打"√"号. 对第一行、第三行、第一列画直线，得矩阵(4-8).

第四步：再对系数矩阵进行变换，以增加 0 元素. 为此，在没有被直线覆盖的部分中找出最小元素，然后对没有画直线的行，各元素都减去这个最小元素；而对画直线的列，各元素都加上这个最小元素，以保持原来 0 元素不变. 这样得到新的系数矩阵(它的最优解与原问题相同). 对新的系数矩阵进行第二步，若能求出 n 个独立 0 元素，则已得最优解，否则回到第三步重复进行.

$$
\begin{bmatrix}
 & \vdots & & & & & \\
\cdots & 3 & \cdots & 2 & (0) & \cdots & \emptyset & \cdots \\
 & \vdots & & & & & \\
 & (0) & & 3 & 2 & & 1 & \\
 & \vdots & & & & & \\
\cdots & 1 & \cdots & (0) & \cdots & 2 & \cdots & \emptyset & \cdots \\
 & \vdots & & & & & \\
 & \emptyset & & 1 & 2 & & 2 &
\end{bmatrix}
\begin{matrix} \\ \\ \\ \surd \\ \\ \\ \surd \end{matrix}
\tag{4-8}
$$

矩阵(4-8)中，没有被直线覆盖部分的最小元素为 1，于是第二、四行都减去 1，第一列加上 1，得到新的矩阵(4-9).

$$
\begin{bmatrix}
4 & 2 & 0 & 0 \\
0 & 2 & 1 & 0 \\
2 & 0 & 2 & 0 \\
0 & 0 & 1 & 1
\end{bmatrix}
\tag{4-9}
$$

进行第二步，先在第三列的 0 元素处标(0)，并划去同行的 0 元素. 此时，余下的每行每列都有 0 元素，可在第二行两个 0 元素中任选一个标(0). 例如在第二行第一列处标(0)，再往下进行，得矩阵(4-10).

$$
\begin{bmatrix}
4 & 2 & (0) & \emptyset \\
(0) & 2 & 1 & \emptyset \\
2 & \emptyset & 2 & (0) \\
\emptyset & (0) & 1 & 1
\end{bmatrix} = (b_{ij})
\tag{4-10}
$$

该矩阵中，具有 4 个独立 0 元素，这就得到了最优解. 相应的解矩阵为

$$
(x_{ij}) = \begin{bmatrix}
0 & 0 & 1 & 0 \\
1 & 0 & 0 & 0 \\
0 & 0 & 0 & 1 \\
0 & 1 & 0 & 0
\end{bmatrix}
$$

目标函数值为

$$Z = 7 + 5 + 5 + 3 = 20$$

当指派问题的系数矩阵经过变换后，出现每行每列都有两个或两个以上 0 元素时，可任选一行(列)中某一个 0 元素标(0)，再划去同行(列)的其他 0 元素. 这种情况下问题有多重解. 例 4.9 就属这种情况.

4.4.3　非标准指派问题

例 4.8 中, 待卸车的数量(M)与装卸班组的数目(N)是相同的, 符合这一条件的指派问题称为标准指派问题. 如果 N 与 M 不相同时, 则称为非标准指派问题. 遇到非标准指派问题时, 应先把它转化成标准指派问题, 然后再求解. 例如, 例 4.8 中如果装卸班组的数量多于待卸车的数量, 即 $N > M$, 这时可以虚构($N - M$)个待卸车, 使装卸班组与待卸车的数目相同, 并令虚构的待卸车的卸车时间都为 0, 这样目标函数保持不变.

匈牙利法只限于求解最小化问题. 对于求目标函数值最大的问题, 不能采用改变目标函数系数符号的方法, 因为匈牙利法要求系数矩阵中每个元素都是非负的. 对于求最大值问题

$$\max Z = \sum_{i=1}^{n} \sum_{j=1}^{n} c_{ij} x_{ij}$$

可作一新矩阵

$$\boldsymbol{B} = (b_{ij})$$

使得

$$b_{ij} = M - c_{ij}$$

其中 M 是一个足够大的常数(如取 c_{ij} 中最大的元素即可), 以保证 $b_{ij} \geq 0$, 使之符合匈牙利法的条件. 这时解问题 $\min Z' = \sum_{i=1}^{n} \sum_{j=1}^{n} b_{ij} x_{ij}$ 所得的最小解(x_{ij}), 就是原问题的最大解.

由于篇幅的原因, 如果读者对运输问题和指派问解的其他求解方法及其灵敏度分析等内容感兴趣, 可以扫描"选读材料"二维码(运输问题与指派问题的选读材料)作进一步的了解.

选读材料

【本章导学】

1. 学习要点提示
(1)运输问题: 模型特征、表上作业法(思想、原理、流程、实施).
(2)指派问题: 模型特征、匈牙利算法(思想、原理、流程、实施).
2. 学习思路与方法建议

本章的重点在于通过认识运输问题和指派问题及其数学模型特征, 根据模型特征重新审视前述章节线性规划问题和整数规划问题求解方法的切入点及其逻辑推演, 探究如何从运输问题和指派问题模型特征建立相应算法. 注意到本章内容的逻辑推演进程:

(1)认识两类特殊的线性规划问题, 分析它们的数学模型特征.

(2)两类问题均因其约束条件的特点, 使得应用单纯形法时出现严重退化现象, 不能直接从约束条件入手建立有效算法, 则考虑从目标函数系数入手建立算法. 其中, 表上作业法也是单纯形法在求解运输问题时的一种简化方法, 其实质是单纯形法. 同用单纯形法解线性规划问题一样, 运输问题的最优解也一定可以在基本可行解中找到, 其求解过程类似, 即首先找到初始基本可行解, 然后判别是否是最优解, 不是最优解时就要进行调整, 直到找到最优解为止. 而匈牙利算法则充分利用了 0−1 变量的特点, 寻找"独立零元素"来调整和确定最优指派方案.

(3)运输问题建模中应注意: 在运筹学里, 运输问题模型已成为一类模型, 是一种有效解决这类问题的方法. 因此, 这里运输问题不仅仅就是解决运输实践中的运输问题; 而实践中

有许多情况, 虽然与运输无关, 却可以用求解运输问题的方法求解.

【思考与讨论】

(1)为什么用差值法(伏格尔法)求得的运输问题的初始基本可行解, 较之用最小元素法求得的初始基本可行解更接近最优解?

(2)位势法求运输问题非基变量检验数的公式为 $\lambda_{ij} = c_{ij} - (u_i + v_j)$, 试说明 λ_{ij}, c_{ij}, u_i, v_j 与其对偶问题的对应关系.

(3)运输问题中, 为什么一组基变量不包含任何闭回路, 如果包含闭回路会怎么样?

(4)如果将指派问题的系数矩阵每行(列)乘一个大于零的数 k_i, 最优解是否变化?

(5)指派问题求最大值时, 能否采用将目标函数乘 -1 的方法转化为求目标最小值, 然后用匈牙利算法求解, 为什么?

(6)如果运输问题的单位运价表第 r 行的元素 c_{rj} 都加上一个常数 k, 问最优解是否发生变化? 若变化, 求出新的目标函数值.

【习题】

4.1 分别用最小元素法和差值法(伏格尔法), 求下列运输问题(表4-33)的初始基本可行解, 并计算其目标函数值.

表4-33

产地＼销地	B_1	B_2	B_3	B_4	供应量
A_1	10	6	7	12	4
A_2	16	10	5	9	9
A_3	5	4	10	10	5
需求量	5	3	4	6	

4.2 求下列运输问题(表4-34和表4-35)的最优解.

表4-34

产地＼销地	B_1	B_2	B_3	供应量
A_1	2	10	7	2
A_2	11	3	3	3
A_3	3	2	1	4
A_4	4	9	5	6
需求量	7	5	7	

表 4-35

产地＼销地	B_1	B_2	B_3	B_4	B_5	供应量
A_1	3	7	8	4	6	13
A_2	9	5	7	10	3	12
A_3	11	10	8	5	7	18
需求量	3	8	5	10	3	

4.3　有求总运费最小的运输问题，应用表上作业法求得其中某一步的结果如表 4-36 所示.

表 4-36

产地＼销地	B_1	B_2	B_3	供应量
A_1	3③	5	7	3
A_2	4②	2④	4	6
A_3	5	6①	3⑤	d
需求量	a	b	c	e

试写出 a, b, c, d, e 的值，并求出最优运输方案.

4.4　求利润最大的运输问题，其单位利润如表 4-37 所示，试求最优运输方案，该最优方案有何特征？

表 4-37

产地＼销地	B_1	B_2	B_3	B_4	供应量
A_1	6	7	5	8	8
A_2	4	5	10	8	9
A_3	2	9	7	3	7
需求量	8	6	5	5	

4.5　某玩具公司分别生产三种新型玩具 A, B, C, 每月可供应量分别为 1000 件、2000 件、2000 件，分别送到甲、乙、丙三个百货商店销售. 已知每月百货商店各类玩具预期销售量均为 1500 件，由于经营方面原因，各商店销售不同玩具的盈利额不同，如表 4-38 所示. 又知丙百货商店要求至少供应 C 玩具 1000 件，而拒绝进 A 玩具. 求满足上述条件下使总盈利额最大的供销分配方案.

表 4-38

百货店 玩具	甲	乙	丙	可供量/件
A	5	4	—	1000
B	16	8	9	2000
C	12	10	11	2000

4.6 某公司生产一种产品,春夏秋冬四季的需要量分别为 100,200,400,350 单位.它的工厂生产能力是每季度 250 单位,出厂单位成本 1200 元,存贮费 200 元/单位·季.公司也可以向外部购买此产品,单位成本 1500 元,四季不变.问如何安排该公司的生产及购货任务,使满足需要并使成本最小?试建立运输问题的模型.

4.7 甲、乙两个煤矿分别生产煤 500 万 t,供应 A、B、C 三个电厂发电需要,各电厂用量分别为 300 万 t、300 万 t、400 万 t.已知煤矿之间、煤矿与电厂之间以及电厂之间相互距离(单位:km)如表 4-39~表 4-41 所示.煤可以直接运达,也可经转运抵达,试确定从煤矿到各电厂间煤的最优调运方案(总吨公里数最少).

表 4-39 煤矿间距离

从 \ 到	甲	乙
甲	0	120
乙	100	0

表 4-40 煤矿与电厂间距离

从 \ 到	A	B	C
甲	150	120	80
乙	60	160	40

表 4-41 电厂间距离

从 \ 到	A	B	C
A	0	70	100
B	50	0	120
C	100	150	0

4.8　某一实际的运输问题可以叙述如下：有 n 个地区需要某种物资，需要量分别为 $b_j(j=1, 2, \cdots, n)$. 这些物资均由某公司分设在 m 个地区的工厂供应，各工厂的产量分别为 $a_i(i=1, 2, \cdots, m)$，已知从 i 地区的工厂至 j 需求地区的单位物资的运价为 c_{ij}，又 $\sum\limits_{i=1}^{m} a_i = \sum\limits_{j=1}^{n} b_j$，试阐述其对偶问题并解释对偶变量的经济意义.

4.9　现要指派 4 个工人去完成 4 项工作. 每人做各项工作所消耗的时间(h)如表 4-42 所示. 问如何分派工作，才能使消耗的总时间最少？

表 4-42

工人＼工作	A	B	C	D
甲	3	3	3	5
乙	2	3	2	5
丙	6	1	5	1
丁	10	4	6	4

4.10　现有 4 项不同的任务，分别派给 4 个人去完成. 因个人的专长不同，所以每个人完成不同的任务所需的时间不同，如表 4-43 所示. 试问如何安排他们的工作才能使总的工作时间最少？

表 4-43

工人＼工作	A	B	C	D
甲	10	9	7	8
乙	5	8	7	7
丙	5	4	6	5
丁	2	3	4	5

4.11　学生 A, B, C, D 组成了课程竞赛代表队，他们各门课程的模拟成绩如表 4-44 所示. 竞赛同时进行，每人只能参加一项. 问如何安排参赛才能使总分最高？

表 4-44

学生	数学	物理	化学	外语
A	89	92	68	81
B	87	88	65	78
C	95	90	85	72
D	75	78	89	96

4.12 有4种零件可由5台不同机床加工.每种零件在不同机床上加工的时间(min)如表4-45所示.求总加工时间最少的加工方案.

表4-45

零件	机床1	机床2	机床3	机床4	机床5
A	10	11	4	2	8
B	7	11	10	14	12
C	5	6	9	12	14
D	13	15	11	10	7

习题答案

第 5 章　线性规划问题建模及讨论

在应用线性规划方法解决实际问题时，前述各章节所介绍的求解方法基本可以得到解决，即使是大型复杂的线性规划问题也可以很方便地找到相应计算机软件进行求解. 然而，应用中的最大问题是如何根据实际情况建立繁简适当且能反映实际问题主要因素的线性规划模型，这是从事系统分析工作者的主要工作和一项重要技能. 有学者曾用"与其说是一门技术，倒不如说是一门艺术"来形容数学建模的深邃技巧，一点不为过. 线性规划模型是数学模型的重要组成部分，本章将介绍线性规划模型的特点和建模的基本步骤，同时列举若干实例说明并讨论线性规划模型构建的技巧及其在管理决策中的应用，使初学者能从中获得线性规划建模的启发与正确运用线性规划解决实际问题的基本思路和方法.

5.1　线性规划问题建模概述

线性规划方法解决的问题可归纳为两种情形：一是有限资源条件下，如何有效利用和合理调配资源，使任务完成最多或获取利润达到最大；二是在任务一定的条件下，如何合理筹划，精细安排，用最少的资源（人力、物力和财力）去实现这项任务.

5.1.1　线性规划模型的假设条件

前面介绍的数学模型中，已经隐含了线性规划问题建立数学模型的假设条件. 为了更加明确起见，归纳为以下四条，以便判断实际问题能否通过构建线性规划模型获取其最优解决方案.

（1）比例性：指对每个单独的活动而言，"因"与"果"成比例关系. 如生产某产品对资源的消耗量和可获取的利润，同生产量严格成正比.

（2）可加性：指相同的"因""果"之间可以叠加. 如生产多种产品时，可获取的总利润是各种产品的利润之和，对某种资源的消耗量等于各产品对该种资源的消耗量之和.

（3）连续性：是指模型中的决策变量可以取某区间的连续值，其值可以为小数、分数或某一实数.

（4）确定性：假定模型中的参数 c_j，a_{ij}，b_i 均为确定的常数.

5.1.2　线性规划模型构建步骤

根据所作的假设分析经济现象的因果关系,利用这些对象的内在规律,构建各个量(常量和变量)之间的线性等式或线性不等式.具体步骤如下.

(1)设置决策变量:决策变量是用于描述给定问题决策且由决策者控制的变量,也是线性规划问题的待定量值.决策变量的选择方式并非唯一,设置决策变量的原则是便于建模即可.

(2)确定目标函数:目标函数是决策者用来评价解的优劣标准,它是决策变量的线性函数,可以预测出决策变量的取值对目标的影响程度.

(3)确定约束条件:约束条件是由给定问题的特点加在决策变量取值上的限制.另外还规定线性规划中所有变量都满足非负的条件.有时部分约束条件是隐性但客观存在,很容易被忽视.

完成以上三步的分析与建模工作,再针对给定问题的实际,修正和调整所构建的线性规划模型.

5.2　应用举例

线性规划是目前应用最广泛、最成功的运筹学分支之一,在实际应用中最重要的是建立繁简适当、能反映实际问题的主要因素,得出正确结论并能取得经济效益的数学模型.下面以举例的方式分别介绍线性规划问题一般模型和组合模型的建模过程、方法和技巧,并展开讨论.

5.2.1　线性规划问题一般模型构建及讨论

实际应用中大多问题并非很复杂,考虑的主要因素有限,对应模型的维数相对较小,限制条件不多,且隐含线性规划问题的假设条件,这样一类模型归类为线性规划问题一般模型.如企业生产组织与计划问题、混合问题、合理下料问题、资源配置问题、选址问题、运输问题、排班问题等等.举例如下.

例 5.1　生产组织与计划问题

某企业计划生产甲、乙、丙三种产品,每一产品均需经过 A、B 两道工序加工.A 工序有两种设备(A_1、A_2)可完成,B 工序有三种设备(B_1、B_2、B_3)可完成.除甲、乙两种产品的 A 工序及甲产品的 B 工序可任意安排外,其余只能在指定的设备上完成.有关资料如表 5-1 所列,试构建该生产计划问题产品加工方案的线性规划模型,使得企业获取利润最大.

表 5-1

产品\设备	甲	乙	丙	费用/元//有效台时/h
A_1	5	10		3000//600
A_2	7	9	12	1000//500
B_1	6	8		1200//400
B_2	4		11	2100//700
B_3	7			800//400
原料单价/(元/件)	25	35	50	
销售单价/(元/件)	125	200	280	

解法一

(1)设置决策变量. 设 x_j 表示甲、乙、丙三种产品在 A、B 工序所对应的各设备上的加工量, 其中: x_j ($j=1, 2, 3, 4, 5$) 表示甲产品分别在 A_1、A_2、B_1、B_2、B_3 设备上的加工量, x_j ($j=6, 7$) 表示乙产品分别在 A_1、A_2 设备上的加工量, x_8 表示丙产品在 A_2 设备上的加工量. 为了直观, 读者可将 x_j 直接对应列入表 5-1 中. 且有

$$x_1 + x_2 = x_3 + x_4 + x_5 \tag{5-1}$$

(2)确定目标函数. 企业利润为产品销售收入扣除产品所耗原料成本和设备台时费用. 由表 5-1 所列数据可得该线性规划模型的目标函数为

$$
\begin{aligned}
\max Z = {} & (125-25)(x_1+x_2) + (200-35)(x_6+x_7) + (280-50)x_8 \\
& - (3000/600)(5x_1+10x_6) - (1000/500)(7x_2+9x_7+12x_8) \\
& - (1200/400)(6x_3+8x_6+8x_7) - (2100/700)(4x_4+11x_8) \\
& - (800/400) \times 7x_5
\end{aligned}
$$

化简得目标函数

$$\max Z = 75x_1 + 86x_2 - 18x_3 - 12x_4 - 14x_5 + 91x_6 + 123x_7 + 173x_8 \tag{5-2}$$

(3)确定约束条件. 该生产计划问题除了受设备有效台时限制外, 还有因决策变量的设置所产生的隐性约束式(5-1), 以及决策变量的实际含义, 即非负限制. 故该线性规划模型的约束条件为

$$
\text{s. t.} \begin{cases}
5x_1 + 10x_6 \leqslant 600 \\
7x_2 + 9x_7 + 12x_8 \leqslant 500 \\
6x_3 + 8x_6 + 8x_7 \leqslant 400 \\
4x_4 + 11x_8 \leqslant 700 \\
7x_5 \leqslant 400 \\
x_1 + x_2 = x_3 + x_4 + x_5 \\
x_j \geqslant 0 \quad j = 1, 2, \cdots, 8
\end{cases} \tag{5-3}
$$

综合式(5-2)和式(5-3), 即为该生产计划问题的线性规划模型.

讨论 通过求解上述建立的线性规划模型可获得企业利润最大的产品加工方案. 该加工方案具体是指甲、乙、丙三种产品分别在设备 A_1、A_2、B_1、B_2、B_3 上加工的件数. 然而, 本问

题是一个连续加工. 对于甲产品加工过程的组织, 要求完成第一道工序加工后(x_1+x_2), 在进入第二道工序加工之前还需要对全部产品重新分配$(x_3+x_4+x_5)$.

这里, 读者可思考下, 这种"重新分配的麻烦"可不可以在建模时就予以避免呢? 回答当然是肯定的. 接下来介绍另一种解法.

解法二

根据表 5-1 资料列出甲、乙、丙三种产品连续加工的所有方案, 设决策变量 x_j 为第 j 种加工方案所对应的加工件数. 即甲产品共有 6 种加工方案, 分别利用设备 (A_1, B_1)、(A_1, B_2)、(A_1, B_3)、(A_2, B_1)、(A_2, B_2)、(A_2, B_3), 各方案加工甲产品的件数分别用 x_1, x_2, x_3, x_4, x_5, x_6 表示; 同理, 乙产品有两种加工方案, 即 (A_1, B_1) 和 (A_2, B_1), 加工件数分别为 x_7, x_8; 丙产品只有一种加工方案 (A_2, B_2), 加工数量设为 x_9.

同解法一, 目标函数为使企业获利最大, 受设备有效台时限制, 变量非负约束, 即可建立该生产计划问题的线性规划模型

$$\max Z = 57x_1 + 62x_2 + 61x_3 + 68x_4 + 74x_5 + 72x_6 + 91x_7 + 123x_8 + 173x_9$$

$$\text{s. t.} \begin{cases} 5x_1 + 5x_2 + 5x_3 + 10x_7 \leqslant 600 \\ 7x_4 + 7x_5 + 7x_6 + 9x_8 + 12x_9 \leqslant 500 \\ 6x_1 + 6x_4 + 8x_7 + 8x_8 \leqslant 400 \\ 4x_2 + 4x_5 + 11x_9 \leqslant 700 \\ 7x_3 + 7x_6 \leqslant 400 \\ x_j \geqslant 0 \quad j = 1, 2, \cdots, 9 \end{cases} \tag{5-4}$$

虽然模型式(5-4)多设了一个变量, 但是有一个明显的好处, 每一个变量所确定的产品加工件数, 在完成第一道工序后可直接进入下一道工序的相应设备进行加工, 有效避免了重新分配的麻烦. 说明线性规划建模时, 决策变量设置的重要性及其技巧.

例 5.2 农业生产规划问题

某家庭农场拥有 1000 亩土地和 30 万元资金, 在冬季有 3500 人时的劳力, 在夏季有 4000 人时的劳力. 当该家庭农场不需要这么多劳力时, 可以到邻近的工厂做工, 工厂工资标准冬季为 15 元/h, 夏季为 20 元/h. 该农场有两种畜牧产品(奶牛和母鸡)和三种农产品(大豆、小麦、大米). 有关数据资料如表 5-2 所示.

表 5-2

品　种	需用土地数/(亩/头)	需要劳动力量/人时		投资额/(万元/单位)	年纯收入
		冬　季	夏　季		
奶牛	1.5	100	150	0.4	900 元/头
母鸡	0	0.6	0.3	0.03	25 元/只
大豆	—	20	50	—	300 元/亩
小麦	—	35	75	—	500 元/亩
大米	—	10	40	—	150 元/亩

又知鸡舍最多可养 3000 只, 牛栏最大可容 32 头. 试问该家庭农场如何安排生产才能使年纯收入最多?

解 （1）设置决策变量

设 x_1，x_2，x_3 分别代表种植大豆、小麦、大米的亩数；x_4 代表奶牛的头数；x_5 代表母鸡的只数；x_6，x_7 分别表示冬天、夏天多余的劳力.

（2）确定目标函数：使家庭农场年纯收入达到最大

$$\max Z = 300x_1 + 500x_2 + 150x_3 + 900x_4 + 25x_5 + 15x_6 + 20x_7$$

（3）确定约束条件

土地约束　　$x_1 + x_2 + x_3 + 1.5x_4 \leqslant 1000$

资金约束　　$0.4x_4 + 0.03x_5 \leqslant 30$

劳力限制：

在冬季　　$20x_1 + 35x_2 + 10x_3 + 100x_4 + 0.6x_5 + x_6 \leqslant 3500$

在夏季　　$50x_1 + 75x_2 + 40x_3 + 150x_4 + 0.3x_5 + x_7 \leqslant 4000$

容量限制　$x_4 \leqslant 32$

$x_5 \leqslant 3000$

非负及整数约束

$$x_j \geqslant 0 \quad j = 1, 2, \cdots, 7 \text{；其中 } x_4, x_5 \text{ 为整数}$$

归纳起来，即得该家庭农场生产规划模型式（5-5）.

$$\max Z = 300x_1 + 500x_2 + 150x_3 + 900x_4 + 25x_5 + 15x_6 + 20x_7$$

$$\text{s. t.} \begin{cases} x_1 + x_2 + x_3 + 1.5x_4 \leqslant 1000 \\ 0.4x_4 + 0.03x_5 \leqslant 30 \\ 20x_1 + 35x_2 + 10x_3 + 100x_4 + 0.6x_5 + x_6 \leqslant 3500 \\ 50x_1 + 75x_2 + 40x_3 + 150x_4 + 0.3x_5 + x_7 \leqslant 4000 \\ x_4 \leqslant 32 \\ x_5 \leqslant 3000 \\ x_j \geqslant 0 \quad j = 1, 2, \cdots, 7 \text{；其中 } x_4, x_5 \text{ 为整数} \end{cases} \tag{5-5}$$

同样，线性规划方法在其他领域应用也十分广泛，特别是结合计算机，效果显著，如案例 5-1.

例 5.3　混合问题（配料问题）

某石油公司用 A、B、C 三种原料混合成普通汽油（R）、高级汽油（P）和低铅汽油（L）三种成品油出售. 有关资料如表 5-3 所示. 要求建立线性规划模型，以决定各种汽油的销售量使公司获得利润最大.

案例 5-1

表 5-3

原料　　规格　　成品	普通汽油（R）	高级汽油（P）	低铅汽油（L）	单位成本 /（元/kg）	最大购入量 /（吨/月）
A	不少于 20%	不少于 40%	—	a	100
B	—	不少于 10% 且不多于 20%	不少于 30%	b	150

续表5-3

成品 \ 原料 \ 规格	普通汽油 (R)	高级汽油 (P)	低铅汽油 (L)	单位成本 /(元/kg)	最大购入量 /(吨/月)
C	不多于30%	不多于10%	—	c	50
最多销售量 /(吨/月)	—	—	50		
单位售价 /(元/kg)	d	e	f		

解 (1)设置决策变量

根据题意,公司谋求利润最大,即利润为总的销售收入扣除总的生产成本.按常规将决策变量设置为成品汽油的销售量时,该问题总的销售收入计算表达式容易获得;而表5-3所给资料为原料的单位成本,要确定问题的总成本就必须明确各种成品汽油中所含原料量,但资料未提供各种成品汽油的确切配方,导致各种成品汽油的单位成本无法确定.因此,本问题按常规方式设置决策变量将无法构建其线性规划模型.

由上述分析可知,该问题必须作出两个决策,即各种成品汽油的销售量和每种成品汽油所耗用各种原料的量.这种情况,一般采用双下标决策变量能较为顺利地建立数学模型.

设 x_{ij} 表示第 j 种成品汽油中所用的原料 i 的量,$i = A,B,C$;$j = R,P,L$.这样,第 j 种汽油的生产总量 T_j 为

$$T_j = \sum_{i=A}^{C} x_{ij} \qquad j = R,P,L$$

例如普通汽油(R)的生产量 T_R 为

$$T_R = x_{AR} + x_{BR} + x_{CR}$$

与此相似,原料 i 的耗用量 D_i 是

$$D_i = \sum_{j=R}^{L} x_{ij} \qquad i = A,B,C$$

例如原料 A,总的耗用量 D_A 为

$$D_A = x_{AR} + x_{AP} + x_{AL}$$

(2)确定目标函数

$$
\begin{aligned}
\max Z &= dT_R + eT_P + fT_L - aD_A - bD_B - cD_C \\
&= d(x_{AR} + x_{BR} + x_{CR}) + e(x_{AP} + x_{BP} + x_{CP}) + f(x_{AL} + x_{BL} + x_{CL}) \\
&\quad - a(x_{AR} + x_{AP} + x_{AL}) - b(x_{BR} + x_{BP} + x_{BL}) - c(x_{CR} + x_{CP} + x_{CL})
\end{aligned}
$$

(3)确定约束条件

第一组:各种原料每月最大购入量限制

$$x_{AR} + x_{AP} + x_{AL} \leqslant 100000$$

$$x_{BR} + x_{BP} + x_{BL} \leqslant 150000$$

$$x_{CR} + x_{CP} + x_{CL} \leqslant 50000$$

第二组：成品销售量限制

$$x_{AL} + x_{BL} + x_{CL} \leqslant 50000$$

第三组：各种汽油的规格限制——以普通汽油规格中"A 不少于 20%"为例

$$\frac{普通汽油中原料 A 的用量}{普通汽油总量} \times 100\% \geqslant 20\%$$

即

$$\frac{x_{AR}}{x_{AR} + x_{BR} + x_{CR}} \geqslant 0.2$$

化简得

$$-0.8x_{AR} + 0.2x_{BR} + 0.2x_{CR} \leqslant 0$$

同理可写出其他各种规格约束，详见下列线性规划模型.

第四组：非负约束

$$x_{ij} \geqslant 0, \ i = A, B, C; \ j = R, P, L$$

归纳起来，该混合问题的线性规划模型为式(5-6).

$$\max Z = dT_R + eT_P + fT_L - aD_A - bD_B - cD_C$$
$$= d(x_{AR} + x_{BR} + x_{CR}) + e(x_{AP} + x_{BP} + x_{CP}) + f(x_{AL} + x_{BL} + x_{CL})$$
$$- a(x_{AR} + x_{AP} + x_{AL}) - b(x_{BR} + x_{BP} + x_{BL}) - c(x_{CR} + x_{CP} + x_{CL})$$

$$\text{s.t.} \begin{cases} x_{AR} + x_{AP} + x_{AL} \leqslant 100000 \\ x_{BR} + x_{BP} + x_{BL} \leqslant 150000 \\ x_{CR} + x_{CP} + x_{CL} \leqslant 50000 \\ x_{AL} + x_{BL} + x_{CL} \leqslant 50000 \\ -0.8x_{AR} + 0.2x_{BR} + 0.2x_{CR} \leqslant 0 \\ -0.3x_{AR} - 0.3x_{BR} + 0.7x_{CR} \leqslant 0 \\ -0.6x_{AP} + 0.4x_{BP} + 0.4x_{CP} \leqslant 0 \\ 0.1x_{AP} - 0.9x_{BP} + 0.1x_{CP} \leqslant 0 \\ -0.2x_{AP} + 0.8x_{BP} - 0.2x_{CP} \leqslant 0 \\ -0.1x_{AP} - 0.1x_{BP} + 0.9x_{CP} \leqslant 0 \\ 0.3x_{AL} - 0.7x_{BL} + 0.3x_{CL} \leqslant 0 \\ x_{ij} \geqslant 0 \quad i = A, B, C; \ j = R, P, L \end{cases} \tag{5-6}$$

例 5.4　人力资源配置问题

根据实际工作需要，将有限的人力资源通过合理的组合安排，保证在每天超正常 8 h、甚至 24 h 内连续值守相应的工作岗位. 同时，由于可能会有多个不同的岗位，每个岗位所需要的人数不同；有时还要协调工作时间和非工作时间(休息时间)的要求等. 譬如，大城市昼夜运行的公交线路、医院、商场等. 通常在连续不间断工作或非常规作息安排的情况下，都会需要将相关人员进行合理组合安排，使能安排最少的人数，即最低的人力成本，以保证日常工作的连续进行. 这是在实际中具有普遍意义的一类问题.

问题 1　某城市有一昼夜服务的公交线路，经长时间的统计观察，每天各时段所需要的司乘人员数如表 5-4 所列.

表 5-4

班次	时间区间	所需人数/人	班次	时间区间	所需人数/人
1	6：00~10：00	60	4	18：00~22：00	50
2	10：00~14：00	70	5	22：00~2：00	20
3	14：00~18：00	60	6	2：00~6：00	30

假设司乘人员分别在每一时段开始上班，且连续工作 8 h，问公交公司应如何安排这条公交线路的司乘人员，才能既满足工作需要，又使配备的司乘人员最少？

解 设决策变量 x_j 为第 j 时段开始上班的司乘人员数，j = 1，2，3，4，5，6；因司乘人员连续工作 8 h，即为两个时段，则每时段的实际上班人数必包括前一时段上班人数. 于是可建立如下线性规划模型，如式(5-7)所示.

$$\min S = x_1 + x_2 + x_3 + x_4 + x_5 + x_6$$

$$\text{s. t.} \begin{cases} x_1 + x_6 \geq 60 \\ x_1 + x_2 \geq 70 \\ x_2 + x_3 \geq 60 \\ x_3 + x_4 \geq 50 \\ x_4 + x_5 \geq 20 \\ x_5 + x_6 \geq 30 \\ x_j \geq 0 \text{ 且为整数} \quad j = 1, 2, \cdots, 6 \end{cases} \tag{5-7}$$

讨论 问题 1 相对比较简单，仅涉及到司乘人员的工作时间及每时段所需人数，没有考虑司乘人员的休息、假期等问题，也就是说司乘人员的休息时间没有固定，除了工作时间就是休息时间. 因此，决策变量直接设置为每时段开始上班人数. 然而，在人力资源配置问题中大多涉及到工作人员作息时间的统筹安排，甚至上班或休息时间可能是一个连续时间段，尤其在服务性行业较为普遍，如商场、医院、运输公司等工作人员的作息时间安排，其决策变量的设置就有些技巧了.

问题 2 某商场经过对一周 7 天顾客流量的统计分析，按照服务定额得知一周中每天售货人员需求量如表 5-5 所列.

表 5-5

时间	星期日	星期一	星期二	星期三	星期四	星期五	星期六
需售货员数/人	40	15	24	25	19	31	40

现在的问题是售货员每周工作 5 天，连续休息 2 天. 问商场应如何安排售货人员的作息时间，才能既满足工作需要，又使得所配备的售货人员最少？

解 与本例司乘人员配备问题相比，若换个角度即从休息人数入手设置决策变量，问题会简单些. 由题意，售货员连续休息两天后就是工作时间. 故设决策变量 x_j 为星期 j 开始休息的人数，周日记为 x_7，j = 1，2，3，4，5，6，7.

则每一天工作的人数应为下一日开始休息的人员直至由下一日算起的第 5 个工作日休息的人员总和. 于是根据表 5-5 所给资料, 建立线性规划模型, 如式(5-8)所示.

$$\min S = x_1 + x_2 + x_3 + x_4 + x_5 + x_6 + x_7$$

$$\text{s. t.}\begin{cases} x_1 + x_2 + x_3 + x_4 + x_5 \geqslant 40 \\ x_2 + x_3 + x_4 + x_5 + x_6 \geqslant 15 \\ x_3 + x_4 + x_5 + x_6 + x_7 \geqslant 24 \\ x_1 + x_4 + x_5 + x_6 + x_7 \geqslant 25 \\ x_1 + x_2 + x_5 + x_6 + x_7 \geqslant 19 \\ x_1 + x_2 + x_3 + x_6 + x_7 \geqslant 31 \\ x_1 + x_2 + x_3 + x_4 + x_7 \geqslant 40 \\ x_j \geqslant 0 \text{ 且为整数} \quad j = 1, 2, \cdots, 7 \end{cases} \tag{5-8}$$

讨论 这里读者可尝试下, 若将决策变量 x_j 设置为星期 j 开始上班的人数, 本问题的数学规划模型该如何构建?

例 5.5 合理下料问题

在生产实际中常常会遇到这样的问题, 把长度一定的线材截成尺寸不同的零件轴坯, 或在面积一定的板材上切割形状、尺寸不同的零件毛坯等. 在一般情况下, 很难使材料完全利用, 总会多出一些料头或废料, 如果恰当地搭配, 则可以减少浪费, 使原材料得到充分利用, 这就是合理下料问题. 合理下料问题所要解决的就是怎样组成和选择下料方案, 在满足各种零件毛坯数量要求的前提下, 使总的原材料消耗最少.

假定现有一批某种型号的圆钢, 长 7.4 m, 用它截断加工成制造某种机床所需的 3 个轴坯, 长度分别为 2.9 m, 2.1 m, 1.5 m. 现要制造 100 台机床, 要求建立数学规划模型, 以寻求最佳的截断方案使所需圆钢最少.

解 在前述问题的讨论中, 决策变量大多设置为与产品或原料有关的数量. 但在下料问题中, 这样设置决策变量往往很难甚至不能建立其数学规划模型. 因此, 一般将决策变量 x_j 设置为从事第 j 项活动的次数.

在此, 设 x_j 为按第 j 种方案所截断的圆钢根数, 为了避免遗漏, 截断圆钢方案可以通过长短排列的方式获取, 共有 8 种截断方案和对应的料头长度, 如表 5-6 所示.

表 5-6

轴坯长度/m	截断圆钢方案							
	x_1	x_2	x_3	x_4	x_5	x_6	x_7	x_8
2.9	2	1	1	1	0	0	0	0
2.1	0	2	1	0	3	2	1	0
1.5	1	0	1	3	0	2	3	4
剩下料头长度/m	0.1	0.3	0.9	0	1.1	0.2	0.8	1.4

根据表 5-6 数据, 不难确定该下料问题的约束条件, 即确保每种型号的轴坯至少有

100根，以及非负整数约束

$$\begin{cases} 2x_1 + x_2 + x_3 + x_4 \geqslant 100 \\ 2x_2 + x_3 + 3x_5 + 2x_6 + x_7 \geqslant 100 \\ x_1 + x_3 + 3x_4 + 2x_6 + 3x_7 + 4x_8 \geqslant 100 \\ x_j \geqslant 0 \text{ 且为整数}, j = 1, 2, \cdots, 8 \end{cases} \qquad (5\text{-}9)$$

下面分两种情形确定目标函数.

①截断圆钢的料头最少，对应所截断圆钢数最少，目标函数为

$$\min S = 0.1x_1 + 0.3x_2 + 0.9x_3 + 1.1x_5 + 0.2x_6 + 0.8x_7 + 1.4x_8 \qquad (5\text{-}10)$$

②截断的圆钢根数最少，目标函数为

$$\min S = \sum_{j=1}^{8} x_j \qquad (5\text{-}11)$$

这样，该下料问题的(整数)线性规划模型就有两种形式，一种是由目标函数式(5-10)与约束条件式(5-9)构成；另一种则是由目标函数式(5-11)与约束条件式(5-9)组成. 就这两种形式的数学模型，读者可作进一步的讨论.

讨论

(1)上述两种形式的数学模型优化方案(结论)是否一致？

(2)若不一致，原因何在？应如何构建两者结论一致的数学模型？

合理下料问题实际上是优化资源与需求的合理匹配问题. 这类模型在实践中还有更为广泛的应用，感兴趣的读者可扫描案例5-2的二维码，了解利用资源供给与需求匹配如何优化供应链管理.

案例5-2

例5.6 选址决策问题

选址问题是各类建设规划中必须解决的首要决策问题，处理该类问题的基本原则(目标)是总成本(包括建设成本和运营成本)最小(在此仅考虑单目标情形). 但在实际应用中，基础条件不同，考虑问题的角度也不一样，建立的模型就有差别. 如新建选址，较为关注可变成本(加工成本、运输成本等)；而改扩建则注重固定成本. 下面看两个应用问题.

问题1 有 A、B、C 三个原料产地，原料在工厂加工成成品后在销售地出售. A，B 两地又是销售地. 有关数据如表5-7所列.

表5-7

地点	原料产量/(万 t/年)	成品销售量/(万 t/年)	加工费/[千元/(年·万 t)]
A	30	7	5.5
B	26	13	4
C	24	0	3

已知：每加工 1 t 成品需耗用 4 t 原料；AB、BC 和 CA 间距离分别为 150 km、200 km 和 100 km；原料和成品运费分别为 300 元/(万 t·km) 和 250 元/(万 t·km). 如果在 B 地设厂，生产成品不能超过 5 万 t/年；若在 A，C 处设厂，生产规模没有限制.

要求建立线性规划模型，使决策人能确定设厂地址及其生产能力，以达到总费用(包括产品的加工费和原料及产品的运费)最小的目的.

解　在建模之前，先检查一下题目中所给数据是否产销平衡. 原料产量 80 万 t/年，成品销售量 20 万 t/年，而每加工 1 t 产品需耗 4 t 原料，即总量恰好 4 倍，产销平衡. 下面用两套双下标决策变量，使建立的模型更加明确一些.

(1) 设置决策变量

设 x_{ij} 为每年由产地 i 运到建厂地 j 的原料数量(万 t)；y_{jk} 表示每年由建厂地 j 运到销售地 k 的成品数量(万 t)，其中 $i=A, B, C$；$j=A, B, C$；$k=A, B$.

(2) 确定约束条件

第一组：各地的原料数量为成品数量的 4 倍. 如 A 地建厂，有

$$30+x_{BA}+x_{CA}-x_{AB}-x_{AC}=4(y_{AA}+y_{AB}) \tag{5-12}$$

读者注意到式(5-12)中出现了 x_{BA}，又出现了 x_{AB}，看来产生有不合理的对流运输. 实际上，在问题优化前无法预知货物的合理流向，因此把两种可能都考虑进去，因目标函数是谋求生产成本最小，则优化方案中不可能产生对流运输.

同理，可列出若 B、C 分别建厂的约束条件

$$26+x_{AB}+x_{CB}-x_{BA}-x_{BC}=4(y_{BA}+y_{BB}) \tag{5-13}$$

$$24+x_{AC}+x_{BC}-x_{CA}-x_{CB}=4(y_{CA}+y_{CB}) \tag{5-14}$$

第二组：各地工厂运到销售地的成品数量恰好满足需求

$$y_{AA}+y_{BA}+y_{CA}=7 \tag{5-15}$$

$$y_{AB}+y_{BB}+y_{CB}=13 \tag{5-16}$$

第三组：在 B 处设厂时生产规模的限制

$$y_{BA}+y_{BB}\leqslant 5 \tag{5-17}$$

第四组：非负约束

$$x_{ij}\geqslant 0, \quad i=A, B, C；j=A, B, C；i\neq j$$
$$y_{jk}\geqslant 0, \quad j=A, B, C；k=A, B \tag{5-18}$$

(3) 确定目标函数

$$\begin{aligned}\min S=&5.5(y_{AA}+y_{AB})+4(y_{BA}+y_{BB})+3(y_{CA}+y_{CB})\\&+0.3[150(x_{AB}+x_{BA})+100(x_{AC}+x_{CA})+200(x_{BC}+x_{CB})]\\&+0.25[150(y_{AB}+y_{BA})+100y_{CA}+200y_{CB}]\end{aligned} \tag{5-19}$$

由式(5-19)目标函数和式(5-12)~(5-18)四组约束条件构成了问题 1 的线性规划模型. 用单纯形法求出此模型的解后，A 地设厂的生产规模是 $(y_{AA}+y_{AB})$ 万 t；B 地设厂的生产规模是 $(y_{BA}+y_{BB})$ 万 t，C 地设厂的生产规模为 $(y_{CA}+y_{CB})$ 万 t.

问题 2　某制造企业因业务的拓展需要在甲地或乙地新建 1 个或 2 个工厂，且新工厂必须靠近技术工人居住地. 此外，还考虑建 1 个仓库，若仓库与工厂设在同一地点，就可以节省运输费用；若不建新厂，则不需建仓库. 问题的关键是确定将新厂建在甲地还是乙地，或甲乙两地均建；同时考虑建 1 个仓库，仓库必须建在新厂所在的城市.

当不考虑财务因素时，甲乙两地建厂的优劣条件不相上下，管理层认为应该在财务分析的基础上做出决策. 该拓建项目可使用的资金总量为 1000 万元，相关的财务数据如表 5-8 所列.

表 5-8

决策	净现值收益/百万元	资本需求/百万元
新厂在甲地	9	6
新厂在乙地	5	3
仓库在甲地	6	5
仓库在乙地	4	2

要求建立数学模型,确定新厂的地址以及分别投入新厂和仓库的建设资金量,以实现企业长期效益(投资的净现值)最大的目标.

解 一般情况下,对于选址决策问题中是否执行某些决策,即"是-非"或"有-无"问题,可借助整数规划中的 0-1 型整数变量进行描述. 故

(1)设置决策变量

设 x_j 表示在 j 地拓建新厂与仓库,从表 5-8 所列数据可知,管理层所面对的问题是要做出四个相关的"是-非"决策,即 $j=1,2,3,4$. 如 x_1 表示新厂建在甲地,x_3 表示仓库建在甲地等等,且有

$$x_j = \begin{cases} 1 & \text{决策 } j \text{ 是} \\ 0 & \text{决策 } j \text{ 否} \end{cases} \quad (j=1,2,3,4)$$

(2)确定约束条件

最多只能拓建 1 个仓库的约束为

$$x_3 + x_4 \leqslant 1 \tag{5-20}$$

约束式(5-20)表示仓库选址的两个决策变量相互排斥,称此类的两个或多个互相排斥的决策变量为互斥变量. 若这些互斥变量要求必选一个时,则变量之和等于 1.

实际中除了互斥关系外,还有相互依赖的逻辑关系. 如本问题中新建工厂与仓库的选址决策就是相依决策. 相依决策的取值只能小于或等于其受约束的取值. 如:若新厂建在甲地则仓库也建在甲地的决策表示为

$$x_3 \leqslant x_1 \tag{5-21}$$

注意到,式(5-21)取等号时表示若新厂建在甲地,则仓库也同时建在甲地,否则都不建. 这种关系称为紧相关关系,也称一致性决策,表示同时建或同时不建.

同样,可以推导出仓库建在乙地的约束条件为

$$x_4 \leqslant x_2 \tag{5-22}$$

投资总额约束为

$$6x_1 + 3x_2 + 5x_3 + 2x_4 \leqslant 10 \tag{5-23}$$

(3)确定目标函数

该选址问题目标函数是使得总净现值达到最大,即

$$\max Z = 9x_1 + 5x_2 + 6x_3 + 4x_4 \tag{5-24}$$

由目标函数式(5-24)和约束条件式(5-20)~式(5-23)构成了选址决策问题 2 的数学模型

$$\max Z = 9x_1 + 5x_2 + 6x_3 + 4x_4$$

$$\text{s. t.} \begin{cases} 6x_1 + 3x_2 + 5x_3 + 2x_4 \leqslant 10 \\ x_3 + x_4 \leqslant 1 \\ -x_1 + x_3 \leqslant 0 \\ -x_2 + x_4 \leqslant 0 \\ x_j = 0 \text{ 或 } 1 \quad j = 1, 2, 3, 4 \end{cases}$$

其中最后一行的约束条件也可换为

$$x_j \leqslant 1, x_j \geqslant 0, \text{且 } x_j \text{ 是整数}, j = 1, 2, 3, 4$$

例 5.7　车辆配装问题

现有一辆载重量为 60 t 的铁路货车，需要装运 6 种货物，各种货物重量及其运输收入如表 5-9 所示. 在装车中规定：货物 1, 4 中优先装运货物 1；货物 3 和 5 不能混装. 要求建立 0-1 规划模型，使总的运费收入最大.

表 5-9

项目	货物编号					
	1	2	3	4	5	6
重量/t	7	10	4	9	3	6
收入/元	4	5	2	3	1	2

解　设 x_j 表示第 j 种货物, $j = 1, 2, 3, 4, 5, 6$. 由题意，决策者面对的问题是对于每种货物做出"是-非"决策，则有

$$x_j = \begin{cases} 1 & \text{是（装第 } j \text{ 种货物）} \\ 0 & \text{否（不装第 } j \text{ 种货物）} \end{cases} \quad (j = 1, 2, 3, 4, 5, 6)$$

故该车辆配装问题数学模型为

$$\max Z = 4x_1 + 5x_2 + 2x_3 + 3x_4 + x_5 + 2x_6$$

$$\text{s. t.} \begin{cases} 7x_1 + 10x_2 + 4x_3 + 9x_4 + 3x_5 + 6x_6 \leqslant 60 \\ x_4 - x_1 \leqslant 0 \\ x_3 + x_5 \leqslant 1 \\ x_j = 0 \text{ 或 } 1 \quad j = 1, 2, \cdots, 6 \end{cases}$$

例 5.8　生产与存贮（或运输）问题

某厂按合同规定须于当年每个季度末分别提供 10, 15, 25, 20 台同一规格的柴油机. 已知该厂各季度的生产能力及生产柴油机的单位成本如表 5-10 所示. 又如果生产出来的柴油机当季不交货的，每台每积压一个季度需储存、维护等费用 0.15 万元. 要求建立规划模型，在满足合同的情况下，使该厂全年总费用（包括生产、储存和维护）最小.

表 5-10

季度	生产能力/台	单位成本/万元
Ⅰ	25	10.8
Ⅱ	35	11.1
Ⅲ	30	11.0
Ⅳ	10	11.3

解 (1)设置决策变量

由题意，每个季度生产出来的柴油机不一定当季交货，设决策变量 x_{ij} 为第 i 季度生产用于第 j 季度交货的柴油机数，$i = 1, 2, 3, 4$；$j = 1, 2, 3, 4$；且 $i \leq j$.

(2)确定约束条件

第一组：根据合同要求，必须满足交货

$$\begin{cases} x_{11} = 10 \\ x_{12} + x_{22} = 15 \\ x_{13} + x_{23} + x_{33} = 25 \\ x_{14} + x_{24} + x_{34} + x_{44} = 20 \end{cases} \tag{5-25}$$

第二组：每季度生产用于当季和以后各季需求的柴油机数不能超过该季度的生产能力，故有

$$\begin{cases} x_{11} + x_{12} + x_{13} + x_{14} \leq 25 \\ x_{22} + x_{23} + x_{24} \leq 35 \\ x_{33} + x_{34} \leq 30 \\ x_{44} \leq 10 \end{cases} \tag{5-26}$$

第三组：变量非负整数约束

$$x_{ij} \geq 0 \text{ 且为整数}；i = 1, 2, 3, 4；j = 1, 2, 3, 4 \text{ 且 } i \leq j \tag{5-27}$$

(3)确定目标函数

该问题的目标函数是谋求总费用(生产、储存和维护)最小，则有

$$\begin{aligned} \min S = &\ 10.8x_{11} + 11.1x_{22} + 11x_{33} + 11.3x_{44} \\ &+ 10.95x_{12} + 11.1x_{13} + 11.25x_{14} \\ &+ 11.25x_{23} + 11.4x_{24} + 11.15x_{34} \end{aligned} \tag{5-28}$$

综合目标函数式(5-28)和约束条件式(5-25)~式(5-27)即为该生产与存贮问题的数学模型.

讨论 在这个问题中若用 c_{ij} 表示单位总费用，因仅规划一年各季度的生产量，所以当 $i > j$ 时，$x_{ij} = 0$. 若令 x_{ij} 对应的目标函数系数 $c_{ij} = M(M$ 为充分大的正数，$i, j = 1, 2, 3, 4)$，目标函数式(5-28)可写成缩写式

$$\min S = \sum_{i=1}^{4} \sum_{j=1}^{4} c_{ij} x_{ij}$$

联立约束条件式(5-25)~式(5-27)，不难发现该问题是一个特殊的运输问题，且生产量大于

销售量,故可以添加一个假想的需求点 *D*. 这样就可把该问题转化为一个产销平衡的运输问题,并可写出产销平衡表与单位运价表的合表如表 5–11 所示.

表 5–11

销售\生产	I	II	III	IV	D	产量
I	10.8	10.95	11.10	11.25	0	25
II	M	11.10	11.25	11.40	0	35
III	M	M	11.00	11.15	0	30
IV	M	M	M	11.30	0	10
销量	10	15	25	20	30	

读者可尝试用表上作业法求解,获取最优生产方案和最少生产总费用.

启示 一个实际问题可以从多角度建立多种形式的数学模型,从而可优选更简便的模型及其求解算法求得最优方案. 如本例生产与存贮问题建立了上述线性规划模型,并进一步转化为运输问题的运价表加平衡表形式. 很明显,应用表上作业法求解表 5–11 就要比用单纯形法求解上述线性规划模型简单得多. 若关联本书后续相关内容,本例还可以建立动态规划模型和网络规划模型,同样可对应采用动态规划方法和网络最小费用最大流方法求解,至于哪种方法简便,读者不妨试一试.

例 5.9 排班问题

问题 1 某公交公司在某一运营工作时段要安排甲、乙、丙、丁 4 组司乘人员与 4 辆各路在线公交车(*A*、*B*、*C*、*D*)的司乘人员进行交接班,每组司乘人员到各在线公交车辆交接处的时间 $t_{ij}(i, j = 1, 2, 3, 4)$ 如表 5–12 所示. 试构建数学模型帮助公交公司管理员合理安排公交车交接班,使交接班总时间最少.

表 5–12 单位:min

时间\司乘组	公交车			
	A	B	C	D
甲	16	24	11	13
乙	23	19	15	21
丙	17	27	13	27
丁	15	26	12	12

解 根据问题的要求,虽然每组司乘人员都能去任何一辆在线公交车,但耗时不同,同时也不能保证让每组司乘人员都能去最近的在线公交车接班. 问题关键是要站在公司整体考虑,使交接班总耗时最短. 根据一般指派问题的解决方法,设决策变量为

$$x_{ij} = \begin{cases} 1 & \text{若第 } i \text{ 组司乘人员被安排去交接第 } j \text{ 辆在线公交车时} \\ 0 & \text{否则} \end{cases}$$

其中，$i = 1, 2, 3, 4$ 分别表示司乘组甲，乙，丙，丁；$j = 1, 2, 3, 4$ 分别表示在线公交车 A, B, C, D.

以 4 组司乘人员总耗时最短为目标，以每一个司乘组只去交接一辆在线公交车，每一辆在线公交车只能安排一个司乘组为约束. 则该公交车交接班问题的数学规划模型为

$$\min S = \sum_{i=1}^{4} \sum_{j=1}^{4} t_{ij} x_{ij}$$

$$\text{s. t.} \begin{cases} \sum_{j=1}^{4} x_{ij} = 1 & i = 1, 2, 3, 4 \\ \sum_{i=1}^{4} x_{ij} = 1 & j = 1, 2, 3, 4 \\ x_{ij} = 0 \text{ 或 } 1 & i, j = 1, 2, 3, 4 \end{cases}$$

这是一个标准的指派问题，可直接应用匈牙利算法求得使交接班总耗时最短的最优交接班方案.

讨论 上述公交车交接班问题较为简单，无须考虑司乘人员工作时间或其他条件的限制，任意上班时间都可以排班. 然而，有的排班问题就比较复杂了，如兼职人员排班问题. 通常情况下，聘用兼职人员所付薪酬会相对较低，即用人单位的成本少. 但对于受聘人员就会受到工作时间的限制，不能在任意时间内来聘用上班. 为此，就有如何才能合理地聘用兼职人员，使得既能完成值班任务，用人单位所付出的成本又能最少？下面以某学校实验室在研究生群体中聘用兼职值班员问题为例来讨论.

问题 2 某学校基础部实验室准备在校内研究生群体中聘请 4 名兼职值班员（代号为 1，2，3，4）和 2 名兼职带班员（代号为 5，6）. 已知每人从周一到周日每天最多可以安排的值班时间及每人每小时值班的报酬如表 5-13 所示.

表 5-13

值班员代号	报酬/(元/h)	每天最多可安排的值班时间/h						
		周一	周二	周三	周四	周五	周六	周日
1	10	6	0	6	0	7	12	0
2	10	0	6	0	6	0	0	12
3	9	4	8	3	0	5	12	12
4	9	5	5	6	0	4	0	12
5	15	3	0	4	8	0	12	0
6	16	0	6	0	6	3	0	12

该实验室每天需要值班的时间为上午 8：00 至晚上 10：00，值班时间内须有且仅有一名值班员值班. 要求兼职值班员每周值班不少于 10 h，兼职带班员每周值班不少于 8 h. 每名值班员每周值班不超过 4 次，每次值班不少于 2 h，每天安排值班的值班员不超过 3 人，且其中

必须有一名兼职带班员值班. 试为该实验室安排一张人员值班表, 使总支付的报酬为最少.

解　(1) 设置决策变量

根据题意, 设 x_{ij} 表示值班员 i 在周 j 的值班时间, 并设

$$y_{ij} = \begin{cases} 1 & \text{当安排值班员 } i \text{ 在周 } j \text{ 值班时} \\ 0 & \text{否则} \end{cases}$$

用 T_{ij} 表示值班员 i 在周 j 最多可值班的值班时间, 用 p_i 表示值班员 i 每小时的报酬, 其中 $i = 1, 2, \cdots, 6; j = 1, 2, \cdots, 7$.

(2) 确定目标函数

使实验室为兼职人员支付的总报酬 $S = \sum\limits_{i=1}^{6} \sum\limits_{j=1}^{7} p_i x_{ij}$ 最小化.

(3) 确定约束条件

本问题约束条件包括每天的总值班时间的约束、每个人每天可以值班时间的约束、兼职值班员和带班员的值班要求约束以及变量约束.

于是, 该兼职人员值班安排问题的数学模型为

$$\min S = \sum_{i=1}^{6} \sum_{j=1}^{7} p_i x_{ij}$$

$$\text{s.t.} \begin{cases} \sum\limits_{i=1}^{6} x_{ij} = 14 & j = 1, 2, \cdots, 7 \\ 2y_{ij} \leq x_{ij} \leq T_{ij} y_{ij} & i = 1, 2, \cdots, 6; j = 1, 2, \cdots, 7 \\ \sum\limits_{j=1}^{7} x_{ij} \geq 10 & i = 1, 2, 3, 4 \\ \sum\limits_{j=1}^{7} x_{ij} \geq 8 & i = 5, 6 \\ \sum\limits_{j=1}^{7} y_{ij} \leq 4 & i = 1, 2, \cdots, 6 \\ \sum\limits_{i=1}^{6} y_{ij} \leq 3 & j = 1, 2, \cdots, 7 \\ y_{5j} + y_{6j} \geq 1 & j = 1, 2, \cdots, 7 \\ x_{ij} \geq 0, y_{ij} = 0 \text{ 或 } 1; i = 1, 2, \cdots, 6; j = 1, 2, \cdots, 7 \end{cases}$$

该模型为一个较复杂的 0-1 整数规划模型, 可以借助相关运筹学软件求解.

此外, 排班问题还有更复杂的情形, 感兴趣的读者可扫描案例 5-3 的二维码, 了解空乘人员排班的艺术.

以上列举了几类较为典型的线性 (或整数) 规划一般模型的构建, 读者不难发现在实际中线性规划方法具有极为广泛的应用, 由于篇幅所限, 不能在此一一列举.

值得注意的是上述有些模型并不完全满足线性规划问题假设条件, 如人力资源配置问题、合理下料问题、排班问题等. 这主要是因为在许多情形下, 通过对实际问题初步分析认为

案例5-3

线性规划方法是适用的. 但随着研究的深入, 又会发现实际情况有些出入, 如决策变量只能为整数. 于是, 就进一步应用诸如整数规划、0-1规划等建模技术. 不过这些技术与线性规划都有相同之处, 实际上这些技术的描述和建模过程与线性规划建模方法几乎完全相同. 因此, 有的把这些技术称作线性规划方法的拓展. 在此, 根据本书内容的编排特点, 将前面各章所涉及的建模问题统称为线性规划问题建模.

5.2.2 线性规划组合模型构建及讨论

有时实际问题线性规划建模也会很复杂, 如某些集约化问题、周期性问题、整合问题等等. 对此, 可通过对实际问题结构、因素等的系统分析, 找到一些大型复杂问题建模的方法与技巧. 如线性规划组合模型就是一种如何将较简单的线性规划模型组成大型复杂线性规划模型的有效方法, 现实中常常采用这种方法获得了很好的决策效果. 下面先来看一个实例.

例 5.10 集约化生产计划问题

某公司下属 A、B 两个分厂, 两分厂均生产普通和精制两种产品. 普通产品每件可盈利 10 元, 精制产品每件可盈利 15 元. 两厂采用相同的加工工艺(研磨和抛光). A 厂每周的研磨能力为 80 h, 抛光能力为 60 h; B 厂每周的研磨能力为 60 h, 抛光能力为 75 h. 两厂生产各类单位产品所需的研磨和抛光工时(以小时计)如表 5-14 所示. 另外, 每件产品都消耗 4 kg 原材料, 该公司每周可获得原料 120 kg, 公司管理者根据经验, 每周分配 A 厂 75 kg 原料, B 厂 45 kg 原料. 问应该如何制定周生产计划?

表 5-14

工时 工艺 \ 工厂产品	A		B	
	普通	精制	普通	精制
研磨	4	2	5	3
抛光	2	5	5	6

解 首先, 针对 A、B 两厂分别建立相应线性规划模型.

为此, 设 x_j 为公司普通产品和精制产品的产量($j = 1, 2, 3, 4$), 其中: A 厂生产量分别为 x_1, x_2; B 厂生产量分别为 x_3, x_4. 则 A、B 两厂生产规划模型分别如式(5-29)和式(5-30)所示.

$$\max Z_A = 10x_1 + 15x_2$$
$$\text{s.t.} \begin{cases} 4x_1 + 4x_2 \leq 75 & (原料 A) \\ 4x_1 + 2x_2 \leq 80 & (研磨 A) \\ 2x_1 + 5x_2 \leq 60 & (抛光 A) \\ x_1 \geq 0, \ x_2 \geq 0 \end{cases} \quad (5-29)$$

$$\max Z_B = 10x_3 + 15x_4$$
$$\text{s.t.} \begin{cases} 4x_3 + 4x_4 \leq 45 & (原料 B) \\ 5x_3 + 3x_4 \leq 60 & (研磨 B) \\ 5x_3 + 6x_4 \leq 75 & (抛光 B) \\ x_3 \geq 0, \ x_4 \geq 0 \end{cases} \quad (5-30)$$

然后，从公司整体构建规划模型如式(5-31)所示.

$$\max Z = 10x_1 + 15x_2 + 10x_3 + 15x_4$$

$$\text{s. t.} \begin{cases} 4x_1 + 4x_2 + 4x_3 + 4x_4 \leqslant 120 \\ 4x_1 + 2x_2 \leqslant 80 \\ 2x_1 + 5x_2 \leqslant 60 \\ 5x_3 + 3x_4 \leqslant 60 \\ 5x_3 + 6x_4 \leqslant 75 \\ x_j \geqslant 0 \quad j = 1,\ 2,\ 3,\ 4 \end{cases} \tag{5-31}$$

求解 A 厂模型式(5-29)得最优生产方案：$x_1 = 11.25$，$x_2 = 7.5$，$Z_A = 225$ 元，研磨工时剩余 20 h.

求解 B 厂模型式(5-30)得最优生产方案：$x_3 = 0$，$x_4 = 11.5$，$Z_B = 168.75$ 元，研磨工时剩余 26.25 h，抛光工时剩余 7.5 h.

求解公司模型式(5-31)得最优生产方案：$x_1 = 9.17$，$x_2 = 8.33$，$x_3 = 0$，$x_4 = 12.5$，$Z = 404.15$ 元；A 厂和 B 厂分别有 26.67 h 和 22.5 h 的剩余研磨工时.

对比上述三个模型的最优方案，可得若干有价值的结论.

(1) 从公司整体建模优化结论优于从下属 A、B 分厂建模优化结论，即公司最大利润达 404.15 元，大于 A、B 分厂最大利润之和 393.75 元.

(2) 公司整体建模可获资源最优分配方案，即 A 厂分配 70 kg 原料，B 厂分配 50 kg 原料，说明凭经验分配资源导致总利润下降.

由此看来，集约化生产计划明显优于分散计划，同时公司模型不仅可以协助下属分厂制定本厂决策，而且可以解决分厂之间的资源合理分配问题. 下面针对本例模型作进一步的分析讨论.

讨论　例 5.10(集约化生产计划问题)模型是一个非常简单的具有普通结构的模型，这种结构叫做块角结构. 若分离公司模型中系数并以图解形式表示块角结构，如图 5-1 所示. 前两行叫做公共行. 在公共行中，总有一行是目标行. 两个对角排列的系数块叫做子模型块.

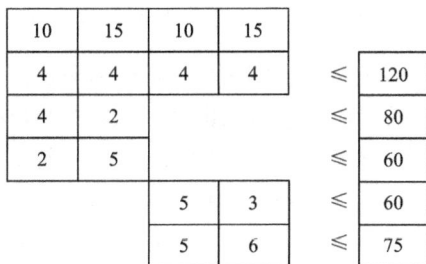

图 5-1

为不失一般性，对于具有若干种待分配的资源和 n 个分厂的集约型生产规划问题，块角结构如图 5-2 所示. A_0，A_1，…，B_1，B_2，…等都是系数模块. b_0，b_1，…，b_n 为右边项构成的系数列. A_0，A_1，…，A_n 代表公共行.

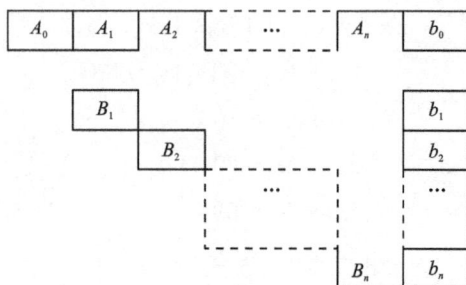

图 5-2

公共行中，除了目标函数行以外，就是公共约束条件. 公共约束条件除了常见的待分配的紧缺资源(如原料、加工定额、劳力等)外，还有其他几种情形：

(1)总公司下属分厂之间的运输关系约束. 如连续加工问题中，要求把半成品从一个分厂运送到另一个分厂继续加工，例 5.10 中若考虑产品在 A 厂粗加工后运至 B 厂精加工，即有公共约束条件

$$x_1 - x_2 = 0 \qquad (5-32)$$

其中，x_1 是由 A 厂运往 B 厂的量；x_2 是 B 厂从 A 厂收到的量.

因为，除约束式(5-32)外，x_1 只在与 A 厂子模型有关的约束条件中出现，x_2 只在与 B 厂有关的约束条件中出现.

(2)配料问题的多产品模型. 假定配料问题是该公司制造的许多种产品(包括各种品牌)中的一种，而不同产品采用某些相同的配料和加工方法，就有可能用一个组合模型来优化配料供应限额. 如，以 B_1，B_2，…等代表每种产品单独的配料约束条件.

设 x_{ij} 为 j 种产品中的 i 号配料的量. 若 i 号配料是限量供应，则需添加公共约束条件

$$\sum_j x_{ij} \le i \text{ 号配料可供量} \qquad (5-33)$$

若在 j 种产品的配料中，i 号配料的单耗为 a_{ij}，则公共约束条件为

$$\sum_j a_{ij} x_{ij} \le i \text{ 号配料可供量} \qquad (5-34)$$

(3)多周期生产计划模型. 假设在配料问题中，不仅需要决定某个月份怎样配料，而且需要决定每个月怎样为以后的消耗和存储进行采购. 就有必要把当前购买、当前消耗和当前存储分块处理. 对每一种配料成分均有这三种相应的变量. 公共约束为

第$(t-1)$周期末的存储量 + 第 t 周期的采购量 = 第 t 周期的消耗量 + 第 t 周期末的存储量

$$(5-35)$$

约束条件式(5-35)作为连接相邻时间周期的公共行，就产生如图 5-2 所示的块角结构. 每个子问题 B_i 由只含第 i 块变量的原配料约束条件构成.

值得注意的是，若一个块角结构问题没有公共约束条件，求这种问题的最优解就相当于求与目标函数相应部分的各个子问题最优解. 如例 5.10 中，若没有原料约束条件，就可单独求解每一个分厂模型，即得公司整体最优解，实际中也就完全承认每个分厂都是独立核算单位. 然而，一旦采用公共约束条件，公共约束条件越多，各个子问题之间的相关关系就越多. 下面举例说明线性规划组合模型的构建方法与技巧.

例 5.11　多周期生产计划问题

某厂今年计划生产某产品, 头四个月收到的订单分别为 3000 件、4500 件、3500 件、5000 件. 该厂在正常生产条件下, 可生产该产品 3000 件/月, 加班还可生产 1500 件/月. 正常生产成本为 5000 元/件, 加班生产要追加成本 1500 元/件. 产品库存成本为每月每件 200 元. 问该厂如何组织生产才能使四个月总成本最低?

解　本问题涉及正常生产、加班生产和存储 "三块" 决策, 公共约束为连接相邻时间周期产品量的平衡关系, 属于图 5-2 所示的块角结构问题.

(1) 设置决策变量. 设 x_j 为第 j 月正常生产的产品数, y_j 为第 j 月加班生产的产品数, z_j 为第 j 月月初产品的库存数, $j = 1, 2, 3, 4$.

(2) 确定目标函数. 四个月总成本 (正常生产、加班生产和存储) 最小, 即有目标函数

$$\min S = \sum_{j=1}^{4} (5000 x_j + 6500 y_j + 200 z_j) \tag{5-36}$$

(3) 确定约束条件. 若令 d_j 为第 j 月的需求量, 且有 $z_1 = 0$

约束条件一般形式为

$$x_j + y_j + z_{j-1} - z_j = d_j \quad (j = 1, 2, 3, 4) \tag{5-37}$$

综合目标函数式 (5-36) 和约束条件式 (5-37), 得该厂四个月的生产计划模型

$$\min S = 5000(x_1 + x_2 + x_3 + x_4)$$
$$+ 6500(y_1 + y_2 + y_3 + y_4) + 200(z_2 + z_3 + z_4)$$

$$\text{s. t.} \begin{cases} x_1 + y_1 - z_2 = 3000 \\ x_2 + y_2 + z_2 - z_3 = 4500 \\ x_3 + y_3 + z_3 - z_4 = 3500 \\ x_4 + y_4 + z_4 = 5000 \\ 0 \leqslant x_j \leqslant 3000 \quad j = 1, 2, 3, 4 \\ 0 \leqslant y_j \leqslant 1500 \quad j = 1, 2, 3, 4 \\ z_j \geqslant 0 \quad j = 1, 2, 3, 4 \end{cases}$$

例 5.12　设备维修计划问题

某厂需制定设备维修计划, 其计划期分为 n 个阶段. 在第 $j(j = 1, 2, \cdots, n)$ 阶段, 需用 r_j 件专用工具. 该厂规定到阶段末, 凡在这个阶段内用过的工具都应送去修理后才能再使用. 修理有慢修和快修两种方式, 其中: 慢修是指同种规格工具集结到一定数量后集中修理, 费用为 b 元/件, 修理时间为 p 阶段; 快修为工具送去立即修理, 费用为 c 元/件, 修理时间为 q 阶段. 快修与慢修相比有 $c > b$, $q < p$. 若新购工具则需 a 元/件, 且有 $a > c$. 试构建该维修计划的数学模型, 使总的维修费用最小.

解　与例 5.11 类似, 本问题涉及计划期内新购、快修、慢修和存储的设备维修计划决策, 采用块角结构建模.

(1) 设置决策变量. 设 x_j 为第 j 计划阶段新购的工具数, y_j 为第 j 阶段末送去慢修的工具数, z_j 为第 j 阶段末送去快修的工具数, 并非所有工具都在第 j 阶段内使用, 故用 s_j 表示第 j 阶段末工具的存储数, $j = 1, 2, \cdots, n$.

(2) 确定约束条件. 对于每个阶段需用工具数 r_j 有

$$r_j = y_j + z_j + s_j - s_{j-1} \quad (j = 1, 2, \cdots, n)$$

每个阶段需要的工具应分别由新购、快修、慢修后取回的数满足. 第一阶段送去快修的工具, 要到$(q+1)$阶段末取回, 到$(q+2)$阶段开始才能使用, 送去慢修的到$(p+1)$阶段末取回, 到$(p+2)$阶段开始才能使用. 故有

$$
\begin{aligned}
r_j &= x_j & (j = 1, 2, \cdots, q+1) \\
r_j &= x_j + z_{j-q-1} & (j = q+2, \cdots, p+1) \\
r_j &= x_j + z_{j-q-1} + y_{j-p-1} & (j = p+2, \cdots, n)
\end{aligned}
$$

则$(n-p)$阶段后送去慢修的工具到计划期末才能取回, $(n-q)$阶段后送去快修的工具就不再取回. 故又有

$$y_{n-p} = y_{n-p+1} = \cdots = y_n = 0, \quad z_{n-q} = z_{n-q+1} = \cdots = z_n = 0$$

(3) 确定目标函数. 计划期内新购、慢修和快修的总费用最小.

$$\min S = a \sum_{j=1}^{n} x_j + b \sum_{j=1}^{n-p-1} y_j + c \sum_{j=1}^{n-q-1} z_j$$

综合 (2) (3) 可得该厂设备维修计划的数学模型

$$\min S = a \sum_{j=1}^{n} x_j + b \sum_{j=1}^{n-p-1} y_j + c \sum_{j=1}^{n-q-1} z_j$$

$$
\text{s. t.} \begin{cases}
x_j + z_{j-q-1} = r_j & j = q+2, \cdots, p+1 \\
x_j + y_{j-p-1} + z_{j-q-1} = r_j & j = p+2, \cdots, n \\
y_j + z_j + s_j - s_{j-1} = r_j & j = 1, 2, \cdots, n \\
x_j = r_j & j = 1, 2, \cdots, q+1 \\
y_j = 0 & j \geq n-p \\
z_j = 0 & j \geq n-q \\
x_j, y_j, z_j, s_j \geq 0 & j = 1, 2, 3, \cdots, n
\end{cases}
$$

在处理大型复杂规划问题时, 构建唯一正确的线性规划模型是十分艰难的. 一般情况下, 随着问题研究进程的深入, 模型往往会被不断修改和拓展. 在研究初期, 可以先建立一个相对简单的模型并使用一系列技术进行检验, 以找出可能的错误和遗漏. 而后, 运用从初期模型中获得的经验去拓展模型, 使其更接近复杂的实际问题. 与此同时, 管理者在研究问题输出结果时, 通常会察觉到一些不如意的地方. 对此, 管理者会再加入一些像收益、成本、资源等约束以满足之前没有提出的管理目标和条件, 这就是灵敏度分析成为线性规划问题一个重要组成部分的原因.

5.3 求解线性规划问题常用的软件工具简介

本章 5.2 节列举了线性 (整数) 规划的诸多模型, 问题规模较小时可以采用前述经典精确算法求得问题的最优解. 但是当问题规模较大时, 靠手工计算是不太现实的. 可喜的是, 在实际应用中可以借助现有的软件工具来求解规划问题. 如单纯形等算法已经被封装到了 LINGO/LINDO、MATLAB、Microsoft Excel、CPLEX 优化器、LEAVES 等软件工具中, 可以直接

调用并进行求解. 下面对它们作一个简单介绍, 方便读者选用.

（1）LINGO/LINDO

LINDO/LINGO 是美国 Lindo System Inc. 开发的一套专门用于求解最优化问题的软件包. LINDO 可以用来求解线性规划和二次规划问题, LINGO 除了具有 LINDO 的全部功能外, 还可以用于求解非线性规划问题. LINGO 是 Linear Interactive and General Optimizer 的缩写, 即"交互式的线性和通用优化求解器", 其特色在于内置建模语言, 提供了十几个内部函数, 能够非常方便地定义规模庞大的规划模型; 同时, 用户能够从自己编写的应用程序中直接调用 LINGO.

LINDO/LINGO 软件使用起来非常简便, 很容易学会, 在优化软件（尤其是运行于个人电脑上的优化软件）市场占有很大份额, 在国外运筹学类教科书中也被广泛用作教学软件.

（2）MATLAB

MATLAB 是美国 MathWorks 公司出品的商业数学软件, 用于算法开发、数据可视化、数据分析以及数值计算的高级技术计算语言和交互式环境.

MATLAB 提供了强大的矩阵运算、函数绘制等功能, 直接调用简单的命令即可实现线性规划和非线性规划等模型的求解. MATLAB 是运筹学与管理科学领域的多数学者建立优化模型进行数值仿真实验的首选软件工具.

例如：MATLAB 中有一个专门求解线性规划问题的函数：linprog( ), 其使用方法如下：

$$[x, fval] = \text{linprog}(C, A, b, Aeq, beq, lb, ub, x0, options)$$

其中, $fval$ 返回目标函数的最优值; x 返回线性规划问题最优解. 它所求解的是如下线性规划问题

$$\min S = CX$$
$$\text{s. t.} \begin{cases} AX \leq b \\ AeqX = beq \\ lb \leq X \leq ub \end{cases}$$

即 lb 和 ub 分别表示决策变量的下界和上界, $x0$ 给出了搜索的初始解, $options$ 是控制参数.

（3）Microsoft Excel

作为 Microsoft Office 中的电子表格软件, Excel 提供了一个规划求解插件工具. 通过将规划求解插件加载到 Excel 中, 就可以直接在电子表格界面上定义规划模型（包括线性规划、整数规划和非线性规划等）的决策变量、目标函数以及约束条件. 相对其他优化软件而言, Excel 规划求解工具的优势在于强大的数据组织与呈现功能可使模型数据组织得更简洁明了, 特别是借助单元格之间的公式引用, 可以非常方便地定义规划模型. 同时, 规划求解后还可以直接以表格形式提供运算结果报告、敏感性报告和极限值报告, 为结果分析提供了便利.

（4）CPLEX 优化器

CPLEX 优化器最初由 Robert E. Bixby 开发, 1988 年被 CPLEX Optimization Inc. 商业化销售, 1997 年被 ILOG 收购, 2009 年 1 月被 IBM 收购. CPLEX 优化器提供了灵活的高性能优化程序, 可以解决整数规划、超大型线性规划、二次方程规划、二次方程约束规划和混合整数规划、凸和非凸二次规划等问题. CPLEX 优化器具有一个称为 Concert 的建模层, 该层提供了与 C ++, C#和 Java 语言的接口. CPLEX 优化器有一个基于 C 接口的 Python 语言接口, 还提供了 Microsoft Excel 和 MATLAB 的连接器. 此外, CPLEX 优化器提供独立的 Interactive Optimizer 可执行文件, 可用于调试和其他目的.

（5）LEAVES

上述运筹优化软件基本上都来自海外公司或者机构. 从安全性等角度考虑，中国学者认为有必要开发具有中国知识产权的优化求解器. 2016 年成立的杉树科技公司（www. shanshu. ai）与上海财经大学联合开发了国内第一个自主开发的优化求解器——LEAVES（leaves. shufe. edu. cn）. 该项目由冯·诺依曼理论奖唯一华人得主、国际知名运筹学专家、斯坦福大学叶荫宇教授领导，可以解决线性规划、半正定规划、几何规划、线性约束的凸规划等常见的大规模优化算法求解问题. 对其中多个经典模型的求解，可以达到世界第一流的效率与速度. LEAVES 是一个开源的算法求解平台，鼓励开源社区每一个工程师和科学家积极参与，目前的功能分为三大模块：传统运筹学的根基数学规划、大规模机器学习算法的高效实现和运筹学的实际应用软件.

【本章导学】

1. 学习要点提示

（1）一般线性规划模型构建：建模的基本步骤（决策变量、目标函数、约束条件）.

（2）组合线性规划模型构建：关注"公共约束条件"的确定.

2. 学习思路与方法建议

线性规划方法大多用来解决稀缺资源在有竞争的使用方向中如何进行最优分配的问题. 方法通过设置决策变量、确定目标函数和约束条件等步骤建立线性规划模型，应用相应的求解算法或软件工具对模型求解可得问题的资源最优分配方案. 然而，数学建模"有法"但无"定法"，它是运筹学解决实际问题的起点也是难点. 学习者可以通过研读数学建模的案例，从中找出同类问题建模特征与技巧，获取数学建模的启示. 本章内容的逻辑推演进程为

（1）从简单问题入手（如生产计划问题）分析和讨论线性规划模型构建的思路与技巧. 关注：①一般线性规划模型构建关键在于决策变量的设置，有时可以直接设置，有时需要间接考虑，决策变量设置合理，相应目标函数和约束条件根据问题已知或假设就能较方便确定. 否则，模型很难甚至无法构建. ②约束条件有时会因实际问题内在特征不完全满足线性规划问题假设条件，如决策变量只能为整数等，但同样可以应用线性规划方法建模.

（2）对于大型复杂的规划问题，通过分析问题的"结构"特征，构建一类线性规划组合模型. 其关键技巧除了决策变量组的设置以外，还有公共约束条件的确定.

（3）模型求解问题，随着实际问题规模增大，线性规划的经典算法手工操作难以实施，计算软件或算法编程成为了必不可少的求解工具.

此外，值得注意的是：对一个实际问题建立一个简单好解又能较好地描述实际情况的模型可以说是一种艺术. 因此，在处理大型复杂的规划问题时，构建唯一正确的线性规划模型是十分艰难的. 一般情况下，随着问题研究进程的深入，模型往往会被不断修改和拓展. 在研究初期，可以先建立一个相对简单的模型并使用一系列技术进行检验，以找出可能的错误和遗漏. 而后，运用从初期模型中获得的经验去拓展模型，使其更接近复杂的实际问题. 与此同时，管理者在研究问题输出结果时，通常会察觉到一些不如意的地方. 对此，管理者会再加入一些像收益、成本、资源等约束以满足之前没有提出的管理目标和条件，这就是灵敏度分析成为线性规划问题一个重要组成部分的原因.

【思考与讨论】

(1)在例 5.3 中,若允许含有少量杂质,但杂质含量不超过 1%,模型如何变化?

(2)在例 5.4 问题 2 中,如果设 $x_j(j=1,2,\cdots,7)$ 为星期 j 开始上班的人数,该模型如何变化?

(3)在例 5.5 中,能否将约束条件改为等式?如果要求余料最少,数学模型如何变化?简述板材下料的思路.

(4)在例 5.8 中,第二组约束条件(式 5-26)能否用等式描述?为什么?

(5)数学模型是用数学的语言(符号)对实际问题的描述,常常需要进行假设、简化,请思考:如何能使得所建立的数学模型更接近实际问题?

(6)有人说"建立数学模型,与其说是一门技术,倒不如说是一门艺术",试阐述其中的道理.

【习题】

5.1　某厂生产 A,B,C 三种产品,每件产品消耗的原材料、机器台时数、原材料限量及单位产品的利润如表 5-15 所示.

表 5-15

产　品	原料消耗	机时消耗	单位利润/元
A	1.0	2.0	10
B	1.5	1.2	14
C	4.0	1.0	12
资源限量	2000	1000	

根据需求,三种产品的最低月需要量分别为 200 件、250 件和 100 件.又根据销售部门预测,这三种产品的最大月销售量分别为 300 件、250 件和 210 件,试制定使总利润最大的生产计划.

5.2　某工厂在第一车间生产 1 单位 A 和 B 分别需要 3 单位和 2 单位的原料 M.A 可以按单位售价 8 元出售,也可以在第二车间继续加工,单位生产费用要增加 6 元,加工后单位售价为 16 元.B 可以按单位售价 7 元出售,也可在第三车间继续加工,单位生产费用要增加 4 元,加工后单位售价 12 元.原料 M 的单位购入价为 2 元,上述生产费用均不包括工工资在内.3 个车间每月最多有 20 万工时,每工时工资 0.5 元,每加工 1 单位 M 需 1.5 工时,如 A 继续加工,每单位需 3 工时,如 B 继续加工,每单位需 1 工时.每月最多能得到原料 M 10 万单位,问如何安排生产,使工厂获利最大?

5.3　用长度为 10 m 的角钢切割钢窗用料.每套钢窗含长 1.5 m 的料 2 根,1.45 m 的 2 根,1.3 m 的 6 根,0.35 m 的 12 根.若需钢窗用料 120 套,问最少需切割 10 m 长的角钢多少根?

5.4 某厂生产甲、乙、丙三种产品．产品甲依次经 A，B 设备加工，产品乙经 A，C 设备加工，产品丙经 B，C 设备加工，已知有关数据如表 5-16 所示．试制定一个最优生产计划．

表 5-16

产品	机器生产率/(件/h)			原料成本 /元	产品价格 /元
	A	B	C		
甲	10	20		15	55
乙	20		8	20	96
丙		10	16	19	46
成本/(元/h)	200	100	300		
可用机时/h	55	38	60		

5.5 某糖果厂用原料 A，B，C 加工成三种不同牌号的糖果甲、乙、丙．已知各种牌号糖果中 A，B，C 含量，原料成本，各种原料的每月限制用量，三种牌号糖果的单位加工费及售价如表 5-17 所示．问该厂每月应生产这三种牌号糖果各多少，才能使该厂获利最大？试建立此问题的线性规划模型．

表 5-17

原料 \ 产品	甲	乙	丙	原料成本/(元/kg)	每月限量/kg
A	≥60%	≥15%		2.00	2000
B				1.50	2500
C	≤20%	≤60%	≤50%	1.00	1200
加工费/(元/kg)	0.50	0.40	0.30	—	—
售价/元	3.40	2.85	2.25	—	—

5.6 设有一家食品加工厂用 A，B，C 三种原料生产高、中、低档三种食品出售．三种原料的单位成本以及每月购入量如表 5-18 所示．

表 5-18

原料	单位成本/(元/kg)	每月最大购入量/t
A	15	90
B	10	120
C	12	60

每千克食品的售价：高档食品 30 元，中档食品 25 元，低档食品 20 元．低档食品每月最

多只能销售 40 t. 各种食品配料要求为:

高档食品: A 不少于15%, C 不多于25%;

中档食品: A 不少于40%, B 不少于20%, C 不多于25%;

低档食品: B 不少于50%.

要求建立工厂利润最大的线性规划模型.

5.7 某厂接到生产 A, B 两种产品的合同,产品 A 需200件,产品 B 需300件.这两种产品的生产都经过毛坯制造与机械加工两个工艺阶段.在毛坯制造阶段,产品 A 每件需要 2 h,产品 B 每件需要 4 h.机械加工阶段又分粗加工和精加工两道工序,每件产品 A 需粗加工 4 h,精加工 10 h;每件产品 B 需粗加工 7 h,精加工 2 h.若毛坯生产阶段能力为1700 h,粗加工设备拥有能力为1000 h,精加工设备拥有能力为3000 h.又加工费用在毛坯、粗加工、精加工时均为 3 元/h.此外,在粗加工阶段允许设备进行 500 h 的加班生产,但加班生产时间内每小时额外增加成本4.5元.试根据以上资料,为该厂制订一个成本最低的生产计划.

5.8 某班有男生 30 人,女生 20 人,周日去植树.根据经验,一天男生平均每人挖坑20 个,或栽树30 棵,或给25 棵树浇水;女生平均每人挖坑10 个,或栽树20 棵,或给15 棵树浇水.问应怎样安排,才能使植树(包括挖坑、栽树、浇水)最多?试建立此问题的线性规划模型,不必求解.

5.9 某公司有三项工作需分别招收技工和力工来完成.第一项工作可由1个技工单独完成,或由1个技工和2个力工组成的小组完成.第二项工作可由1个技工或1个力工单独完成.第三项工作可由5个力工组成的小组完成,或由1个技工领着3个力工完成.已知技工和力工每周工资分别为1000元和800元,他们每周都工作48 h,但他们每人实际的有效工作小时数分别为42 h和36 h.为完成这三项工作任务,该公司需要每周总有效工作小时数为第一项工作20000 h,第二项工作20000 h,第三项工作30000 h;又能招收到的工人数为技工不超过400人,力工不超过800人.试建立数学模型,确定招收技工和力工各多少人,使总的工资支出为最少(建立数学模型,不需求解).

5.10 某工厂计划用一台机床加工三种产品,可供选择的机床有 A, B 两台.单位产品所需资源(机时、工时、原料)等资料如表5-19所示.

表 5-19

单耗 \ 资源 \ 产品	机时/h		工时/h	原料/t
	A	B		
甲	5	4	2	4
乙	3	6	3	7
丙	8	8	5	3
每月机器费用/元	650	560		
每月可供数量	2500	2100	2200	1400

购买 A 机床或 B 机床都可以完成加工任务.但无论购买哪种机床,单位产品售价扣除生产费用(不含机器费用在内)后所获得的毛利均不发生变化.要求建立整数规划模型,确定购买哪种机床以及各种产品的产量(产品产量不一定取整数).

5.11 某工厂用集装箱托运 A, B 两种货物. 每件货物的体积、重量、可获得的利润、集装箱的容积和载重限制如表 5-20 所示. 要求建立获利最大的整数规划模型.

表 5-20

货 物	体积/m³	重量/kg	可获利润/元
A	5	260	300
B	7	700	180
集装箱的限制	35	1600	

5.12 运筹学中著名的旅行商(货郎担)问题可以叙述如下：某旅行商贩从某一城市出发到其他几个城市去推销商品，规定每个城市均到达而且只到达一次，然后回到出发城市. 已知城市 i 和 j 之间的距离 d_{ij}，问该商贩应选择一条什么样的路线旅行，才能使总的旅程为最短，要求建立整数规划模型(不作求解).

5.13 某商店制定 7—12 月进货售货计划，已知商店仓库容量不得超过 500 件，6 月底已存货 200 件，以后每月初进货一次. 假设各月份此商品买进售出单价如表 5-21 所示. 问各月进货售货各多少才能使总收入最多？试建立该问题的线性规划模型，不作求解.

表 5-21 单位：元/件

月份	7	8	9	10	11	12
买进单价	28	24	25	27	23	23
售出单价	29	24	26	28	22	25

5.14 某机械制造厂专为拖拉机厂配套生产柴油机，今年头四个月收到柴油机订单数分别为 3000 台、4500 台、3500 台、5000 台. 该厂正常生产每月可生产柴油机 3000 台，利用加班还可生产 1500 台. 正常生产成本为每台 5000 元，加班生产还要追加 1500 元成本，库存成本为每台每月 200 元. 该厂如何组织生产才能使生产成本最低，试建立该问题的线性规划模型，不作求解.

5.15 有三个不同的产品要在三台机床上加工，每个产品必须首先在机床 1 上加工，然后依次在机床 2，3 上加工. 在每台机床上加工三个产品的顺序应保持一样，假定用 t_{ij} 表示在第 j 机床上加工第 i 个产品的时间，问应如何安排，才能使三个产品总的加工周期为最短，试建立该问题的整数规划模型.

习题答案

第6章 动态规划

用线性规划方法求解问题时,每一次迭代都要对所有的变量进行处理,对问题的整体加以改善,以寻求问题的最优解.

但在实际工作中,往往会碰到这样一些问题,可以从时间上或空间上将它们划分为若干相互联系的阶段,要求分别在每个阶段作出决策.这样的问题我们称为多阶段决策问题.如果把每个阶段作出的决策所形成的序列称为一个策略,那么求解多阶段决策问题便是找出问题的最优策略.

1951年,美国数学家贝尔曼(R. Bellman)等人根据多阶段决策问题的特点,把多阶段决策问题变换为一系列互相联系的单阶段问题,然后逐个加以解决.与此同时,提出了解决这类问题的"最优性原理",并在研究了许多实际问题的基础上,创建了用于寻求多阶段决策问题最优策略的一种新方法——**动态规划**(dynamic programming, DP),成为运筹学的一个分支.所谓"动态",指的是问题需逐个阶段处理这一特征.

然而,一些与时间没有关系的静态规划问题(如线性规划、非线性规划等),只要人为地引进"时间"因素,也可把它视为多阶段决策问题,用动态规划方法去处理,往往会比用原规划方法求解更简便.如案例6-1就是应用动态规划方法解决了某地区餐饮业巨头连锁餐厅的原料配送问题.

案例6-1

应指出的是,动态规划是最优化中的一种特殊"方法",是考察问题的一种途径,而不是一种特殊算法,其主要的理论基础是Bellman提出的"最优性原理".因而,它不像线性规划那样有一个标准的数学表达式和明确定义的一组求解问题的规则.因此,在学习和实际应用中,除了要对基本概念和方法正确理解外,应以丰富的想象力去建立模型,用创造性的技巧去求解.

从不同的角度,可对动态规划问题进行不同的分类.

(1)根据多阶段决策过程的变量取值是离散的还是连续的,可分为离散决策过程和连续决策过程.

(2)根据决策过程的演变方式是确定性的还是随机性的,可分为确定性决策过程和随机性决策过程.

(3)根据每一阶段需处理的状态变量和决策变量的个数,可分为一维动态规划问题和多维动态规划问题.

本章中,我们将首先讨论两个具体问题,阐明动态规划方法的基本思想,再介绍动态规划的基本概念与基本原理,然后讨论各种类型的动态规划问题,以说明动态规划应用的广泛性.

6.1 动态规划的基本原理和基本概念

6.1.1 引例

例 6.1 最短路线问题. 图 6-1 为一线路网络, 现在要铺设从地点 A 到地点 E 的铁路, 中间需经过 3 个点, 第 1 点可以是 B_1, B_2, B_3 中的某一个点, 第 2 点可以是 C_1, C_2, C_3 中的某一个点, 等等. 各点之间, 若能铺设铁路, 则在图中以连线表示, 连线上的数字表示两点间的距离. 要求选择一条 A 至 E 的最短路线.

视频6-1

如果用通常的穷举法求解, 则需列出由 A 到 E 的所有路线, 并计算每条路线的长度, 比较后就可找出最短路线. 本例共有 14 条不同路线, 每条路线需相加 3 次, 共要相加 42 次. 当可选择的地点较多时, 计算量就相当大, 甚至无法实现.

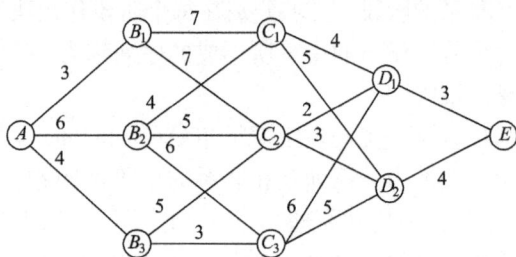

我们现在换个角度来分析这个问题. 假定最短的路线已经找到, 这条路线通过点 P, 则这条路线从 P 至终点的部分, 必是从 P 至终点的所有路线中最短的. 这条由 P 至终点

图 6-1

路线称为最短后部路线. 因此, 只要逐段找出最短后部路线, 则从起点到终点的最短路线也就找到了.

现利用上述原理, 从最后一段路线开始, 向最初阶段递推, 作出各个阶段的最优决策.

首先考虑最后阶段. 这一阶段要分别对 D_1 和 D_2 找出最短后部路线. 先考虑 D_1. 由于 D_1 至 E 只有一条路线, 因而 D_1 的最短后部路线即为 $D_1 \rightarrow E$, 其长度为 3. 为了记录整个问题的决策过程, 按图 6-1 画出表示各个点的小圈 (见图 6-2). 将 D_1 至 E 的最短路线长度标在 D_1 的上方, 并将 D_1 和 E 用线连接起来. 同样地, $D_2 \rightarrow E$ 为 D_2 的最短后部路线, 长度为 4.

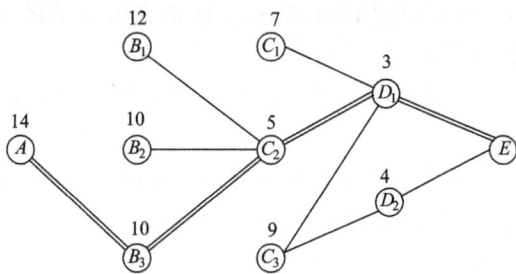

图 6-2

接着考虑倒数第 2 阶段. 这一阶段要找出 C_1, C_2 和 C_3 的最短后部路线. C_1 的后部路线的第 1 阶段有两种选择: $C_1 \rightarrow D_1$ 和 $C_1 \rightarrow D_2$. 为确定 C_1 的最短后部路线, 可比较下面两个数字: $C_1 \rightarrow D_1 \rightarrow E$ 长度为 D_1 上方数字之和 $(4+3=7)$, $C_1 \rightarrow D_2 \rightarrow E$ 长度为 D_2 上方数字之和 $(5+4=9)$, 其中最小者应为最短后部路线的长度. 可见 C_1 的最短后部路线是 $C_1 \rightarrow D_1 \rightarrow E$, 长度是 7. 将 C_1 和 D_1 连接起来, 并在 C_1 上方标上最短后部路线的长度 7. 类似地可求出 C_2 的最短后部路线为 $C_2 \rightarrow D_1 \rightarrow E$, 长度为 5; C_3 的最短后部路线为 $C_3 \rightarrow D_1 \rightarrow E$ 或 $C_3 \rightarrow D_2 \rightarrow E$, 长度均为 9.

然后考虑倒数第 3 阶段. 用同样的方法可以求出 B_1, B_2 和 B_3 的最短后部路线长度分别为 12, 10 和 10, 标在相应点的上方.

最后进行最初阶段的决策. 这一阶段我们得到了从 A 开始的最短后部路线: $A \rightarrow B_3 \rightarrow C_2 \rightarrow D_1 \rightarrow E$, 长度为 14, 实际上这就是 A 至 E 的最短路线, 如图 6-2 双线所示. 至此解题过程结束. 这就是求最短路线的动态规划方法. 它的解题思想就是求解多阶段决策问题的基本思想. 其特点是把一个大的决策问题分解为若干个相关联的小的决策问题, 逐个求解, 而每个问题的决策方法基本相同.

应用这个思想来求解, 除了减少工作量外, 还给我们提供了一些非常有用的信息. 就是它所得的计算结果, 除了从 A 至 E 的最短路线及其长度外, 还有所有各中间点至终点 E 的最短路线及其长度. 这对许多实际问题是很有用处的.

例 6.2 投资金额分配问题. 某公司有 4 百万元资金需要投资, 有三个投资项目可以选择. 经市场调查预测, 如果向第 i 个项目投资 j 百万元, 则每年所得到的利润(万元/年)因投资额的不同而有差异, 如表 6-1 所示. 问应如何投资才能使总的利润最大?

视频6-2

表 6-1

投资项目	投资额/百万元				
	0	1	2	3	4
项目 1	0	16	25	30	32
项目 2	0	12	17	21	22
项目 3	0	10	14	16	17

解 令每给一个项目考虑投资多少资金为一个决策阶段, 则该问题可分为三个阶段, 我们逐个阶段考虑. 假设先对项目 1 作出投资决策, 然后是项目 2, 最后再将剩下的资金给项目 3.

类似地, 假定最优的投资方案已经找出, 那么对项目 3 来讲, 它是最后考虑投资的项目. 为了得到最大的利润, 公司肯定会把投资给项目 1 和项目 2 后剩下的资金全部投给项目 3. 见表 6-2.

表 6-2

状态(未分的资金额)/百万元	0	1	2	3	4
最优决策(分配资金额)/百万元	0	1	2	3	4
最优决策的效益值/百万元	0	10	14	16	17

而在考虑项目 2 的投资额时, 在给项目 1 投资后剩下的资金额也有 5 种状态, 见表 6-3. 但在此决策阶段, 我们必须同时考虑项目 2 和项目 3. 例如, 当剩下的资金额为 1 百万元时, 项目 2 有两种决策选择, 不投资或投资 1 百万元. 如果不对项目 2 投资, 则 1 百万元就留给项目 3, 效益值为 10; 若对项目 2 投资 1 百万元, 则效益值为 12, 项目 3 相应地就不投资. 比较此状态下的两种决策, 后者为优. 其他状态下寻求最优决策的过程与此类似, 可归纳为表 6-3.

表 6-3

状态	决策					最优决策	最优决策的效益值
	0	1	2	3	4		
0	0 + 0					0	0
1	0 + 10	12 + 0				1	12
2	0 + 14	12 + 10	17 + 0			1	22
3	0 + 16	12 + 14	17 + 10	21 + 0		2	27
4	0 + 17	12 + 16	17 + 14	21 + 10	22 + 0	2, 3	31

最后, 要对项目 1 作出决策. 此时, 我们确切地知道有 4 百万元待投资, 共有 5 种投资方案, 用类似的方法可确定其投资方案的总效益值, 从而找出最优决策. 见表 6-4.

表 6-4

状态	决策					最优决策	最优决策的效益值
	0	1	2	3	4		
4	0 + 31	16 + 27	25 + 22	30 + 12	32 + 0	2	47

至此, 我们按与实际决策过程相反的顺序(逆序)找到了各个决策阶段各种可能状态下的最优决策. 据此, 可按顺序找出最优策(略), 见表 6-5.

通过上述两个例子的求解, 我们对动态规划的基本思想有了初步的了解. 下面以此为基础介绍动态规划的基本原理和基本概念, 以便指导我们解决更复杂的问题.

表 6-5

项 目	投资额	效益值
项目 1	2	25
项目 2	1	12
项目 3	1	10

6.1.2 动态规划的基本原理

20 世纪 50 年代, R. Bellman 等人通过研究一类**多阶段决策问题**, 提出了动态规划的最优性原理. 前面两个例子的解法, 就是利用这一原理的思想.

动态规划的**最优性原理**: "一个最优策略具有这样的性质, 无论初始状态和初始策略如何, 相对于初始策略产生的状态来说, 其后策略必须构成最优." 简言之, 一个最优策略的子策略总是最优的.

视频6-3

"最优性原理"是动态规划的核心和理论基础. 各种动态规划模型的建立以及求解, 都是根据这一原理进行的. 根据这个原理, 在求解动态规划问题时, 可按这样的思想来做: 从终点逐段向始点方向寻找最优策略, 即逆序求解. 如图 6-3 所示.

图 6-3

6.1.3 动态规划的基本概念

（1）阶段（stage）

应用动态规划方法时，问题必须能划分为若干阶段，而且在每一阶段都可以作出不同的决策. 阶段的划分，一般是根据时间和空间的自然特征来划分，且要便于把问题的过程转化为多阶段决策过程. 描述阶段的变量称为阶段变量，通常用 k 表示. 以下约定都按照实际决策的方向，顺序编号. 如图 6-3.

（2）状态（state）

状态表示某阶段的出发位置，即每个阶段开始所处的自然状况或客观条件. 例 6.1 可分为 4 个阶段，其中的每一个点都是一个状态，它既是该阶段某条路线的始点，同时也是前一段路线的终点. 因此，有时我们也讲状态是划分阶段的依据. 通常一个阶段包含若干个状态. 例 6.2 中每一阶段未分配的资金额就是状态.

状态通常是一个数或一组数，用变量 S_k 表示，这个变量称为状态变量. S_k 的一个特定取值就表示在第 k 阶段的某一状态. 例 6.2 中，$S_2 = 3$ 表示第二阶段未分配的资金额为 3 百万元这一状态.

动态规划问题中的状态变量必须具有如下两个性质.

• **无后效性**. 在决策过程中，某一阶段的状态一经确定，则以后过程的发展仅仅取决于这一时刻的状态，而与这一时刻以前的状态和决策无关.

• **可知性**. 在每一个阶段，状态变量的值必须是已知的，或者是可以直接或间接求得的.

（3）决策（decision）

当某阶段的状态给定以后，从该状态到下一阶段就会有许多不同的演变方式，对这些演变方式的选择就称**决策**. 决策一旦作出，下一阶段进入什么状态也就确定了. 像状态一样，决策也可以用一个数（或一组数）表示，称为**决策变量**. 用 x_k 表示第 k 阶段的决策变量. 实际问题中，决策变量的取值往往限制在某一范围之内，此范围称为**允许决策集合**，记为 $D_k(x_k)$.

（4）策略（policy）

从起点到终点的全过程中，每个阶段都有一个决策，由这一系列决策所构成的行动方案就称为一个**策略**.

（5）状态转移方程

一般地，如果第 k 阶段开始时状态为 S_k，若这一阶段的决策变量 x_k 一经确定，则下一阶段（$k+1$ 阶段）的状态变量 S_{k+1} 的值也就完全确定. 这就是说，S_{k+1} 的值是随 S_k 和 x_k 的值变化而变化的，这种对应关系可表示成函数关系

$$S_{k+1} = T_k(S_k, x_k) \tag{6-1}$$

式（6-1）表示了某一阶段的状态向下一阶段的状态转移的规律，称为**状态转移方程**. 有很多问题，这种函数关系可以用数学解析式表示. 如例 6.2 中有：$S_{k+1} = S_k - x_k$，$S_k \geqslant x_k$，这给计算带来方便. 有的问题，如例 6.1，这种函数关系很难用解析式表达，但这并不妨碍我们用动态规划方法来解决问题. 例 6.1 中，若在某一阶段内已选定一点，那么只要从这点到下一点的路线一确定，下一阶段的出发点也就完全确定.

（6）指标函数

用来衡量所实现过程优劣的一种数量指标称为**指标函数**. 对于第 k 阶段而言, 在每一状态下所作出的每一决策都有一个影响总效果的直接效果, 它是 S_k 和 x_k 的函数, 记为 $d_k(S_k, x_k)$.

对于从第 k 阶段开始的后部过程而言, 它们的总指标值一般为各阶段指标值之和（有时为各阶段指标值的乘积）.

$$\sum_{j=k}^{n} d_j(S_j, x_j)$$

后部过程指标函数的最优值称为**最优指标函数**, 记为 $f_k(S_k)$. 它表示从第 k 阶段的状态 S_k 开始到第 n 阶段的终止状态的过程, 采取最优策略所得到的指标函数值, 也称之为最优后部子过程. 即

$$f_k(S_k) = \max/\min\left\{\sum_{j=k}^{n} d_j(S_j, x_j)\right\}$$

在不同的问题中, 指标函数的含义是不同的, 它可能是距离、利润、成本、产品的产量或资源消耗等.

（7）指标递推方程

从例 6.1 和例 6.2 中已知, 在计算各个阶段的最优后部过程指标时, 都要利用上一阶段已得到的最优后部过程指标. 一般地, 第 k 阶段在状态 S_k 下可采取不同的决策, 每一决策都有一个影响目标的直接指标 $d_k(S_k, x_k)$; 不同的决策又将使得过程进入第 $k+1$ 阶段时, 具有不同的开始状态（各有不同的最优后部过程指标）. 因此, 我们可这样计算第 k 阶段状态 S_k 的最优后部过程指标

$$\begin{cases} f_k(S_k) = \max/\min\{d_k(S_k, x_k) + f_{k+1}(S_{k+1})\}, & k = 1, 2, \cdots, n \\ f_{n+1}(S_{n+1}) = 0 \end{cases} \tag{6-2}$$

式（6-2）称为**指标递推方程**, 也称为**动态规划的基本方程**. 只有建立了这个递推关系, 才能对一个问题从第一阶段开始逐段进行计算, 最终找到全过程的最优解.

6.2　离散确定型动态规划问题

对于一个动态规划问题, 若变量只取离散值, 过程的演变方式为确定性时, 则称为离散确定型动态规划问题. 下面通过实例来说明求解这类问题的方法和技巧.

6.2.1　背包问题

有一个人带一个背包上山, 其可携带物品重量的限度为 a kg. 设有 n 种物品可供他选择装入背包中, 已知第 i 种物品每件重量为 w_i kg, 在上山过程中的作用（价值）是携带数量 x_i 的函数 $c_i(x_i)$. 问此人应如何选择携带物品（各几件）, 使所起作用（总价值）最大? 这就是著名的背包问题, 类似的问题有运输中的货物装载问题, 人造卫星内的物品装载问题等.

视频6-4

设 x_i 为第 i 种物品的装入件数,则这类问题的静态规划模型为

$$\max Z = \sum_{i=1}^{n} c_i(x_i)$$

$$\text{s. t.} \begin{cases} \sum_{i=1}^{n} w_i x_i \leqslant a \\ x_i \geqslant 0 \text{ 且为整数} \quad i = 1, 2, \cdots, n \end{cases}$$

这是一个整数规划问题. 若每件物品最多只能放一件, 即 x_i 只取 0 或 1, 则为 0 - 1 规划问题.

这类问题的动态规划模型为

(1) 分阶段

按可装入物品种类划分为 n 个阶段.

(2) 设变量

状态变量 S_k 表示第 k 阶段初背包拥有的装载量.

决策变量 x_k 表示第 k 种物品的装入件数.

允许决策集合为

$$D_k(x_k) = \{ x_k | 0 \leqslant x_k \leqslant [S_k / w_k] \text{ 且为整数} \}$$

(3) 状态转移方程

$$S_{k+1} = S_k - w_k x_k$$

(4) 指标函数

$$d_k(S_k, x_k) = c_k(x_k)$$

(5) 指标递推方程

$$\begin{cases} f_k(S_k) = \max_{x_k \in D_k(x_k)} \{ c_k(x_k) + f_{k+1}(S_{k+1}) \}, & k = 1, 2, \cdots, n \\ f_{n+1}(S_{n+1}) = 0 \end{cases}$$

例 6.3　某车辆的有效载重为 10 t, 现有 3 种物品需要运输, 相应的重量和价值如表 6-6. 问如何选择物品运输, 才能使所运物品的价值最大?

解　该问题的静态规划模型为

$$\max Z = 4x_1 + 5x_2 + 6x_3$$

$$\text{s. t.} \begin{cases} 3x_1 + 4x_2 + 5x_3 \leqslant 10 \\ x_i \geqslant 0 \text{ 且为整数} \quad i = 1, 2, 3 \end{cases}$$

现用动态规划方法来解.

视频6-5

$k = 3$ 时, 因物品Ⅲ的每件重量为 5 t, 该阶段初车辆拥有的最大有效载重量为 10 t, 由允许决策集合可知, 物品Ⅲ可能的取值最多为 3 种, 即 $x_3 = \{0, 1, 2\}$. 因此, 状态变量 S_3 便可相对应地划分为 0~4, 5~9, 10 三个区间, 落在同一个区间内的载重量对于 x_3 的取值都是一样的. 于是得表 6-7.

表 6-6			
物品	I	II	III
重量 w_i	3	4	5
价值 c_i	4	5	6

表 6-7		
S_3	x_3	$f_3(S_3) = c_3 x_3$
0 - 4	0	0
5 - 9	1	6
10	2	12

$k = 2$ 时, 由允许决策集合知, $x_1 = \{0, 1, 2, 3\}$. 因此, 本阶段状态变量 S_2 的取值就有 4 种可能, 而 $x_2 = \{0, 1, 2\}$. 得表 6-8.

表 6-8

S_2	$f_2(S_2) = c_2 x_2 + f_3(S_3)$			x_2^*	$f_2(S_2)$
	$x_2 = 0$	$x_2 = 1$	$x_2 = 2$		
1	0 + 0	—	—	0	0
4	0 + 0	5 + 0*	—	1	5
7	0 + 6*	5 + 0	—	0	6
10	0 + 12*	5 + 6	10 + 0	0	12

$k = 1$ 时, 此阶段, 我们确切地知道 $S_1 = 10$, $x_1 = \{0, 1, 2, 3\}$. 故得表 6-9.

表 6-9

S_1	$f_1(S_1) = c_1 x_1 + f_2(S_2)$				x_1^*	$f_1(S_1)$
	$x_1 = 0$	$x_1 = 1$	$x_1 = 2$	$x_1 = 3$		
10	0 + 12	4 + 6	8 + 5*	12 + 0	2	13

所以, 最优运输方案为 $x_1^* = 2$, $x_2^* = 1$, $x_3^* = 0$, 最大使用价值为 13.

6.2.2 资源分配问题

所谓资源分配问题, 就是将数量一定的一种或若干种资源, 恰当地分配给若干个使用者, 而使目标函数为最优. 这类问题的一般形式为: 有某种资源, 总数为 a, 要分配给 n 个使用者. 若分配数量 x_i 给第 i 个使用者, 其收益为 $g_i(x_i)$. 问应如何分配, 才能使 n 个使用者的总收入最大?

此类问题可归纳成静态规划问题, 模型为

$$\max Z = g_1(x_1) + g_2(x_2) + \cdots + g_n(x_n)$$

$$\text{s. t.} \begin{cases} x_1 + x_2 + \cdots + x_n = a \\ x_i \geq 0, \ i = 1, 2, \cdots, n \end{cases}$$

当 $g_i(x_i)$ 都是线性函数时, 它是一个线性规划问题 (因约束条件已经是线性); 当 $g_i(x_i)$ 是非线性函数时, 它是一个非线性规划问题. 然而, 由于这类问题的特殊结构, 可以人为地引入时间因素, 把它看成一个多阶段决策问题, 并用动态规划的方法来求解.

在应用动态规划方法处理这类问题时，通常以把资源分配给一个（或几个）使用者的过程作为一个阶段，把问题中的变量 x_i 选为决策变量，将累计的量或随递推过程变化的量选为状态变量.

这类问题的动态规划模型一般为

(1)把资源分配给一个使用者作为一个阶段，共有 n 个阶段

(2)设状态变量 S_k 表示第 k 阶段初拥有的资源总量

　　决策变量 x_k 表示分配给第 k 个使用者的资源数

　　允许决策集合 $D_k(x_k)$：$0 \leq x_k \leq S_k$

(3)状态转移方程

$$S_{k+1} = S_k - x_k$$

(4)指标函数

$$d_k(S_k, x_k) = g_k(x_k)$$

(5)指标递推方程

$$\begin{cases} f_k(S_k) = \max_{x_k \in D_k(x_k)} \{g_k(x_k) + f_{k+1}(S_{k+1})\}, & k = 1, 2, \cdots, n \\ f_{n+1}(S_{n+1}) = 0 \end{cases}$$

利用这个递推关系式进行逐段计算，最后求得 $f_1(S_1 = a)$ 即为所求问题的最大总收入.

例 6.2 就是这类问题中的一个典型例子. 在这个例子中，$g_k(x_k)$ 没有明显的函数关系，因此不能直接用解析式求解，而必须用表格的形式进行.

6.2.3 复合系统工作可靠性问题

若某个工作系统由 n 个部件串联组成，只要有一个部件失灵，整个系统就不能工作. 为提高系统的可靠性，可在每一部件安装备用件. 显然，备用元件越多，整个系统正常工作的可靠性越大. 但备用元件多了，整个系统的成本、重量、体积均相应加大. 因此，最优化问题是在考虑上述限制条件下，应如何选择各部件的安装数，使整个系统的工作可靠性最大.

视频6-6

一般地，设部件 $i(i = 1, 2, \cdots, n)$ 装有 u_i 个时，它正常工作的概率为 $P_i(u_i)$，而每一个部件 i 的费用为 c_i，共有资金 C 元. 应如何选配各部件的备用元件数，才能使系统的工作可靠性最大？

该问题的静态规划模型为

$$\max Z = \prod_{i=1}^{n} P_i(u_i) = P_1(u_1)P_2(u_2)\cdots P_n(u_n)$$

$$\text{s.t.} \begin{cases} \sum_{i=1}^{n} c_i u_i \leq C \\ u_i \geq 1 \text{ 且为整数} \quad i = 1, 2, \cdots, n \end{cases}$$

这是一个非线性整数规划问题. 非线性整数规划是个较为复杂的问题，求解非常困难. 但用动态规划方法来求解则比较容易.

动态规划模型为

(1)把每考虑给某部件确定安装件数为一阶段，分为 n 阶段

(2)设状态变量 S_k 表示第 k 阶段初拥有的资金额

决策变量 x_k 表示给部件 k 安装的件数.

允许决策集合

$$D_k(x_k) = \{x_k \mid 1 \leq x_k \leq [S_k/c_k] \text{ 且为整数}\}$$

(3)状态转移方程

$$S_{k+1} = S_k - c_k x_k$$

(4)指标函数

$$d_k(S_k, x_k) = P_k(x_k)$$

(5)指标递推方程

$$\begin{cases} f_k(S_k) = \max_{x_k \in D_k(x_k)} \{P_k(x_k) f_{k+1}(S_{k+1})\}, & k = 1, 2, \cdots, n \\ f_{n+1}(S_{n+1}) = 1 \end{cases}$$

边界条件为1,这是因为第$(k+1)$阶段没有需要考虑的部件,故可靠性当然为1.这类问题的另一特点是指标函数为连乘形式,而不是连加形式.但仍满足可分离性和递推关系.

例6.4 某系统由3个工作部件 A,B,C 串联而成,如图6-4所示.3个部件的工作是相互独立的.已知各种部件的故障率和单价见表6-10,可用于购买部件的金额为10万元.问三个环节各应配备多少部件才能在满足金额限制的条件下,使系统正常工作的概率达到最大?

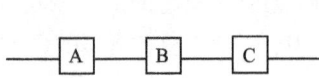

图6-4

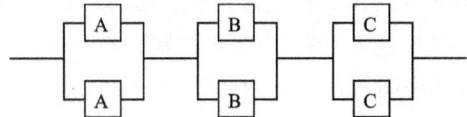

图6-5

表6-10

	A	B	C
故障率 P_k	0.3	0.2	0.4
部件单价 c_k	2	3	1

解 如果三个环节各只配备一个部件,则系统正常工作的概率为

$$P = (1 - 0.3)(1 - 0.2)(1 - 0.4) = 0.336$$

如果每个环节配备两个部件,如图6-5,则第一环节出故障的概率为

$$0.3 \times 0.3 = 0.09$$

正常工作的概率由原来的 $P_1(x_1) = (1 - 0.3) = 0.7$ 变为 $P_1(x_1) = (1 - 0.3^2) = 0.91$. 其他两环节的可靠性也将相应提高,因此,整个系统的可靠性也随之提高.

该问题的静态模型为

$$\max P = (1 - 0.3^{x_1})(1 - 0.2^{x_2})(1 - 0.4^{x_3})$$

$$\text{s. t.} \begin{cases} 2x_1 + 3x_2 + x_3 \leq 10 \\ x_1, x_2, x_3 \geq 1 \text{ 且为整数} \end{cases}$$

下面用动态规划的方法来求解.

$k = 3$ 时(部件 C)

$$f_3(S_3) = \max\{(1 - 0.4^{x_3}) f_4(S_4)\} = \max\{(1 - 0.4^{x_3})\}$$

因为部件 A 和 B 至少各购买一个，剩下可用来购买 C 的金额最多为

$$10 - (2 + 3) = 5, \text{ 即 } S_3 \leqslant 5$$

部件 C 也至少配备一个，所以 $1 \leqslant S_3 \leqslant 5$. 每一状态下的最优决策显然是购买尽量多的部件 C. 见表 6-11.

表 6-11

S_3	x_3^*	$f_3(S_3) = 1 - 0.4^{x_3}$
1	1	$1 - 0.4 = 0.6$
2	2	$1 - 0.4^2 = 0.840$
3	3	$1 - 0.4^3 = 0.936$
4	4	$1 - 0.4^4 \approx 0.974$
5	5	$1 - 0.4^5 \approx 0.990$

$k = 2$ 时(部件 B)

因为 B，C 至少各配备一个，所以状态量 S_2 不得小于 $3 + 1 = 4$. A 也至少配备一个，所以 S_2 也不会大于 $10 - 2 = 8$. 见表 6-12.

表 6-12

S_2	$f_2(S_2) = (1 - 0.2^{x_2}) f_3(S_3)$		x_2^*	$f_2(S_2)$
	$x_2 = 1$	$x_2 = 2$		
4	$(1 - 0.2)0.6 = 0.48$	—	1	0.48
5	$(1 - 0.2)0.84 = 0.672$	—	1	0.672
6	0.749	—	1	0.749
7	0.779	$(1 - 0.2^2)0.6 = 0.576$	1	0.779
8	0.792	$(1 - 0.2^2)0.84 \approx 0.806$	2	0.806

$k = 1$ 时(部件 A)

此时共有 10 万元，因为 B，C 至少各配备一个，即至少需要 4 万元. 所以本阶段所花的钱数不能超过 6 万元. 即 $c_1 x_1 \leqslant 6$. 因 $c_1 = 2$，得 $x_1 \leqslant 3$. 于是得允许决策集合 $D_1(S_1)$：$1 \leqslant x_1 \leqslant 3$. 计算结果见表 6-13.

表 6-13

S_1	$f_1(S_1) = (1 - 0.3^{x_1}) f_2(S_2)$			x_1^*	$f_1(S_1)$
	$x_1 = 1$	$x_1 = 2$	$x_3 = 3$		
10	$(1 - 0.3)0.806 \approx 0.564$	$(1 - 0.3^2)0.749 \approx 0.682$	0.467	2	0.682

可见最优配备方案是部件 A 配 2 个，部件 B 配 1 个，部件 C 配 3 个，系统正常工作的概率可达 0.682.

从上述例子可以看出，对于离散型的问题，由于解析数学无法施展其术，动态规划方法就成为非常有用的工具.

6.3 连续确定型动态规划问题

对于状态变量和决策变量只取连续值, 过程的演变方式为确定性时, 这样的动态规划问题就称为连续确定型动态规划问题. 下面通过实例来说明求解这类问题的方法和技巧.

6.3.1 机器负荷分配问题

例 6.5 某种机器可以在高低两种不同的负荷下进行生产. 设机器在高负荷下生产时, 产量函数为 $P_1 = 8u_1$, 其中 u_1 为投入高负荷生产的机器数, 年完好率为 $a = 0.7$(到年底有 70% 的完好机器); 在低负荷下生产时, 产量函数为 $P_2 = 5u_2$, 其中 u_2 为投入低负荷生产的机器数, 年完好率为 $b = 0.9$. 假定开始生产时拥有完好机器 1000 台, 试问每年初应如何分配完好机器在高、低负荷下生产, 才能使 5 年内生产的产品总产量最高?

解 该问题的动态规划模型为

(1) 将问题分为 5 个阶段, 每年为一阶段.

(2) 设状态变量 S_k 表示第 k 阶段初拥有的完好机器数量;

决策变量 x_k 表示第 k 阶段中分配在高负荷下生产的机器数. 则 $S_k - x_k$ 为在低负荷下生产的机器数.

允许决策集合

$$D_k(x_k): 0 \leqslant x_k \leqslant S_k$$

(3) 状态转移方程

$$S_{k+1} = 0.7x_k + 0.9(S_k - x_k)$$

(4) 指标函数(第 k 年度的产量)

$$d_k(S_k, x_k) = 8x_k + 5(S_k - x_k)$$

(5) 指标递推方程

$$\begin{cases} f_k(S_k) = \max_{0 \leqslant x_k \leqslant S_k} \{8x_k + 5(S_k - x_k) + f_{k+1}(S_{k+1})\}, & k = 1, 2, \cdots, 5 \\ f_6(S_6) = 0 \end{cases}$$

$k = 5$ 时, 有

$$f_5(S_5) = \max_{0 \leqslant x_5 \leqslant S_5} \{8x_5 + 5(S_5 - x_5) + f_6(S_6)\}$$
$$= \max_{0 \leqslant x_5 \leqslant S_5} \{8x_5 + 5(S_5 - x_5)\}$$

因 f_5 是 x_5 的线性单调增函数, 故得最大解 $x_5^* = S_5$, 相应地有 $f_5(S_5) = 8S_5$.

$k = 4$ 时, 有

$$f_4(S_4) = \max_{0 \leqslant x_4 \leqslant S_4} \{8x_4 + 5(S_4 - x_4) + f_5(S_5)\}$$
$$= \max_{0 \leqslant x_4 \leqslant S_4} \{8x_4 + 5(S_4 - x_4) + 8S_5\}$$
$$= \max_{0 \leqslant x_4 \leqslant S_4} \{8x_4 + 5(S_4 - x_4) + 8[0.7x_4 + 0.9(S_4 - x_4)]\}$$
$$= \max_{0 \leqslant x_4 \leqslant S_4} \{13.6x_4 + 12.2(S_4 - x_4)\}$$

得 $x_4^* = S_4$, $f_4(S_4) = 13.6S_4$. 依此类推, 可求得

$$x_3^* = S_3, f_3(S_3) = 17.5S_3$$
$$x_2^* = 0, f_2(S_2) = 20.75S_2$$
$$x_1^* = 0, f_1(S_1) = 23.72S_1$$

已知 $S_1 = 1000$, 得 $f_1(S_1) = 23720$. 这就是 5 年最大的总产量. 计算结果表明: 最优策略为

$$x_1^* = 0, \ x_2^* = 0, \ x_3^* = S_3, \ x_4^* = S_4, \ x_5^* = S_5$$

即前两年应把年初完好机器全部投入低负荷生产, 后三年应把年初完好机器全部投入高负荷生产.

在得到整个问题的最优指标函数值和最优策略后, 还需反过来确定每年年初的状态, 即从始端向终端递推计算出每年年初完好机器数. 已知 $S_1 = 1000$, 于是可得

$$S_2 = 0.7x_1^* + 0.9(S_1 - x_1^*) = 0.9S_1 = 900$$
$$S_3 = 0.7x_2^* + 0.9(S_2 - x_2^*) = 0.9S_2 = 810$$
$$S_4 = 0.7x_3^* + 0.9(S_3 - x_3^*) = 0.7S_3 = 567$$
$$S_5 = 0.7x_4^* + 0.9(S_4 - x_4^*) = 0.7S_4 = 396.9$$
$$S_6 = 0.7x_5^* + 0.9(S_5 - x_5^*) = 0.7S_5 = 277.83$$

该例中, 始端状态 S_1 是固定的, 终端状态 S_6 是自由的. 由此所得出的最优策略称为始端固定终端自由的最优策略.

如果在终端也附加上一定约束条件, 则问题就称为"终端固定问题". 如规定在第 5 年度结束时, 完好的机器数量为 500 台(上面只有 278 台), 问应如何安排生产, 才能在满足这一终端要求的情况下产量最高?

由
$$S_6 = 0.7x_5 + 0.9(S_5 - x_5)$$
$$500 = 0.7x_5 + 0.9(S_5 - x_5)$$

得
$$x_5^* = 4.5S_5 - 2500$$

可见, 由于给定 $S_6 = 500$, 使得 x_5 只能取一个确定的值, 即决策集合成为一点, 而不是原来的 $0 \leqslant x_5 \leqslant S_5$

$k = 5$ 时, 有
$$f_5(S_5) = \max_{x_5}\{8x_5 + 5(S_5 - x_5) + f_6(S_6)\}$$

由于 $x_5^* = 4.5S_5 - 2500$, 得
$$f_5(S_5) = \max\{8(4.5S_5 - 2500) + 5(S_5 - 4.5S_5 + 2500)\}$$
$$= 18.5S_5 - 7500$$

$k = 4$ 时, 有
$$f_4(S_4) = \max_{0 \leqslant x_4 \leqslant S_4}\{8x_5 + 5(S_4 - x_4) + f_5(S_5)\}$$
$$= \max_{0 \leqslant x_4 \leqslant S_4}\{8x_4 + 5(S_4 - x_4) + 18.5S_5 - 7500\}$$
$$= \max_{0 \leqslant x_4 \leqslant S_4}\{20.9x_4 + 21.7(S_4 - x_4) - 7500\}$$

得 $x_4^* = 0, f_2(S_4) = 21.7S_4 - 7500$

依此类推, 最后得 5 年最大的总产量为 $f_1(S_1) = 21900$. 每年年初完好机器数和最优策略如下:

$$S_1 = 1000 \qquad x_1^* = 0$$

$$S_2 = 900 \qquad x_2^* = 0$$
$$S_3 = 810 \qquad x_3^* = 0$$
$$S_4 = 729 \qquad x_4^* = 0$$
$$S_5 = 656 \qquad x_5^* = 4.5S_5 - 2500 = 452$$
$$S_5 - x_5^* = 656 - 452 = 204$$

即前面 4 年将所有的完好机器全部投入低负荷生产,第 5 年将 452 台完好机器投入高负荷生产,204 台完好机器投入低负荷生产.

6.3.2　生产与存贮问题

在生产和经营管理中,经常遇到如何合理地安排不同时期的生产量(或采购量)与库存量,达到既满足用户的需要,又要使生产成本和库存费用之和最少的问题. 这类问题也可用动态规划的方法来求解.

例 6.6　某工厂与一个顾客订立合同,在 4 个月内出售一定数量的某种产品. 工厂每月最多生产 100 单位,产品可以存贮,存贮费用为每单位每月 2 元. 各月的需要数量及单位产品的生产成本如表 6-14 所示. 问如何安排每月的生产量,才能既满足各月的合同需求量,又使生产成本和存贮费用之和达到最小?

解　该问题的动态规划模型为

(1)按月份将问题分为四个阶段

(2)设状态变量 S_k 表示第 k 阶段开始时的产品数

视频6-8

表 6-14

月　份	1	2	3	4
单位生产成本(c_k)	70	72	80	76
需要量(q_k)	60	70	120	60

决策变量 x_k 表示第 k 阶段的产量

允许决策集合
$$D_k(x_k): q_k - S_k \le x_k \le 100$$

(3)状态转移方程
$$S_{k+1} = S_k + x_k - q_k$$

(4)指标函数(第 k 月份的费用)
$$d_k(S_k, x_k) = c_k x_k + 2S_k$$

(5)指标递推方程
$$\begin{cases} f_k(S_k) = \min_{x_k \in D_k(x_k)} \{ c_k x_k + 2S_k + f_{k+1}(S_{k+1}) \}, & k = 1, 2, \cdots, 4 \\ f_5(S_5) = 0 \end{cases}$$

$k = 4$ 时,有
$$f_4(S_4) = \min_{60 - S_4 \le x_4 \le 100} \{ 76x_4 + 2S_4 + f_5(S_5) \}$$
$$= \min_{60 - S_4 \le x_4 \le 100} \{ 76x_4 + 2S_4 \}$$

得　　$x_4^* = 60 - S_4, f_4(S_4) = 76(60 - S_4) + 2S_4 = 4560 - 74S_4$

$k = 3$ 时,有
$$f_3(S_3) = \min_{120 - S_3 \le x_3 \le 100} \{ 80x_3 + 2S_3 + f_3(S_4) \}$$

$$= \min_{120-S_3 \le x_3 \le 100} \{80x_3 + 2S_3 + [4560 - 74(S_3 + x_3 - 120)]\}$$

$$= \min_{120-S_3 \le x_3 \le 100} \{6x_3 - 72S_3 + 13440\}$$

得 $\qquad x_3^* = 120 - S_3, \ f_3(S_3) = 14160 - 78S_3$

$k = 2$ 时, 有

$$f_2(S_2) = \min_{70-S_2 \le x_2 \le 100} \{72x_2 + 2S_2 + 14160 - 78(S_2 + x_2 - 70)\}$$

$$= \min_{70-S_2 \le x_2 \le 100} \{-6x_2 - 76S_2 + 19620\}$$

根据 x_2 的取值范围, $x_2 = 100$ 时, $f_2(S_2)$ 有极小值. 于是得

$x_2^* = 100, \ f_2(S_2) = 19020 - 76S_2$

$k = 1$ 时, 有

$$f_1(S_1) = \min_{60-s_1 \le x_1 \le 100} \{70x_1 + 2S_1 + 19020 - 76(S_1 + x_1 - 60)\}$$

$$= \min_{60-s_1 \le x_1 \le 100} \{-6x_1 + 23580\}$$

取 $x_1^* = 100$, 得 $f_1(S_1) = 22980$

由状态转移方程顺序迭代, 可得最优决策分别是

$$\begin{array}{ll} S_1 = 0 & x_1^* = 100 \\ S_2 = S_1 + x_1 - q_1 = 100 - 60 = 40 & x_2^* = 100 \\ S_3 = S_2 + x_2 - q_2 = 40 + 100 - 70 = 70 & x_3^* = 120 - S_3 = 50 \\ S_4 = S_3 + x_3 - q_3 = 70 + 50 - 120 = 0 & x_4^* = 60 - S_1 = 60 \end{array}$$

例 6.7 某工厂要安排一年四个季度的生产, 已知产品的成本 = 0.005 元 ×(本季度产量)^2, 每件存贮费为每季度 1 元. 每季度的销售量如表 6-15 所示. 假定初始存贮量为 0, 问应如何安排每季度的生产量和存贮量, 才能在满足销售量的情况下, 使总费用为最小?

表 6-15

季 度	1	2	3	4
销售量 q_k	600	700	500	1200

解 设 x_i 表示第 i 季度的生产量, S_i 表示第 i 季度的存贮量, 则该问题的静态规划模型为

$$\min Z = 0.005(x_1^2 + x_2^2 + x_3^3 + x_4^2) + (S_1 + S_2 + S_3 + S_4) \times 1$$

$$\text{s.t.} \begin{cases} x_1 + S_1 \ge 600 \\ x_2 + S_2 \ge 700 \\ x_3 + S_3 \ge 500 \\ x_4 + S_4 \ge 1200 \\ x_i, \ S_i \ge 0, \ i = 1, 2, 3, 4 \end{cases}$$

该问题的动态规划模型为

(1) 按季度将问题分为四个阶段.

(2) 设状态变量 S_k 表示第 k 阶段初的存贮量;

决策变量 x_k 表示第 k 阶段的生产量.

(3)状态转移方程

$$S_{k+1} = S_k + x_k - q_k$$

(4)指标函数(第 k 季度的费用)

$$d_k(S_k, x_k) = 0.005x_k^2 + S_k \times 1$$

(5)指标递推方程

$$\begin{cases} f_k(S_k) = \min_{x_k}\{0.005x_k^2 + S_k + f_{k+1}(S_{k+1})\}, & k = 1, 2, \cdots, 4 \\ f_5(S_5) = 0 \end{cases}$$

$k = 4$ 时,有

$$f_4(S_4) = \min_{x_4}\{0.005x_4^2 + S_4\}$$

由于只考虑四个季度,于是令 $S_5 = 0$. 由状态转移方程 $S_5 = S_4 + x_4 - q_4$,得 $0 = S_4 + x_4 - 1200$. 因此得 $x_4^* = 1200 - S_4$,$f_4(S_4) = 7200 - 11S_4 + 0.005S_4^2$

$k = 3$ 时,有

$$f_3(S_3) = \min_{x_3}\{0.005x_3^2 + S_3 + f_4(S_4)\}$$
$$= \min_{x_3}\{0.01x_3^2 - 16x_3 + 0.01S_3x_3 + (0.005S_3^2 - 10S_3 + 13950)\}$$

上式为一非线性函数,为求它的最小值,对 x_3 求一阶导数

$$\frac{df_3}{dx_3^*} = 0.02x_3 - 16 + 0.01S_3$$

令上式为 0,得 $x_3^* = 800 - 0.5S_3$,$f_3(S_3) = 7500 - 7S_3 - 0.0025S_3^2$

类似地可求出 $x_2^* = 700 - 1/3S_2$,$f_2(S_2) = 1000 - 6S_2 - \dfrac{0.005}{3}S_2^2$. $x_1^* = 600$,全年最小总费用为 $f_1(S_1) = 11800$. 通过状态转移方程,可求出相应的决策为

$$S_1 = 0 \qquad\qquad\qquad x_1^* = 600$$
$$S_2 = S_1 + x_1 - q_1 = 0 \qquad\qquad x_2^* = 700 - 1/3S_2 = 700$$
$$S_3 = S_2 + x_2 - q_2 = 0 \qquad\qquad x_3^* = 800 - 0.5S_3 = 800$$
$$S_4 = S_3 + x_3 - q_3 = 300 \qquad\qquad x_4^* = 1200 - S_4 = 900$$

6.4 多维动态规划问题

前面所讨论的例题中,都有一个共同的特点,在每一阶段,用一个状态变量就足以完全表示所研究系统的状态,而且,为了求出目标函数,在每一阶段只要选择一个决策变量就够了.

多维问题是处理这样的对象:为了建立并求解动态规划问题,需要两个或多个状态变量. 此外,在每一阶段选择两个或多个决策变量值的情况,也可能是多维问题.

对于多维动态规划问题,求最优解所需要的计算量和存储量的增加速度是惊人的,是求解的主要难点. 贝尔曼(R. Bellman)把这一情况称为"维数灾难". 例如,一个 10 阶段问题,每

阶段由 5 个分量组成单状态变量$(5\times5\times10)=250$ 次计算. 如果每个阶段再加入有 5 个分量的另一个状态变量, 则整个规划就需要$(5\times5\times5\times10)=1250$ 次计算(增加 4 倍).

探索克服维数问题的方法, 人们已做了一些有益的工作, 提出了一些技术. 这些技术虽然有用, 但还不能达到我们所希望的程度. 所以, 对多维问题, 寻找更有效的手段, 仍然是动态规划最富有成果的研究领域, 还有大量的工作等待去进行研究.

6.4.1　多维动态规划问题举例

例 6.8　二维资源分配问题

设有两种原料, 数量各为 a 和 b 单位, 需要分配用于生产 n 种产品. 如果设用于生产第 i 种产品的第一种原料为 x_i 单位, 第二种原料为 y_i 单位, 其收入为 $g_i(x_i, y_i)$. 问应如何分配这两种原料于 n 种产品的生产使总收入最大?

解　该问题的静态规划模型为

$$\max Z = \left[g_1(x_1, y_1) + g_2(x_2, y_2) + \cdots + g_n(x_n, y_n) \right]$$

$$\text{s. t.} \begin{cases} x_1 + x_2 + \cdots + x_n = a \\ y_1 + y_2 + \cdots + y_n = b \\ x_i \geq 0, \ y_i \geq 0, \ i = 1, 2, \cdots, n \end{cases}$$

动态规划模型为

(1) 按生产 n 种产品划分为 n 个阶段

(2) 设变量

S_k——状态变量, 表示第 k 阶段初拥有的第一种原料的数量

R_k——状态变量, 表示第 k 阶段初拥有的第二种原料的数量

x_k——决策变量, 表示分配用于生产第 k 种产品的第一种原料数

y_k——决策变量, 表示分配用于生产第 k 种产品的第二种原料数

允许决策集合

$$D_k(x_k, y_k) = \begin{cases} 0 \leq x_k \leq S_k \\ 0 \leq y_k \leq R_k \end{cases}$$

(3) 状态转移方程

$$S_{k+1} = S_k - x_k$$
$$R_{k+1} = R_k - y_k$$

(4) 指标函数

$$g_k(x_k, y_k)$$

(5) 指标递推方程

$$\begin{cases} f_k(S_k, R_k) = \max_{\substack{0 \leq x_k \leq S_k \\ 0 \leq y_k \leq R_k}} \{ g_k(x_k, y_k) + f_{k+1}(S_{k+1}, R_{k+1}) \}, \ k = 1, 2, \cdots, n \\ f_{n+1}(S_{n+1}, R_{n+1}) = 0 \end{cases}$$

最后求得 $f_1(a, b)$ 即为所求问题的最大收入.

例 6.9 二维背包问题

现有 n 种不同类型的货物，需要由一运输工具装运. 设第 i 种货物共有 m_i 件，每件价值为 c_i，重量为 w_i，体积为 v_i，运输工具的载重量为 a，容积为 b. 问各种类型的货物应装载多少件，才能在既不超载又不超过容积限制的条件下，使所装载的货物的总价值为最大？

解 设 x_i 表示第 i 种类型货物的装载件数，则该问题的静态规划模型为

$$\max Z = \sum_{i=1}^{n} c_i x_i$$

$$\text{s.t.} \begin{cases} \sum_{i=1}^{n} w_i x_i \leq a \\ \sum_{i=1}^{n} v_i x_i \leq b \\ x_i \leq m_i \\ x_i \geq 0 \quad i = 1, 2, \cdots, n \end{cases}$$

动态规划模型为

(1) 每装一种货物作为一阶段，共分为 n 阶段

(2) 设变量

S_k——状态变量，表示第 k 阶段初运输工具拥有的装载量

R_k——状态变量，表示第 k 阶段初运输工具拥有的容积

x_k——决策变量，表示第 k 种货物的装载件数

允许决策集合

$$D_k(x_k): 0 \leq x_k \leq \min\left\{m_k, \frac{S_k}{w_k}, \frac{R_k}{v_k}\right\} \text{且为整数}$$

(3) 状态转移方程

$$S_{k+1} = S_k - w_k x_k$$
$$R_{k+1} = R_k - v_k x_k$$

(4) 指标函数

$$d_k(S_k, R_k, x_k) = c_k x_k$$

(5) 指标递推方程

$$\begin{cases} f_k(S_k, R_k) = \max_{x_k \in D_k(x_k)} \{c_k x_k + f_{k+1}(S_{k+1})\}, \quad k = 1, 2, \cdots, n \\ f_{n+1}(S_{n+1}, R_{n+1}) = 0 \end{cases}$$

最后算出 $f_1(a, b)$ 即为所求的最大价值.

例 6.10 二维复合系统工作可靠性问题

一维复合系统工作可靠性问题已在 6.2.3 中叙述. 现设部件 $i(i = 1, 2, \cdots, n)$ 上装有 u_i 个备用件时，它正常工作的概率为 $P_i(u_i)$，而每一个部件 i 的费用为 c_i，重量为 w_i，要求总费用不超过 c，总重量不超过 w，应如何选配各部件的备用元件数，才能使系统的工作可靠性最大？

该问题现有两个约束条件，其静态规划模型为

$$\max Z = \prod_{i=1}^{n} P_i(u_i) = P_1(u_1)P_2(u_2)\cdots P_n(u_n)$$

$$\text{s. t.} \begin{cases} \sum\limits_{i=1}^{n} c_i u_i \leqslant c \\[2mm] \sum\limits_{i=1}^{n} w_i u_i \leqslant w \\[2mm] u_i \geqslant 0 \quad i=1,2,\cdots,n \end{cases}$$

动态规划模型为

(1)把每考虑给某部件配备备用件为一阶段,共分 n 阶段

(2)设变量

　　S_k——状态变量,表示第 k 阶段初拥有的资金额

　　R_k——状态变量,表示第 k 阶段初机器系统剩余的总重量数

　　x_k——决策变量,表示给部件 k 配备的备用件个数

　　允许决策集合

$$D_k(x_k): 0 \leqslant x_k \leqslant \min\{s_k/c_k, R_k/w_k\} \text{ 且为整数}$$

(3)状态转移方程

$$S_{k+1} = S_k - c_k x_k$$
$$R_{k+1} = R_k - w_k x_k$$

(4)指标函数

$$d_k(S_k, R_k, x_k) = P_k(x_k)$$

(5)指标递推方程

$$\begin{cases} f_k(S_k, R_k) = \max\limits_{x_k \in D_k(x_k)} \{P_k(x_k) \cdot f_{k+1}(S_{k+1}, R_{k+1})\}, \quad k=1,2,\cdots,n \\ f_{n+1}(S_{n+1}, R_{n+1}) = 1 \end{cases}$$

最后计算得 $f_1(c, w)$ 即为所求问题的最大可靠性.

在这个问题中,如果要求总体积不超过 v,则静态规划模型中的约束条件将增加为三个,动态规划模型中的状态变量就要选三维的 (S_k, R_k, v_k).

6.4.2　多维动态规划问题的求解

一般来说,对于多维的动态规划问题,直接求解是比较困难的,常用其他方法进行降维处理和简化处理后,再求它的最优解或近优解. 降维的方法很多,如拉格朗日乘数法、逐次逼近法等. 下面对拉格朗日乘数法作一些介绍.

设有一个二维动态规划问题,其相应的静态规划问题为

$$\max Z = g_1(x_1, y_1) + g_2(x_2, y_2) + \cdots + g_n(x_n, y_n)$$

$$\text{s. t.} \begin{cases} x_1 + x_2 + \cdots + x_n = a \\ y_1 + y_2 + \cdots + y_n = b \\ x_i \geqslant 0, y_i \geqslant 0, i = 1, 2, \cdots, n \end{cases}$$

引入拉格朗日乘数 λ,将二维问题转化为

$$\max Z = g_1(x_1, y_1) + g_2(x_2, y_2) + \cdots + g_n(x_n, y_n) - \lambda(y_1 + y_2 + \cdots + y_n)$$

$$\text{s. t.} \begin{cases} x_1 + x_2 + \cdots + x_n = a \\ x_i \geqslant 0, y_i \geqslant 0, i = 1, 2, \cdots, n \end{cases}$$

这样, 问题便变为一个一维问题, 可用一维的方法求解. 这里, 由于 λ 是参数, 因此最优解 x_i^* 是参数 λ 的函数, 相应的 y_i^* 也是 λ 的函数. 如果 $\sum_{i=1}^n y_i^*(\lambda) = b$, 则可以证明 $\{x_i^*, y_i^*\}$ 为原问题的最优解. 如果 $\sum_{i=1}^n y_i^*(\lambda) \neq b$, 则调整 λ 的值(利用插值法逐渐确定 λ), 直到 $\sum_{i=1}^n y_i^*(\lambda) = b$ 满足为止. 这样的降维方法在理论上有保证, 在计算上是可行的.

例 6.11 有如下的多状态变量问题, 静态规划模型为

$$\max Z = 13x_1 - x_1^2 + 30.2x_2 - 5x_2^2 + 10x_3 - 2.5x_3^2$$

$$\text{s.t.} \begin{cases} 2x_1 + 4x_2 + 5x_3 \leqslant 10 \\ x_1 + x_2 + x_3 \leqslant 5 \\ x_1, x_2, x_3 \geqslant 0 \end{cases}$$

解 引入拉格朗日乘数 λ, 将原问题转化为

$$\max Z = 13x_1 - x_1^2 + 30.2x_2 - 5x_2^2 + 10x_3 - 2.5x_3^2 - \lambda(2x_1 + 4x_2 + 5x_3)$$

$$\text{s.t.} \begin{cases} x_1 + x_2 + x_3 \leqslant 5 \\ x_1, x_2, x_3 \geqslant 0 \end{cases}$$

依题意, 相应的动态规划模型为

(1)问题可分为 3 阶段, 该题采用逆序编号

(2)状态转移方程

$$S_{k+1} = S_k - x_k$$

允许决策集合

$D_k(x_k): 0 \leqslant x_k \leqslant S_k = 5$ 且为整数

试解 令 $\lambda = 0$.

$k = 1$ 时, 有

$$f_1(S_1) = \max_{0 \leqslant x_1 \leqslant S_1} \{13x_1 - x_1^2\}$$

计算结果见表 6-16.

$k = 2$ 时

$$f_2(S_2) = \max_{0 \leqslant x_2 \leqslant S_2} \{30.2x_2 - 5x_2^2 + f_1(S_1)\}$$

计算过程如表 6-17.

表 6-16

S_1	x_1^*	$f_1(S_1)$
0	0	0
1	1	12
2	2	22
3	3	30
4	4	36
5	5	40

表 6-17

S_2	$f_2(S_2) = \{30.2x_2 - 5x_2^2 + f_1(S_1)\}$						x_2^*	$f_2(S_2)$
	0	1	2	3	4	5		
0	0	—	—	—	—	—	0	0
1	12	25.2 + 0	—	—	—	—	1	25.2
2	22	37.2	40.4 + 0	—	—	—	2	40.4
3	30	47.2	52.4	45.6	—	—	2	52.4
4	36	55.2	62.4	57.6	40.8	—	2	62.4
5	40	61.2	70.4	67.6	52.8	26	2	70.4

$k = 3$ 时

$$f_3(S_3) = \max_{0 \le x_3 \le S_3} \{10x_3 - 2.5x_3^2 + f_2(S_2)\}$$

计算过程如表 6-18.

表 6-18

S_3	$f_3(S_3) = \{10x_3 - 2.5x_3^2 + f_2(S_2)\}$						x_3^*	$f_3(S_3)$
	0	1	2	3	4	5		
5	70.4	69.9	62.4	47.9	25.2	−12.5	0	70.4

得最优解为

$$x_3^* = 0, \ x_2^* = 2, \ x_1^* = 3, \ f_3(S_3) = 70.4$$

计算这个最优解的拉格朗日约束时，有

$$2x_1^* + 4x_2^* + 5x_3^* = 14$$

我们希望约束条件为

$$2x_1 + 4x_2 + 5x_3 \le 10$$

说明 $\lambda = 0$ 不合适，需要调整(增大)λ，如取 $\lambda = 1$，再求解这个问题. 如此进行下去，直至满足条件为止. 请读者自行完成余下的步骤.

对于多维问题，有时根据问题的特点，也可运用其他技巧对问题进行有效的简化，如下例.

例 6.12 购销量计划问题

某公司经售某种货物，货物存贮在仓库内，仓库容量 $w = 600$ 件. 公司每月初为下个月订购货物，月末收到. 订购数量只受仓库容量的限制，即本月末剩余货物数量与订购量之和不得超过 600 件. 还假定每月销售量由公司根据具体情况决定，当然最多不能超过月初仓库现有的货物数量. 1—4 月的单位购货成本及销售价格如表 6-19 所示. 若在 1 月初有 200 件存货，问如何安排每个月的购进与销售数量，才能使四个月的利润最大?

视频6-10

表 6-19

	1 月	2 月	3 月	4 月
购货成本/(元/件)c_k	40	38	40	42
销售价格/(元/件)P_k	45	42	39	44

解 问题的动态规划模型为

(1)问题显然可以按月份分为 4 阶段

(2)设变量

S_k——状态变量，表示第 k 阶段初的库存量

y_k——决策变量，表示第 k 阶段的订购量

z_k——决策变量，表示第 k 阶段的销售量

（3）状态转移方程

$$S_{k+1} = S_k + y_k - z_k$$

（4）指标函数

$$d_k(S_k, y_k, z_k) = P_k z_k - c_k y_k$$

（5）指标递推方程

$$\begin{cases} f_k(S_k) = \max\{P_k z_k - c_k y_k + f_{k+1}(S_{k+1})\}, & k = 1, 2, 3, 4 \\ f_5(S_5) = 0 \end{cases}$$

由于决策变量是二维的，求解时似乎要考虑购进量和销售量所有可能的组合. 这样做计算量显然很大. 我们可以利用线性规划的概念减少需要考虑的组合数.

在每个阶段都要求出最优的指标函数值

$$f_k(S_k) = \max\{P_k z_k - c_k y_k + f_{k+1}(S_{k+1})\}$$

但是这个目标受到一些约束，首先销售量受到月初库存量的限制

$$z_k \leqslant S_k$$

其次，月底的库存量不能超过仓库的容量

$$S_k + y_k - z_k \leqslant w$$

以上三式构成了一个有两个变量的线性规划问题

$$f_k(S_k) = \max\{P_k z_k - c_k y_k + f_{k+1}(S_{k+1})\}$$

$$\text{s. t.} \begin{cases} z_k \leqslant S_k \\ S_k + y_k - z_k \leqslant w \\ z_k, y_k \geqslant 0 \end{cases}$$

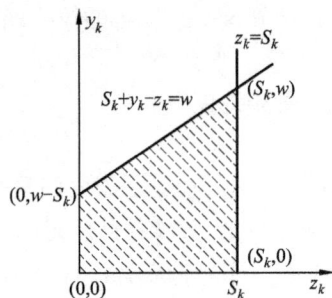

图 6-6

用图解法可以求出它们的可行域如图 6-6 所示.

由线性规划的理论知道，目标函数的最优值总是在某一个顶点上达到. 因此，任一阶段的最优解也必将在某一个顶点上达到，尽管每一阶段的 S_k 值可能不相同，可行域将仍是这个形状，即共有 4 个顶点. 为此，每一阶段只需考虑 4 个决策（对应于 4 个顶点），也就是 z_k 和 y_k 的 4 个组合，即可求出最优解.

$k = 4$ 时

$$f_4(S_4) = \max\{44z_4 - 42y_4 + f_5(S_5)\}$$

计算过程如表 6-20.

表 6-20

	$f_4(S_4) = \{44z_4 - 42y_4\}$				(z_4^*, y_4^*)	$f_4(S_4)$
	$(0, 0)$	$(0, w-S_4)$	(S_4, w)	$(S_4, 0)$		
S_4	0	$42S_4 - 42w$	$44S_4 - 42w$	$44S_4$	$(S_4, 0)$	$44S_4$

$k = 3$ 时

$$\begin{aligned} f_3(S_3) &= \max\{39z_3 - 40y_3 + f_4(S_4)\} \\ &= \max\{39z_3 - 40y_3 + 44(S_3 + y_3 - z_3)\} \\ &= \max\{-5z_3 + 4y_3 + 44S_3\} \end{aligned}$$

计算过程如表 6-21.

表 6-21

	$f_3(S_3) = \{-5z_3 + 4y_3 + 44S_3\}$				(z_3^*, y_3^*)	$f_3(S_3)$
	$(0, 0)$	$(0, w-S_3)$	(S_3, w)	$(S_3, 0)$		
S_3	$44S_3$	$4w + 40S_3$	$4w + 39S_3$	$39S_3$	$(0, w-S_3)$	$4w + 40S_3$

（因 $w \geq S_3$，所以 $4w + 40S_3 \geq 44S_3$）

$k = 2$ 时

$$f_2(S_2) = \max\{42z_2 - 38y_2 + f_3(S_3)\}$$
$$= \max\{42z_2 - 38y_2 + 4w + 40(S_2 + y_2 - z_2)\}$$
$$= \max\{2z_2 + 2y_2 + 40S_2 + 4w\}$$

计算过程如表 6-22.

表 6-22

	$f_2(S_2) = \{2z_2 + 2y_2 + 40S_2 + 4w\}$				(z_2^*, y_2^*)	$f_2(S_2)$
	$(0, 0)$	$(0, w-S_2)$	(S_2, w)	$(S_2, 0)$		
S_2	$40S_2 + 4w$	$38S_2 + 6w$	$42S_2 + 6w$	$42S_2 + 4w$	(S_2, w)	$42S_2 + 6w$

$k = 1$ 时

$$f_1(S_1) = \max\{45z_1 - 40y_1 + f_2(S_2)\}$$
$$= \max\{45z_1 - 40y_1 + 42(S_1 + y_1 - z_1) + 6w\}$$
$$= \max\{3z_1 + 2y_1 + 42S_1 + 6w\}$$

计算过程如表 6-23.

表 6-23

	$f_1(S_1) = \{3z_1 + 2y_1 + 42S_1 + 6w\}$				(z_1^*, y_1^*)	$f_1(S_1)$
	$(0, 0)$	$(0, w-S_1)$	(S_1, w)	$(S_1, 0)$		
S_1	$42S_1 + 6w$	$40S_1 + 8w$	$45S_1 + 8w$	$45S_1 + 6w$	(S_1, w)	$45S_1 + 8w$

已知 $S_1 = 200$，$w = 600$，所以 $f_1(S_1 = 200) = 45 \times 200 + 8 \times 600 = 13800$（元）.

最优策略为

月份	S_k	z_k^*	y_k^*
1	200	200	600
2	600	600	600
3	600	0	0
4	600	600	0

【本章导学】

1. 学习要点提示

(1) 多阶段决策问题：概念、特征.

(2) 动态规划模型所涉的概念：阶段及阶段变量、状态及状态变量、决策及决策变量、允许决策集合、状态转移方程、指标函数、递推方程等.

(3) 最优化原理(贝尔曼最优化原理).

(4) 动态规划求解过程：逆序递推求解动态规划基本方程、逆向追踪求出最优策略.

(5) 动态规划方法在实际中包括专业领域的应用.

2. 学习思路与方法建议

在动态规划的学习中，难点在于对最优化原理的理解，充分理解了最优化原理，动态规划建模也就不难了. 另外，动态规划方法求解还有逆序法和顺序法两种求解途径，虽然全面掌握后在解题时运用合理可以使得计算变得简便，但是初学时容易混淆. 基于这些原因，建议学习中以逆序法为主，把逆序法掌握了，顺序法就很容易理解了. 本章内容的逻辑推演进程为

(1) 动态规划是把多阶段决策问题作为研究对象；多阶段决策过程最优化的目标是要达到整个活动过程的总体效果最优.

(2) 动态规划模型及原理. 模型要素有：阶段及阶段变量、状态及状态变量、决策及决策变量、允许决策集合、状态转移方程、指标函数、递推方程等；最优化原理(贝尔曼最优化原理)：作为一个过程的最优策略具有这样的性质，对于最优策略过程中的任意状态而言，无论其过去的状态和策略如何，余下诸策略必构成一个最优子策略.

(3) 求解过程：动态规划建模、逆序递推求解动态规划基本方程，求出最优值，回溯求出最优策略. 也就是从终端条件开始，逆序求解动态规划基本方程的递推公式(标号法、表格法或解析法)，到第一阶段(即开始阶段)得到最优值. 这里，回到问题本身才是真正的解题结束.

(4) 动态规划问题的分类是综合考虑状态变量的特征和状态转移特征. 注重动态规划方法在实际中的应用，尤其是在专业领域的应用.

【思考与讨论】

(1) 为什么说动态规划是解决多阶段决策问题的一种思路？

(2) 什么是"无后效性"？用动态规划方法求解优化问题时，为什么要求状态变量满足无后效性？

(3) 试述动态规划方法与逆推解法和顺推解法之间的联系及应注意之处.

(4) 状态转移方程是哪些变量的函数？试述状态转移方程在动态规划模型中的意义.

(5) 本章引言提到学习动态规划要求"以丰富的想象力去建立模型，用创造性的技巧去求解"，如何理解其深刻含义？

【习题】

6.1 用标号法递推求解如图 6-7 所示的从 A 到 E 的最短路线及其长度.

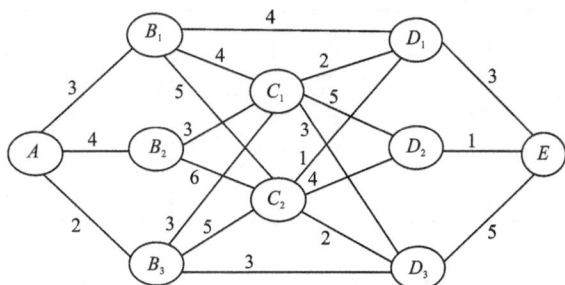

图 6-7

6.2 某工厂加工一个部件可用三台不同的机床(A, B, C)中任意一台去完成,每台机床加工一道工序后,如使用原机器必须对其进行调整才能继续加工第二道工序,中间需要一定的调整时间;如下道工序换用另一台机床,需要消耗一定的工件移动时间.已知调整时间和移动时间如表 6-24 所示.

表 6-24

时间/min 下道工序 本工序	A	B	C
A	9	8	15
B	8	10	11
C	6	4	9

假定工序时间大于任何调整和移动时间,某台机床换下后隔一次再使用时不再需要调整,现在工件有 10 道工序,首次加工任务由机床 A 开始,以后各工序可任选一台机床.问应如何安排工件的加工任务,才能使总的调整时间和移动时间最少(用图解法求解)?

6.3 某公司在今后三年的每一年的开头将资金投入 A 或 B 工程,年末的回收金额及其概率如表 6-25 所示.每年至多做一项投资,每次只能投入 1000 万元.试求三年后所拥有的期望金额最大的投资方案.

表 6-25

投资	回收/万元	概率
A	0	0.4
	2000	0.6
B	1000	0.9
	2000	0.1

6.4 某警卫部门有 12 支巡逻队负责 4 个仓库 (A, B, C, D) 的巡逻. 按规定对每个仓库可分别派 2~4 支队伍巡逻. 由于所派队伍数量上的差别, 各仓库一年内预期发生事故的次数如表 6-26 所示. 试应用动态规划的方法确定派往各仓库的巡逻队数, 使预期事故发生的次数最少.

表 6-26

事故/次 仓库 巡逻队数	A	B	C	D
2	18	38	14	34
3	16	36	12	31
4	12	30	11	25

6.5 设某工厂有 4 台新购设备, 准备分配给三个车间 A, B, C 使用. 每个车间分得的设备台数的多少与所获得的利润有关, 如表 6-27 所示. 问如何将这 4 台新设备分配到各车间, 才能使工厂获得利润最大?

表 6-27

利润/万元 设备数 车间	0	1	2	3	4
A	0	20	30	45	65
B	0	15	40	49	70
C	0	26	36	53	65

6.6 设某工厂的仓库要求按月且在月初供应一定数量的某种部件给总装车间. 由于条件的变化, 加工车间在各月份中生产每单位这种部件所耗费的工时不同, 各月份的生产量于当月月底前全部要存入仓库以备后用. 已知总装车间的各月份的需求量以及在加工车间生产该部件每单位所需工时如表 6-28 所示.

表 6-28

月份 k	0	1	2	3	4	5	6
需求量 d_k	0	8	5	4	6	9	4
单位工时 a_k	11	15	12	16	20	10	—

设仓库的最大容量 $H = 9$ 单位, 初始库存为 2 单位, 期终库存为 0. 要求制定一个半年的逐月生产计划, 在满足需要和仓库限制的条件下, 使生产部件的总耗费工时最少.

6.7 某工厂有 100 台良好机器, 拟分四期使用, 在每一周期有两种生产任务. 据统计, 要把机器 x_1 台投入第一种生产任务, 则在一个生产周期中将有 1/3 的机器损坏. 余下的机器全部投入第二种生产任务, 则在一个生产周期中将有 1/10 的机器损坏. 如果在一个生产周期中干第一种生产任务, 每台机器可获得收益 100 单位, 干第二种生产任务, 每台机器可获得收益 70 单位. 问如何分配这些机器的生产任务, 才能使工厂总的收益最大?

6.8 某厂准备连续 3 个月生产 A 种产品，每月初开始生产. A 的生产成本费用为 x^2，其中 x 是 A 产品当月的生产数量. 仓库存货成本费每月每单位为 1 元. 估计 3 个月的需求量分别为 $d_1 = 100$，$d_2 = 110$，$d_3 = 120$. 现设开始时第一个月月初存货 $S_0 = 0$，第三个月的月末存货 $S_3 = 0$. 要求确定每月生产量使总的生产和存货费用为最小.

6.9 设有一辆载重卡车，现有 4 种货物均可用此车运输. 已知这 4 种货物的重量、容积和价值如表 6-29 所示. 若该卡车的最大载重为 15 t，最大允许装载容积为 10 m³，在许可的条件下，每车装载每一种货物的件数不限. 问应如何配装该 4 种货物，才能使每车装载货物的价值最大？

表 6-29

货物代号	重量/t	容积/m³	价值/万元
1	2	2	3
2	3	2	4
3	4	2	5
4	5	3	6

6.10 现有一个生产计划问题，根据合同，某厂明年每个季度末应向销售公司提供产品有关信息如表 6-30 所示. 若产品过多，冬季有积压，则一个季度每积压 1 t 产品需支付存储费 0.2 万元. 现需作出明年的最优生产方案，使该厂能在完成合同的情况下全年的生产费用最低. 试建立

(1) 该问题的线性规划模型；

(2) 该问题的动态规划模型. (均不用求解)

表 6-30

季度 j	生产能力/t	生产成本/(万元/t)	需求量/t
1	30	15.6	20
2	40	14.0	25
3	25	15.3	30
4	10	14.8	15

6.11 试建立习题 5.12 的动态规划模型，并与其整数规划模型对比分析其特点.

习题答案

第7章 图与网络分析

图论是运筹学的一个经典和重要分支，它的理论和方法在许多领域中得到了广泛的应用并取得了丰硕的成果. 在实际工作中，许多问题，诸如资源分配问题、运输问题、设备更新问题和存贮问题等，都可以用图论的理论和方法解决. 有些研究对象，如交通网、通信网、电力网本身就是一个大型网络，用图论的方法来研究，会给研究者带来极大的方便.

早在 1736 年，瑞士数学家欧拉(E. Euler)发表了一篇题为"依据几何位置的解题方法"的论文，有效解决了哥尼斯堡七桥问题，这是有记载的第一篇图论论文，欧拉被公认为图论的创始人. 所谓哥尼斯堡七桥问题，就是 18 世纪的哥尼斯堡城中有一条普雷格尔河，河上有七座桥连接着河的两岸和河中的两个小岛，如图 7-1(a)所示.

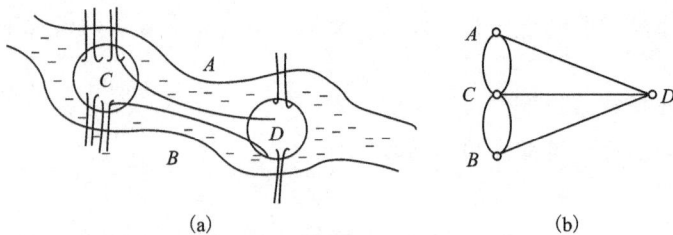

(a)   (b)

图 7-1

当时，人们热衷于这样的问题：一个散步者能否从某地出发，走遍七座桥且每座桥恰好经过一次，最后回到出发地？

欧拉用 A, B, C, D 4 个点表示两岸和小岛，用两点间的连线表示桥，将问题抽象为一个图，如图 7-1(b)所示，并归结为一笔画问题，即能否从 A, B, C, D 任一点开始一笔画出此图形，最后回到原点且不重复.

欧拉证明了在这个问题中一笔画是不可能的. 对于某点若只一进一出，则与此点相连的边必为偶数，而图 7-1(b)中每个点都与奇数条边相连，不可能将此图不重复地一笔画出，且回到原点. 欧拉证明了存在这类回路的充要条件是图中无奇点，而图 7-1(b)中每个点都与奇数条边相连，因此七桥问题无解.

1857 年，英国数学家哈密尔顿(Hamilton)提出了"环球旅行"问题，他用 12 面体做成一个具有 20 个顶角的多面体. 如果每一个顶角代表一个城市，哈密尔顿提出的问题是：能否找到一条路线，从任一城市出发，经过每个城市一次，且仅一次又回到出发城市，这就是著名的哈密尔顿圈问题，如图 7-2(a)所示. 它与七桥问题不同，前者要在图中找一条经过每个边一次且仅一次的路, 通称为欧拉回路, 而后者是要在图中找一条经过每个点一次且仅一次的路, 通称为哈密尔顿回路. 哈密尔顿根据这个问题的特点, 给出了一个可行解, 如图 7-2 (b)箭线所示.

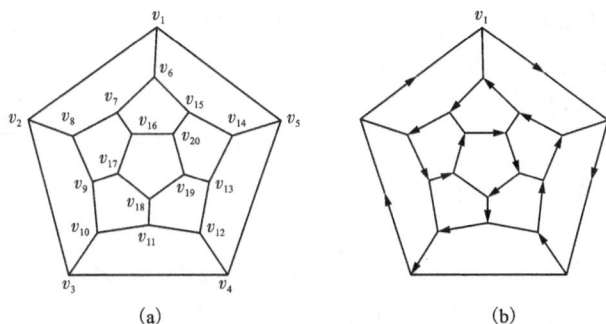

图 7-2

　　运筹学中的"中国邮递员问题": 一个邮递员从邮局出发要走遍他所负责的每条街道去送信, 问应如何选择适当的路线可使所走的总路程最短. 这个问题就与欧拉回路有密切的关系. 而著名的"货郎担问题"则是一个带权的哈密尔顿回路问题. 在图论中还有很多有趣的问题可以用图来表示, 有兴趣的读者可以参考相关书目. 从上述两个著名的例子可以看出图的模型是由有限个代表孤立事物的点和表示事物间联系的线所构成. 在日常生活中, 很多智力测验和思维难题也可以用图的模型来表示, 而且通过这些模型, 往往可以给人们解决问题提供很有价值的线索.

　　图论的第一本专著是 1936 年出版的《有限图与无限图的理论》, 由匈牙利数学家 O. König 撰写. 从 1736 年欧拉的第一篇论文到这本专著, 前后经历了 200 年之久, 总的来讲, 这一时期图论的发展是很慢的. 直到 20 世纪中期, 电子计算机的发展以及离散的数学问题具有越来越重要的地位, 使得作为提供离散数学模型的图论得以迅速发展, 成为运筹学中十分活跃的重要分支. 目前图论被广泛应用于管理科学、计算机科学、信息论、控制论、物理、化学、生物学、心理学等各个领域, 并取得了丰硕的成果.

　　本章将介绍图与网络的基本概念以及图与网络的几个重要极值问题: 最小生成树问题、最短路问题、最大流问题、最小费用最大流问题和中国邮递员问题.

7.1　图与网络的基本概念

　　图论中所说的图与一般所说的几何图形或代数函数的图形是完全不同的. 图论中的图是由点以及点与点之间的连线组成的示意图, 通常用点代表所研究的对象, 用连线代表两个对象之间的特定关系, 至于图中点的相对位置如何, 点与点之间连线的长短曲直, 对于反映对象之间的关系并不是很重要. 例如, 哥尼斯堡七桥问题

视频7-1

173

就可以用图 7-1(b)表示. 又如, 有甲、乙、丙、丁四个
篮球队, 它们的比赛情况也可以用图表示出来, 已知甲
队和其他各队都比赛过一次, 乙队和甲、丙两队比赛过
过, 丙队和甲、乙、丁队比赛过, 丁队和甲、丙比赛过,
为了反映这个情况, 可以用点 v_1, v_2, v_3, v_4 分别代表四
个球队, 某两个队之间比赛过, 就在这两个队所相应的
点间连一条线, 如图 7-3 所示.

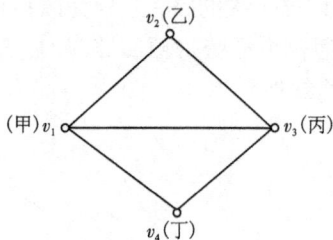

图 7-3

7.1.1 图的定义、分类及术语

定义 7.1 图是由点及点之间的连线组成的集合. 其中, 点表示具体事物, 点的集合记为
V. 连线表示两事物之间的联系, 连线有不带箭头和带箭头两种形式. 为了区别起见, 把两点
之间不带箭头的连线称为边, 边的集合记为 E; 带箭头的连线称为弧, 弧的集合记为 A.

通常把图分成两类, 即由点与边所构成的无向图和点与弧所构成的有向图.

(1)无向图

定义 7.2 设 $V = \{v_1, v_2, \cdots, v_p\}$ 是一个由 P 个顶点组成的非空集合, $E = \{e_1, e_2, \cdots, e_q\}$
是一个由 q 条边组成的集合, 且 E 中元素 e 是 V 中的一个无序元素对 $[v_i, v_j]$, 则称 V 和 E 这
两个集合共同构成一个无向图(也简称为图), 记为 $G = (V, E)$.

若 $e = [v_i, v_j] = [v_j, v_i]$, 则称 v_i 与 v_j 为边 e 的端点或顶点; 边 e 与顶点 v_i, v_j 相关联(或
e 为 v_i, v_j 的关联边); 顶点 v_i 与 v_j 相邻接.

图 7-4 为一个由 6 个顶点和 9 条边构成的无向图. $G = (V, E)$, 其中 $V = \{v_1, v_2, v_3, v_4,$
$v_5, v_6\}$, $E = \{e_1, e_2, e_3, e_4, e_5, e_6, e_7, e_8, e_9\}$, 而且

$e_1 = [v_1, v_2]$, $e_2 = [v_1, v_4]$, $e_3 = [v_1, v_3]$, $e_4 = [v_2, v_4]$, $e_5 = [v_2, v_4]$, $e_6 = [v_3, v_4]$,
$e_7 = [v_4, v_5]$, $e_8 = [v_5, v_5]$, $e_9 = [v_5, v_6]$.

下面介绍两组常用的术语.

第一组: 在图 $G = (V, E)$ 中

● **平行边**(或称多重边, 重复边): 具有相同
端点的边称为平行边. 例如图 7-4 中的 e_4 和 e_5.

● **环**: 两个端点落在一个顶点的边, 例如
图 7-4 中的 e_8.

● **简单图**: 无平行边和环的图称为简单图.

● **多重图**: 无环, 但允许有多重边的图称为
多重图.

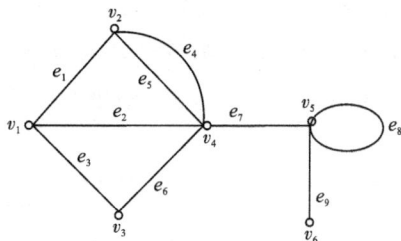

图 7-4

● **完备图**: 图中任两点间有且仅有一条边相
连的图称为完备图(点点有通路, 又无平行边).

● **点 v 的次**: 以点 v 为端点的边数称为点 v 的次(degree), 记为 $d_G(v)$ 或 $d(v)$.

如图 7-4 中, $d(v_1) = 3$, $d(v_2) = 3$, $d(v_3) = 2$, $d(v_4) = 5$, $d(v_5) = 4$, $d(v_6) = 1$.

若次为 1 的点称为悬挂点, 连接悬挂点的边称为悬挂边, 如图 7-4 中 v_6, e_9; 次为零的点
称为孤立点. 次为奇数的点称为奇点, 如图 7-4 中 v_1, v_2, v_4, v_6; 次为偶数的点称为偶点, 如

图 7-4 中的 v_3，v_5.

定理 7.1 图 $G = (V, E)$ 中，所有点的次之和是边数的 2 倍，即

$$\sum_{v \in V} d(v) = 2q$$

这是显然的，因为每条边必与两个顶点关联，在计算各点的次时，每条边均被计算了两次，所以顶点次的总和等于边数的 2 倍.

定理 7.2 任一图中，奇点的个数必为偶数.

证明 设 V_1 和 V_2 分别是图 G 中奇点和偶点的集合 $(V_1 \cup V_2 = V)$，由定理 7.1，有

$$\sum_{v \in V_1} d(v) + \sum_{v \in V_2} d(v) = \sum_{v \in V} d(v) = 2q$$

因 $2q$ 是偶数，$\sum_{v \in V_2} d(v)$ 是若干个偶数之和，也是偶数，故 $\sum_{v \in V_1} d(v)$ 必是偶数，从而 V_1 的点数必为偶数.

第二组：在图 $G = (V, E)$ 中，一个由顶点和边交错而成的非空有限序列 $Q = v_{i_0} e_{i_1} v_{i_1} e_{i_2} \cdots v_{i_{k-1}} e_{i_k} v_{i_k}$，如果满足 $e_{i_t} = [v_{i_{t-1}}, v_{i_t}] (t = 1, 2, \cdots, k)$，则称这个点、边序列为连接 v_{i_0} 与 v_{i_k} 的一条链，链长为 k. 在简单图中，链可用顶点序列表示，如 $Q = v_{i_0} v_{i_1} v_{i_2} \cdots v_{i_k}$.

- **闭链和开链**：在 Q 链中，若 $v_{i_0} = v_{i_k}$，则称 Q 为闭链，否则为开链.
- **初等链**：在 Q 中，顶点和边都不相同的链.
- **初等圈**：除起始点与终点重合外，其余顶点都不相同的闭链.
- **简单圈**：圈中含的边均不相同.
- **连通图**：图 G 中，若任何两点间，至少有一条链，则 G 为连通图；否则称为分离图.

例 7.1 已知两个无向图，如图 7-5 所示.

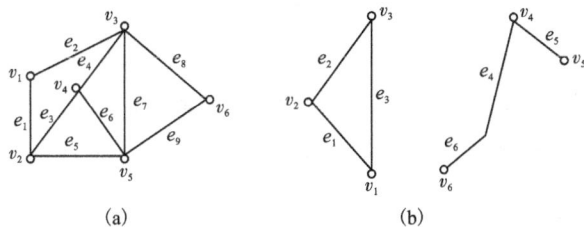

(a)　　　　　　(b)

图 7-5

解 在图 7-5(a)中：

$Q_1 = v_1 e_2 v_3 e_4 v_4 e_6 v_5 e_7 v_3 e_8 v_6$ 为开链；

$Q_2 = v_1 e_1 v_2 e_3 v_4 e_6 v_5 e_7 v_3 e_8 v_6$ 为初等链；

$Q_3 = v_1 e_1 v_2 e_3 v_4 e_4 v_3 e_7 v_5 e_9 v_6 e_8 v_3 e_2 v_1$ 为闭链；

$Q_4 = v_1 e_1 v_2 e_5 v_5 e_9 v_6 e_8 v_3 e_2 v_1$ 为初等圈；

$Q_5 = v_1 e_1 v_2 e_5 v_5 e_7 v_3 e_4 v_4 e_6 v_5 e_9 v_6 e_8 v_3 e_2 v_1$ 为简单圈.

图 7-5(a)是连通图，而 7-5(b)为分离图.

定义 7.3 设 $G_1 = (V_1, E_1)$，$G_2 = (V_2, E_2)$，若 $V_1 \subseteq V_2$，$E_1 \subseteq E_2$，则称 G_1 为 G_2 的子图；若 $V_1 = V_2$，$E_1 \subseteq E_2$，则称 G_1 为 G_2 的支撑子图.

例 7.2 图 G 如图 7-6(a)所示,图 G_1 如图 7-6(b)所示,图 G_2 如图 7-6(c)所示. 则 G_1, G_2 都是 G 的子图,且 G_2 还是 G 的支撑子图.

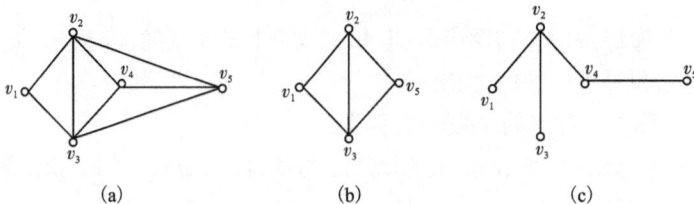

图 7-6

(2)有向图

定义 7.4 设 $V = \{v_1, v_2, \cdots, v_p\}$ 是由 p 个顶点组成的非空集合,$A = \{a_1, a_2, \cdots, a_q\}$ 是由 q 条弧组成的集合,且知 A 中元素 a 是 V 中一个有序元素对 (v_i, v_j),则称 V 和 A 这两个集合构成了一个有向图,记为 $D = (V, A)$,通常 $a = (v_i, v_j)$ 表明 v_i 和 v_j 分别为弧 a 的起点和终点.

如图 7-7 为一有向图 $D = (V, A)$.

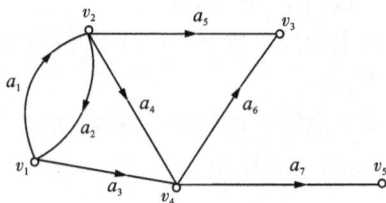

图 7-7

$V = \{v_1, v_2, v_3, v_4, v_5\}$,$A = \{a_1, a_2, a_3, a_4, a_5, a_6, a_7\}$

其中:$a_1 = (v_1, v_2)$,$a_2 = (v_2, v_1)$,$a_3 = (v_1, v_4)$,$a_4 = (v_2, v_4)$,$a_5 = (v_2, v_3)$,$a_6 = (v_4, v_3)$,$a_7 = (v_4, v_5)$.

类似于无向图,有向图 D 也有下列术语.

- **平行弧**(多重弧):起点和终点全相同的弧称为平行弧.

- **基本图**(基础图):一个有向图 $D = (V, A)$,从 D 中去掉所有弧上的箭头,就得到一个无向图,称之为 D 的基本图(基础图),记为 $G(D)$.

- **完备图**:图中任意两点 v_i,v_j 间有且仅有 2 条有向弧 (v_i, v_j) 和 (v_j, v_i) 的有向图称为完备图.

- **链**(初等链):若 Q 是有向图 D 的基本图 $G(D)$ 中的一条链(初等链),则 Q 亦是 D 的链(初等链).

- **路和回路**:如果 $v_{i_1}, a_{i_1}, v_{i_2}, a_{i_2}, \cdots, v_{i_{k-1}}, a_{i_{k-1}}, v_{i_k}$ 是 D 中的一条链,并且对 $t = 1, 2, \cdots, k-1$ 均有 $a_{i_t} = (v_{i_{t-1}}, v_{i_t})$,称为从 v_{i_1} 到 v_{i_k} 的一条路,若路的第一个点和最后一点相同,则称之为回路.

- **路径**:D 的路中每个顶点都不相同,则此路为路径.

- **可达性**：从 v_i 到 v_j 若存在路径，称 v_i 可达 v_j.
- **连通图**：任意两点间存在链的有向图.
- **强连通图**：任意两点间相互可达的有向图.

例 7.3　已知有向图，如图 7-8 所示.

显然，该图为简单图，链、路等可用顶点顺序表示. 于是有

$Q_1 = v_2 v_1 v_5 v_4 v_6 v_3$　为初等链；

$Q_2 = v_2 v_6 v_4 v_5 v_1 v_6 v_3$　为路；

$Q_3 = v_2 v_6 v_4 v_5 v_1$　为路径；

$Q_4 = v_1 v_2 v_6 v_4 v_5 v_1$　为回路.

v_5 可达 v_3，但 v_3 不可达 v_5，该图为连通图，但不是强连通图.

无论是无向图还是有向图都有同构的特性. 所谓同构图是指两个或多个图的各自顶点集合之间以及各自边集合之间在保持关联性质条件下一一对应，即点边关系相同，而形状和点边符号可以不同. 如图 7-9 中图(a)与图(b)就是同构关系.

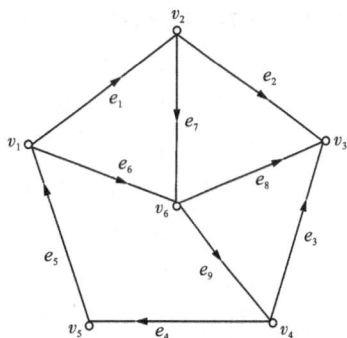

图 7-8

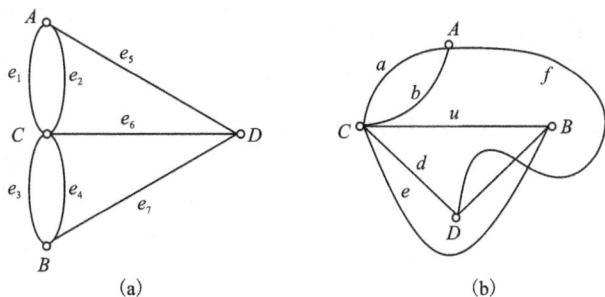

(a)　　　　　　(b)

图 7-9

7.1.2　图的矩阵表示

用矩阵表示图对研究图的性质及应用常常是比较方便的. 图的矩阵表示方法有关联矩阵、邻接矩阵、回路矩阵、权矩阵等，这里介绍其中两种常用的矩阵.

（1）关联矩阵

关联矩阵所描述的是图的顶点与边(弧)的关联关系，用 $A(G)$ 和 $A(D)$ 表示.

定义 7.5　对于无向图 $G = (V, E)$，$V = \{v_1, v_2, \cdots, v_i, \cdots, v_n\}$，$E = \{e_1, e_2, \cdots, e_j \cdots, e_m\}$，构造一个矩阵 $A(G) = [a_{ij}]_{n \times m}$ 与它对应，其中

$$a_{ij} = \begin{cases} 0 & v_i \text{ 与 } e_j \text{ 不关联} \\ 1 & v_i \text{ 与 } e_j \text{ 关联} \end{cases}$$

称矩阵 A 为无向图 G 的关联矩阵.

对于有向图 $D = (V, A)$，$V = \{v_1, v_2, \cdots, v_i, \cdots, v_n\}$，$A = \{a_1, a_2, \cdots, a_j, \cdots, a_m\}$ 可构造它的关联矩阵 $A(D) = [a'_{ij}]_{n \times m}$，其中

$$a'_{ij} = \begin{cases} 0 & v_i \text{ 与 } a_j \text{ 不关联} \\ 1 & v_i \text{ 为 } a_j \text{ 的起点} \\ -1 & v_i \text{ 为 } a_j \text{ 的终点} \end{cases}$$

例如，图 7-10 的关联矩阵 $A(G)$ 为

$$A(G) = \begin{array}{c} \\ v_1 \\ v_2 \\ v_3 \\ v_4 \\ v_5 \end{array} \begin{array}{c} e_1\ e_2\ e_3\ e_4\ e_5\ e_6\ e_7\ e_8 \\ \begin{bmatrix} 1 & 1 & 1 & 0 & 0 & 0 & 0 & 0 \\ 1 & 1 & 0 & 1 & 1 & 0 & 0 & 0 \\ 0 & 0 & 1 & 1 & 0 & 1 & 1 & 0 \\ 0 & 0 & 0 & 0 & 1 & 1 & 1 & 1 \\ 0 & 0 & 0 & 0 & 0 & 0 & 0 & 1 \end{bmatrix} \end{array}$$

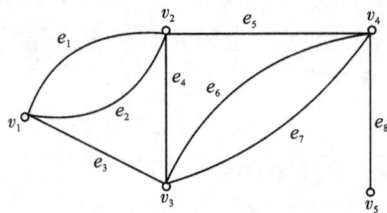

图 7-10

很显然，该矩阵的各行元素之和为该行对应顶点的次，如 $d(v_1) = 1 + 1 + 1 = 3$. 每列均为 2 个 1，即任一条边均为 2 个端点.

图 7-11 的关联矩阵 $A(D)$ 为

$$A(D) = \begin{array}{c} \\ v_1 \\ v_2 \\ v_3 \\ v_4 \end{array} \begin{array}{c} e_1\ \ e_2\ \ \ e_3\ \ \ e_4\ \ \ e_5\ \ \ e_6\ \ \ e_7 \\ \begin{bmatrix} -1 & 1 & 0 & 0 & 0 & 0 & -1 \\ 1 & -1 & -1 & -1 & 1 & 0 & 0 \\ 0 & 0 & 1 & 1 & 0 & 1 & 1 \\ 0 & 0 & 0 & 0 & -1 & -1 & 0 \end{bmatrix} \end{array}$$

显见，对于有向图 D，$A(D)$ 的第 j 列各元素之和为 0.

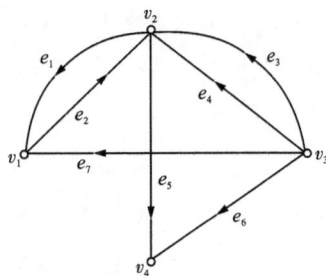

图 7-11

（2）邻接矩阵

邻接矩阵描述顶点与顶点之间的邻接关系，无向图和有向图的邻接矩阵分别用 $B(G)$ 和 $B(D)$ 表示.

定义 7.6 无向图 $G = (V, E)$，$V = \{v_1, v_2, \cdots, v_i, \cdots, v_j, \cdots, v_n\}$，$E = \{e_1, e_2, \cdots, e_m\}$，则 $B(G)$ 元素 b_{ij} 为

$$b_{ij} = \begin{cases} 0 & \text{表示 } v_i \text{ 与 } v_j \text{ 无连接边} \\ N & \text{表示 } v_i \text{ 与 } v_j \text{ 之间的连接边数} \end{cases}$$

对于有向图 $D = (V, A)$，$V = \{v_1, v_2, \cdots, v_i, \cdots, v_j, \cdots, v_n\}$，$A = \{a_1, a_2, \cdots, a_m\}$，同样可构造它的邻接矩阵 $B(D) = [b'_{ij}]_{n \times n}$，其中，$b'_{ij}$ 是以 v_i 为起点，v_j 为终点的弧的数目，$B(D)$ 的第 j 列元素全部为 0，表明 v_j 不可达.

例如：图 7-10 的邻接矩阵 $B(G)$ 为

$$B(G) = \begin{array}{c} \\ v_1 \\ v_2 \\ v_3 \\ v_4 \\ v_5 \end{array} \begin{array}{c} v_1\ \ v_2\ \ v_3\ \ v_4\ \ v_5 \\ \begin{bmatrix} 0 & 2 & 1 & 0 & 0 \\ 2 & 0 & 1 & 1 & 0 \\ 1 & 1 & 0 & 2 & 0 \\ 0 & 1 & 2 & 0 & 1 \\ 0 & 0 & 0 & 1 & 0 \end{bmatrix} \end{array}$$

显然，$B(G)$ 主对角线上的元素均为 0，它是一个对称矩阵，若图 G 为简单图，则矩阵元

素只有 0 或 1.

图 7-11 的邻接矩阵 $\boldsymbol{B}(D)$ 为

$$\boldsymbol{B}(D) = \begin{array}{c} \\ v_1 \\ v_2 \\ v_3 \\ v_4 \end{array} \begin{array}{cccc} v_1 & v_2 & v_3 & v_4 \\ \end{array} \left[\begin{array}{cccc} 0 & 1 & 0 & 0 \\ 1 & 0 & 0 & 1 \\ 1 & 2 & 0 & 1 \\ 0 & 0 & 0 & 0 \end{array}\right]$$

显见,对于有向图 D, $\boldsymbol{B}(D)$ 的第 i 行元素之和为以 v_i 为起点至其他各点的弧的数目, $\boldsymbol{B}(D)$ 的第 j 列元素之和为以 v_j 为终点的弧的数目, $\boldsymbol{B}(D)$ 中第 3 列元素全部为 0,表明 v_3 不可达.

7.1.3　网络(赋权图)

实际问题中,只用图来描述所研究对象的关系往往是不够的,与图联系在一起,通常还有与点或边(弧)有关的某些数量指标,通常称之为"权".根据实际问题的需要,可以赋予权不同的含义,如:距离,时间、费用、通过能力(容量)等.这种点或边带有某种数量指标的图称为**网络**(赋权图).

与无向图和有向图相对应,网络又分为无向网络和有向网络,如图 7-12(a)、(b)所示.

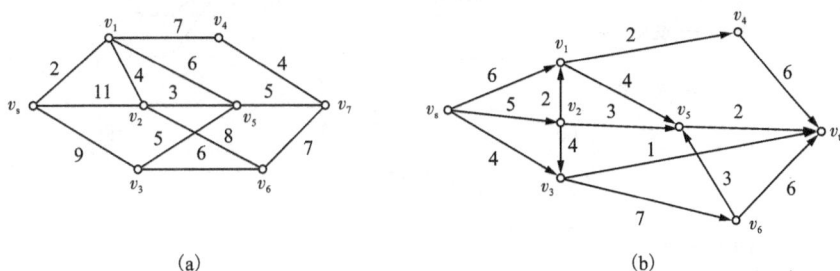

图 7-12

图 7-12(a)给出了物资供应站 v_s 与用户(v_1,v_2,…,v_7)之间的公路网络图,边上的权表示各点间的距离,从优化的角度出发,存在一个寻求 v_s 到各点的最短路问题.图 7-12(b)是一个从 v_s 到 v_t 的管道运输网络,边上的权表示该段管道物流的最大容许通过量,据此可以求出从 v_s 到 v_t 的可运送的最大物流量方案.

可以看出,网络(赋权图)在图的理论及其应用方面有着重要的地位.它不仅给出了各点之间的邻接关系,而且同时表示出各点之间的数量关系.所以,网络(赋权图)被广泛应用于解决工程技术及科学管理等领域的最优化问题.如案例 7-1 和案例 7-2.

案例7-1

案例7-2

7.2 树

树是一类极其简单却很有用的图.

例如：在若干城市间架设电话线，铺设煤气管道等问题，在满足任意两个城市都可以互相通话或通气（允许通过其他城市）的条件下，使得所使用的材料（电话线、管道）根数最少，均可转化为一个树的问题来解决. 又如，某大学的部分组织机构如图 7-13(a)，如果用图表示，该学校的组织机构图就是一个树，如图 7-13(b) 所示.

视频7-2

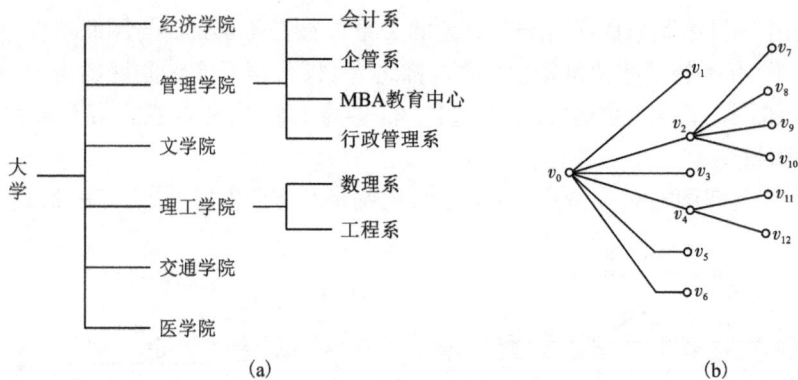

图 7-13

7.2.1 树及其性质

定义 7.7 一个无圈的连通图称为树，记为 T.

很显然，电话线网图、煤气管道网图和机构的组织关系图，为满足任意两点间互通的条件，必须是连通的.

其次，若图中有圈，从圈上任意去掉一条边，余下的图仍是连通的，这样可以省去一根材料（电话线或管道），同样在组织机构图中也就避免了上下级关系混乱.

下面介绍树的重要性质.

定理 7.3 由 p 个顶点和 m 条边构成的图 $T = (V, E)$，其中：$V = \{v_1, v_2, \cdots, v_p\}$，$E = \{e_1, e_2, \cdots, e_m\}$，下列关于树的说法是等价的.

(1) 树必连通且无圈.

(2) 树不含圈且有 $p-1$ 条边.

(3) 树连通且有 $p-1$ 条边.

(4) 树无圈，但不相邻顶点连以一边，恰得一圈.

(5) 树连通，但去掉任一边，就不连通.

(6) 树中任两点间，有唯一链相连.

由此可知，在点集合相同的所有图中，树是含边数最少的连通图.

7.2.2 图的支撑树

定义 7.8 设图 $T = (V, E')$ 是图 $G = (V, E)$ 的支撑子图, 如果图 $T = (V, E')$ 是一个树, 则称 T 是 G 的一个支撑树.

例如图 7-14(b) 是图 7-14(a) 的一个支撑树.

定理 7.4 图 G 有支撑树的充分必要条件是图 G 是连通的.

证 必要性是显然的.

充分性: 设图 G 是连通图, 如果 G 不含圈, 那么 G 本身是一个树, 从而 G 是它自身的一个支撑树. 现设 G 含圈, 任取一个圈, 从圈中任意去掉一条边, 得到图 G 的一个支撑子图 G_1, 如果 G_1 不含圈, 那么 G_1 是 G 的一个支撑树; 如果 G_1 仍含圈,

图 7-14

那么从 G_1 中任取一个圈, 从圈中再任意去掉一条边, 得到图 G 的一个支撑子图 G_2……如此重复, 最终可以得到 G 的一个支撑子图 G_k, 它不含圈, 于是 G_k 是 G 的一个支撑树.

从定理 7.4 的证明中, 我们找到了一个寻求连通图的支撑树的方法——"破圈法".

所谓"破圈法"是指在图中任取一个圈, 从圈中去掉一边, 对余下的图重复这个步骤, 直到不含圈为止, 即得到一个支撑树.

例 7.4 在图 7-15 中, 用破圈法求出图的一个支撑树.

解 取一个圈 $(v_1 v_2 v_5 v_1)$, 从这个圈中去掉边 $e_1 = [v_1, v_2]$; 在余下的图中, 再取一个圈 $(v_2 v_4 v_5 v_2)$, 去掉边 $e_3 = [v_2, v_5]$; 在余下的图中, 从圈 $(v_2 v_4 v_3 v_2)$ 去掉边 $e_4 = [v_2, v_3]$, 这时剩余的图中不含圈, 于是得到一个支撑树, 如图 7-16 所示.

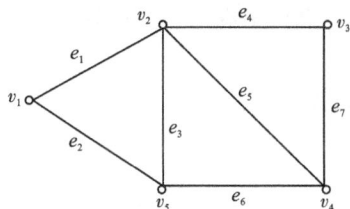

图 7-15

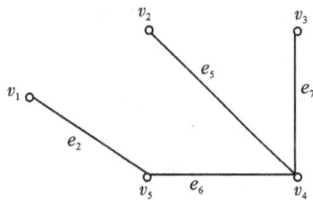

图 7-16

显然, 图 7-16 所示的支撑树中无圈、连通, 5 个顶点、4 条边.

也可用另一种方法来寻求连通图的支撑树, 即"避圈法".

由定义 7.8 可知, 支撑树 T 与图 G 具有相同的顶点数, 记为 p. 避圈法就是在已给出的图 G 中, 每一步选出一条边使它与已选边不构成圈, 直到选够 $p-1$ 条为止, 这种方法也称为"加边法".

例7.5 在图7-15中,用避圈法求出图的一个支撑树.

解 作 $V(T) = V(G) = \{v_1, v_2, v_3, v_4, v_5\}$,任取 e_1,因 e_2 与 e_1 不构成圈,所以取 e_2,取 e_4 与 $\{e_1, e_2\}$ 不构成圈,则取 e_4(因 e_3 与 $\{e_1, e_2\}$ 构成圈($v_1v_2v_5v_1$),故不取 e_3),取 e_5 与 $\{e_1, e_2, e_4\}$ 不构成圈,则取 e_5,这时再取 e_6 或 e_7 均与已取的边构成圈,故不能取 e_6 或 e_7,而且,已取的边数为4条,即为 $p-1$. 因此,由 $\{e_1, e_2, e_4, e_5\}$ 所构成的图就是一个支撑树,如图7-17所示.

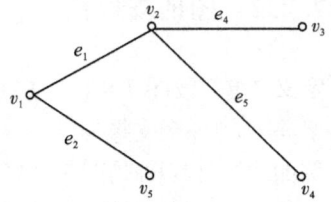

图 7-17

7.2.3 最小支撑树问题

定义7.9 设有一个连通图 $G = (V, E)$,每一条边 $e = [v_i, v_j]$ 有一个非负权 $w(e) = w_{ij}$ ($w_{ij} \geq 0$). 如果 $T = (V, E')$ 是 G 的一个支撑树,称 E' 中所有边的权之和为支撑树 T 的权,记为 $W(T)$. 即

$$W(T) = \sum_{[v_i, v_j] \in T} w_{ij}$$

如果支撑树 T^* 的权 $W(T^*)$ 是 G 的所有支撑树的权中最小者,则称 T^* 是 G 的最小支撑树(简称最小树),即

$$W(T^*) = \min_T W(T)$$

最小支撑树问题就是要求给定连通赋权图 G 的最小支撑树.

在实际中,很多问题都可以转化为求赋权图的最小树问题,如:在若干个城市架设电话线路,除了使得电话线根数最少外,还要求电话线的总长度最短,就是一个求最小树问题.

和本节求图的支撑树一样,求最小树有两种方法:破圈法和避圈法.

(1)破圈法

任取一个圈,从圈中去掉一条权最大的边(如果有两条或两条以上的边都是权最大的边,则任意去掉其中的一条). 在余下的图中,重复这个步骤,直至得到一个不含圈的图为止,这时的图便是最小树.

例7.6 用破圈法求图7-18(a)所示赋权图的最小支撑树.

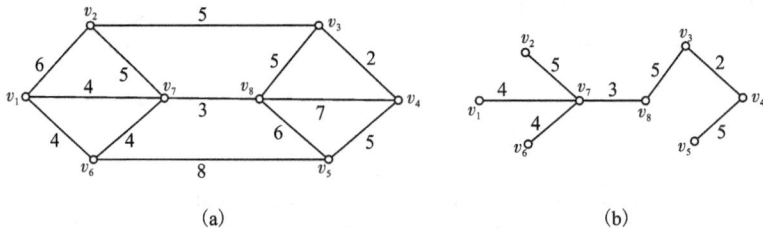

(a)   (b)

图 7-18

解 任取一个圈,如($v_1v_2v_7v_6v_1$),边$[v_1, v_2]$的权最大,去掉该边;再取圈($v_2v_3v_8v_7v_2$),去掉$[v_2, v_3]$;取圈($v_3v_4v_8v_3$),去掉$[v_8, v_4]$;取圈($v_7v_8v_5v_6v_7$),去掉$[v_6, v_5]$;取圈($v_3v_4v_5v_8v_3$),去掉$[v_5, v_8]$;最后取圈($v_1v_7v_6v_1$),去掉$[v_1, v_6]$. 这时得到不含圈的图如图7-18(b)所示,即为最小树,且

$$W(T^*) = \sum_{[v_i, v_j] \in T} w_{ij} = 28$$

（2）避圈法（Kruskal）

首先取 $V(T) = V(G)$，然后在 G 中选一条最小权的边，以后每一步中，总从未被选取的边中选一条权最小的边，并使之与已选取的边不构成圈（每一步中，如果有两条或两条以上的边都是权最小的边，则从中任选一条），直至选够 $p-1$ 条边为止.

例 7.7 用避圈法求图 7-18(a)所示赋权图的最小支撑树.

解 取 $V(T) = V(G) = \{v_1, v_2, v_3, v_4, v_5, v_6, v_7, v_8\}$. 将图 7-18(a)中的边按由小到大的顺序排列

$(v_3, v_4) = 2$，$(v_7, v_8) = 3$，$(v_6, v_7) = 4$，$(v_1, v_7) = 4$，$(v_1, v_6) = 4$，$(v_2, v_7) = 5$，$(v_2, v_3) = 5$，$(v_4, v_5) = 5$，$(v_8, v_3) = 5$，$(v_1, v_2) = 6$，$(v_5, v_8) = 6$，$(v_4, v_8) = 7$，$(v_5, v_6) = 8$.

然后按照边的排列顺序，取定 (v_3, v_4)，(v_7, v_8)，(v_6, v_7)，(v_1, v_7)，(v_2, v_7)，(v_4, v_5)，(v_8, v_3). 由于未选边中 (v_1, v_6) 与已选边 (v_6, v_7)，(v_1, v_7) 构成圈，舍去. 同样 (v_2, v_3) 与 (v_2, v_7)，(v_7, v_8)，(v_8, v_3) 构成圈，所以排除. 且满足 $p-1$，8 个顶点，7 条边，如图 7-18(b)，即为图 G 的一棵最小树 T^*，且 $W(T^*) = 28$.

7.3 最短路问题

7.3.1 引例

例 7.8 从油田铺设管道，把原油运到原油加工厂. 要求管道必须沿图 7-19 所给定的道路铺设. 设图中的 v_1 为油田，v_6 为加工厂，弧旁的数字表示这段管道的长度，问如何选择铺油管道的铺设路线，才能使所需管道总长最短？

视频7-3

解 易见，从 v_1 至 v_6 的管道铺设路线很多. 如从 v_1 出发，依次经过 v_2，v_5，然后到 v_6；也可以从 v_1 出发，依次经过 v_3，v_4，v_5，到达 v_6，等等. 铺设不同的路线，所用管道长度是不同的. 前一条路线总管长为 12 单位；后一条路线总管长为 18 单位.

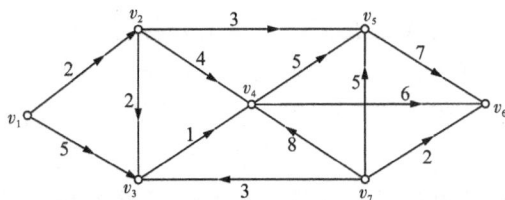

图 7-19

不难看出，用图的语言来描述，从 v_1 到 v_6 的铺设路线与有向图中从 v_1 到 v_6 的路是一一对应的. 一条铺设管道路线的总长就是相应地从 v_1 到 v_6 的路中所有弧长之总和. 因此，本例的问题就是要求一条从 v_1 到 v_6 的路，使路的长度最短.

从这个实例，我们可以得出最短路问题的一般描述.

定义 7.10 给定一个网络图 $D = (V, A, W)$，记 D 中每条弧 $(v_i, v_j) \in A$ 相应地有一个权 w_{ij}. 指定 D 的"始点"v_s 和"终点"v_t，设 P 是 D 中从 v_s 到 v_t 的一条路，定义路 P 的权是 P 中所有弧的权之和，记为 $W(P)$，即 $W(P) = \sum_{(v_i, v_j) \in P} w_{ij}$. 又，若 P_0 是 D 中从 v_s 到 v_t 的一条路，且满足

$$W(P_0) = \min\{W(P) | P \text{ 是 } v_s \text{ 到 } v_t \text{ 的路}\}$$

则称 P_0 是 v_s 到 v_t 的最短路，路 P_0 的权称为从 v_s 到 v_t 的距离，记为 $d(v_s, v_t)$. 显然，$d(v_s, v_t)$ 与 $d(v_t, v_s)$ 不一定相等.

最短路问题是网络理论中应用最为广泛的问题之一. 许多优化问题初看起来与最短路的关联性不大，但转化为最短路问题后可得到有效的解决，如综合交通规划、设备更新、厂区布局、线路安排等，如案例 7-3.

案例7-3

7.3.2 最短路算法

最短路有这样的一个特性，即如果 P 是 D 中从 v_s 到 v_j 的最短路，v_i 是 P 中的一个点，那么，从 v_s 沿 P 到 v_i 的路是从 v_s 到 v_i 的路中最短的.

这一特性可以用反证法得以证明. 如果结论不成立. 设 Q 是从 v_s 到 v_i 的最短路，令 P' 是从 v_s 沿 Q 到达 v_i，再从 v_i 沿 P 到达 v_j 的路，那么，P' 的权就要比 P 的权小，这与 P 是从 v_s 到 v_j 的最短路矛盾.

视频7-4

根据最短路这一特性，在一个赋权有向网络中寻求最短路的算法有多种，这些算法可以求出网络中某指定点到其余所有点的最短路，或求网络中任意两点间的最短路，下面针对网络权的不同情形介绍两种算法.

（1）Dijkstra 算法

本算法由 E. W. Dijkstra 于 1959 年提出，可用于求解指定两点 v_s，v_t 间的最短路，或从指定点 v_s 到其余各点的最短路. 对于所有的 $w_{ij} \geq 0$ 的情形，Dijkstra 算法是目前被公认的求网络最短路问题的最好方法.

● 算法思想

Dijkstra 算法的基本思路是从 v_s 出发，逐步向外探寻最短路. 执行过程中，采用标号法. 可用两种标号：T 标号和 P 标号，T 标号为临时性标号或试探性标号，P 标号为永久性标号. 给 v_i 一个 P 标号，其标号值表示从 v_s 到 v_i 的最短路的权，v_i 点的标号不再改变；给 v_i 一个 T 标号时，其标号值表示从 v_s 到 v_i 点的估计最短路权的上界，某点 v_i 得到 T 标号，其标号值是可以改变的，凡没有得到 P 标号的点都有 T 标号. 算法的每一步都把某一点的 T 标号改为 P 标号，当终点 v_t 得到 P 标号时，算法终止. 对于有 n 个顶点的网络图，最多经过 $n-1$ 步就可以求出从 v_s 到各点的最短路.

● **算法步骤**

给定赋权有向网络 $D = (V, A, W)$.

开始给始点 v_1 以 P 标号，$P(v_1) = 0$(即 $d(v_1, v_1) = 0$); 其余各点均给 T 标号，$T(v_j) = +\infty$. S 集合为已得 P 标号的点集，即 $S = \{v_1\}$, $\bar{S} = \{v_2, v_3, \cdots, v_n\}$.

第一步，设 v_i 是刚刚得到 P 标号的点，考虑所有与 v_i 相邻的点 v_j，即 $(v_i, v_j) \in A$, 且 v_j 的标号为 T 标号，则修改 v_j 的 T 标号为

$$T(v_j) = \min\{T(v_j), P(v_i) + w_{ij}\}.$$

对于所有与 v_i 不相邻的点 v_j 标号值不变：$T(v_j) = T(v_j)$

第二步，比较所有 T 标号的点 v_j，把最小者更改为 P 标号，即

$$P(v_{j_0}) = \min\{T(v_j)\}$$

此时，$S = \{v_1, v_{j_0}\}$，当存在两个或两个以上最小者，可同时修改为 P 标号.

若 D 中全部点均为 P 标号，则算法停止，即已求出从始点 v_1 到达各点的最短路权. 否则，用 v_{j_0} 代替 v_i，转入第一步.

归纳起来，计算流程如图 7-20 所示.

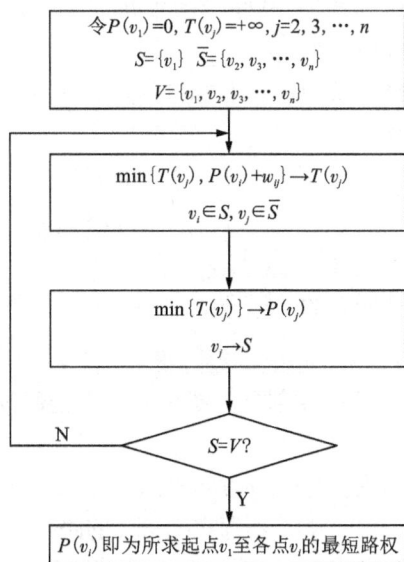

图 7-20

例 7.9 用 Dijkstra 算法求图 7-19 中从 v_1 到各点的最短路.

解 首先给起始点 v_1 标号，$P(v_1) = 0$, $S = \{v_1\}$; 其他各点为 T 标号，$T(v_j) = +\infty$, $j = 2, 3, \cdots, 7$, $\bar{S} = \{v_2, v_3, \cdots, v_7\}$.

此时，v_1 为刚得 P 标号的点，考虑所有与 v_1 相邻的点 v_2, v_3，修改 $T(v_2)$, $T(v_3)$

$$T(v_2) = \min\{T(v_2), P(v_1) + w_{12}\} = \min\{+\infty, 0+2\} = 2$$
$$T(v_3) = \min\{T(v_3), P(v_1) + w_{13}\} = \min\{+\infty, 0+5\} = 5$$

而与 v_1 不相邻的点 v_4, v_5, v_6, v_7, T 标号值不变.

在所有的 T 标号中，$T(v_2) = 2$ 最小，将其修改为 $P(v_2) = 2$, 即 $d(v_1, v_2) = 2$. 此时，$S = \{v_1, v_2\}$, $\bar{S} = \{v_3, v_4, v_5, v_6, v_7\}$.

再从刚得到 P 标号的点 v_2 出发，与 v_2 相邻的点 v_3, v_4, v_5, 均为 T 标号.

修改 v_3, v_4, v_5 的 T 标号

$$T(v_3) = \min\{T(v_3), P(v_2) + w_{23}\} = \min\{5, 2+2\} = 4$$
$$T(v_4) = \min\{T(v_4), P(v_2) + w_{24}\} = \min\{+\infty, 2+4\} = 6$$
$$T(v_5) = \min\{T(v_5), P(v_2) + w_{25}\} = \min\{+\infty, 2+3\} = 5$$

其他点 v_6, v_7 的 T 标号不变.

在所有的 T 标号中，$T(v_3) = 4$ 最小，将其改为 $P(v_3) = 4$, 即 $d(v_1, v_3) = 4$. 此时，$S = \{v_1, v_2, v_3\}$, $\bar{S} = \{v_4, v_5, v_6, v_7\}$.

接下来，从刚得到 P 标号的点 v_3 出发，与 v_3 相邻的点 v_4, 且为 T 标号.

修改 v_4 的 T 标号

$$T(v_4) = \min\{T(v_4), P(v_3) + w_{34}\} = \min\{6, 4+1\} = 5$$

其他点 v_5, v_6, v_7 的 T 标号不变.

在所有的 T 标号中, $T(v_4) = T(v_5) = 5$ 最小, 将它们修改为 $P(v_4) = 5$, $P(v_5) = 5$, 即 $d(v_1, v_4) = 5$, $d(v_1, v_5) = 5$.

此时, $S = \{v_1, v_2, v_3, v_4, v_5\}$, $\overline{S} = \{v_6, v_7\}$.

继续从刚得到 P 标号的点 v_4 和 v_5 出发, 与 v_4 和 v_5 相邻的点 v_6, 且为 T 标号, 修改 v_6 的 T 标号

$$T(v_6) = \min\{T(v_6), P(v_4) + w_{46}\} = \min\{+\infty, 5+6\} = 11$$

$$T(v_6) = \min\{T(v_6), P(v_5) + w_{56}\} = \min\{11, 5+7\} = 11$$

其他点 v_7 的 T 标号不变.

在所有的 T 标号中, $T(v_6) = 11$ 最小, 将其改为 $P(v_6) = 11$, 即 $d(v_1, v_6) = 11$. 此时, $S = \{v_1, v_2, v_3, v_4, v_5, v_6\}$, $\overline{S} = \{v_7\}$.

但与 v_6 相邻且为 T 标号的点全部计算完毕, 不存在 v_1, v_7 的路, $d(v_1, v_7) = +\infty$, 算法终止.

结论: $d(v_1, v_1) = 0$, $d(v_1, v_2) = 2$, $d(v_1, v_3) = 4$, $d(v_1, v_4) = 5$, $d(v_1, v_5) = 5$, $d(v_1, v_6) = 11$, 不存在 v_1, v_7 的路.

逆向追踪(所谓逆向追踪就是以图中各点 P 标号值和各弧的权从终点逆推至始点的过程)即可找到从 v_1 到 v_6 的最短路为: $v_1 \to v_2 \to v_3 \to v_4 \to v_6$. 同理, 可找出 v_1 到任一点的最短路.

实际上, 应用 Dijkstra 算法求最短路直接在图上计算更方便、更直观. 本例的计算过程如图 7-21 所示(其中已得 P 标号的点, 作标记为"$\boxed{P(v_i)}$"), 最短路线如图 7-21 中粗线标出.

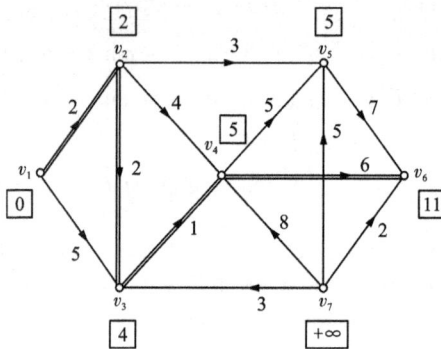

图 7-21

上面介绍了求赋权有向图的一个顶点 v_1 到各个顶点的最短路, 对于赋权无向图, 当 $w_{ij} \geqslant 0$ 时, 同样可用 Dijkstra 算法求出一个顶点到各个顶点的最短路.

只是在具体计算时, 把边 $[v_i, v_j]$ 看作是方向相反的两条弧 (v_i, v_j) 及 (v_j, v_i), 且权 $w_{ij} = w_{ji}$, 即表示从 v_i 可到达 v_j, 也可沿 v_j 到达 v_i. 然后, 标号时, 找刚得 P 标号的点 v_i, 考虑与 v_i 相邻的所有点 v_j, 且 v_j 的标号仍为 T 标号, 进行修改, 同样可以求出从 v_1 到各点的最短

路(对于无向图,即为最短链).下面以图 7-19 为例,去掉各弧上的方向,取其基础图,用 Dijkstra 算法求 v_1 到 v_6 的最短路.

这里读者可以自行尝试,其计算的最后结果(各点的 P 标号值)为

$$P(v_1) = 0, P(v_2) = 2, P(v_3) = 4, P(v_4) = 5, P(v_5) = 5, P(v_6) = 9, P(v_7) = 7.$$

这样从 v_1 到 v_6 的最短链为 $(v_1 v_2 v_3 v_7 v_6)$,最短链权为 $d(v_1, v_6) = 9$.

需要注意的是,Dijkstra 算法只适用于所有 $w_{ij} \geqslant 0$ 的情形,如果某边(弧)上的权为负数,算法失效. 这里从一个简单的例子就可以说明,图 7-22 中,用 Dijkstra 算法得 $P(v_2) = 5$ 为从 v_1 到 v_2 的最短路长显然是错误的. 从 $v_1 \to v_3 \to v_2$,路权为 2.

现在介绍当赋权有向图 D 中,存在负权的弧时,求最短路的方法.

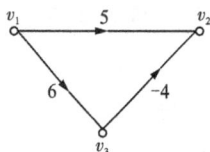

图 7-22

(2)策略递推算法

定义 7.11　设 D 是赋权有向图,C 是 D 中的一个回路,如果 C 的权是 $w(C) < 0$,则称 C 是 D 中的一个负回路.

如图 7-23 中,回路 $v_3 v_2 v_4 v_3$ 就是一个负回路,该回路的权为 $-2 + 4 - 3 = -1 < 0$.

定理 7.5　给定赋权有向图 $D = (V, A, W)$,若 D 中无负回路,则 D 中起点 v_s 到终点 v_t 的最短路具有下列性质.

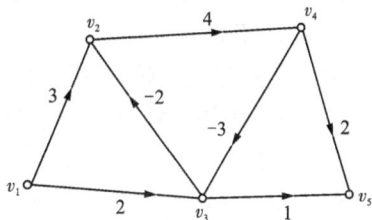

图 7-23

① v_s 到 v_t 的最短路 P_0 中若含有回路 C,则 $W(C) = 0$.

② v_s 到 v_t 的最短路中至多含有 p 个点,从而至多含有 $p-1$ 条弧(这里 $p = p(D)$).

③若 v_s 到 v_t 的最短路为 $v_s \cdots v_i \cdots v_t$,则子路 $v_s \cdots v_i$ 必为 v_s 到 v_i 的所有路中最短的.

证明　①若 $W(C) > 0$,则 P_0 中去掉 C 后所得的路 P' 必有 $W(P') < W(P_0)$,与 P_0 为 v_s 到 v_t 的最短路矛盾,故①成立.

②由结论①可知,可将这样的回路从该路中删去,则 P_0 就成为一条从 v_s 到 v_t 的最短路,这条最短路因不含回路,故至多含有 p 个点,从而至多含有 $p-1$ 条弧.

③反证:若 $v_s \cdots v_i$ 不为 v_s 到 v_i 的最短路,则可找到另一条从 v_s 到 v_i 的路 P_1 比这条路要短,将 P_1 和原来最短路由 v_i 到 v_t 的那部分连接起来,就会得到一条从 v_s 到 v_t 的新路,它比原来那条最短路还要短,与假设矛盾,故③成立.

● **算法思想**

首先求起点 v_s 经过一步到达 v_j 的最短路长度,再求 v_s 经过两步到达 v_j 的最短路长度,依次类推,求 v_s 经过 k 步到达 v_j 的最短路长度(由性质②可知 $k \leqslant p - 1$).

观察逐步增加步数后,路权能否继续缩短,直到不能缩短为止,即得到的是 v_s 到 v_j 的最短路权.

由性质③可知,从 v_s 到 v_j 的最短路总是从 v_s 出发,沿着一条路到达某点 v_i(可以是 v_s 本身),再沿着弧 (v_i, v_j) 到达 v_j,由最短路性质可知,从 v_s 到 v_i 的这条路必定是从 v_s 到 v_i 的最短路,用 $d(v_s, v_j)$ 表示 v_s 到 v_j 的最短路权,则 $d(v_s, v_j)$ 必满足方程

$$d(v_s, v_j) = \min_i \{d(v_s, v_i) + w_{ij}\}$$

为了求得这个方程的解，$d(v_s, v_1)$，$d(v_s, v_2)$，$\cdots$，$d(v_s, v_k)$，$\cdots$，$d(v_s, v_p)$，可用如下递推公式.

开始时，令

$$d^{(1)}(v_s, v_j) = w_{sj} \quad (j = 1, 2, \cdots, p)$$

即为 v_s 经 1 步到达 v_j 的最短路权.

$$d^{(t)}(v_s, v_j) = \min_i \{d^{(t-1)}(v_s, v_i) + w_{ij}\} \quad (j = 1, 2, \cdots, p)$$

即 v_s 经过 t 步到达 v_j 的最短路权 $d^{(t)}(v_s, v_j)$ 等于 v_s 经过 $t-1$ 步到达 v_i 加上 w_{ij} 取最小者.
则有

$$d^{(t)}(v_s, v_j) \leqslant d^{(t-1)}(v_s, v_j) \quad (j = 1, 2, \cdots, p)$$

当进行到某一步，如第 k 步，对所有点 $v_j \in V$，若有

$$d^{(k)}(v_s, v_j) = d^{(k-1)}(v_s, v_j)$$

表明再增加步数已不起作用，无法再缩短路权，则 $d_j = \{d^{(k)}(v_s, v_j)\}(j = 1, 2, \cdots, p)$ 即为 v_s 到各点 v_j 的最短路权；若存在某个 j 有 $d^{(p)}(v_s, v_j) \neq d^{(p-1)}(v_s, v_j)$，则 D 中必有负回路.

● **算法步骤**

为了方便起见，不妨设从任一点 v_i 到 v_j 都有一条弧（即设 D 为完备图），若在 D 中，$(v_i, v_j) \notin A$，则添加弧 (v_i, v_j)，令 $w_{ij} = +\infty$，记 $d(v_s, v_j)$ 为 v_s 到各点 v_j 的最短路权.

为了加快收敛速度，可以利用 J. Y. Yen 提出的改进递推算法，具体步骤为

初始时，取 $d^{(1)}(v_s, v_j) = w_{sj}$ $j = 1, 2, \cdots, p$.

第一步，对 $t = 2, 4, 6, \cdots$ 偶数步时，则按 $j = 1, 2, \cdots, p$ 的顺序计算

$$d^{(t)}(v_s, v_j) = \min\{d^{(t-1)}(v_s, v_j), \min_{i<j}\{d^{(t)}(v_s, v_i) + w_{ij}\}\}$$

对 $t = 3, 5, 7, \cdots$ 奇数步时，则按 $j = p, p-1, \cdots, 2, 1$ 的顺序计算

$$d^{(t)}(v_s, v_j) = \min\{d^{(t-1)}(v_s, v_j), \min_{i>j}\{d^{(t)}(v_s, v_i) + w_{ij}\}\}$$

第二步，对所有的 $j = 1, 2, \cdots, p$，若都有 $d^{(k)}(v_s, v_j) = d^{(k-1)}(v_s, v_j)$ 成立，算法终止.
反之，有某个 j：$d^{(k)}(v_s, v_j) \neq d^{(k-1)}(v_s, v_j)$，则

①若 $t < p$，回到第一步；

②若 $t = p$，D 中存在负回路，算法终止.

例 7.10 求图 7-24 所示赋权有向图中从 v_1 到各点的最短路.

解 显然，本题无法用本节介绍的 Dijkstra 算法求最短路，因为 D 中存在有 $w_{ij} < 0$.

下面应用策略递推算法求解 v_1 到各点的最短路.

首先，$t = 1$ 时取

$$d^{(1)}(v_1, v_1) = 0, \ d^{(1)}(v_1, v_2) = -1, \ d^{(1)}(v_1, v_3) = -2,$$

$$d^{(1)}(v_1, v_4) = 3, \ d^{(1)}(v_1, v_j) = +\infty, \ j = 5, 6, 7, 8$$

当 $t = 2$ 时，按 $j = 1, 2, \cdots, 8$ 的顺序计算 $d^{(2)}(v_1, v_j)$

$$d^{(2)}(v_1, v_1) = 0$$

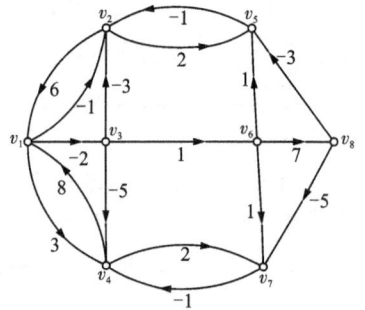

图 7-24

$$d^{(2)}(v_1, v_2) = \min\left\{d^{(1)}(v_1, v_2), \min_{i<2}\{d^{(2)}(v_1, v_i) + w_{i2}, i = 1\}\right\}$$

$$= \min\{-1, -1\} = -1$$

$$d^{(2)}(v_1, v_3) = \min\left\{d^{(1)}(v_1, v_3), \min_{i<3}\{d^{(2)}(v_1, v_i) + w_{i3}, i = 1, 2\}\right\}$$

$$= \min\{-2, \min\{0-2, -1+\infty\}\} = -2$$

$$d^{(2)}(v_1, v_4) = \min\left\{d^{(1)}(v_1, v_4), \min_{i<4}\{d^{(2)}(v_1, v_i) + w_{i4}, i = 1, 2, 3\}\right\}$$

$$= \min\{3, \min\{0+3, -1+\infty, -2-5\}\} = -7$$

依此类推

$$d^{(2)}(v_1, v_5) = 1, \quad d^{(2)}(v_1, v_6) = -1, \quad d^{(2)}(v_1, v_7) = -5, \quad d^{(2)}(v_1, v_8) = 6$$

当 $t = 3$ 时, 按 $j = 8, 7, \cdots, 2, 1$ 的顺序计算 $d^{(3)}(v_1, v_j)$

$$d^{(3)}(v_1, v_8) = d^{(2)}(v_1, v_8) = 6$$

$$d^{(3)}(v_1, v_7) = \min\left\{d^{(2)}(v_1, v_7), \min_{i>7}\{d^{(3)}(v_1, v_i) + w_{ij}, i = 8\}\right\}$$

$$= \min\left\{-5, \min_{i>7}\{6-5\}\right\} = -5$$

$$d^{(3)}(v_1, v_6) = \min\left\{d^{(2)}(v_1, v_6), \min_{i>6}\{d^{(3)}(v_1, v_i) + w_{ij}, i = 7, 8\}\right\}$$

$$= \min\left\{-1, \min_{i>6}\{-5+\infty, 6+\infty\}\right\} = -1$$

$$d^{(3)}(v_1, v_5) = \min\left\{d^{(2)}(v_1, v_5), \min_{i>5}\{d^{(3)}(v_1, v_i) + w_{ij}, i = 6, 7, 8\}\right\}$$

$$= \min\left\{1, \min_{i>5}\{-1+1, -5+\infty, 6-3\}\right\} = 0$$

依此类推

$$d^{(3)}(v_1, v_4) = -7, \quad d^{(3)}(v_1, v_3) = -2, \quad d^{(3)}(v_1, v_2) = -5, \quad d^{(3)}(v_1, v_1) = 0$$

继续迭代, 求解结果如表 7-1 所示.

表 7-1

$d^{(t)}(v_1, v_j)$ 　 v_j t	v_1	v_2	v_3	v_4	v_5	v_6	v_7	v_8
1	0	-1	-2	3	$+\infty$	$+\infty$	$+\infty$	$+\infty$
2	0	-1	-2	-7	1	-1	-5	6
3	0	-5	-2	-7	0	-1	-5	6
4	0	-5	-2	-7	-3	-1	-5	6
5	0	-5	-2	-7	-3	-1	-5	6

现有 $d^{(5)}(v_1, v_j) = d^{(4)}(v_1, v_j)$ 　 $(j = 1, 2, \cdots, 8)$, 于是 v_1 至各点的最短路权为

$$d(v_1, v_1) = 0, \quad d(v_1, v_2) = -5, \quad d(v_1, v_3) = -2, \quad d(v_1, v_4) = -7,$$

$$d(v_1, v_5) = -3, \quad d(v_1, v_6) = -1, \quad d(v_1, v_7) = -5, \quad d(v_1, v_8) = 6$$

同样, 用"逆向追踪"可以求到相应的最短路, 如 v_1 至 v_8 的最短路为

$$d(v_1, v_6) + w_{68} = -1 + 7 = 6 = d(v_1, v_8)$$

$$d(v_1, v_3) + w_{36} = -2 + 1 = -1 = d(v_1, v_6)$$

$$d(v_1, v_1) + w_{13} = 0 - 2 = -2 = d(v_1, v_3)$$

故 v_1 至 v_8 的最短路为: (v_1, v_3, v_6, v_8).

值得指出的是实际中, 诸如投资收益问题、利润问题等可以转换为网络最长路问题求解. 对此, 策略递推算法同样适用于求解实数赋权图(网络)的最长路, 只需将上述最短路策略递推算法稍作修改即可求得网络起点到各点的最长路, 读者可自行练习.

7.3.3 应用举例

例 7.11 设备更新问题. 某企业使用一台设备, 在每年年初企业领导部门就要决定是购置新的, 还是继续使用旧的. 若购置新设备, 就要支付一定的购置费用; 若继续使用旧设备, 则需支付一定的维修费用. 现在的问题是如何制定一个几年之内的设备更新计划, 使得总的支付费用最少.

视频7-5

现在用一个五年之内要更新某种设备的计划为例, 已知有关的数据如表 7-2 和表 7-3 所示.

表 7-2　各年年初设备购置价格(单位: 万元)

第 i 年	1	2	3	4	5
价格 a_i	15	15	17	17	20

表 7-3　使用不同年数设备所需的维修费用(单位: 万元)

使用期	0~1	1~2	2~3	3~4	4~5
维修费用 b_j	b_1	b_2	b_3	b_4	b_5
	5	6	8	11	18

解　这种设备更新方案是很多的. 如每年年初购置一台设备更换旧的, 故五年内购置费为 $15 + 15 + 17 + 17 + 20 = 84$ 万元; 这样每台设备的使用期均为 1 年, 支付维修费 5 万元, 则五年共支付维修费用 25 万元, 所以在这一方案下, 总费用为 $84 + 25 = 109$ 万元.

又如另一方案: 在第 1, 2, 5 年购买新设备, 故五年内的购置费为 $15 + 15 + 20 = 50$ 万元, 而维修费用第 1 年购买使用到第 2 年, 使用期为 1 年, 维修费为 5 万元, 第 2 年购置的设备使用到第 5 年即第 4 年年末, 使用期为 3 年, 共支付的维修费 $5 + 6 + 8 = 19$ 万元, 第 5 年购买的设备使用到第 5 年年末, 使用期为 1 年, 维修费为 5 万元, 故五年内更新方案共支付的费用为

购置费 + 维修费 = $50 + (5 + 19 + 5) = 79$ 万元

显然第二个方案比第一个方案优越.

若年限在五年以上, 要为这类问题穷举出所有可能采取的方案, 工作量巨大, 不现实. 现

在，我们将该问题转换为网络最短路问题，建立网络模型，用最短路算法求解.

建立网络模型如图 7-25 所示：设 $D = (V, A, W)$，其中 $V = \{v_1, v_2, v_3, v_4, v_5, v_6\}$，点 $v_1, v_2, \cdots, v_5$ 表示第 1, 2, $\cdots$, 5 年年初状态，点 v_6 表示第五年年末状态；$A = \{(v_i, v_j) \mid i = 1, 2, \cdots, 5; j = 2, \cdots, 6, i < j\}$，弧 (v_i, v_j) 相当于第 i 年年初购买一台设备一直使用到第 $j - 1$ 年年末；显然，对于每一种可能的设备更新方案，在此图中都有相应地一条从 v_1 到 v_6 的路，如 $v_1 v_3 v_5 v_6$ 相当于第 1, 3, 5 年年初购买新设备这一方案.

$W = \{w_{ij} \mid i = 1, 2, \cdots, 5; j = 2, \cdots, 6, i < j\}$，其中

w_{ij} = 第 i 年设备的购置费 + $(j - i)$ 年里的设备维修费 = $a_i + (b_1 + b_2 + \cdots + b_{j-i})$

如：w_{25} = 第 2 年设备的购置费 + $(5 - 2)$ 年里的设备维修费 = $15 + (5 + 6 + 8) = 34$

即弧 (v_2, v_5) 上的权为 34.

这样，制订一个最优的设备更新规划的问题就等价于寻求图 7-25 中 v_1 到 v_6 的最短路问题.

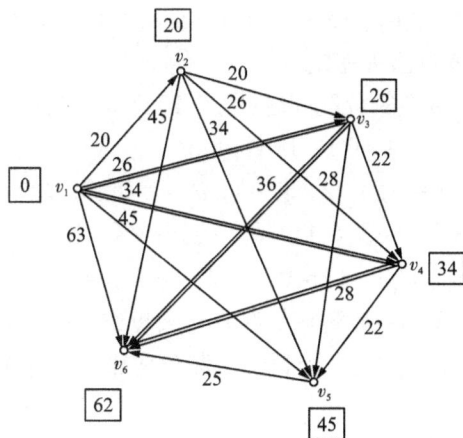

图 7-25

对于非负赋权图，应用 Dijkstra 算法求解，计算结果如图 7-25 标识，$v_1 v_3 v_6$ 和 $v_1 v_4 v_6$ 均为最短路，即有两个最优方案.

方案一：是第 1 年、第 3 年各购置一台新设备；方案二：第 1 年、第 4 年各购置一台新设备，五年总费用均为 62 万元.

例 7.12 选址问题. 现准备在 7 个村镇办一所小学，各村镇的相对位置分别用点 $v_1, v_2, \cdots, v_7$ 表示，它们之间的距离如图 7-26 所示，问这所小学办在哪个点上最为合理?

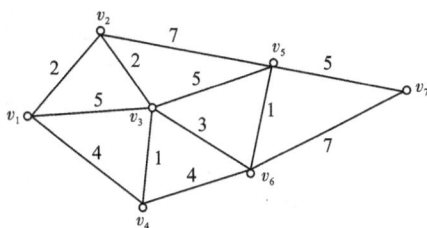

图 7-26

解 我们求出任意两顶点之间的最短路

记 $d(v_i, v_j) = d_{ij}$，可得到距离矩阵 $\boldsymbol{D} = [d_{ij}]_{7 \times 7}$.

然后依次对顶点 v_i 求最大服务距离

$l(v_i) = \max\{d_{ij} \mid j = 1, 2, \cdots, 7\}$

并将 $[l(v_1), \cdots, l(v_7)]^{\mathrm{T}}$ 置于矩阵 $\boldsymbol{D}$ 的最右列.

$$
\begin{array}{c}
\quad\quad v_1 \quad v_2 \quad v_3 \quad v_4 \quad v_5 \quad v_6 \quad v_7 \quad\quad l(v_i) \\
\boldsymbol{D} = \begin{array}{c} v_1 \\ v_2 \\ v_3 \\ v_4 \\ v_5 \\ v_6 \\ v_7 \end{array}
\begin{bmatrix}
0 & 2 & 4 & 4 & 8 & 7 & 13 \\
2 & 0 & 2 & 3 & 6 & 5 & 11 \\
4 & 2 & 0 & 1 & 4 & 3 & 9 \\
4 & 3 & 1 & 0 & 5 & 4 & 10 \\
8 & 6 & 4 & 5 & 0 & 1 & 5 \\
7 & 5 & 3 & 4 & 1 & 0 & 6 \\
13 & 11 & 9 & 10 & 5 & 6 & 0
\end{bmatrix}
\begin{array}{c} 13 \\ 11 \\ 9 \\ 10 \\ 8 \\ 7 \\ 13 \end{array}
\end{array}
$$

$l(v_i)$ 的实际意义是：如果把学校设在 v_i，那么学校与最远村镇间的距离是 $l(v_i)$. 这样，最大服务距离越小的点，设置为学校就越合理，即

$$\min\{l(v_1), \cdots, l(v_7)\} = \min\{13, 11, 9, 10, 8, 7, 13\} = 7 = l(v_6)$$

故该学校最合理的设置点为 v_6.

若已知各村镇的小学生人数时，该学校应选在何处？以及若在这些村镇中建两所小学如何选址？等等. 这些留给读者自己去完成.

例 7.13 对 6.1 节的投资金额分配问题(例 6.2)建立网络模型并求解.

解 作赋权有向图 $D = (V, A, W)$，其中

$$V = \{S_4, A_i(i = 0, 1, 2, 3, 4), B_j(j = 0, 1, 2, 3, 4), C_0\}$$
$$A = \{(S_4, A_i), (A_i, B_j), (B_j, C_0) \mid i = 0, 1, 2, 3, 4; j = 0, 1, 2, 3, 4\}$$
$$W = \{w_{4i}, w_{ij}, w_{j0}\}, (i = 0, 1, 2, 3, 4; j = 0, 1, 2, 3, 4)$$

A_i 表示对项目 1 投资后还剩有投资额 i 百万元未投资；B_j 表示对项目 1、项目 2 投资后还剩余的投资额 j 百万元未投资；C_0 表示剩余的资金全部对项目 3 的投资；S_4 表示初始时公司拥有 4 百万元资金待投资.

弧 (S_4, A_i) 表示给项目 1 投资 $(4-i)$ 百万元，弧 (A_i, B_j) 表示给项目 2 投资 $(i-j)$ 百万元，弧 (B_j, C_0) 表示给项目 3 投资 j 百万元，图 D 中的权由表 6-1 给出，表示不同项目投入不同数量资金后的年利润，如图 7-27 所示.

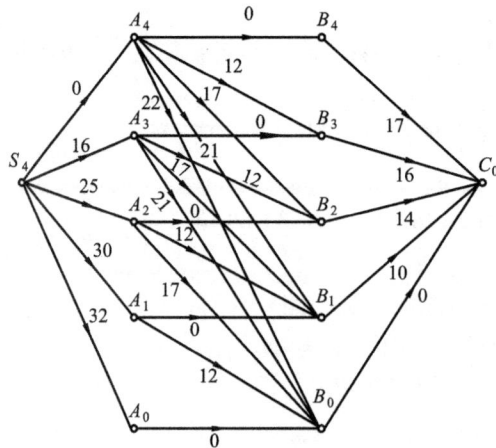

图 7-27

这样，S_4 至 C_0 的任一条路表示一个具体的投资金额分配方案，如 $S_4A_3B_2C_0$ 表示给项目 1 投资 1 百万元，项目 2 投资 1 百万元，项目 3 投资 2 百万元.

要使它们的投资利润最大，则可归结为求 S_4 到 C_0 的最长路. 将求最短路的策略递推算法稍作修改(将原算法中求极小修改为求极大，其他作相应变化)，可求出 S_4 到 C_0 的最长路为 $S_4A_2B_1C_0$，即最优的资金额分配方案为

项目 1 投资 2 百万元，项目 2 投资 1 百万元，项目 3 投资 1 百万元.

所获利润为 47 万元，为最优决策.

不难看出，以上求出的结论与用动态规划方法所求结论一致.

7.4 网络最大流问题

网络最大流问题是一类应用极为广泛的问题. 例如，交通运输网络中车流、人流、货流；供水网络中的水流、通讯网络中的信息流、金融系统中的现金流等等. 如图 7-28(a) 是联结某产品产地 v_1 和销地 v_7 的交通网，每一弧 (v_i, v_j) 代表从 v_i 到 v_j 的运输线，弧旁的数字表示这条运输线的最大通过能力，现在要求制定一个运输方案使从 v_1 运到 v_7 的产品数量最多.

视频7-6

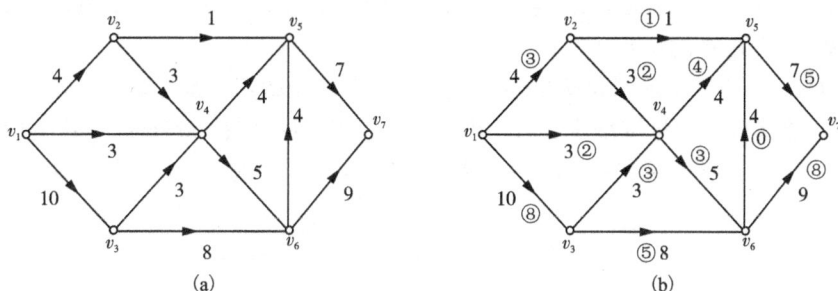

(a)   (b)

图 7-28

这就是一个网络最大流问题. 下面我们给出一个运输方案，如图 7-28(b)，每条弧旁边圆圈内的数字表示每条线路上实际运输产品的数量. 该方案表明：13 单位的运输量从 v_1 运到 v_7. 现在的问题是：在这个交通网上，从 v_1 到 v_7 的运输量是否还可以增加？ 或者说在这个运输网络中，从 v_1 到 v_7 的最大输送量为多少？

本节就是要研究和解决类似这样的问题.

7.4.1 基本概念与基本定理

(1)容量网络与流

定义 7.12 给出有向图 $D = (V, A)$，在 V 中指定一点为发点(记为 v_s)，另一点为收点(记为 v_t)，其余的点叫中间点. 对于每一条弧 $(v_i, v_j) \in A$，对应有 $c(v_i, v_j) \geqslant 0$(或简写为 c_{ij})，称为弧的容量. 则称 D 为**容量网络**，记为 $D = (V, A, C)$.

如图 7-28（a），就是一个容量网络，发点为 v_1，收点为 v_7，其余点 v_2，v_3，v_4，v_5，v_6 为中间点，弧旁数字为 c_{ij} 表示 $(v_i，v_j)$ 线路上的最大允许通过量即最大通过能力.

定义 7. 13 网络流是指定义在弧集合 A 上的一个函数 $f = \{f(v_i，v_j)\}$，并称 $f(v_i，v_j)$ 为弧 $(v_i，v_j)$ 上的流量，简记为 f_{ij}.

如图 7-28（b），所给定的运输方案，就可看作是这个网络上的一个流，每条弧上的运输量是该弧上的流量，如 $f_{12} = 3$，$f_{13} = 8$，$f_{14} = 2$，$f_{45} = 4$，$f_{65} = 0$，等等.

（2）可行流与最大流

定义 7. 14 满足下述条件的流 f 称为**可行流**.

容量限制条件：对每一条弧 $(v_i，v_j) \in A$

$$0 \leqslant f_{ij} \leqslant c_{ij}$$

平衡条件：对于中间点 $v_i (i \neq s，t)$ 有：流入量 = 流出量

即

$$\sum_{(v_i，v_j) \in A} f_{ij} - \sum_{(v_j，v_i) \in A} f_{ji} = 0$$

对于发点 v_s 有 $\sum\limits_{(v_s，v_j) \in A} f_{sj} - \sum\limits_{(v_j，v_s) \in A} f_{js} = v(f)$

对于收点 v_t 有 $\sum\limits_{(v_t，v_j) \in A} f_{tj} - \sum\limits_{(v_j，v_t) \in A} f_{jt} = -v(f)$

则称 $v(f)$ 为该可行流 f 的流量，即发点的净输出量或收点的净输入量.

如图 7-28（b）中给出的运输方案就是一个可行流，其流量 $v(f) = 13$.

在一般的网络中，可行流总是存在的，比如令所有弧上的流量 $f_{ij} = 0$，就得到了一个可行流（称为零流），其流量 $v(f) = 0$.

定义 7. 15 网络 D 上流量最大的可行流，称为该网络的**最大流**.

最大流问题就是在容量网络中，求一组流 $\{f_{ij}\}$，在满足可行流的条件下使得流量 $v(f)$ 达到最大. 不难发现：最大流问题其实是一个特殊的线性规划问题，其数学模型为

$$\max v(f)$$
$$\text{s. t.} \begin{cases} f_{ij} \leqslant c_{ij} \quad (v_i，v_j) \in A \\ \sum\limits_j f_{ij} - \sum\limits_j f_{ji} = \begin{cases} v(f) & (i = s) \\ 0 & (i \neq s，t) \\ -v(f) & (i = t) \end{cases} \\ f_{ij} \geqslant 0 \quad (i = s，1，2，\cdots，t-1；j = 2，3，\cdots，t) \end{cases}$$

网络最大流问题是一个特殊的线性规划问题，可以利用线性规划方法求解. 本节将给出一种利用图的特点来解决这个问题的方法，较线性规划的一般方法要简便和直观得多.

（3）增流链（增广链）

首先介绍弧的一组相关术语.

在网络 $D = (V，A，C)$ 中，若给定一个可行流 $f = \{f_{ij}\}$，将网络中 $f_{ij} = c_{ij}$ 的弧称为**饱和弧**；使 $f_{ij} < c_{ij}$ 的弧称为**非饱和弧**（或不饱和弧）；将 $f_{ij} = 0$ 的弧称为**零流弧**，$f_{ij} > 0$ 的弧称为**非零流弧**.

视频7-7

例如图 7-28（b）中，弧 $(v_3，v_4)$、$(v_2，v_5)$、$(v_4，v_5)$ 为饱和弧，弧 $(v_1，v_2)$、$(v_1，v_3)$ 为非饱和弧，弧 $(v_6，v_5)$ 为零流弧，其余均为非零流弧.

若 μ 是网络中联结发点 v_s 和收点 v_t 的一条链,定义链的方向是从 v_s 到 v_t,则链上的弧分为两类:一类是弧的方向与链的方向一致,称为**前向弧**(或称**正向弧**),前向弧的全体记为 μ^+;另一类弧与链的方向相反,称之为**后向弧**(或称**反向弧**),后向弧的全体记为 μ^-.

例如图 7-28(b)中,链 $\mu = (v_1, v_4, v_5, v_6, v_7)$ 上

$$\mu^+ = \{(v_1, v_4), (v_4, v_5), (v_6, v_7)\}$$

$$\mu^- = \{(v_6, v_5)\}$$

值得一提的是,前向弧和后向弧是相对于某一条具体的链而言的,一条弧相对于不同的链,它可能是前向弧,也可能是后向弧.

定义 7.16　设 f 是一个可行流,μ 是从 v_s 到 v_t 的一条链,若在 μ 上所有的前向弧均为不饱和弧(即 $(v_i, v_j) \in \mu^+$ 上 $f_{ij} < c_{ij}$),所有的后向弧均为非零流弧(即 $(v_i, v_j) \in \mu^-$ 上 $f_{ij} > 0$),则称 μ 为(关于可行流 f 的)一条**增流链**(增广链).

例如图 7-27(b)中,链 $\mu = (v_1, v_2, v_4, v_3, v_6, v_5, v_7)$ 是一条增流链.

因为 μ 上的:$\mu^+ = \{(v_1, v_2), (v_2, v_4), (v_3, v_6), (v_6, v_5), (v_5, v_7)\}$,均满足 $f_{ij} < c_{ij}$,$\mu^- = \{(v_3, v_4)\}$,$f_{34} = 3 > 0$.

(4)截集与截量(或称割集与割量)

定义 7.17　给定网络 $D = (V, A, C)$,若点集 V 被分割为两个集合 V_1 和 $\overline{V}_1(V_1 \cap \overline{V}_1 = \varphi)$,使 $v_s \in V_1$,$v_t \in \overline{V}_1$,则把始点在 V_1,终点在 $\overline{V}_1$ 的所有弧构成的集合,称为分离 v_s 和 v_t 的截集(或割集),记为 $(V_1, \overline{V}_1)$.截集 $(V_1, \overline{V}_1)$ 中被截断弧的容量之和,称为该截集的容量(简称截量或割量),记为 $C(V_1, \overline{V}_1)$,即

$$C(V_1, \overline{V}_1) = \sum_{(v_i, v_j) \in (V_1, \overline{V}_1)} c_{ij}$$

如图 7-27(a),令 $V_1 = \{v_1, v_2\}$,则 $\overline{V}_1 = \{v_3, v_4, v_5, v_6, v_7\}$.

$(V_1, \overline{V}_1) = \{(v_2, v_5), (v_2, v_4), (v_1, v_4), (v_1, v_3)\}$;$C(V_1, \overline{V}_1) = 1 + 3 + 3 + 10 = 17$.

若取 $V_1 = \{v_1, v_2, v_3, v_4, v_5\}$,则 $\overline{V}_1 = \{v_6, v_7\}$.

$(V_1, \overline{V}_1) = \{(v_5, v_7), (v_4, v_6), (v_3, v_6)\}$(注意:弧 (v_6, v_5) 是始点在 $\overline{V}_1$,终点在 V_1,不是截边);$C(V_1, \overline{V}_1) = 7 + 5 + 8 = 20$.

显然不同的截集有不同的截量.根据截集的定义,截集的个数是有限的,故其中必有一个截集的截量是最小的,称之为最小截集,也就是通常所说的"瓶颈""短板",如案例 7-4.

案例7-4

由定义 7.17,可得如下结论.

①若把某截集 $(V_1, \overline{V}_1)$ 的弧从网络 D 中移去,则 v_s 到 v_t 不存在路.所以,直观地说,截集是从 v_s 到 v_t 的必经之路.

②任何一个可行流的流量 $v(f)$ 都不会超过任一截集的截量,即

$$v(f) \leqslant C(V_1, \overline{V}_1)$$

这样一来，若对于一个可行流 f^*，网络中有一个截集 $(V_1^*, \overline{V_1^*})$，使得 $v(f^*) = C(V_1^*, \overline{V_1^*})$，则 f^* 必为最大流；而 $(V_1^*, \overline{V_1^*})$ 必定是 D 的所有截集中，截量最小的一个，即最小截集.

定理 7.6 在网络 $D = (V, A, C)$ 中，可行流 $f^* = \{f_{ij}^*\}$ 是最大流的充分必要条件是 D 中不存在关于 f^* 的增流链.

证明 必要性：若 f^* 为最大流，D 中不存在关于 f^* 的增流链(反证法).

假设 f^* 是最大流，D 中存在关于 f^* 的增流链 μ，令

$$\theta = \min\left\{\min_{\mu^+}(c_{ij} - f_{ij}^*),\ \min_{\mu^-}f_{ij}^*\right\}$$

由增流链的定义，可知 $\theta > 0$，令

$$f_{ij}^{**} = \begin{cases} f_{ij}^* + \theta & (v_i, v_j) \in \mu^+ \\ f_{ij}^* - \theta & (v_i, v_j) \in \mu^- \\ f_{ij}^* & (v_i, v_j) \notin \mu \end{cases}$$

不难验证 $\{f_{ij}^{**}\}$ 是一个可行流，且 $v(f^{**}) = v(f^*) + \theta > v(f^*)$，这与 f^* 是最大流的假设矛盾，故 D 中不存在关于 f^* 的增流链.

充分性：若网络 D 中不存在关于 f^* 的增流链，则 f^* 为最大流.

定义 V_1^* 如下：

令 $v_s \in V_1^*$，若 $v_i \in V_1^*$，且 $f_{ij}^* < c_{ij}$，则令 $v_j \in V_1^*$；

若 $v_i \in V_1^*$，且 $f_{ij}^* > 0$，则令 $v_j \in V_1^*$.

因为不存在关于 f^* 的增流链，故 $v_t \notin V_1^*$.

记 $\overline{V_1^*} = V \backslash V_1^*$，于是得到一个截集 $(V_1^*, \overline{V_1^*})$，显然有

$$f_{ij}^* = \begin{cases} c_{ij} & (v_i, v_j) \in (V_1^*, \overline{V_1^*}) \\ 0 & (v_i, v_j) \in (\overline{V_1^*}, V_1^*) \end{cases}$$

所以 $v(f^*) = C(V_1^*, \overline{V_1^*})$，于是 f^* 必为最大流，定理得证.

由上述证明可见，若 f^* 是最大流，则网络 D 中必存在一个截集 $(V_1^*, \overline{V_1^*})$，使

$$v(f^*) = C(V_1^*, \overline{V_1^*})$$

于是有如下定理成立.

定理 7.7 (最大流量最小截集定理)任一网络 D 中，从 v_s 到 v_t 的最大流的流量等于分离 v_s 与 v_t 的最小截集的截量.

7.4.2 网络最大流的标号法(Ford-Fulkerson 算法)

(1)算法思想

定理 7.6 提供了寻求网络最大流的一个有效方法——标号法. 其基本思想是从网络的任意一个可行流(可以是零流)出发，找一条从发点 v_s 到收点 v_t 的增流链，并在这条增流链上按弧的流量限制和网络中间点流量守恒规则的要求尽可能增加流量，使其得到一个新的可行流. 重复此过程，直到找不出从发点 v_s 到收点 v_t 的增流链为止，于是得到了

视频7-8

最大流，而且同时得到了最小截集和最小截量. 该算法是 Ford-Fulkerson 于 1956 年提出的. 其中，寻找 v_s 到 v_t 的增流链是该算法的关键，这一过程可以通过标号来实现，所以称之为标号法，或称为 Ford-Fulkerson 标号法.

标号规则如下

● **网络点的分类**. 在标号的过程中，网络图中的点分两类，即标号点和未标号点，进而将标号点又分为标号已检查点和标号未检查点. 即

$$顶点\begin{cases}标号点\begin{cases}标号已检查点\\标号未检查点\end{cases}\\未标号点\end{cases}$$

● **标号形式**. 每个标号点 v_j 的标号包括两部分，即 $(\pm v_i, l(v_j))$：第一部分标号表明 v_j 的标号是从 v_i 得到的，其中"+"是表示 v_j 的标号是通过前向弧 (v_i, v_j) 所得，"−"表示 v_j 的标号是通过后向弧 (v_i, v_j) 所得，用于找出增流链；第二部分标号是为了确定增流链的调整量 θ.

● **标号过程**. 当标号过程继续到 v_t 被标上号时，就产生了一条从 v_s 到 v_t 的增流链，因而流量可以增加 θ；如果标号过程没有进行到 v_t 就结束了，则不存在从 v_s 到 v_t 的增流链，说明当前的流已经是最大流.

(2)算法步骤

第 1 步　赋初始可行流

根据定义 7.14，给定网络赋初始可行流(可以是零流).

第 2 步　标号并检查

给发点 v_s 一个标号 $(0, +\infty)$，这时 v_s 是标号未检查点，网络其余的点都是未标号点. 如果所有的顶点都已检查过，且 v_t 得不到标号，转入第 4 步. 否则，找一个标号未检查的点 v_i，并作如下检查.

①对弧 $(v_i, v_j) \in A$，v_j 未标号，且 $f_{ij} < c_{ij}$，则给 v_j 标号 $(+v_i, l(v_j))$，其中 $l(v_j) = \min\{l(v_i), c_{ij}-f_{ij}\}$；

②对弧 $(v_j, v_i) \in A$，v_j 未标号，且 $f_{ij} > 0$，则给 v_j 标号 $(-v_i, l(v_j))$，其中 $l(v_j) = \min\{l(v_i), f_{ji}\}$.

这时 v_j 成为标号未检查点，而 v_i 成为标号已检查点.

如果 v_t 被标上号，则得到了一条从 v_s 到 v_t 的增流链 μ，转入第 3 步；否则，重复第 2 步.

第 3 步　调整流量

按 v_t 及其他点的第一个标号，利用"反向追踪"，找到增流链 μ. 并令调整量 $\theta = l(v_t)$，新的流 $\{f'_{ij}\}$ 为

$$f'_{ij} = \begin{cases}f_{ij}+\theta & (v_i, v_j) \in \mu^+\\f_{ij}-\theta & (v_i, v_j) \in \mu^-\\f_{ij} & (v_i, v_j) \notin \mu\end{cases}$$

抹去所有顶点的标号，转入第 2 步.

第 4 步　此时当前流为最大流，网络最大流的流量为发点 v_s 流出的总流量，或收点 v_t 的总流入量.

把最后一轮所有得到标号的顶点集(至少有一个顶点 v_s)记为 V_1^*,所有未得到标号的顶点集(至少有一个顶点 v_t)记为 $\overline{V}_1^*$,则起点在 V_1^*,终点在 $\overline{V}_1^*$ 中的所有弧集就是网络的最小截集,记为(V_1^*,$\overline{V}_1^*$);最小截量即为已求得的最大流量.

归纳起来,上述求最大流的流程如图 7-29 所示.

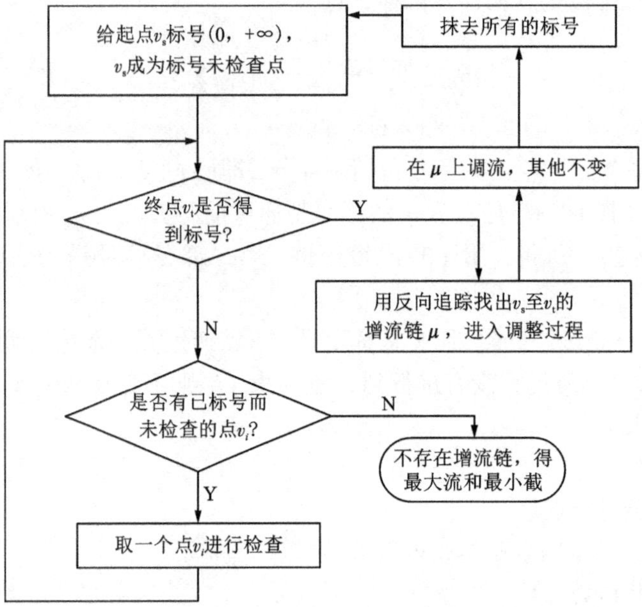

图 7-29

例 7.14 用标号法求图 7-30 所示的网络最大流,弧旁的数为(c_{ij}).

解 第 1 步 根据可行流的条件,给出初始可行流如图 7-31 所示,图中弧旁边的数字为(c_{ij},f_{ij}),网络流量 $v(f) = 8$.

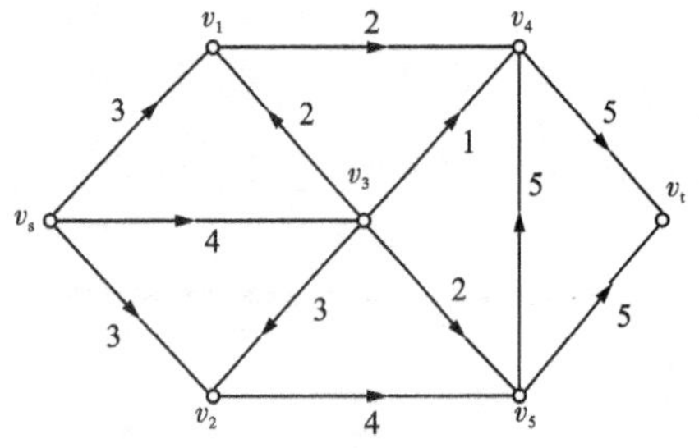

图 7-30

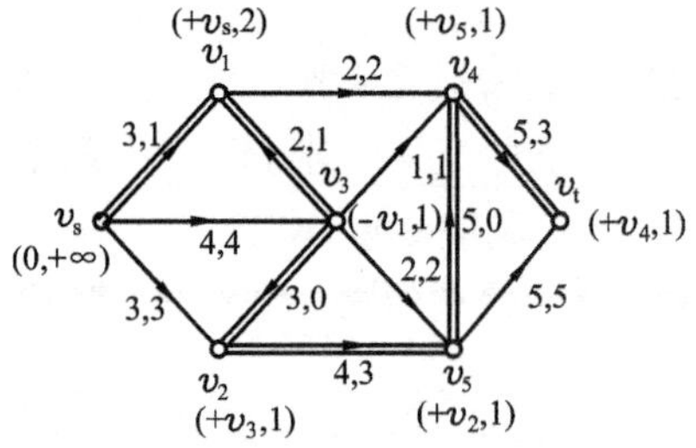

图 7-31

第 2 步 标号并检查

①给 v_s 标上(0,$+\infty$),v_s 为标号未检查点;

②检查 v_s,其中弧(v_s,v_3)和(v_s,v_2)上,$f_{s3} = c_{s3} = 4$,$f_{s2} = c_{s2} = 3$,即为正向饱和弧均不满足标号条件;而在弧(v_s,v_1)上 $f_{s1} = 1 < 3 = c_{s1}$,为正向不饱和弧,则 v_1 可得标号($+v_s$,$l(v_1)$),其

中 $l(v_1) = \min\{l(v_s), c_{s1}-f_{s1}\} = \min\{+\infty, 3-1\} = 2$，这样 v_s 为标号已检查点，v_1 为标号未检查点.

③检查 v_1，弧 (v_1, v_4) 上 $f_{14} = c_{14} = 2$ 不满足标号条件，而弧 (v_3, v_1) 是反向弧，且 $f_{31} = 1 > 0$，则 v_3 可得标号 $(-v_1, l(v_3))$，其中 $l(v_3) = \min\{l(v_1), f_{31}\} = \min\{2, 1\} = 1$，这样 v_1 为标号已检查点，v_3 为标号未检查点.

④检查 v_3，其中弧 (v_3, v_4) 和 (v_3, v_5) 均为正向饱和弧，不满足标号条件，而弧 (v_3, v_2) 为正向不饱和弧（即 $f_{32} = 0 < 3 = c_{32}$），则 v_2 可得标号 $(+v_3, l(v_2))$，其中：$l(v_2) = \min\{l(v_3), c_{32}-f_{32}\} = \min\{1, 3-0\} = 1$. 此时，$v_3$ 为标号已检查点，v_2 为标号未检查点.

⑤检查 v_2：弧 (v_2, v_5) 为正向不饱和弧，则 v_5 可得标号 $(+v_2, l(v_5))$，其中，$l(v_5) = \min\{l(v_2), c_{25}-f_{25}\} = \min\{1, 4-3\} = 1$. 此时，$v_2$ 为标号已检查点，v_5 为标号未检查点.

⑥检查 v_5：其中弧 (v_5, v_t) 为正向饱和弧，不满足标号条件. 而弧 (v_5, v_4) 为正向不饱和弧，则 v_4 可得标号 $(+v_5, l(v_4))$，其中 $l(v_4) = \min\{l(v_5), c_{54}-f_{54}\} = \min\{1, 5-0\} = 1$. 此时 v_5 为标号已检查点，v_4 为标号未检查点.

⑦检查 v_4：弧 (v_4, v_t) 为正向不饱和弧，则 v_t 可得标号 $(+v_4, l(v_t))$，其中 $l(v_t) = \min\{l(v_4), c_{4t}-f_{4t}\} = \min\{1, 5-3\} = 1$.

因为 v_t 已得标号，故将以上各点所得标号标在图上，如图 7-31 所示，转入第 3 步.

第 3 步 调整流量

首先按 v_t 及其他点的第一个标号，利用"反向追踪"的办法，找到一条增流链. $\mu = (v_s, v_1, v_3, v_2, v_5, v_4, v_t)$，如图 7-31 中双箭线表示. 易见

$$\mu^+ = \{(v_s, v_1), (v_3, v_2), (v_2, v_5), (v_5, v_4), (v_4, v_t)\}$$
$$\mu^- = \{(v_3, v_1)\}$$

按 $\theta = l(v_t) = 1$，在 μ 上调整 f，μ^+ 上的弧 $f_{ij}+\theta$，μ^- 上的弧 $f_{ij}-\theta$，其余的 f_{ij} 不变.

调整后，得图 7-32 所示的可行流，流值 $v(f) = 8+1 = 9$，转入第 2 步.

对流值为 9 的可行流进行标号并检查，寻找增流链.

开始给 v_s 标号 $(0, +\infty)$，检查 v_s，给 v_1 标号 $(+v_s, 1)$，检查 v_1，弧 (v_1, v_4) 为正向饱和弧 $(f_{14} = c_{14} = 2)$，弧 (v_3, v_1) 为反向零弧 $(f_{31} = 0)$，均不符合标号条件，标号过程无法继续下去，即顶点 v_t 得不到标号，如图 7-32 所示.

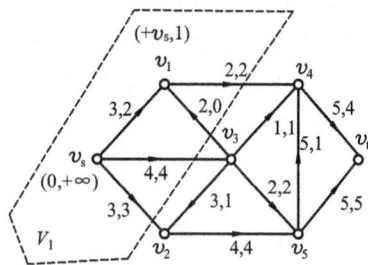

图 7-32

第 4 步 这时的可行流就是网络的最大流，最大流量为

$$v(f) = f_{s1}+f_{s3}+f_{s2} = f_{4t}+f_{5t} = 9$$

与此同时，可找到最小截集 $(V_1^*, \overline{V}_1^*)$，其中：$V_1^* = \{v_s, v_1\}$，$\overline{V}_1^* = \{v_2, v_3, v_4, v_5, v_t\}$，

即 $(V_1^*, \overline{V}_1^*) = \{(v_1, v_4), (v_s, v_3), (v_s, v_2)\}$ 为最小截集，最小截量为 9.

也就是最小截集中弧的容量之和，$c_{14}+c_{s3}+c_{s2} = 2+4+3 = 9$.

这里值得注意的有以下三方面的问题.

（a）**算法的收敛性问题**. 这个算法实际上是用一种枚举的方式对于某一个可行解逐一寻找增流链，使得在前向弧上的流量尽可能增加，在后向弧上的流量尽可能减少. 由于网络顶点是有限的，故在有限步后一定会收敛并得到最大流. 从而对于未给定初始可行流的网络最大流问题，可以给定零流作为初始可行流，也可以根据可行流的条件，综合网络弧上的容量大小，给出流值尽可能大的初始可行流，使得问题收敛于最大流的速度更快.

（b）**最小截集的工程意义**. 最小截集容量的大小影响网络总的输送量的提高. 因此，为提高网络总的输送量，必须首先考虑改善最小截集中各弧的输送状况，提高它们的通过能力. 另一方面，一旦最小截集中弧的通过能力降低，就会使网络总的输送量减少.

（c）**单源单汇问题**. 若把网络的发点称为"源"，收点称为"汇"，求最大流的标号法还可以用于解决多发点（"多源"）、多收点（"多汇"）的网络最大流问题. 设容量网络 D 有若干个发点 $x_1, x_2, \cdots, x_m$; 若干个收点 $y_1, y_2, \cdots, y_n$, 可以添加两个新点 v_s 和 v_t, 用容量为 $+\infty$ 的有向边分别连接 v_s 与 $x_1, x_2, \cdots,$

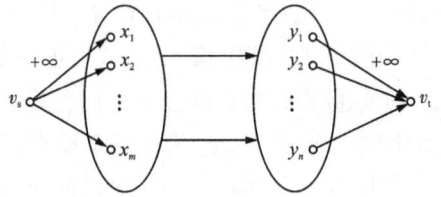

图 7-33

$x_m, y_1, y_2, \cdots, y_n$ 与 v_t, 得到新的网络 D', D' 为单源 (v_s) 单汇 (v_t) 的网络，求解 D' 的最大流问题即可得到 D 的解，如图 7-33 所示.

7.4.3 应用举例

例 7.15 某地的电力公司有 3 个发电站，它们负责 5 个城市的供电任务，其输电网络如图 7-34 所示. 由于城市 8 经济的高速发展，要求供应电力 65 MW, 3 个发电站在满足城市 4, 5, 6, 7 的用电需求量后，它们还剩余 15 MW, 10 MW 和 40 MW, 输电网络剩余的输电能力见图 7-34 节点和线路上的数字. 问输电网络的输电能力是否满足城市 8 的需要？若不满足，试求扩容线路最少的建设方案.

解 增设一个发点 v_s, 其他点转化为 $v_j (j = 1, 2, 3, 4, 5, 6, 7, 8)$

将图 7-34 的电线网络图转化为单源单汇的容量网络图，如图 7-35 所示. 根据题意，该问题可以转换为求解图 7-35 的网络最大流.

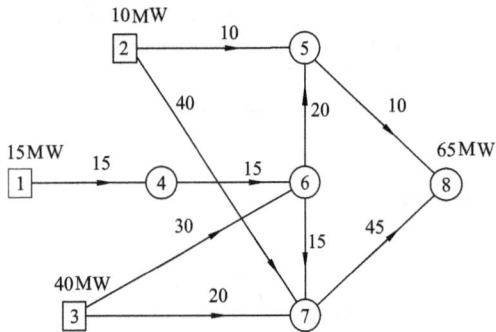

图 7-34

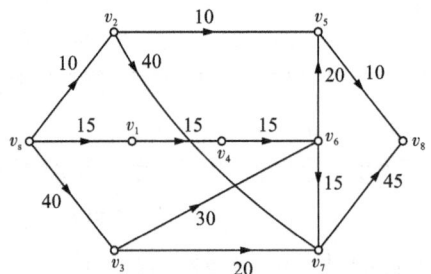

图 7-35

首先给网络一个可行流, 如图 7-36 弧旁第二个数字.

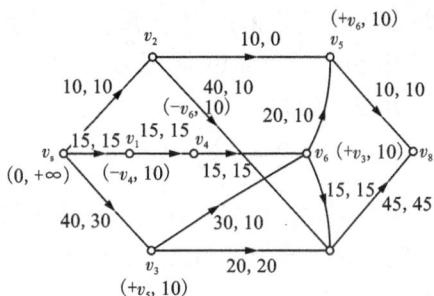

图 7-36

此时 $v(f) = 55$.

接着对该流进行标号检查求增流链.

给 v_s 标 $(0, +\infty)$; 检查 v_s, 只有 v_3 能得标号 $(+v_s, 10)$; 检查 v_3, 只有 v_6 能得标号 $(+v_3, 10)$; 检查 v_6, v_5 可得标号 $(+v_6, 10)$、v_4 可得标号 $(-v_6, 10)$; 检查 v_4, v_1 得标号 $(-v_4, 10)$; 检查 v_1, 不能使其他点得标号; 再检查 v_5, 发现 v_2、v_8 均不满足标号条件, 故标号无法进行下去, 说明当前的流为最大流, 其流量 $v(f) = 55\ \text{MW}$, 流的分布如图 7-36 弧旁第二个数字.

从图 7-36 可看出, 城市 8 用电需求量为 65 MW, 而输电网络的最大输送电量只有 55 MW, 相差 10 MW.

为了增输 10 MW, 根据图 7-36 最后一轮标号情况可知, 扩容线路最少的方案是在饱和弧 (v_5, v_8) 上扩容, 即由原来的 10 MW 扩容到 20 MW $(c'_{58} = 20)$. 然后在非饱和弧 (v_s, v_3), (v_3, v_6), (v_6, v_5), (v_2, v_s) 上分别增加 10 MW 的流量, 如图 7-37 所示.

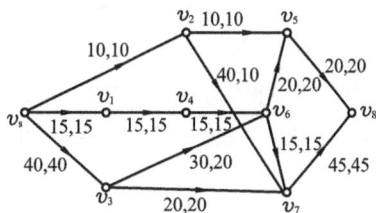

图 7-37

同时注意到: 若在其他弧上扩容时, 均有两条以上的线路需同时扩容.

7.5　最小费用流问题

7.5.1　问题的提出

上一节讨论了寻求网络中的最大流问题, 在实际生活中, 涉及"流"的问题时, 人们考虑的还不只是流量, 还有"费用"的因素. 例如, 在运输网络中, 从发点 v_s 到收点 v_t 所经过的路程, 往往因为交通工具不同或道路本身结构不同而产生各段路程交通费用不同. 这样, 问题就变成了不仅要求 v_s 到 v_t 的运输量最大, 而且要求这种运输方案的总费用最小.

像这样一类问题, 既要考虑各弧的费用, 又要考虑各弧的容量就是本节要介绍的最小费用流问题, 当流量要求达到最大时就是最小费用最大流问题. 实际上最大流问题和最短路问题均是最小费用最大流问题的特例.

下面给出最小费用最大流问题的一般描述.

定义 7.18 给出容量网络 $D = (V, A, C)$，每一弧 $(v_i, v_j) \in A$ 上，除了已给容量 c_{ij} 外，还给出这段弧的单位流量的费用 $b(v_i, v_j) \geq 0$（简记为 b_{ij}）（也可指距离、时间、成本等）. $f = \{f_{ij}\}$ 是 D 上的一个可行流，其总费用为

$$b(f) = \sum_{(v_i, v_j) \in A} b_{ij} f_{ij}$$

则求使得 $b(f)$ 为最小且流量为确定值 $v(f)$ 的可行流的问题称为**最小费用定值流问题**；求使得 $b(f)$ 为最小且流量 $v(f)$ 最大的问题称为**最小费用最大流问题**.

如果把最小费用看成约束条件，和最大流问题一样，最小费用流问题也是一个线性规划问题（有兴趣的读者可自行列出模型），并且求最小费用定值流（可行流）实际上是求该线性规划问题的可行解，求最小费用最大流问题实际上是求该线性规划问题的最优解. 自然，可行解经过调整即可得到最优解. 但是，用网络图论方法求解比用一般线性规划求解要简单得多.

下面介绍解决这个问题的一种算法.

7.5.2 最小费用最大流的算法

（1）算法思想

从上节可知，寻求最大流的方法是从某个可行流 f 出发，找到关于 f 的一条增流链 μ，沿着 μ 调整 f，对新的可行流 f' 再试图寻求关于它的增流链，如此反复直至最大流.

现在要求最小费用最大流，首先考察一下，当沿着一条关于可行流 f 的增流链 μ 进行调整，得到新的可行流 f'. 这时我们知道，f'_{ij} 与 f_{ij} 只在增流链 μ 上相差 θ，其他弧上相同，所以流 f' 与 f 的费用差只在增流链上反映出来，其他弧上费用抵消了，有：

$$b(f') - b(f) = \sum_{\mu^+} b_{ij}\theta - \sum_{\mu^-} b_{ij}\theta = \left(\sum_{\mu^+} b_{ij} - \sum_{\mu^-} b_{ij} \right)\theta \xrightarrow{\text{取 } \theta = 1} \left(\sum_{\mu^+} b_{ij} - \sum_{\mu^-} b_{ij} \right)$$

其中：μ^+ 为 μ 的前（正）向弧集；μ^- 为 μ 的后（反）向弧集，称 $\sum_{\mu^+} b_{ij} - \sum_{\mu^-} b_{ij}$ 为这条增流链 μ 的"单位费用".

最小费用最大流算法的基本思想就是：若 f 是流量为 $v(f)$ 的所有可行流中费用最小者，而 μ 是关于 f 的所有增流链中费用最小的增流链，那么沿着 μ 去调整 f，得到的可行流 f' 就是流量为 $v(f')$ 的所有可行流中的最小费用流. 因此，最小费用最大流需先找一个最小费用流作为初始方案，然后找出对应的最小费用增流链，并调整该最小费用流. 这样一直进行下去，直到找不出增流链为止. 这时的可行流就是最小费用最大流.

根据这一思想，算法关键要解决以下两方面的问题.

● **初始最小费用流**. 一般地，给定 f 是流量为 $v(f)$ 的最小费用流. 若没有预先给定时，零流可以作为初始最小费用流. 因为 $b_{ij} \geq 0$，所以 $f = 0$（零流或称平凡流）的总费用 $b(f) = 0$ 必是流量为零的最小费用流，所以通常用零流作为求最小费用流问题的初始解.

● **寻找关于 f 的最小费用增流链**. 费用最小的增流链有两层含义：一是对费用 b_{ij} 网络来讲，它是一条费用最小的链，这可以通过求以 b_{ij} 为权的网络的最短路来获得；二是对容量流量网络 $\{c_{ij}, f_{ij}\}$ 来说，它必须是一条能增加流量的增流链.

这里，先来分析网络流图 $D(f)$ 中弧 (v_i, v_j) 的几种基本情形.

情形 1：$0 < f_{ij} < c_{ij}$. 弧 (v_i, v_j) 既可作为增流链 μ 的前向弧，也可作为增流链 μ 的后向弧. 若 $(v_i, v_j) \in \mu^+$，链上增流时弧增流，使总费用增加；若 $(v_i, v_j) \in \mu^-$，链上增流时弧减流，使总费用减少.

情形 2：$0 < f_{ij} = c_{ij}$. 弧 (v_i, v_j) 只能作为增流链 μ 上的后向弧，链增流时弧减流，使总费用减少.

情形 3：$f_{ij} = 0$. 弧 (v_i, v_j) 只能作为增流链 μ 上的前向弧，链增流时弧增流，使总费用增加.

根据以上对弧 (v_i, v_j) 的分析，可以通过构造网络流图 $D(f)$ 的赋权有向图 $W(f)$ 来实现求关于流 f 的最小费用增流链. 下面是构造赋权有向图 $W(f)$ 的具体规则.

① 顶点为原网络流图 $D(f)$ 的顶点

② 弧：$\begin{cases} \text{作两条方向相反的弧} (v_i, v_j) \text{ 和} (v_j, v_i) & 0 < f_{ij} < c_{ij} \\ \text{作一条与} D(f) \text{ 同向的弧} (v_i, v_j) & f_{ij} = 0 \\ \text{作一条与} D(f) \text{ 反向的弧} (v_j, v_i) & 0 < f_{ij} = c_{ij} \end{cases}$

③ 权：$w_{ij} = \begin{cases} b_{ij} & \text{与} D(f) \text{ 同向的弧} \\ -b_{ij} & \text{与} D(f) \text{ 反向的弧} \end{cases}$

于是在网络流图 $D(f)$ 中寻找关于 f 的最小费用增流链就等价于在赋权有向图 $W(f)$ 中寻找从 v_s 到 v_t 的最短路.

例 7.16　如图 7-38 所示，弧旁的数字为 (b_{ij}, c_{ij}, f_{ij}). 试构造其赋权有向图 $W(f)$.

解　首先取顶点 $V(W(f)) = V(D(f)) = \{v_s, v_1, v_2, v_3, v_t\}$.

弧：在 D 中弧 (v_s, v_1) 和 (v_s, v_2) 均满足 $0 < f_{ij} < c_{ij}$ 条件，则在 $W(f)$ 中顶点 v_s, v_1 间和顶点 v_s, v_2 间各作两条方向相反的弧；又在 D 中弧 (v_1, v_t) 和 (v_2, v_1) 均满足 $f_{ij} = c_{ij}$，则在 $W(f)$ 中对应顶点间 $(v_1, v_t$ 和 $v_2, v_1)$ 各作一条与 $D(f)$ 中弧 (v_1, v_t) 和 (v_2, v_1) 方向相反的弧，即 (v_t, v_1) 和 (v_1, v_2)；再在 $D(f)$ 中弧 (v_2, v_3)，(v_1, v_3) 和 (v_3, v_t) 均有 $f_{ij} = 0$，则在 $W(f)$ 中对应顶点间各作一条与 $D(f)$ 中弧方向相同的弧，即 (v_2, v_3)，(v_1, v_3) 和 (v_3, v_t).

权：图 $W(f)$ 中与图 $D(f)$ 中方向相同的对应弧 $w_{ij} = b_{ij}$；方向相反的弧 $w_{ij} = -b_{ij}$.

综上，所求赋权有向图 $W(f)$ 如图 7-39 所示.

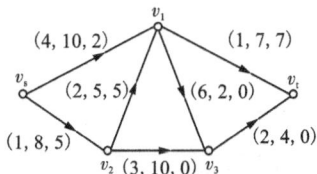

图 7-38

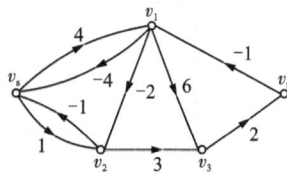

图 7-39

此外，还有一种构造赋权有向图 $W(f)$ 的方法.

① 顶点为原网络流图 $D(f)$ 的顶点

② 弧：把 $D(f)$ 中的每条弧 (v_i, v_j) 变成两条相反方向的弧 (v_i, v_j) 和 (v_j, v_i)

③权 w_{ij}：与 $D(f)$ 同向的弧　　$w_{ij} = \begin{cases} b_{ij} & \text{若 } f_{ij} < c_{ij} \\ +\infty & \text{若 } f_{ij} = c_{ij} \end{cases}$

与 $D(f)$ 反向的弧　　$w_{ij} = \begin{cases} -b_{ij} & \text{若 } f_{ij} > 0 \\ +\infty & \text{若 } f_{ij} = 0 \end{cases}$

（其中：权 $w_{ij} = +\infty$ 的弧可以从 $W(f)$ 中删除）

读者可按此方法构造图 7-38 的赋权有向图 $W(f)$，其结果与图 7-39 一致.

（2）算法步骤

根据上述算法思想，求网络最小费用最大流的算法步骤如下.

第 1 步　取 $f^{(0)} = \{0\}$ 为初始可行流，它必是流量为零的最小费用流.

第 2 步　若有最小费用流 $f^{(k-1)}$，构造赋权有向图 $W(f^{(k-1)})$.

第 3 步　在 $W(f^{(k-1)})$ 中求从 v_s 到 v_t 的最短路. 若不存在最短路，则 $f^{(k-1)}$ 就是最小费用最大流，算法终止. 否则转入第 4 步.

第 4 步　若存在最短路，则在原网络 D 中得到相应的增流链 μ，在增流链 μ 上对 $f^{(k-1)}$ 进行调流. 调整量为

$$\theta = \min\left\{ \min_{\mu^+}(c_{ij} - f_{ij}^{(k-1)}), \ \min_{\mu^-}(f_{ij}^{(k-1)}) \right\}$$

令　　　　　　　$f_{ij}^k = \begin{cases} f_{ij}^{(k-1)} + \theta & (v_i, \ v_j) \in \mu^+ \\ f_{ij}^{(k-1)} - \theta & (v_i, \ v_j) \in \mu^- \\ f_{ij}^{(k-1)} & (v_i, \ v_j) \notin \mu \end{cases}$

得到新的可行流 $f^{(k)} = \{f_{ij}\}$，转入第 2 步.

最后，值得说明的是，若要求最小费用定值流，只需将上述求最小费用最大流的算法步骤中的调整量 θ 改为

$$\theta = \min\left\{ \min_{\mu^+}(c_{ij} - f_{ij}^{(k-1)}), \ \min_{\mu^-}(f_{ij}^{(k-1)}) ; A - f^{(k-1)} \right\}$$

其中 A 为要求的定值流流量，其他步骤相同.

归纳起来，求解最小费用最大流的流程如图 7-40 所示.

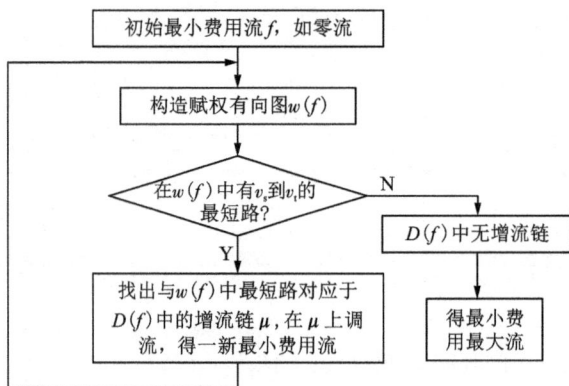

图 7-40

例 7.17 如图 7-41 所示, 弧旁数字为 (b_{ij}, c_{ij}). 试求最小费用最大流.

解 取 $f^{(0)} = \{0\}$ 为初始流. 构造赋权有向图 $W(f^{(0)})$. 并求出 v_s 到 v_t 的最短路(即最小费用链), 如图 7-42(a) $W(f^{(0)})$ 中双箭线部分 $(v_s, v_2, v_1, v_3, v_t)$ 或者 $(v_s, v_2, v_4, v_3, v_t)$, 在原网络流图 $D(f^{(0)})$ 中, 与这条最短路相对应的增流链为 $\mu = (v_s, v_2, v_1, v_3, v_t)$ 或者 $\mu' = (v_s, v_2, v_4, v_3, v_t)$. 比较 μ 与 μ' 上可增的流量, $\theta_\mu = \min\{7, 2, 5, 3\} = 2$, $\theta_{\mu'} = \min\{7, 1, 1, 3\} = 1$.

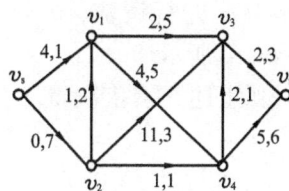

图 7-41

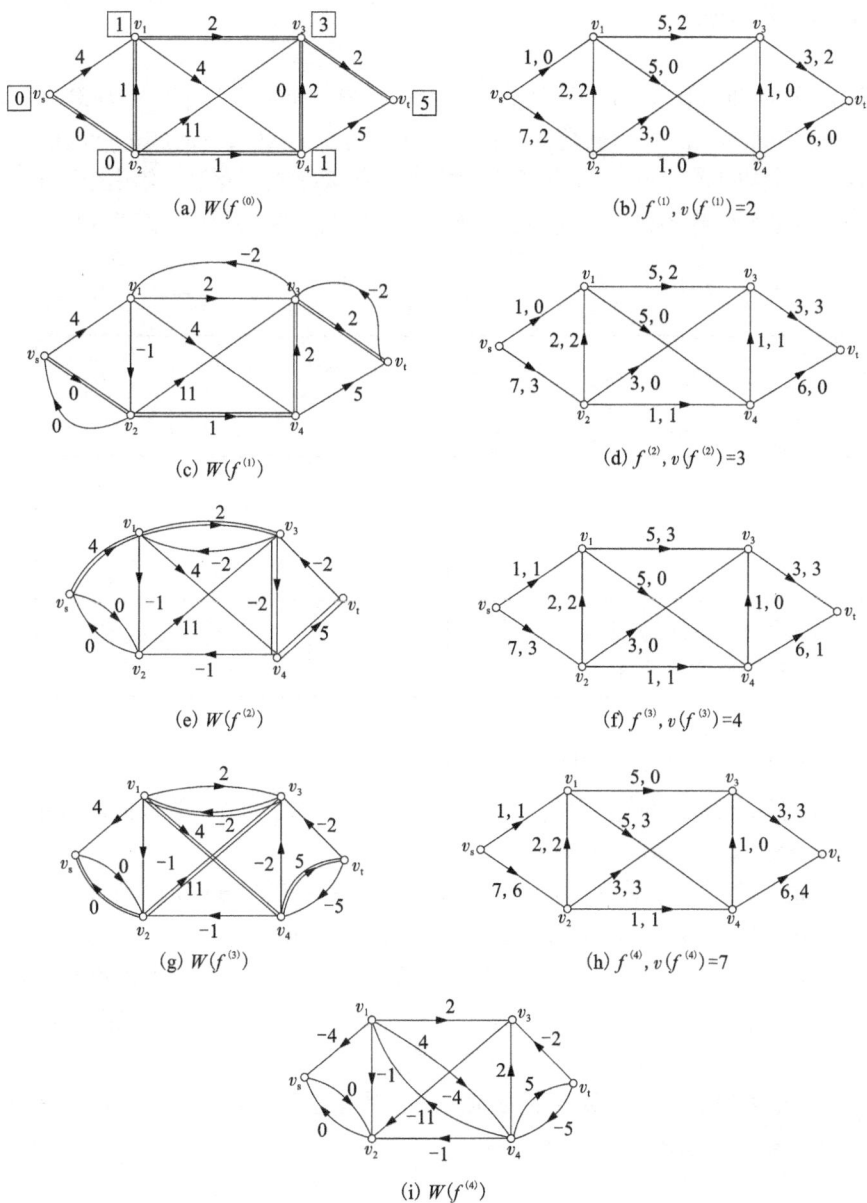

(a) $W(f^{(0)})$

(b) $f^{(1)}, v(f^{(1)}) = 2$

(c) $W(f^{(1)})$

(d) $f^{(2)}, v(f^{(2)}) = 3$

(e) $W(f^{(2)})$

(f) $f^{(3)}, v(f^{(3)}) = 4$

(g) $W(f^{(3)})$

(h) $f^{(4)}, v(f^{(4)}) = 7$

(i) $W(f^{(4)})$

图 7-42

故取 μ 进行调流，$\theta = 2$，其他弧上流值不变，得 $f^{(1)}$，$v(f^{(1)}) = 0 + 2 = 2$，如图 7-42(b)所示.

按照上述算法依次得 $f^{(1)}$，$f^{(2)}$，$f^{(3)}$，$f^{(4)}$，流量依次为 $v(f^{(1)}) = 2$，$v(f^{(2)}) = 3$，$v(f^{(3)}) = 4$，$v(f^{(4)}) = 7$，如图 7-42(b)、(d)、(f)、(h)所示；构造相应的赋权有向图为 $W(f^{(1)})$，$W(f^{(2)})$，$W(f^{(3)})$，$W(f^{(4)})$，如图 7-42(c)、(e)、(g)、(i)所示.

注意到 $W(f^{(4)})$ 中已不存在从 v_s 到 v_t 的最短路，所以 $f^{(4)}$ 为最小费用最大流，且 $v(f^{(4)}) = 7$，最小费用为

$$b(f^{(4)}) = 1 \times 4 + 6 \times 0 + 0 \times 2 + 3 \times 4 + 2 \times 1 + 3 \times 11 + 1 \times 1 + 0 \times 2 + 3 \times 2 + 4 \times 5 = 78$$

7.5.3 应用举例

最小费用最大流问题应用非常广泛，诸如运输问题、指派问题、生产计划问题和多阶段存贮问题等一类决策问题，均可转化为网络模型的最小费用最大流问题进行求解.

例 7.18 （运输问题）设有三个化肥厂供应三个地区的农用化肥，各化肥厂的年产量、各地年需要量及各化肥厂到各地区运送单位化肥的运价如表 7-4 所示，试建立网络模型，使总运费最少.

表 7-4

单位运价 w_{ij}/(万元/万 t) 需求点 y_j 化肥厂 x_i	y_1	y_2	y_3	产量 a_i /万 t
x_1	16	13	22	50
x_2	14	—	19	60
x_3	—	20	23	40
最低需求量 b_{1j}/万 t	70	0	30	
最高需求量 b_{2j}/万 t	70	30	不限	

解 整理数据，列出该运输问题的平衡表

由于 x_1，x_2 和 x_3 的生产总量为 $a_1 + a_2 + a_3 = 150$ 万 t，而 y_1 和 y_3 的最低需求量为 100 万 t，故 y_3 的最高需求量为 $30 + 50 = 80$ 万 t.

y_1，y_2，y_3 的最高需求量总和为 $b_{21} + b_{22} + b_{23} = 70 + 30 + 80 = 180$ 万 t，所以要满足 y_1，y_2 和 y_3 的最高需求量，尚缺 30 万 t，则可虚设一个化肥厂 x_4，供货 $a_4 = 30$ 万 t.

再来观察需求点及其单位运价：y_1 点为最低需求 70 万 t，则不能由虚设化肥厂供应，即 $w_{41} = +\infty$，而且 $w_{31} = +\infty$；y_2 点为最高需求 30 万 t，可以由虚设化肥厂供应，即 $w_{42} = 0$，而且 $w_{22} = +\infty$；而 y_3 最低需求与最高需求不相同，则令 $y_3 = \{y_4, y_5\}$，其中 y_4 表示最低需求，需求量为 30 万 t，y_5 为最高需求，需求量为 50 万 t，且 $w_{i4} = w_{i5}(i = 1, 2, 3)$，同理 $w_{44} = +\infty$，$w_{45} = 0$. 该运输问题的平衡表如表 7-5 所示.

表 7-5

w_{ij} y_j x_i	y_1	y_2	y_4	y_5	a_i
x_1	16	13	22	22	50
x_2	14	$+\infty$	19	19	60
x_3	$+\infty$	20	23	23	40
x_4	$+\infty$	0	$+\infty$	0	30
b_j	70	30	30	50	

构建网络模型

设网络模型为 $D = (V, A, C, W)$，其中 $V = \{x_0, x_1, x_2, x_3, x_4, y_1, y_2, y_4, y_5, y_0\}$，$x_0$ 为网络图的始点（单源），y_0 为网络图的终点（单汇）；x_i 表示第 i 个化肥厂，$i = 1, 2, 3, 4$；y_j 表示第 j 个需求点，$j = 1, 2, 4, 5$.

$A = \{(x_0, x_i), (x_i, y_j), (y_j, y_0) \mid i = 1, 2, 3, 4; j = 1, 2, 4, 5\}$，弧 (x_0, x_i) 和 (y_j, y_0) 是将网络图转化为单源单汇网络，(x_i, y_j) 表示所有可能的运输方案.

$C = \{c(x_0, x_i), c(y_j, y_0), c(x_i, y_j) \mid i = 1, 2, 3, 4; j = 1, 2, 4, 5\}$，因为 x_0 为虚设的源点，可以认为是 x_i 点的延伸，各弧的容量就是对应各化肥厂的发出量，即 $c(x_0, x_i) = a_i$；y_0 是虚设的汇点，也可以认为是 y_j 点的延伸，各弧的容量则为各需求点的需求量，即 $c(y_j, y_0) = b_j$；弧 (x_i, y_j) 的容量即为各化肥厂总的发送量，即 $c(x_i, y_j) = a_i$.

$W = \{w(x_0, x_i) = 0, w(x_i, y_j) = w_{ij}, w(y_j, y_0) = 0, (i = 1, 2, 3, 4; j = 1, 2, 4, 5)\}$，由于 x_0 和 y_0 是虚设的源点和汇点，则 $w(x_0, x_i) = 0$，$w(y_j, y_0) = 0$，而 $w(x_i, y_j)$ 则由表 7-5 给出.

根据以上设置，并考虑到网络的构图，省略弧权为 $+\infty$ 的弧，得该运输问题的网络模型如图 7-43 所示，弧上的参数为 (c_{ij}, w_{ij}).

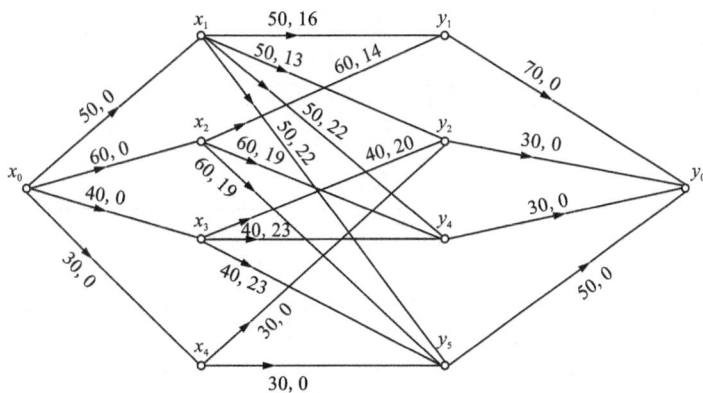

图 7-43

例 7.19 (指派问题)设有 3 辆卡车,需指派到 3 个不同的目的地,各种指派方案的运送成本如表 7-6 所示,求能使总成本最低的最优指派.

表 7-6

成本　　　　目的地 车辆	y_1	y_2	y_3
x_1	40	—	37
x_2	24	31	39
x_3	29	37	—

解 设网络模型 $D = (V, A, C, W)$,其中 $V = \{x, x_1, x_2, x_3, y_1, y_2, y_3, y\}$. x, y 分别表示网络图的始点和终点,x_i 表示第 i 辆卡车$(i = 1, 2, 3)$,y_j 表示第 j 个目的地$(j = 1, 2, 3)$.

$A = \{(x, x_i), (y_j, y) | i = 1, 2, 3, j = 1, 2, 3; (x_i, y_j) | i, j$ 的取值由表 7-6 给出$\}$. 弧 (x, x_i) 和 (y_j, y) 是将网络图转化为单源单汇,弧 (x_i, y_j) 表示所有可能的指派方案,由于 x_1 不能派车至 y_2,x_3 不能派车至 y_3,则网络图中无 (x_1, y_2) 和 (x_3, y_3) 两条弧.

$C = \{c_{ij}\} = \{1, \cdots, 1\}$,因为一辆车只能派一个目的地,一个目的地仅需分配一辆车,故网络图的各弧的容量均为 1.

$W = \{w(x, x_i), w(y_j, y), w(x_i, y_j)\}$,由于 x, y 是虚设的始点和终点,则 $w(x, x_i) = 0$,$w(y_j, y) = 0$,而 $w(x_i, y_j)$ 则由表 7-6 给出.

根据以上的设置,网络模型如图 7-44 所示. 弧上的参数为(c_{ij}, w_{ij}).

故求图 7-44 的最小费用最大流,求解过程读者可自行完成,其最优指派方案为:车辆 x_1 派往 y_3,x_2 派往 y_2,x_3 派往 y_1,总成本最小为 97 单位.

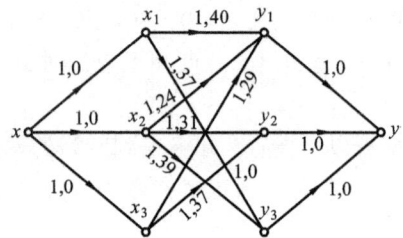

图 7-44

例 7.20 (生产计划问题)某造船厂根据合同,要从当年起连续 3 年每年末各提供 3 条规格型号相同的大型客货轮,已知该厂这 3 年内生产大型客货轮的能力及生产每条客货轮的成本如表 7-7 所示.

表 7-7

年度	正常时间内可完成的 客货轮数	加班时间内可完成的 客货轮数	正常生产每条客货轮的 成本/万元
1	2	3	500
2	4	2	600
3	1	3	550

已知加班生产时间内，每条客货轮成本比正常生产高出 70 万元，又知造出来的每条客货轮如当年不交货，每积压一年造成的积压损失费为 40 万元. 在签订合同时，该厂已积压了两条未交货的客货轮，而该厂希望在第 3 年末完成合同后还能储存一条客货轮备用. 问该厂应如何安排每年客货轮的生产量，使在满足上述各项要求的情况下，总的生产费用最少？

解　设网络模型 $D = (V, A, C, W)$.

$V = \{x, x_1, x_2, y_1, y_2, y_3, y\}$ 其中 x, y 为虚设的单一始点和单一终点；x_1 表示船厂处于正常生产状态，x_2 为船厂处于加班生产状态；y_j 为第 j 年生产客货轮的存贮与供货点，$j = 1, 2, 3$.

$$A = \{(x, x_i), (x, y_1), (x_i, y_j), (y_j, y_{j+1}), (y_j, y) \mid i=1, 2; j=1, 2, 3\}$$

其中，(x, x_i) 和 (y_j, y) 表示网络图与始点、终点相连的弧，弧 (x, y_1) 表示已积压的两条船在当年未交货；弧 (x_i, y_j) 表示两种状态下生产的船在各年末交货；弧 (y_j, y_{j+1}) 表示第 j 年末存贮的船在 $j+1$ 年未交货.

容量集合 C 表示各弧上供应的船数，则有：$c(x, y_1) = 2$，表明年初积压的 2 条船；$c(x, x_1)$ 和 $c(x, x_2)$ 表示船厂正常和加班的生产能力，不妨设为 $+\infty$；$c(x_i, y_j)$ 则可由表 7-7 给出，如：$c(x_1, y_1) = 2$，$c(x_2, y_1) = 3$，$c(x_1, y_2) = 4$，$c(x_2, y_2) = 2$ 等等. $c(y_1, y_2)$ 和 $c(y_2, y_3)$ 表示第 1、第 2 年末存贮下来的船数，不妨设为 $+\infty$；$c(y_j, y)$ 表示第 j 年末提供的船数. 由题意：$c(y_1, y) = c(y_2, y) = 3$，由于要求第 3 年末完成合同后还能储存一条备用，则第 3 年末提供的船数为 4 条，即 $c(y_3, y) = 4$.

费用集合 W，由题意有 $w(x, y_1) = 40$（积压造成的损失）；$w(x, x_1)$ 和 $w(x, x_2)$ 为转化为单一起点的弧上的费用，不妨设为 0；而 $w(x_1, y_j)$ 和 $w(x_2, y_j)$ 分别为船厂正常和加班生产费用，由表 7-7 给出；$w(y_1, y_2)$ 和 $w(y_2, y_3)$ 均为单位存贮费用，即为 40；$w(y_j, y)$ 为转化为单一终点的弧的费用，不妨设为 0. 则得网络模型如图 7-45(a) 所示，弧上的参数为 (c_{ij}, w_{ij}).

采用最小费用最大流的算法求得该问题的最优解. 船厂 3 年的生产和供货方案，如图 7-45(b) 所示.

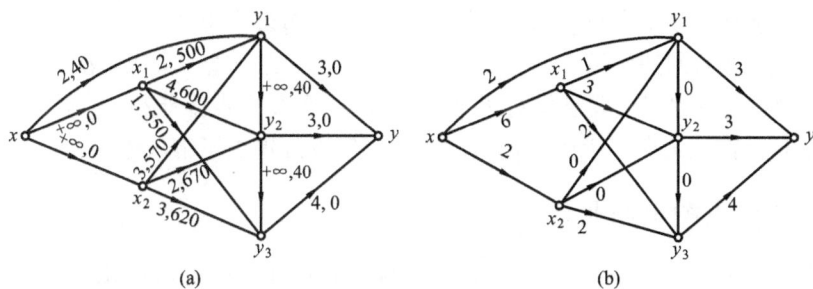

图 7-45

结论：第 1 年末由已积压的 2 条和正常生产时间生产 1 条来满足；第 2 年末由第 2 年正常时间生产 3 条船满足；第 3 年末由第 3 年正常生产 2 条和加班生产 2 条船来满足合同和储备的需要，总费用最少为 4720 万元.

7.6 中国邮递员问题

一个邮递员带着所管辖地区要分发的邮件从邮局出发, 经过要分发的每条街道, 送完邮件后返回邮局. 为了投递完所有邮件, 邮递员必须经过其所管辖的每条街道至少一次. 邮递员问题所研究的是如何确定投递路线, 使得在完成投递任务的前提下, 行程尽可能短. 该问题是我国著名数学家管梅谷教授于 1962 年首次提出, 因此在国际上称为中国邮递员问题, 有关管梅谷教授对国际运筹学学科发展的代表性贡献可扫描案例 7-5 二维码查阅.

案例7-5

7.6.1 基本概念和定理

用图论的术语来描述, 中国邮递员问题就是在连通赋权图 $G = (V, E, W)$ 中寻找一条回路, 使该回路包含 G 中的每一条边至少一次, 且该回路的权数最小.

定义 7.19 设有连通图 $G = (V, E)$, 若存在一条回路, 使它经过图中每条边一次, 且仅一次回到起始点, 称这种回路为欧拉回路, 图 G 称为欧拉图.

在引入本章的哥尼斯堡七桥问题中, 欧拉将其转化为"一笔画问题"证明了哥尼斯堡七桥问题不存在这样的回路, 使它经过图中每条边一次, 且仅一次回到起始点.

定理 7.8 若图 G 中有奇阶顶点, 则 G 的奇阶顶点的个数必为偶数.

定理 7.9 连通图 G 是欧拉图的充分必要条件为 G 中无奇阶顶点.

下面从欧拉图的理论可得出 3 个推论(证明略).

推论 1 如果连通图 G 中所有顶点都是偶点, 则可以从任何一个顶点出发, 经过每条边一次且仅一次, 最后回到出发点.

推论 2 若连通图 G 中含有奇点(一定为偶数个), 那么要想从一个顶点出发, 经过每条边一次且仅一次, 最后回到出发点, 就必须在某些边上重复经过一次或多次.

推论 3 最短的投递路线要满足对于重复走的边, 重复次数不能超过一次.

以上的定理及推论为研究中国邮递员问题的求解算法提供了解决思路.

7.6.2 奇偶点图上作业法

奇偶点图上作业法就是将一个含有奇点的连通图通过加重复边转化为一个不含奇点的图, 所加的重复边即为可行方案, 然后对可行方案进行调整, 使重复边总权下降, 直至重复边的总权最小为止.

(1)算法思想

设有某投递区域所对应的连通图 G 中含有奇点, 此时任何邮递路线都必定要在某些街道上重复走, 这等价于将图 G 的某些边变为重边, 得到一个新图, 并且新图中不含奇点. 最优投递路线要满足新增重复边总权为最小. 因此, 解决中国邮递员问题的核心就是求给定赋权图 G 的最小新增重复边集.

设 F 表示所有新增重复边集合, 当且仅当 F 满足下列两个条件时, F 为权最小的新增重复边集.

①F 中没有重复出现的边;

②在 G 的每个回路上, 属于 F 的边权之和不超过该回路权和的一半.

(2)算法步骤

第 1 步　构造赋权图 G 的新增重复边集 F, 使其满足条件①, 并且图 $G_F = (G \cup F)$ 没有奇点, 转入第 2 步;

第 2 步　调整新增重复边集 F, 使图 G_F 满足条件②, 最终得到最优投递路线.

例 7.21　求图 7-46 所示的投递区域最优投递路线.

解　第 1 步　构造赋权图 $G_F = (G \cup F)$, 如图 7-47 所示. 图 G_F 没有奇点, 新增重复边集 $F = \{(v_2, v_3), (v_3, v_4), (v_6, v_7), (v_7, v_8)\}$, 且满足条件①.

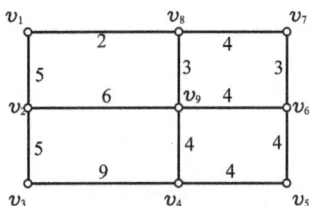

图 7-46

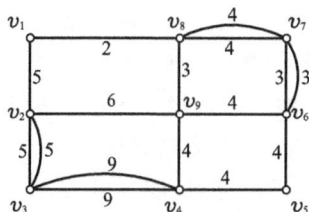

图 7-47

第 2 步　调整新增重复边集 F, 使 G_F 满足条件②.

检查图 7-47 有重复边所在的回路, 发现回路 $(v_2, v_3, v_4, v_9, v_2)$ 中回路总长为 24, 而新增重复边 (v_2, v_3), (v_3, v_4) 长度总和为 14, 大于回路中长度的一半, 不满足条件②, 需要调整.

将新增重复边 (v_2, v_3), (v_3, v_4) 换成 (v_4, v_9), (v_9, v_2), 得到新增边集为 $F = \{(v_4, v_9), (v_9, v_2), (v_6, v_7), (v_7, v_8)\}$, 如图 7-48 所示.

继续检查图 7-48 有重复边所在的回路, 发现回路 $(v_1, v_2, v_9, v_6, v_7, v_8, v_1)$ 中回路总长为 24, 而新增重复边 (v_2, v_9), (v_6, v_7), (v_7, v_8) 长度总和为 13, 大于回路中长度的一半, 不满足条件②, 需要调整.

将新增重复边换成回路 $(v_1, v_2, v_9, v_6, v_7, v_8, v_1)$ 的另外 3 条边 (v_2, v_1), (v_1, v_8), (v_9, v_6) 得到新增边集为 $F = \{(v_1, v_2), (v_1, v_8), (v_4, v_9), (v_6, v_9)\}$, 如图 7-49 所示.

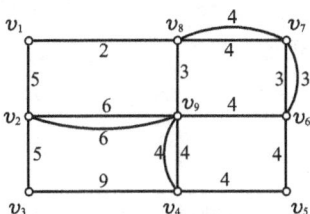

图 7-48

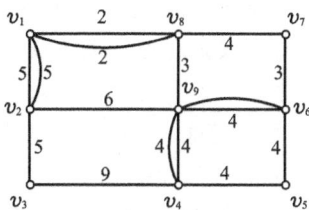

图 7-49

继续检查图 7-49, 发现新增重复边集满足条件②. 故图 7-49 所示的即为最优投递路线. 可以看出, 在边(v_1, v_2), (v_1, v_8), (v_4, v_9), (v_6, v_9)上分别重复走一次, 投递路线总长为 68.

值得注意的是, 奇偶点图上作业法的主要困难就是在于检查条件②, 它要求检查 G_F 中所有回路. 当图 G_F 中点、边数较多时, 回路的个数将会很多.

关于中国邮递员问题, 还有其他算法, 由于受篇幅所限, 在此就不作介绍了, 读者有兴趣可参阅相关资料.

【本章导学】

1. 学习要点提示

(1) 图与网络: 概念、定理、特征、术语、要素.

(2) 网络极值问题: 最小生成树、最短路、网络最大流、最小费用最大流、中国邮递员等问题的求解方法.

(3) 网络极值问题应用: 网络模型的构建.

2. 学习思路与方法建议

对于本章的学习, 首先要了解图论是运筹学的一个非常重要的研究领域, 它是研究利用图论的有关概念, 把一类问题抽象化, 提炼基本元素与关系, 利用图论与代数等数学工具解决问题. 图论的优点是可以通过一些直观的认识与理解, 关键在于如何将一个实际问题抽象为网络极值问题加以解决. 图论中的基本概念较多, 但也有一些规律, 如有些概念或术语是层层递进的, 可以通过图例加深理解. 要特别注意运筹学中的图的特点及其描述问题的优越性. 本章内容的逻辑推演进程为

(1) 认识运筹学中图与网络的基本特征及其描述问题的优越性; 图的基本要素及其衍生出来的相关术语、网络及其网络中"权"的意义.

(2) 由树的概念与性质得出一类求最小生成树的极值问题, 这类问题的核心就是确保连通的条件下优化, 解决方法较为简单, 难点在于将实际问题转化为树模型即网络建模.

(3) 最短路问题是讨论网络中两点间的最短路, 注意理解 Dijkstra 算法思想、适用范围、特征等, 可以考虑与动态规划中的最短路径问题作比较, 引出策略递推算法的意义.

(4) 网络最大流问题: 注重其求解思路, 由可行流到最大流所涉及的相关概念 (容量条件、平衡条件、可行流、饱和弧与非饱和弧、前向弧与后向弧、增流链、截集与截量等) 以及实现的方式 (标号法), 类比单纯形法从可行解到最优解的求解过程, 联想到线性规划、对偶理论等, 思考最大流与最小截之间的对偶关系, 更有利于开阔思路.

(5) 网络最小费用最大流问题: 理解问题的实际意义; 在求解方法方面, 将网络最短路算法和最大流算法通过构建伴随流 f 的增流网络方式实现有机结合, 在最小费用链上增流, 其思想对于相关算法设计很有启发.

(6) 中国邮路问题: 内容较为简单, 可自学. 但应注意厘清问题的条件.

【思考与讨论】

(1)本章引言由一个生活中的"哥尼斯堡七桥问题"引出图论的基本知识,你认为"哥尼斯堡七桥问题"说明了什么?对于图论的学习有什么意义?

(2)树是一类极为简单的图,但它却很实用,试思考在生活和学习中哪些问题可以借助"树"来解决?

(3)最大流问题是一个特殊的线性规划问题,试具体说明这个问题中的变量、目标函数和约束条件各是什么?并列出其线性规划模型.

(4)什么是增流链?为什么只有不存在关于可行流 f^* 的增流链时,f^* 即为最大流.

(5)试述"最大截集(量) = 最小截集(量)"的经济学意义.

(6)如何提高最大流算法的收敛性?

(7)试用图的语言来表达中国邮递员问题,并说明该问题同一笔画之间的联系和区别.

(8)旅行商问题与中国邮递员问题有何区别?

【习题】

7.1 写出图 7-50(a)、(b)的关联矩阵和邻接矩阵.

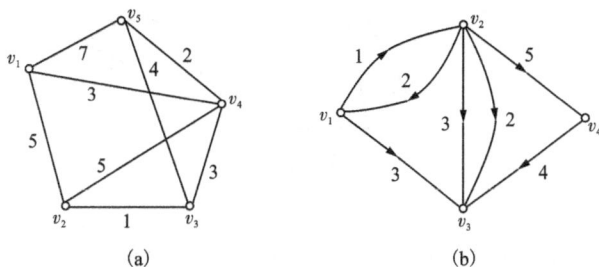

图 7-50

7.2 有 10 名研究生参加 6 门课程的考试.由于选修的课程不同,考试的门数也不一样.表 7-8 给出了每个研究生应参加考试的课程(打√号).规定考试在三天内进行,每天上午下午各安排一门课,每个人每天最多考一门.又课程 A 必须安排在第一天上午考,课程 B 只能安排在下午考,试列出一张满足上述要求的考试日程表.

表 7-8

研究生编号＼课程	A	B	C	D	E	F
1	√	√		√		
2	√		√			

续表7-8

研究生编号 \ 课程	A	B	C	D	E	F
3	√					√
4		√			√	√
5	√		√	√		
6			√		√	
7			√		√	√
8		√		√		
9	√	√				√
10	√		√			√

7.3 图7-51表示某生产队的水稻田,用堤埂分割为许多小块.为了使水灌溉到每小块稻田,需要挖开一些堤埂,试用图论的方法确定需挖堤埂的最少条数.

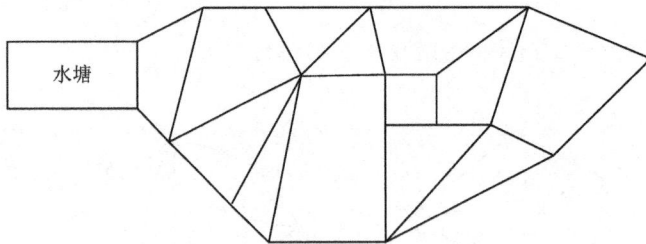

图7-51

7.4 用破圈法和避圈法求图7-52所示的最小生成树和最大生成树.

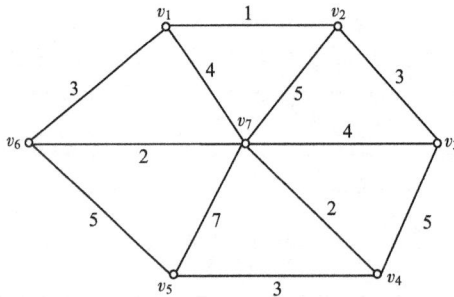

图7-52

7.5 有十个城市(用 $v_1 \sim v_{10}$ 表示),其铁路网如图 7-53 所示,弧旁的数字表示该段铁路的长度,现有一批货物要求从 v_1 运到 v_{10},问走哪条路最短?

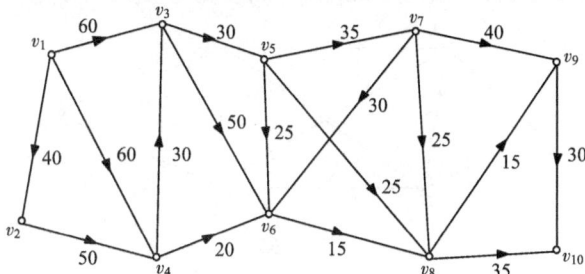

图 7-53

7.6 用 Dijkstra 标号法求图 7-54 中始点到各顶点的最短路,其中:弧上数字为距离.

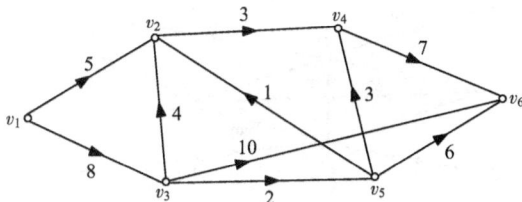

图 7-54

7.7 某公司使用一种设备,此设备在一定年限内随着时间的推移逐渐损坏,每年购买价格和不同年限的维修使用费如表 7-9 和表 7-10 所示.假定公司在第一年开始时必须购买一台此设备,问该公司在 5 年内采用什么更新策略,才能使维修费和新设备购置费的总数最小?

表 7-9 每年该设备购买价格(万元)

年份	1	2	3	4	5
价格	20	21	23	24	26

表 7-10 该设备不同使用年限的维修使用费(万元)

使用年数	0~1	1~2	2~3	3~4	4~5
维护费用	8	13	19	23	30

7.8 求图 7-53 中 v_1 到 v_{10} 的最长路径及其长度.

7.9 已知有6个村子,相互间道路的距离如图7-55所示,拟合建一所小学.已知 A 村有小学生50人, B 村40人, C 村60人, D 村20人, E 村70人, F 村90人,问小学应建在哪一个村子,才能使学生上学最方便(走的路程最短)? 若修建两所小学呢?

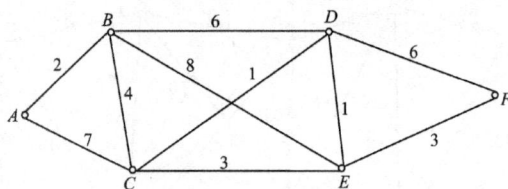

图 7-55

7.10 如图7-56所示,从三口油井 A、 B、 C 经管道将油输至脱水处理厂 G 和 H,中间经 D、 E、 F 三个泵站.已知图中弧旁数字为各管道通过的最大能力(单位:t/h),求从油井每小时能输送到处理厂的最大流量.若要提高该网络的输油能力,应首先考虑哪根(些)管道的可能改造最有效?

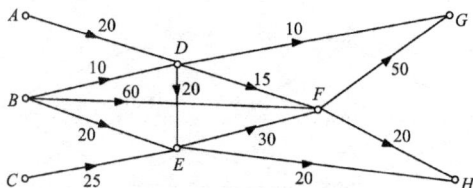

图 7-56

7.11 已知某运输网络如图7-57所示,求该网络的最大流和最小截(截集和截量)(弧上数字为容量和初始可行流).

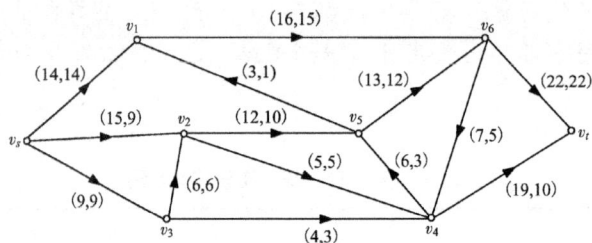

图 7-57

7.12 求如图7-58所示的网络最小费用最大流(弧上数字为单位费用和容量).

7.13 求图7-58所示网络的流值为8的最小费用流.

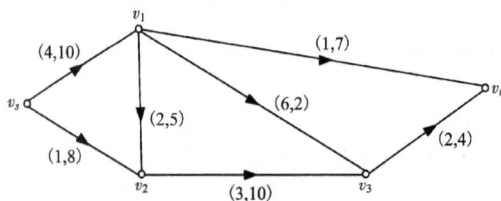

图 7-58

7.14 某单位招收懂俄、英、日、德、法文的翻译各一人,有5人应聘.已知乙懂俄文,甲、乙、丙、丁懂英文,甲、丙、丁懂日文,乙、戊懂德文,戊懂法文,问这5个人是否都能得到聘书? 最多几个得到招聘,招聘后每人从事哪一方面翻译任务?

7.15 表7-11给出某运输问题的产销平衡与单位运价.将此问题转化为最小费用最大流问题,画出网络图并求数值解.

表 7-11

产地＼销地	甲	乙	丙	产量
A	20	24	5	8
B	30	22	20	7
销量	4	5	6	

7.16 某邮递员的投递范围的路线如图7-59所示,其中 M 为邮局.试求邮递员从邮局 M 出发经过所有路段然后回到邮局的最优投递路线及相应路线的总长度.

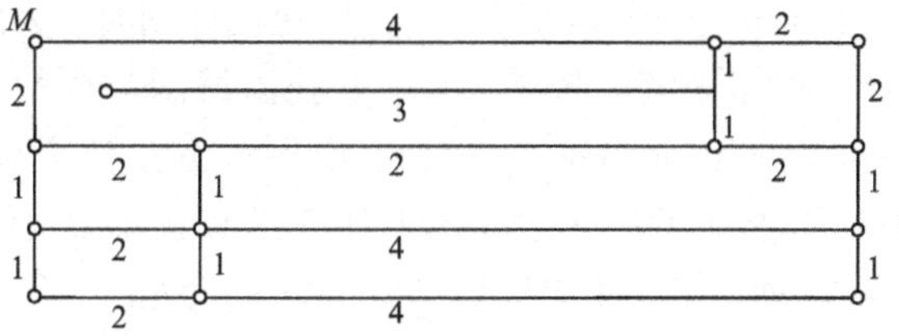

图 7-59

7.17 试将图7-60中求从点 $v_1 \sim v_7$ 的最短路问题归结为求解整数规划问题,具体说明整数规划模型中变量、目标函数和约束条件的含义.

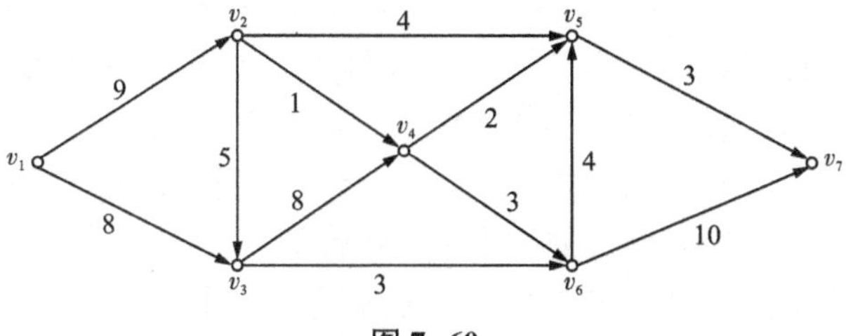

图 7-60

习题答案

第8章　网络计划技术

网络计划技术(network planning technology, NPT), 也称网络计划法, 是以系统工程思想为理念, 将计划项目分解为相对独立的活动, 根据各活动先后顺序、相互关系以及完成活动所需的时间, 做出能够反映项目全貌的网络图; 从项目完成全过程着眼, 找出影响项目进度的关键活动和关键路线, 通过对资源的优化调度, 实现对计划项目实施的有效控制和管理. 网络计划技术是 20 纪中叶美国创造和发展起来的一项新型计划技术.

1956 年, 美国杜邦(Dupont)公司在制订某化工厂建设计划时, 为协调企业不同业务部门的系统规划, 运用网络计划技术来统筹各项工作, 并找出编制与执行计划的关键路线, 将此方法称为**关键路线法**(critical path method, CPM), 应用该方法使得化工厂建设工期缩短了 4 个月. 随后公司将此法应用于新工厂建设工程, 使该工程提前 2 个月完成. 杜邦公司采用 CPM 法安排施工和维修等计划, 仅一年时间就节约 100 万美元.

1958 年, 美国海军特种计划局启动北极星导弹核潜艇研制计划. 该计划规模庞大, 涉及一万多家承包与转包该工程的厂商, 组织协调工作十分复杂, 而且很多工作又是开创性的, 缺乏历史统计数据用于准确度量各项活动的作业时间. 对此, 项目组开发出一种以数理统计为基础, 以网络分析为主要内容, 以电子计算机为手段的新型计划管理方法, 称为"**计划评审技术**"(program evaluation and review technique, PERT). 应用后使原定 6 年的研制计划提前 2 年完成. 1961 年, 美国在"阿波罗"载人登月计划中又采用了 PERT, 协调组织了投资规模 255 亿美元、参与人员 42 万余人的巨大工程, 取得了人类首次登月成功的非凡成就. 从此, PERT 声誉大振, 风靡全球. 统计资料表明, 在不增加人力、物力、财力的既定条件下, 采用 PERT 可使进度提前 15%～20%, 节约成本 10%～15%. 为此, 1962 年美国国防部规定: 以后承包有关工程的单位都应采用网络计划技术来安排计划.

CPM 和 PERT 是彼此互相独立和先后发展起来的两种计划方法, 但它们的基本原理是一致的, 其区别在于 CPM 是以经验数据为基础来确定活动时间, 而 PERT 则是通过概率估计确定活动时间. 因此, 人们把 CPM 称为确定型网络计划法, 称 PERT 为非确定型网络计划法.

20 世纪后半叶, 随着不确定性因素在科研项目、试制工程以及大型而复杂的服务系统中影响越来越大, 在上述两种方法的基础上出现了图解评审法(graphic evaluation and review technique, GERT)、决策网络计划法(简称 DN)、风险评审技术(venture evaluation review technique, VERT)、仿真网络计划法和流水网络计划法等等. 由于这些技术方法均以网络来描述项目计划中各项具体活动及活动之间的逻辑关系, 故统称为网络计划技术.

网络计划技术的成功应用引起了世界各国的高度重视, 被称为计划管理中最有效、先进、科学的管理方法. 20 世纪 60 年代初期, 著名科学家钱学森教授将网络计划方法引入我国, 并在航天系统应用. 著名数学家华罗庚教授在综合研究各类网络计划方法的基础上, 结合我国实际于 1965 年发表了《统筹方法平话》, 为推广应用网络计划方法奠定了基础, "统筹方法" 的由来可扫描案例 8-1 二维码获取. 现在这些方法已广泛应用于我国国民经济的各个部门和各个领域的计划管理中, 取得了可观的经济效益.

案例8-1

本章将主要以 CPM 为例, 介绍网络计划图的绘制, 时间参数的计算, 关键路线的确定及网络优化等内容.

8.1　网络计划图

应用网络计划技术编制计划是用网络图来描述一项工程和工程中各项作业及其之间关系. 网络计划技术的基础是图论, 网络计划图实际上是计划的图示模型. 本节首先介绍网络计划图的有关术语和概念, 然后阐述网络计划图的绘制.

视频8-1

8.1.1　基本概念与术语

网络计划图又称箭线图或统筹图. 它是由箭线(工序)、节点(事项)及权(时间或资源参数)所构成的有向图.

(1) 工序(又称工作、活动或作业)

在网络图中用带箭头的线段(箭线)表示工序, 按照是否消耗时间和资源, 工序分为实工序和虚工序.

实工序指在一项工程或任务中的一项作业或一道工序, 需要消耗时间及各种资源. 在网络计划图中用实箭线("——→")表示, 如图 8-1 所示. 箭尾 i 表示工序开始, 箭头 j 表示工序结束, 在箭线上方标注该道工序的名称, 箭线下方标注该道工序的持续时间 (工期) t_{ij}.

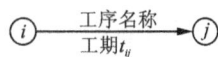

图 8-1

虚工序是虚设的工序, 主要用来表示相邻工序之间的逻辑关系, 不需要消耗时间和任何其他资源. 在网络图中用虚箭线("……▶")表示.

工序的其他几条术语.

紧前工序: 紧接在某工序之前的工序;

紧后工序: 紧接在某工序之后的工序;

平行工序: 可与本工序同时进行的工序;

交叉工序: 相互交替进行的工序.

如图 8-2 所示, A 工序的紧前工序 B、紧后工序 E、平行工序 C 和 D、交叉工序 F 和 G.

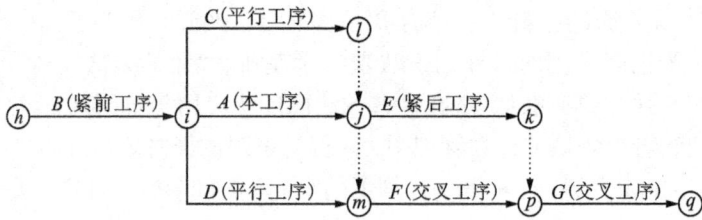

图 8-2

(2) 事项(又称节点、结点)

事项是指某一道工序开始或结束的瞬时分界点,它不消耗任何时间和资源. 在网络计划图中,一般用标有数字的圆圈表示,数字表示事项的编号,如①、②、…、⑦、…、⑦等.

事项的几个相关术语.

开始事项:表示一道工序的开始,如图 8-2 中工序 A 的事项 i 或工序 B 的事项 h.

结束事项:表示一道工序的结束,如图 8-2 工序 A 的事项 j 或工序 B 的事项 i.

总开工事项:表示一项计划(或工程)的开始,在网络图中没有箭头进入的事项且只有一个事项,又称网络起点事项,如图 8-2 中事项 h.

总完工事项:表示一项计划(或工程)的结束,在网络图中没有箭尾出去的事项且只有一个事项,又称网络终点事项,如图 8-2 中事项 q.

中间事项:介于项目总开工事项和总完工事项之间的事项称为中间事项. 如图 8-2 中事项 i、j、l、m、k、p.

值得注意的是开始事项和结束事项是指一道工序的开工和完工,总开工事项和总完工事项是表示一项计划(或工程)的开始和结束,而中间事项所表示的意义是双重的,它既表示前一道工序的结束,又表示后一道工序的开始.

事项的编号是用于识别、检查和计算. 编号规则如下.

- 从总开工事项到总完工事项,从左往右、从小往大依次编排;
- 箭头的编号大于箭尾的编号,即 $j > i$;
- 不能有重复编号. 可以连续编号,也可非连续编号,如:③$\xrightarrow{A}$④或⑤$\xrightarrow{B}$⑧.

(3) 权

网络计划图的权是指完成某道工序所需要的时间或资源等数据,通常标注在箭线下方,如③$\xrightarrow[3]{A}$④表示完成工序 A 需要 3 天时间(或 3 单位资源).

(4) 路线(又称线路)

路线是指在网络图中从总开工事项沿着箭线方向顺序到达总完工事项的通路. 路线的总长度就是这条路线中各道工序所需时间的总和. 根据路线的总长度不同,将路线分为关键路线和非关键路线.

第 8 章　网络计划技术

关键路线：在网络图的所有路线中，总长度最长的路线称为关键路线（也叫主要矛盾线）. 关键路线上的各道工序称为**关键工序**. 关键路线在网络计划图中一般用双线或粗线标出，如图 8-3 所示.

非关键路线：在网络计划图的所有路线中，除关键路线之外的其他所有路线.

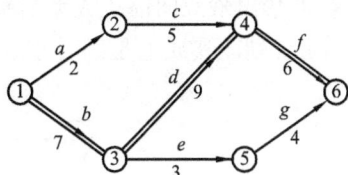

图 8-3

关键路线决定着整个计划（工程）的完工期，如果在这条线路上的工作有所耽误，则整个计划（工程）工期就要推迟；相反，如果能采取一定的技术组织措施缩短这条线路的持续时间，工期就可能缩短. 所以说，从能不能尽快完成任务这一点来看，这条线路是整个计划（工程）的关键.

有时在网络计划图中也可能出现多条关键线路，它们的完工期相同.

8.1.2　网络计划图的绘制

网络计划图的绘制就是把工程中各项活动（工序）的前后顺序和相互关系用一张网络图清晰地表示出来. 按工序的表述方式不同，网络计划图有双代号（或称箭线式）网络计划图和单代号（或称节点式）网络计划图两种形式. 下面仅就双代号网络计划图进行介绍.

视频8-2

（1）绘图规则

为了正确反映工程中各道工序的相互关系，在绘制网络图时应遵循以下规则.

● 网络计划图中不允许出现循环回路

如图 8-4 所示的画法错误，出现了②③④②循环回路.

又如实际中某技术革新项目，经设计、制造后进入试验，试验不成功重新设计等 4 项活动，绘制成如图 8-5 所示的网络计划图，是错误的. 正确的画法如图 8-6 所示.

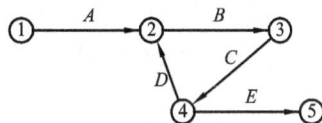

图 8-4

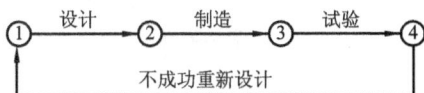

图 8-5

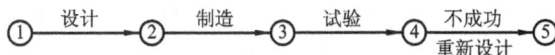

图 8-6

事实上，在画网络计划图时，严格按节点的编号规则（$j>i$）进行编号，是可以避免出现循环回路的.

● 严禁出现双向箭头或无箭头的连线

网络计划图实质上是有时序的有向赋权图，图 8-7(a)、(b)均为错误画法.

图 8-7

● 网络计划图中不允许出现编号相同的箭线

一道工序用确定的两个相关事项表示，某两个相邻节点只能是一道工序的相关事项. 在计算机上计算各个节点和各道工序的时间参数时，相关事项的两个节点只能表示一道工序，否则将造成逻辑上的混乱，如图 8-8(a)的画法是错误的，图 8-8(b)的画法是正确的.

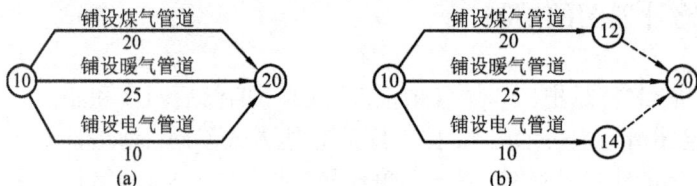

图 8-8

● 网络计划图中不允许出现从一条箭线的中间引出另一条箭线

箭线必须从一个事项开始，到另一个事项结束，其首尾都应该有事项. 例如挖沟和埋管子，必须先挖沟后埋管子，当距离很长时，实际操作中往往是先挖一段沟就开始埋管子，然后再继续. 这时网络计划图绘成如图 8-9(a)是错误的，而应该绘成如图 8-9(b)所示.

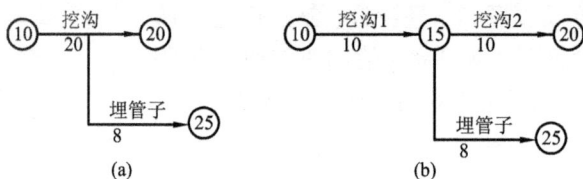

图 8-9

● 网络计划图中只能有一个总始点事项和一个总终点事项，不允许出现缺口

为表示工程的开始和结束，在网络计划图中只能有一个始点和一个终点，其他各个节点的前后都应有工序连接，不能有缺口，使网络计划图从总始点经任何路线都可到达总终点.

若工程开始时有几道工序同时开工，或结束时有几道工序同时完工，而这些工序不能用一个始点和一个终点表示时，可用虚工序把它们与总始点或总终点连接起来. 如图 8-10 中(a)和(c)错误，(b)和(d)正确.

● 平行工序和交叉工序表示方法

平行工序：为缩短工程的完工期，在工艺流程和生产组织条件允许的情况下，某些工序

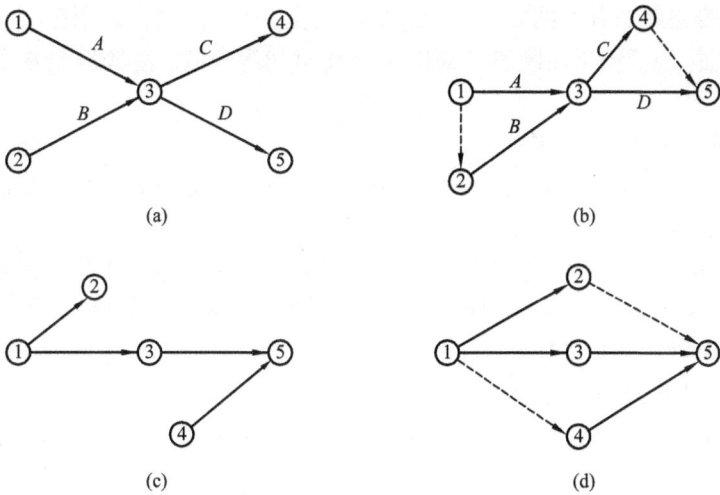

图 8-10

可以同时进行. 如图 8-8(b) 中, 铺设煤气管道、铺设暖气管道和铺设电气管道, 三道工序同时进行.

　　交叉工序: 对需要较长时间才能完成的一些工序, 在工艺流程与生产组织条件允许的情况下, 可以分段交叉进行, 这种方式称为交叉工序.

　　例如, 修建某段铁路时, 有 3 道工序: 筑路基 (a), 铺道碴 (b), 铺钢轨 (c).

　　显然, 实际中一般不会等到全段铁路路基 (a) 修筑完成后再开始铺道碴 (b)、铺钢轨 (c), 而是将它们分段施工.

　　这里设 $a = a_1 + a_2$, $b = b_1 + b_2$, $c = c_1 + c_2$, 可绘出如图 8-11 所示的网络计划图.

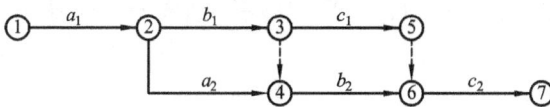

图 8-11

　　如果将各道工序都分为 3 段, 即 $a = a_1 + a_2 + a_3$, $b = b_1 + b_2 + b_3$, $c = c_1 + c_2 + c_3$, 采取交叉作业, 其网络计划图如图 8-12 所示.

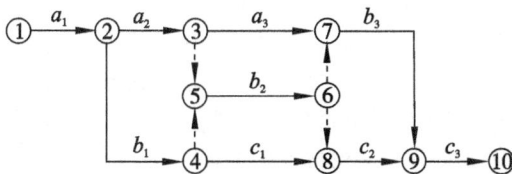

图 8-12

● 网络计划图的布局

尽可能将关键路线布置在网络计划图的中心位置,按工序的先后顺序将联系紧密的工序布置在邻近的位置.为了便于在网络计划图上标注时间等参数,箭线应是水平线或具有一段水平的折线.

● 网络计划图的分解与合成

对于大型的工程项目计划问题,一般应用计算机网络计划软件,在计算机上可进行网络计划图的分解与合成.

网络计划图详细程度,可以根据需要,将工作分解为更细的子工作,也可以将几项工作合并为综合工作,以便获得不同详细程度的网络计划供不同部门使用.如供总指挥部门使用时,可以整个工程项目为计划对象,重点反映任务的主要组成部分之间的组织联系,编制总网络计划图;供不同管理部门使用时,则需编制范围大小和详细程度不同的分级网络计划图;供专业部门使用时,需编制局部网络计划图等.为了便于管理,各级网络计划图中工序和事项应实行统一编号.

(2)绘图步骤

一般网络计划图的绘制可分为三步.

第一步:任务的分解

一项任务或工程首先要分解成若干项相互独立、繁简大小适当的具体工作(工序),并分析这些工序在工艺上和组织上的联系和制约关系或称逻辑关系,然后确定各工序的先后顺序,列出工序资料明细表.

第二步:绘制网络计划图

按照明细表中所列工序,遵循前述绘图规则绘制网络计划图.

第三步:节点编号

事项节点编号要满足前述要求,即从始点到终点从小到大编号,且工序(i, j)要求$i < j$.编号不一定连续,留些间隔便于修改和增添工序.

例 8.1 某项任务通过分解以后,各工序资料明细如表 8-1 所示,要求绘制该项任务的网络计划图.

表 8-1

工序名称	A	B	C	D	E	F	G	H
紧前工序	—	A	A	A	B	D, C	D	E, F, G
工序时间	2	3	4	5	4	3	4	2

解 根据该任务的工序资料明细表 8-1,遵循前述绘图规则绘制网络计划图,并在箭线上标出工序时间,如图 8-13 所示.

以上介绍的绘制网络计划图中工序是用一条带首尾编号的箭线表示的,故称之为双代号网络计划图.双代号网络计划图由于常常要添加虚工序,使图显得比较复杂.与此对应,国际上还流行一种单代号网络计划图.它用节点表示工序,用箭

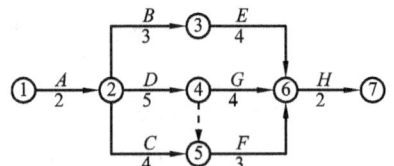

图 8-13

线表示工序之间的关系构成网络图，表 8-1 的工序资料绘制成单代号网络计划图如图 8-14 所示.

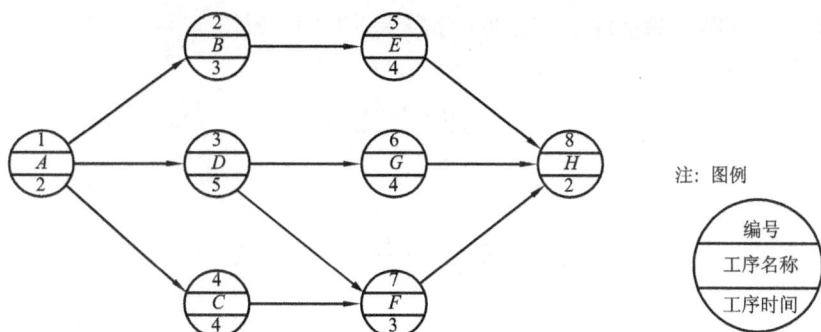

图 8-14

注：图例

由图 8-14 可以看出，图中没有虚箭线，工序之间的关系比较清晰. 但由于节点表示工序，在检查工程进度时不如双代号使用方便. 至于单代号网络计划图的绘制方法，有兴趣的读者可参阅有关资料.

8.2　时间参数及其计算

网络计划技术的最终目标，是编制一项合理可行、每道工序均有明确的开工时间和完工时间的计划日程表，计算出完成整个任务（或工程项目）所需的工期. 因此，绘制网络计划图以后，就要进行网络时间计算. 它包括：确定各项作业（工序）的时间；计算每个节点的最早时间和最迟时间；每道工序的最早开始时间与最早结束时间、最迟开始时间与最迟结束时间；时差等参数，以便找到网络计划的关键路线及关键工序并对计划作进一步调整优化.

视频 8-3

8.2.1　工序持续时间

工序 (i, j) 持续时间简称工序时间（或称作业时间），用 t_{ij} 或 $t(i, j)$ 表示，是指完成一道工序或一项工作所需的时间（持续时间）. 它是网络计划技术的一项基础工作，关系到网络计划是否能正确实施. 这里简述确定工序持续时间的两类数据和两种方法：

（1）单时估计法（定额法）

每道工序或每项工作只估计或规定一个确定的持续时间值的方法. 在具备劳动定额资料的条件下，或者在具有类似作业时间消耗的统计资料时，利用这些资料分析对比确定作业持续时间. 因此，用这种作业时间编制的网络计划称为确定型的网络计划.

（2）三时估计法

在不具备工时定额和时间消耗统计资料且未知和不确定因素较多的情况下，如科研项目、新产品设计试制项目等，可对工序进行估计三种时间值，然后计算其平均值. 这三种时间值是：

乐观时间：在一切顺利时，完成工序所需最少时间，记作 a.

最可能时间：在正常情况下，完成工序所需时间，记作 m.

悲观时间：在不顺利的条件下，完成工序需最多时间，记作 b.

利用三种时间 a，m，b，每道工序的期望工时可估计为

$$t_{ij} = \frac{a+4m+b}{6}$$

方差为

$$\delta_{ij}^2 = \left(\frac{b-a}{6}\right)^2$$

其原理如下

在 a，m，b 三种时间中，每道工序估计持续时间的平均值 t_{ij} 落在 m 点的可能性最大. 假定 m 的可能性两倍于 a 与 b 的可能性，应用加权平均法.

在 (a, m) 间的平均值为 $\frac{a+2m}{3}$

在 (m, b) 间的平均值为 $\frac{2m+b}{3}$

如果此两点各以 $\frac{1}{2}$ 的可能性出现，则

平均（期望）工时 $t_{ij} = \frac{1}{2}\left(\frac{a+2m}{3}+\frac{2m+b}{3}\right) = \frac{a+4m+b}{6}$

而方差 $\delta_{ij}^2 = \frac{1}{2}\left[\left(\frac{a+4m+b}{6}-\frac{a+2m}{3}\right)^2 + \left(\frac{a+4m+b}{6}-\frac{2m+b}{3}\right)^2\right] = \left(\frac{b-a}{6}\right)^2$

显然，完成工序所需要的上述三种时间都具有一定概率，根据经验，这些时间的概率分布可认为近似正态分布，则估计的工序时间 t_{ij} 就可认为近似服从以 $\frac{a+4m+b}{6}$ 为均值，以 $\left(\frac{b-a}{6}\right)^2$ 为方差的正态分布.

8.2.2 事项时间参数

事项本身不占用时间，它只表示某项工序应在某一时刻才能开始或必须在某一时刻以前结束的时间点. 事项时间参数有两个：最早时间和最迟时间.

（1）事项的最早时间

事项 j 的最早时间用 $t_E(j)$ 表示，它表明以它为始点的各工序最早可能开始的时间，也表示以它为终点的全部工序的最早可能结束时间，它等于从始点事项到该事项的最长路线上所有工序的工时总和. 事项最早时间可用下列递推公式，按照事项编号从小到大的顺序逐个计算.

设项目总开工事项编号为 1，则有

$$\begin{cases} t_E(1) = 0 \\ t_E(j) = \max\{t_E(i)+t_{ij}\} \quad (j=2, 3, \cdots, n) \end{cases}$$

式中，$t_E(i)$——与事项 j 相邻的各紧前事项的最早时间.

设终点事项编号为 n，则终点事项的最早时间 $t_E(n)$ 显然就是整个工程的总最早完工期，即工程总工期.

例如，某工程项目的网络计划如图 8-15 所示（工序时间单位：天），其中各事项的最早时间为

$$t_E(1) = 0$$
$$t_E(2) = t_E(1) + t_{12} = 0 + 2 = 2$$
$$t_E(3) = t_E(2) + t_{23} = 2 + 3 = 5$$
$$t_E(4) = t_E(2) + t_{24} = 2 + 5 = 7$$
$$t_E(5) = \max\{t_E(2) + t_{25}, t_E(4) + t_{45}\}$$
$$= \max\{2+4, 7+0\} = 7$$
$$t_E(6) = \max\{t_E(3) + t_{36}, t_E(4) + t_{46}, t_E(5) + t_{56}\}$$
$$= \max\{5+4, 7+4, 7+3\} = 11$$
$$t_E(7) = t_E(6) + t_{67} = 11 + 2 = 13$$

计算结果可填入各事项左下方的"□"内，如图 8-15 所示.

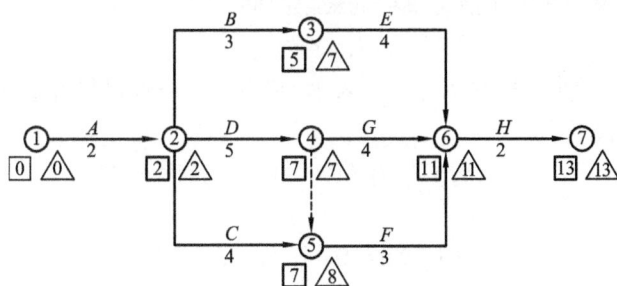

图 8-15

该工程项目的总工期为 13 天.

(2) 事项的最迟时间

事项 i 的最迟时间用 $t_L(i)$ 表示，它表明在不影响项目总工期条件下，以它为始点的工序最迟必须开始时间，或以它为终点的各工序最迟必须结束时间. 由于一般情况下，把工程项目的最早完工时间作为项目的总工期，所以事项最迟时间的递推公式为

$$\begin{cases} t_L(n) = t_E(n) & (n \text{ 为终点事项}) \\ t_L(i) = \min\{t_L(j) - t_{ij}\} & (i = n-1, \cdots, 2, 1) \end{cases}$$

式中，$t_L(j)$——与事项 i 相邻的各紧后事项的最迟时间.

事项最迟时间的推算与事项最早时间相反，是从终点事项开始，按编号由大到小的顺序逐个由后向前计算.

例如在图 8-15 中有

$$t_L(7) = t_E(7) = 13$$

$$t_L(6) = t_L(7) - t_{67} = 13 - 2 = 11$$

$$t_L(5) = t_L(6) - t_{56} = 11 - 3 = 8$$

$$t_L(4) = \min\{t_L(6) - t_{46},\ t_L(5) - t_{45}\} = \min\{11 - 4,\ 8 - 0\} = 7$$

$$t_L(3) = t_L(6) - t_{36} = 11 - 4 = 7$$

$$t_L(2) = \min\{t_L(5) - t_{25},\ t_L(4) - t_{24},\ t_L(3) - t_{23}\}$$

$$= \min\{8 - 4,\ 7 - 5,\ 7 - 3\} = 2$$

$$t_L(1) = t_L(2) - t_{12} = 2 - 2 = 0$$

将各事项的最迟时间计算结果填入该事项右下方的"△"内,如图 8-15 所示.

8.2.3 工序时间参数

工序时间参数有三组,即工序最早开工时间与工序最早结束时间、工序最迟结束时间与工序最迟开工时间、工序时差(工序总时差和工序单时差).

(1)工序的最早开工时间与工序的最早结束时间

工序(i, j)的最早开工时间用 $t_{ES}(i, j)$ 表示. 任何一道工序都必须在其所有紧前工序全部结束后才能开始,它等于该工序箭尾事项的最早时间,即

$$t_{ES}(i, j) = t_E(i)$$

工序(i, j)的最早结束时间用 $t_{EF}(i, j)$ 表示. 它表示工序按最早开工时间开始所能达到的完工时间,它的计算公式为

$$t_{EF}(i, j) = t_{ES}(i, j) + t_{ij} = t_E(i) + t_{ij}$$

在图 8-15 中有

$$t_{ES}(1, 2) = 0 \quad t_{ES}(3, 6) = 5$$

$$t_{ES}(2, 3) = 2 \quad t_{ES}(4, 6) = 7$$

$$t_{ES}(2, 4) = 2 \quad t_{ES}(5, 6) = 7$$

$$t_{ES}(2, 5) = 2 \quad t_{ES}(6, 7) = 11$$

$$t_{EF}(1, 2) = 0 + 2 = 2 \quad t_{EF}(3, 6) = 5 + 4 = 9$$

$$t_{EF}(2, 3) = 2 + 3 = 5 \quad t_{EF}(4, 6) = 7 + 4 = 11$$

$$t_{EF}(2, 4) = 2 + 5 = 7 \quad t_{EF}(5, 6) = 7 + 3 = 10$$

$$t_{EF}(2, 5) = 2 + 4 = 6 \quad t_{EF}(6, 7) = 11 + 2 = 13$$

(2)工序的最迟结束时间与工序的最迟开工时间

工序(i, j)的最迟结束时间用 $t_{LF}(i, j)$ 表示. 它表示在不影响工程最早结束时间的条件下,工序(i, j)最迟必须结束的时间,它等于工序(i, j)的箭头事项 j 的最迟时间,即

$$t_{LF}(i, j) = t_L(j)$$

在图 8-15 中有

$$t_{LF}(6, 7) = 13 \quad t_{LF}(2, 3) = 7$$
$$t_{LF}(5, 6) = 11 \quad t_{LF}(2, 4) = 7$$
$$t_{LF}(4, 6) = 11 \quad t_{LF}(2, 5) = 8$$
$$t_{LF}(3, 6) = 11 \quad t_{LF}(1, 2) = 2$$

工序(i, j)的最迟开工时间用$t_{LS}(i, j)$表示. 它表示工序(i, j)在不影响整个项目如期完成的前提下, 必须开始的最晚时间. 它等于工序最迟结束时间减去工序的作业时间, 即

$$t_{LS}(i, j) = t_{LF}(i, j) - t_{ij} = t_L(j) - t_{ij}$$

在图 8-15 中有

$$t_{LS}(1, 2) = 2 - 2 = 0 \quad t_{LS}(2, 5) = 8 - 4 = 4 \quad t_{LS}(5, 6) = 11 - 3 = 8$$
$$t_{LS}(2, 3) = 7 - 3 = 4 \quad t_{LS}(3, 6) = 11 - 4 = 7 \quad t_{LS}(6, 7) = 13 - 2 = 11$$
$$t_{LS}(2, 4) = 7 - 5 = 2 \quad t_{LS}(4, 6) = 11 - 4 = 7$$

(3)工序时差

工序时差又称为工序的机动时间或富裕时间, 常用的有两种时差, 即工序总时差和工序单时差.

工序总时差, 用$R(i, j)$表示. 是指在不影响工程总工期的条件下, 工序(i, j)最早开始(或结束)时间可以推迟的时间. 其计算公式为

$$R(i, j) = t_{LF}(i, j) - t_{EF}(i, j) = t_{LS}(i, j) - t_{ES}(i, j)$$
$$= t_L(j) - t_E(i) - t_{ij}$$

在图 8-15 中有

$$R(1, 2) = 2 - 2 = 0, \; R(2, 3) = 7 - 5 = 2$$
$$R(2, 4) = 7 - 7 = 0, \; R(2, 5) = 8 - 6 = 2$$
$$R(3, 6) = 11 - 9 = 2, \; R(4, 6) = 11 - 11 = 0$$
$$R(5, 6) = 11 - 10 = 1, \; R(6, 7) = 13 - 13 = 0$$

当工序总时差$R(i, j) = 0$时, 说明这道工序无任何机动时间, 必须按规定的时间开工和完工, 否则, 将影响整个工程进度. 因此, 总时差为零的工序叫关键工序; 反之, 总时差不为零的工序叫非关键工序.

工序单时差也称工序自由时差, 用$r(i, j)$表示, 是指在不影响紧后工序最早开始时间的条件下, 工序(i, j)最早完工时间可以推迟的时间. 其计算公式为

$$r(i, j) = t_{ES}(j, k) - t_{EF}(i, j) = t_E(j) - t_E(i) - t_{ij}$$

式中: $t_{ES}(j, k)$为工序(i, j)和紧后工序(j, k)的最早开始时间.

在图 8-15 中有

$$r(1, 2) = 2 - 0 - 2 = 0, \; r(2, 3) = 5 - 2 - 3 = 0$$
$$r(2, 4) = 7 - 2 - 5 = 0, \; r(2, 5) = 7 - 2 - 4 = 1$$
$$r(3, 6) = 11 - 5 - 4 = 2, \; r(4, 6) = 11 - 7 - 4 = 0$$
$$r(5, 6) = 11 - 7 - 3 = 1, \; r(6, 7) = 13 - 11 - 2 = 0$$

值得注意的就是工序单时差是以不影响紧后工序的最早开始时间为前提条件的. 当工序单时差$r(i, j) = 0$时, 说明这道工序的推迟只会影响到其紧后工序的开工和完工, 但不一定

影响到工程总进度,也就是总时差不一定等于零.而总时差为零时,单时差一定为零.显然有: $0 \leqslant r(i, j) \leqslant R(i, j)$.

工序总时差与单时差的区别与联系可以通过图 8-16 来说明(工序 b 为工序 a 的紧后工序,工序 a, b 的作业时间小于 $t_{LS} - t_{ES}$).

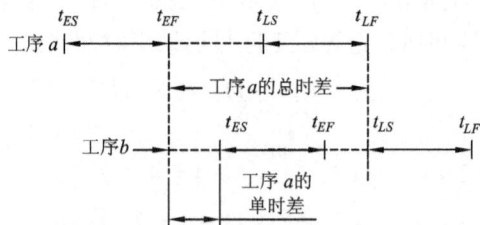

图 8-16

8.2.4 关键路线与工程完工期的确定

关键路线与工程完工期是工程网络计划的两个重要参数.关键路线是对工程完工期起关键作用的路线,关键路线上各工序的持续时间之和为工程的完工期.为保证工程能按期完成,必须保证关键路线上的各道工序如期开工与完工;欲缩短项目完工期,必须压缩某些关键工序的持续时间.

(1)关键路线

关键路线具有这样的特征:在线路上从起点到终点都由关键工序组成.在确定型网络计划中是指线路中工序总持续时间最长的线路.在关键线路上无机动时间,工序总时差均为零.在非确定型网络计划中是指估计工程完成可能性最小的线路.

在网络计划图中,确定关键路线的方法有很多,如时差法、关键事项法、穷举法和破圈法(求最大树)等.下面介绍两种常用的方法.

①时差法

根据工序的总时差确定:总时差为零的工序称为关键工序,由各关键工序连接起来的线路为关键路线.

例如,在图 8-15 中,工序 A, D, G, H 的总时差为零,由这些工序组成的线路就是该工程网络计划图的关键路线.

②关键事项法

如果问题不用求出所有工序的时差,只需求出关键工序和关键路线,则可利用关键事项法来确定关键路线.

所谓关键事项是指最早时间与最迟时间相等的事项.关键事项法确定关键路线分两步:

第一步,找出关键事项($t_E(i) = t_L(i)$);

第二步,沿着关键事项找关键工序.检查工序,若满足 $t_E(j) - t_L(i) = t_{ij}$,则为关键工序,否则为非关键工序.

这样由关键事项和关键工序组成的线路即为关键路线.

例8.2 某工程项目网络计划图如图8-17所示,试计算各事项和各工序的时间参数并确定其关键路线(时间单位:天).

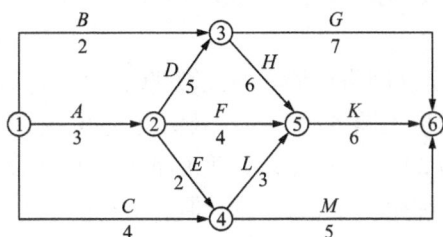

图 8-17

解 计算出的事项时间参数如图8-18所示,方框"□"里数字为事项最早时间,三角"△"里数字为事项最迟时间.

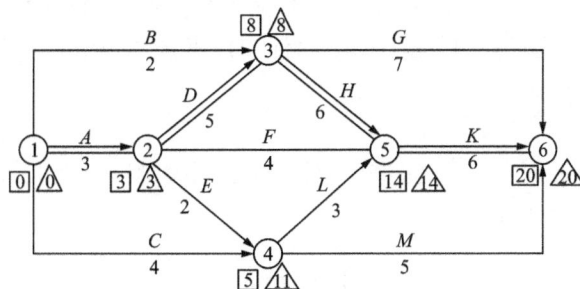

图 8-18

工序时间参数如表8-2所示.

表 8-2

工序	相关事项	t_{ij}	t_{ES}	t_{EF}	t_{LS}	t_{LF}	$r(i,j)$	$R(i,j)$	关键工序
A	①→②	3	0	3	0	3	0	0	是
B	①→③	2	0	2	6	8	6	6	非
C	①→④	4	0	4	7	11	1	7	非
D	②→③	5	3	8	3	8	0	0	是
E	②→④	2	3	5	9	11	0	6	非
F	②→⑤	4	3	7	10	14	7	7	非
G	③→⑥	7	8	15	13	20	5	5	非
H	③→⑤	6	8	14	8	14	0	0	是
K	⑤→⑥	6	14	20	14	20	0	0	是
L	④→⑤	3	5	8	11	14	6	6	非
M	④→⑥	5	5	10	15	20	10	10	非

首先应用时差法确定该网络计划图的关键路线. 由表 8-2 可知, 工序 A, D, H, K 的总时差 $R(1, 2) = R(2, 3) = R(3, 5) = R(5, 6) = 0$, 则关键路线为

$$① \xrightarrow{A} ② \xrightarrow{D} ③ \xrightarrow{H} ⑤ \xrightarrow{K} ⑥$$

如图 8-18 双线所示.

下面采用关键事项法确定该网络计划图的关键路线.

第一步, 在图 8-18 中找出关键事项①, ②, ③, ⑤, ⑥.

第二步, 检查工序 A: $t_L(2) - t_E(1) = t_{12}$, 即工序 A 为关键工序; 同理可检查工序 D, H, K 均满足. 而工序 F, 其首尾事项均为关键事项, 但 $t_L(5) - t_E(2) = 14 - 3 = 11 \neq t_{25}$, 故工序 F 不是关键工序.

因此, 关键路线为 $① \xrightarrow{A} ② \xrightarrow{D} ③ \xrightarrow{H} ⑤ \xrightarrow{K} ⑥$, 与时差法所得结论一致.

(2) 工程完工期

所有工序完工后项目才完工, 最后一道工序完工的时间就是项目的完工期, 数值上等于关键路线上各关键工序的时间之和. 由于工序时间有确定和不确定(估计)之分, 所以, 项目完工期也分为确定型工程完工期和不确定型工程完工期; 确定型的工程完工期采用关键路线法(CPM)确定, 而不确定型的工程完工期则用计划评审技术(PERT)确定. 下面分这两种情形介绍.

①确定型网络计划

对于确定型的网络计划, 工程完工期为网络计划图关键路线上关键工序持续时间之和, 也就是终点事项的最早时间. 即

$$T = \sum_{k=1}^{s} t_{ij} = t_E(n)$$

($k = 1, 2, \cdots, s$ 为关键工序数量; n 为项目的总完工事项)

如例 8.2 中(图 8-18)工程完工期为 20 天.

②不确定型网络计划

对于不确定型的网络计划图, 由于这类项目的各项工序时间 t_{ij} 本身包含着随机因素, 所以整个任务完成的总工期也是个期望工期. 因此, 采用计划评审技术(PERT)先对工序时间进行估计, 而后绘制确定性网络计划图, 借助关键路线法(CPM)找出关键路线; 再依据概率论的中心极限定理和大数定理, 对工程完工期进行概率估计.

若工序足够多, 每道工序的工时对整个任务的完工期影响不大时, 由中心极限定理可知, 总工期服从以 $T = \sum_{s} t_{ij}$ 为均值, 以 $\delta^2 = \sum_{s} \delta_{ij}^2$ (s 为关键工序数量)为方差的正态分布.

当项目工序时间采用"三时估计"时, 工序时间期望值 $t_{ij} = \dfrac{a + 4m + b}{6}$, 方差为 $\delta_{ij}^2 = \left(\dfrac{b-a}{6}\right)^2$. 由于各道工序作业时间相互独立, 从概率论的中心极限定理可知, 由一些相互独立的关键工序的平均作业时间 t_{ij} 之和组成整个项目完工期 T, 可以认为是一个以

$$T = \sum_{i=1}^{s} \frac{a_i + 4m_i + b_i}{6} \quad (i = 1, 2, \cdots, s)$$

为平均值, 以

$$\delta^2 = \sum_{i=1}^{s} \left(\frac{b_i - a_i}{6} \right)^2 \quad (i = 1, 2, \cdots, s)$$

为方差的正态分布，式中 s 表示关键路线上关键工序数.

在 T 和 δ^2 已知的条件下，就可按下式计算出项目在某个规定时间（目标工期）内完成的概率，也可以计算出给定概率值的项目完工期

$$\lambda = \frac{T_k - T}{\delta}$$

即

$$T_k = T + \lambda \delta$$

式中：λ——概率系数；

T_k——规定的某项目总完工期或目标工期.

求出 λ 后，查表 8-3 即可找出项目在规定的时间内完成的概率；也可根据所要求的完成概率 P，利用表 8-3 找出相应的 λ，然后求出对应的项目完工期 T_k.

表 8-3 正态分布表（以 % 给出概率值）

λ	P	λ	P	λ	P	λ	P	λ	P	λ	P	λ	P
-0.0	50.0	-0.9	18.4	-1.8	3.6	-2.7	0.4	0.5	69.1	1.4	91.9	2.3	98.9
-0.1	46.0	-1.0	15.9	-1.9	2.9	-2.8	0.3	0.6	72.6	1.5	93.3	2.4	99.2
-0.2	42.0	-1.1	13.5	-2.0	2.3	-2.9	0.2	0.7	75.8	1.6	94.5	2.5	99.4
-0.3	38.2	-1.2	11.5	-2.1	1.8	-3.0	0.1	0.8	78.8	1.7	95.5	2.6	99.5
-0.4	34.5	-1.3	9.7	-2.2	1.4	0.0	50.0	0.9	81.6	1.8	96.5	2.7	99.6
-0.5	30.8	-1.4	8.0	-2.3	1.0	0.1	54.0	1.0	84.1	1.9	97.1	2.8	99.7
-0.6	27.4	-1.5	6.7	-2.4	0.8	0.2	57.9	1.1	86.4	2.0	97.7	2.9	99.8
-0.7	24.2	-1.6	5.5	-2.5	0.6	0.3	61.8	1.2	88.5	2.1	98.2	3.0	99.9
-0.8	21.2	-1.7	4.5	-2.6	0.5	0.4	65.5	1.3	90.3	2.2	98.6		

例 8.3 某项目工序资料及各工序时间的三时估计值如表 8-4 所示. 试计算

（1）项目完工期的期望值和方差；

（2）项目在 16 天内完成的可能性；

（3）如完成的可能性要求达到 98.2%，项目完工期应规定为多少天？

表 8-4

工序	紧前工序	三点时间估计/天			平均时间 t_{ij}/天	方差 δ_{ij}^2
		a	m	b		
A	—	1	2	3	2	0.11
B	—	5	7	10	7.2	0.69

续表8-4

工序	紧前工序	三点时间估计/天			平均时间 t_{ij}/天	方差 δ_{ij}^2
		a	m	b		
C	—	2	5	6	4.7	0.44
D	A	3	4	5	4	0.11
E	B	1	2	3	2	0.11
F	C, E	2	4	6	4	0.44
G	C, E	4	6	9	6.2	0.69
H	D	2	3	10	4	1.78
I	F	2	4.5	6	4.3	0.44

解 (1)计算出工序时间的估计值 t_{ij} 及工序时间的方差 δ_{ij}^2 如表8-4第6,7列所示.再根据表8-4的工序资料绘制网络计划图,如图8-19所示.计算时间参数并确定关键路线为

$①\xrightarrow[7.2]{B}③\xrightarrow[2]{E}④\xrightarrow[4]{F}⑥\xrightarrow[4.3]{I}⑦$,如图8-19双线所示.

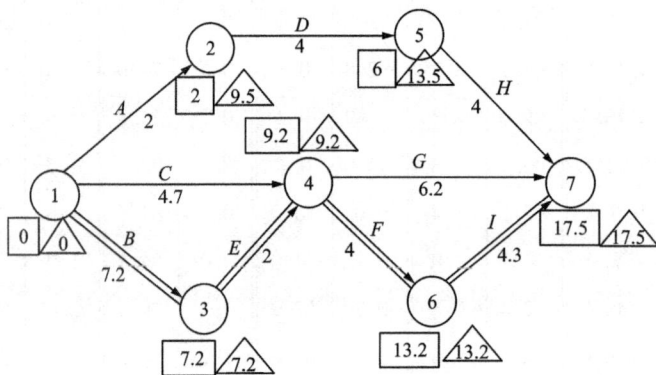

图 8-19

由关键工序 B, E, F, I 的工序时间的平均值,求出项目完工期的平均值,即

$$T = 7.2 + 2 + 4 + 4.3 = 17.5(天)$$

项目完工期的方差:$\delta^2 = \delta_B^2 + \delta_E^2 + \delta_F^2 + \delta_I^2 = 0.69 + 0.11 + 0.44 + 0.44 = 1.68$

(2)若 $T_k = 16$,而 $\delta = \sqrt{\delta^2} = \sqrt{1.68} \approx 1.3$,求得

$$\lambda = \frac{T_k - T}{\delta} = \frac{16 - 17.5}{1.3} \approx -1.15$$

查表8-3得知,该项目16天完成的可能性为12.5%.

(3)又要求 $P = 98.2\%$,查表8-3,得 $\lambda = 2.1$

$$T_k = T + \lambda\delta = 17.5 + 2.1 \times 1.3 = 20.23(天)$$

即只有规定工期为20.23天即21天,完成的可能性才达98.2%.

8.3　网络计划的调整与优化

通过网络计划图的绘制,时间参数的计算和关键路线的确定,可以得到一个初始的计划方案.为了不断改进计划方案,需要根据计划目标要求,综合考虑时间、资源和费用等因素,对网络计划进行优化,寻求最优或满意的计划方案.

8.3.1　工期的调整与优化

视频8-4

时间的调整与优化,就是在现有资源允许的条件下,采取各种有效措施,提高工作效率,加快工程进度,缩短工程完工期.主要措施有:

(1)采取技术措施,不断改进工艺、技术装备或投入更多的人力、物力等资源,压缩关键工序的作业时间.

(2)利用工序时差,调配非关键工序的资源,优先完成关键工序,缩短关键工序的作业时间.

(3)采取组织措施,合理组织平行作业和交叉作业.在工艺流程允许的条件下,对关键路线上的各道工序组织平行作业或交叉作业.

例如:某房屋施工项目结束后要对房屋内的设施进行安装,然后才能搬迁.

若用 A 工序表示煤气管道的安装,需要 5 天,B 工序表示水管的安装,需要 3 天,C 工序表示搬迁,需要 1 天.则网络计划图可画为图 8-20(a)所示的串联作业形式,也可画成图 8-20(b)所示的平行作业形式.

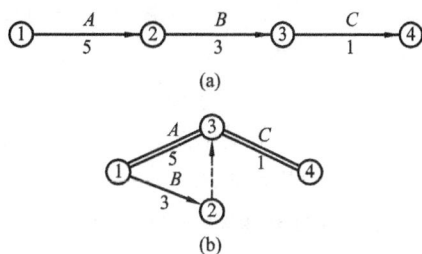

图 8-20(a)中的总工期为 $5+3+1=9$(天),改为平行作业图 8-20(b)后,总工期为 $5+1=6$(天).

又如,某项任务的串联作业和交叉作业如图 8-21 所示.

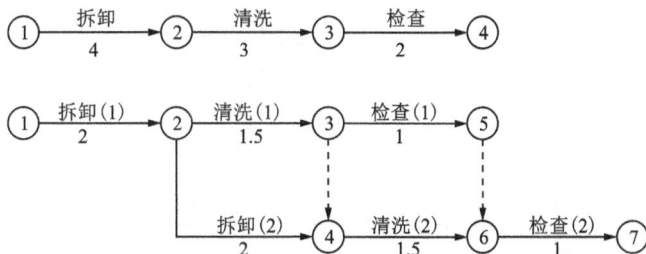

图 8-20

图 8-21

根据图 8-21，当为串联作业时，总工期为 $4+3+2=9$（天）；改为交叉作业后，其总工期为 $2+2+1.5+1=6.5$（天）.

由此可见，在关键路线上组织平行作业和交叉作业，对完工期的缩短是显著的，在工程计划中被普遍采用. 但应注意到，采用这种方法除工艺流程允许外，还必须有足够的人力、物力和场地等为前提条件.

8.3.2 工期-资源优化

所谓工期-资源优化，就是在编制网络计划安排工程进度的同时，考虑尽量合理利用现有资源，缩短工程完工期. 一般地，工期-资源优化有"工期固定-资源均衡"和"资源有限-工期最短"两种情形.

"工期固定-资源均衡"的优化过程是指调整计划安排，在工期保持不变的条件下，使资源需用量尽可能均衡的过程；

"资源有限-工期最短"的优化过程是指调整计划安排，以满足资源限制条件，并使工期延期最短的过程.

在实际操作中，资源的均衡与压缩工期涉及的内容非常广泛，每一种有限资源的合理安排方案不尽相同. 但合理安排这些资源的基本要求比较一致. 平衡资源的准则如下：

（1）优先安排关键工序所需要的资源量.

（2）利用非关键工序的总时差，错开各工序的开始时间，拉平资源需要量的高峰.

（3）在压缩工期的同时，要分别考量每道工序所需的资源量、供应能力及时间限制，以便确定每道工序可压缩的时间限度及其进度安排.

（4）当资源绝对受限制时，在保证不推迟或尽量少推迟工程完工期的前提下，全面统筹安排，最大限度地利用资源.

例 8.4 某工程受电力资源定额限制，工程的网络计划图如图 8-22 所示，工序上的参数为 (t_{ij}, λ_{ij})，其中 t_{ij} 表示工序时间（单位：天），λ_{ij} 是该工序每天所需的电量（单位：kW）. 若每天供电定额为 10 kW，要求制定计划合理安排用电量.

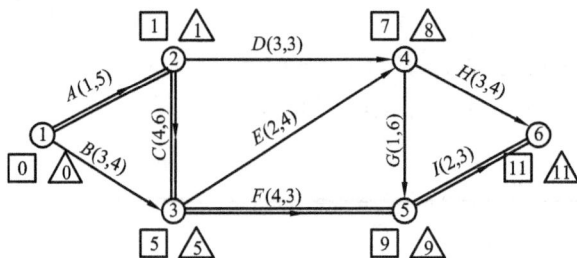

图 8-22

解 先采用"事项法"确定关键路线，如图 8-22 中双线标示；然后计算各工序的总时差 $R(i, j)$；绘制横道图，如表 8-5 所示.

表 8-5

工序	t_{ij}	$R(i,j)$	工程进度/天										
			1	2	3	4	5	6	7	8	9	10	11
$A(①→②)$	1	0	5										
$B(①→③)$	3	2	4	4	4								
$C(②→③)$	4	0		6	6	6	6						
$D(②→④)$	3	4		3	3	3							
$E(③→④)$	2	1						4	4				
$F(③→⑤)$	4	0						3	3	3	3		
$G(④→⑤)$	1	1								6			
$H(④→⑥)$	3	1								4	4	4	
$I(⑤→⑥)$	2	0										3	3
每天用电量/kW			9	13	13	9	6	7	7	13	7	7	3

注：表中："——"表示非关键工序的进度；"══"表示关键工序的进度；"----"表示非关键工序总时差；进度上面的数字表示该工序每天需电量.

由于每天的供电量额度只有 10 kW，而从表 8-5 中的每天用电量合计可知，有 3 天的用电量超过了规定的额度.

对此，按资源调整的规则，首先确保各关键工序上的用电量；然后利用非关键工序的总时差（机动时间），在不影响总工期的情况下，推后开工时间，达到调节电力资源限量的目的. 具体操作如下：

首先，因 D 工序为非关键工序且有 4 天的机动时间，将 D 工序的开工时间往后推迟 2 天，在第 4 天开工，则第 2 天、第 3 天的用电量均为 10 kW，满足限量要求，且不影响工程完工期.

其次，注意到第 8 天用电量为 13 kW，超过限额，而工序 G，H 均为非关键工序，且均有 1 天的机动时间. 但只能调整 H 工序的开工时间（G 工序推迟无效，即第 9 天仍超限），推迟 H 工序 1 天，即在第 9 天开工，则满足电力限额要求，调整后的开工进度如表 8-6 所示.

需要说明的是，本例是属于工期固定-资源均衡的问题，因调整规则只是一种原则，这种原则有时反映在不同的制度条件，如案例 8-2 深刻体现了社会主义制度的优越性. 所以调整结果往往只是满足资源的限额要求，有可能出现多种方案. 至于资源有限-工期最短的问题需要采用数学规划法求解（读者可参阅本节 8.3.3(2)数学规划法）.

案例8-2

表 8-6

工序	t_{ij}	$R(i,j)$	工程进度/天										
			1	2	3	4	5	6	7	8	9	10	11
$A(①→②)$	1	0	5										
$B(①→③)$	3	2	4	4	4								
$C(②→③)$	4	0		6	6	6	6						
$D(②→④)$	3	4				3	3	3					
$E(③→④)$	2	1						4	4				
$F(③→⑤)$	4	0						3	3	3	3		
$G(④→⑤)$	1	1								6			
$H(④→⑥)$	3	1									4	4	4
$I(⑤→⑥)$	2	0										3	3
每天用电量/kW			9	10	10	9	9	10	7	9	7	7	7

8.3.3 工期-费用优化

在网络计划的优化中,研究如何使完成项目的工期尽可能缩短,费用尽可能少;或在保证既定项目完工期的条件下,所需要的费用最少;或在费用限制的条件下,项目完工期最短.这些都属于工期-费用优化要解决的问题,也称为**最低成本日程**.完成一项项目的费用分为两大类:

直接费用,直接与项目规模有关的费用,包括设备、能源及材料费用,参与生产的工人工资及附加费等直接与完成工序有关的费用,它随着工期的缩短而增加.

间接费用,包括管理人员的工资及附加费、差旅费、教育培训费等,一般按项目工期长度进行分摊.它随着工期的缩短而减少.

一般项目的总费用与直接费用、间接费用、项目工期之间存在一定关系,可以用图8-23表示.

由于直接费用随工期缩短而增加,间接费用随工期缩短而减少,必有一个总费用最少的工期,即最佳工期或称最低成本日程(T_0),这便是工期-费用优化所要寻找的目标.

目前,工期-费用优化(求最低成本日程)常用方法主要有:枚举法和数学规划法.

(1)枚举法

枚举法的基本思想是在各工序均采用正常时间和费用的计划方案的基础上,以关键工序的持续时间和费用关系为依据,综合考虑缩短关键工序持续时间的可能性和非关键工序时差之间的制约关系,不断调整网络计划,从而得到一系列工期及其相应费用的关系和各工序的

视频8-5

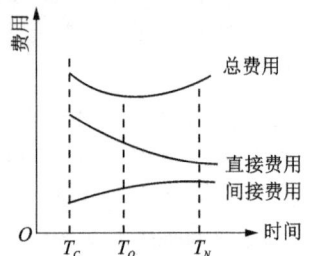

图 8-23 工期-费用曲线
T_C—极限工期,项目总费用最高
T_O—最佳工期(最低成本日程)
T_N—正常工期

进度安排. 具体步骤为:

第一步, 计算工程总直接费用. 工程总直接费用等于组成该工程的全部工序的直接费用总和.

第二步, 计算直接费用率. 直接费用率是指缩短单位工序时间所需增加的直接费用.

严格来讲, 直接费用与工期不是线性关系, 越临近极限工期, 直接费用增加率越高. 但为简化起见, 一般把工序的直接费用增加率作为线性处理, 可近似计算出工序的直接费用率.

工序 (i, j) 的直接费用率用 ΔC_{ij}^{D} 表示, 其计算公式为

$$\Delta C_{ij}^{D} = \frac{\text{工序}(i, j)\text{的最短时间直接费用} - \text{工序}(i, j)\text{的正常时间直接费用}}{\text{工序}(i, j)\text{的正常作业时间} - \text{工序}(i, j)\text{的最短作业时间}}$$

第三步, 计算间接费用率. 间接费用率是缩短每一单位工序时间所减少的间接费用. 工序 (i, j) 的间接费用率用 ΔC_{ij}^{iD} 表示, 其值一般根据实际情况确定或按项目工期分摊.

第四步, 求出网络计划的关键路线和项目完工期.

第五步, 找出直接费用率(或组合直接费用率)最低的一项关键工序(或一组关键工序), 作为压缩工序时间的对象. 压缩工序时间应遵循的原则为

①压缩后的工序时间不能低于该工序的极限时间;

②压缩工序时间后, 原关键路线仍为关键路线.

第六步, 计算工期缩短后的总费用. 总费用的计算如下

$$C_{T} = C_{T+\Delta T} + \Delta T \Delta C_{ij}^{D} - \Delta T \Delta C_{ij}^{iD}$$

式中: C_{T}——将工期缩短到 T 时的总费用;

$C_{T+\Delta T}$——工期为 $(T + \Delta T)$ 时的总费用;

ΔT——工期缩短值.

第七步, 重复以上第五、六步, 直至总费用不能降低为止. 此时的工期即为最低成本日程 T_{0}.

上述优化步骤归纳起来如图 8-24 所示.

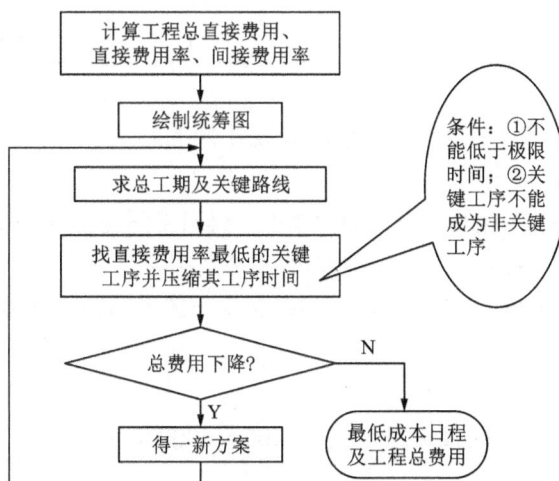

图 8-24

例 8.5 已知图 8-25 中各道工序的正常作业时间(已标在各条弧线的下面)和最短作业时间,以及对应于正常作业时间、最短作业时间各工序所需要的直接费用和各工序的直接费用率,如表 8-7 所示.又已知项目每天的间接费用为 400 元,求该项目的最低成本日程.

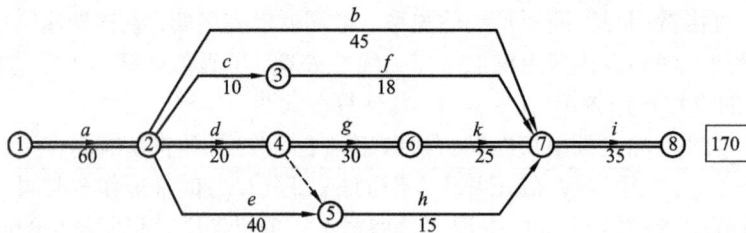

图 8-25

表 8-7

工序	正常情况下		采取各种措施后		直接费用率 /(元/天)
	正常作业时间/天	工序的直接费用/元	最短作业时间/天	工序的直接费用/元	
a	60	10000	60	10000	—
b	45	4500	30	6300	120
c	10	2800	5	4300	300
d	20	7000	10	11000	400
e	40	10000	35	12500	500
f	18	3600	10	5440	230
g	30	9000	20	12500	350
h	15	3750	10	5750	400
k	25	6250	15	9150	290
i	35	12000	35	12000	—

解 根据图 8-25 及表 8-7 的已知资料,制定不同的方案.

方案 Ⅰ:各项工序正常完工.

根据网络计划图 8-25,计算各事项时间参数,得出工程完工期为 $T_1 = 170$ 天,关键工序为:a, d, g, k, i,如图 8-25 双线所示.工程的直接费用为

直接费用 = 10000 + 4500 + 2800 + 7000 + 10000 + 3600 + 9000 + 3750 + 6250 + 12000
= 68900(元)

间接费用为

间接费用 = 170 × 400 = 68000(元)

项目的总费用 C_{T_1} 为

$$C_{T_1} = 136900(元)$$

方案 Ⅱ：关键路线上赶进度.

确定赶进度的工序：在关键路线上缩短时间，现有 a, d, g, k, i 五道关键工序，其中工序 g, k 的直接费用率最低，所以选择关键工序 g, k 赶进度.

确定赶进度时间：赶进度的时间应考虑该工序本身最多能压缩的时间；同时保证压缩时间后，原来的关键路线仍是关键路线. 由表 8-7 可知，工序 g, k 分别可以压缩到它们的最短时间 20 天和 15 天. 此时出现了两条关键路线 ①→②→④→⑥→⑦→⑧ 和 ①→②→⑤→⑦→⑧，总工期为 150 天，工序 a, d, g, k, i, e, h 均为关键工序，如图 8-26 双线所示.

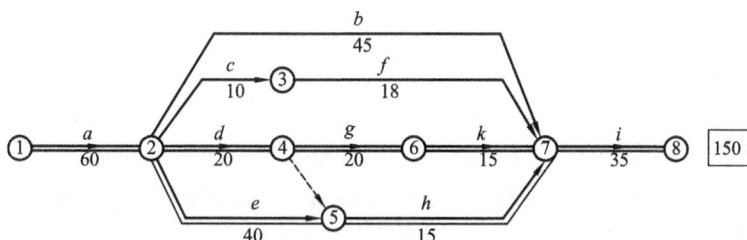

图 8-26

方案 Ⅱ 的总费用 C_{T_2} 为
$$C_{T_2} = C_{T_1} + (290 \times 10 + 350 \times 10) - 20 \times 400 = 136900 + 6400 - 8000$$
$$= 135300 (元)$$

比较两个方案，方案 Ⅱ 比方案 Ⅰ 的工程完工期缩短 20 天，且工程总费用减少 1600 元.

方案 Ⅲ：关键路线上赶进度.

确定赶进度的工序：继续查看图 8-26 中的关键工序 a, d, g, k, i, e, h. 因这些关键工序分布在两条关键路线上，若要缩短工程完工期，需要同时考虑两条关键路线上的工序时间的压缩. 这里选择在 d、h 和 e 三道工序上赶进度.

确定赶进度时间：将 d 工序缩短 10 天、h 工序缩短 5 天、e 工序缩短 5 天，则工程完工期可以在方案 Ⅱ 的基础上缩短 10 天，即方案 Ⅲ 项目完工期为 140 天.

总费用 C_{T_3} 为
$$C_{T_3} = C_{T_2} + 400 \times 10 + 400 \times 5 + 500 \times 5 - 400 \times 10$$
$$= 135300 + 8500 - 4000 = 139800 (元)$$

比较方案 Ⅱ 和方案 Ⅲ：方案 Ⅲ 比方案 Ⅱ 工期缩短了 10 天，但工程总费用增加了 4500 元. 如果继续压缩工期，同时注意到方案 Ⅲ 已有三条关键路线了，关键工序也在增加，工程总费用将急剧增加.

因此，方案 Ⅱ 为最优方案，最低成本日程为 150 天，工程总费用最少为 135300 元.

值得指出的是，应用枚举法求项目的最低成本日程，缩短项目完工期应该选择直接费用率最小的一道关键工序或几道关键工序的组合来实现，非关键工序则是起着限制每一次缩短工期最大值的制约条件. 因此，当网络计划图较复杂时，这将是一件十分麻烦的事情. 下面的数学规划法克服了这种方法的不足，而且能应用计算机编程来实现.

（2）数学规划法

在网络计划的工期-费用优化中，假设工程工序的直接费用率和间接费用率均呈线性变化. 则求解网络计划的最低成本日程可以采用线性规划方法, 下面建立求解网络计划最低成本日程的线性规划模型.

设网络计划图 D 中事项 i 的最早开工时间为 $x_i(i=1,2,\cdots,n)$, 工序 (i,j) 的持续时间为 t_{ij}, 直接费用率为 P_{ij}, 在最低成本日程时工序 (i,j) 被压缩的时间为 $y_{ij}(i=1,2,\cdots,n-1;$ $j=2,\cdots,n$ 且 $i<j$), 间接费用率为 r; 正常情形下, 工程的直接总费用为 R, 则工程最低成本日程的线性规划模型为

$$\min Z = R + r\cdot x_n + \sum_{(i,j)\in D} P_{ij}y_{ij}$$

$$\text{s.t.} \begin{cases} x_1 = 0 & (\text{始点事项}) \\ x_j \geq x_i + t_{ij} - y_{ij} \\ x_i \geq 0,\ x_j \geq 0,\ y_{ij} \geq 0;\ i=1,2,\cdots,n-1;\ j=2,3,\cdots,n \text{ 且 } i<j \end{cases}$$

例 8.6 用数学规划法求解例 8.5 所述工程项目的最低成本日程.

解 根据例 8.5 已知条件及资料, 设各事项的最早开工时间为 x_i, $i=1,2,3,4,5,6,7,8$, 并标记如图 8-27 所示.

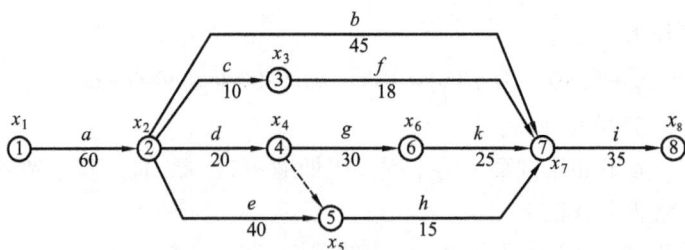

图 8-27

工序 (i,j) 在最低成本日程时被压缩的时间为 $y_{ij}(i=1,2,3,4,5,6,7;j=2,3,4,5,6,7,8)$; 工序作业时间为 t_{ij} 和直接费用率 P_{ij} 如表 8-7 所示, $r=400$ 元/天.

在不考虑压缩工序时间的情况下,

对于事项 $i=1$(始点事项): $x_1 \geq 0$

对于事项 $i=2$: $x_2 \geq x_1 + t_{12}$, 即 $x_2 \geq x_1 + 60$, 表示事项②的最早开工时间不小于事项①的最早开工时间加工序 $(1,2)$ 所需的作业时间.

同理, 对于事项 $i=7$ 有

$$x_7 \geq x_2 + 45$$
$$x_7 \geq x_3 + 18$$
$$x_7 \geq x_6 + 25$$
$$x_7 \geq x_5 + 15$$
$$\vdots$$

在考虑压缩工序时间时

对于事项 $i=1$: $x_1 \geq 0$

对于事项 $i=2$: $x_2 \geq x_1 + 60 - y_{12}$

…

对于事项 $i = 7$ 有

$$x_7 \geqslant x_2 + 45 - y_{27}$$
$$x_7 \geqslant x_3 + 18 - y_{37}$$
$$x_7 \geqslant x_6 + 25 - y_{67}$$
$$x_7 \geqslant x_5 + 15 - y_{57}$$
$$\vdots$$

而最低成本的间接费用为 $400 \times x_8$，总直接费用为在 68000 元加上被压缩工序时间后增加的直接费用，即 $y_{12} \times \infty + y_{27} \times 120 + \cdots + y_{67} \times 290 + y_{78} \times \infty$. 因为 a，i 两道工序不可压缩时间，也就可以假定压缩这两道工序的费用为无穷大，即 $y_{12} = y_{78} = 0$，则该网络的线性规划模型为

$$\min Z = 68000 + 400 y_8 + 120 y_{27} + 300 y_{23} + 400 y_{24} + 500 y_{25} + 230 y_{37}$$
$$+ 350 y_{46} + 400 y_{57} + 390 y_{67}$$

$$\text{s. t.} \begin{cases} x_1 \geqslant 0 \\ x_2 \geqslant x_1 + 60 - y_{12} \\ x_3 \geqslant x_2 + 10 - y_{23} \\ x_4 \geqslant x_2 + 20 - y_{24} \\ x_5 \geqslant x_2 + 40 - y_{25} \\ x_5 \geqslant x_4 \\ x_6 \geqslant x_4 + 30 - y_{46} \\ x_7 \geqslant x_2 + 45 - y_{27} \\ x_7 \geqslant x_3 + 18 - y_{37} \\ x_7 \geqslant x_6 + 35 - y_{67} \\ x_7 \geqslant x_5 + 15 - y_{57} \\ x_8 \geqslant x_7 + 35 - y_{78} \\ x_1, x_2, \cdots, x_8 \geqslant 0 \\ y_{ij} \geqslant 0, i < j; \ i = 1, 2, \cdots, 7; \ j = 2, 3, \cdots, 8 \end{cases}$$

求解结果为 $x_8 = 150($天$)$，$y_{46} = y_{67} = 10($天$)$，其他 $y_{ij} = 0$；$Z^* = 135300($元$)$.

【本章导学】

1. 学习要点提示

(1) 网络计划技术的相关概念、网络图的绘制，注意虚工序的合理使用.

(2) 网络图中时间参数的计算、工程完工期与关键路线.

(3) 网络计划的优化(工期优化、工期–资源优化、工期–费用优化)、工期完成概率、总时差利用的分析与讨论.

2. 学习思路与方法建议

本章与第 7 章同属于网络规划问题，它也是研究利用图和网络的有关概念(点、弧、权)，

把一类问题抽象化、提炼基本元素与关系，利用图论与代数等数学工具解决问题. 但它与第7章有着明显的区别，网络中的点、弧、权赋予了新的含义，这一类问题重点关注的是时间（工期），学习时注意对比分析以拓展解决实际问题的思路. 此外，网络计划技术的优势在于它特别适用于生产技术复杂、工作项目繁多的项目计划安排上，如产品研制开发、工程项目、生产准备、设备大修等. 对优化时间、资源、人力及费用方面，具有很强的实用性，它是运筹学应用于实际中案例成功最多的一种方法. 本章内容的逻辑推演进程为

（1）在绘图（网络模型的构建）过程中，注意根据工程实际厘清工序之间的逻辑关系，理解绘图规则的本质，恰到好处地使用虚工序，切忌滥用虚工序.

（2）基本方法有关键路线法（CPM）和计划评审技术（PERT），两种方法基本原理相同，区别在于作业时间的确定方法不同. CPM法用于解决常规型项目，侧重于项目成本控制；PERT技术用于解决非常规型项目，侧重于时间的控制.

（3）网络图的绘制最终是为了分析、控制和优化. 一般地说，一个未经多次修改的网络图不可能是最佳的. 实际中，最佳要求是多方面的. 根据研究对象对进度，费用，人才等方面进行分析与优化. 最典型的优化有3种：缩短工程完工期、降低成本费用、资源平衡利用优化.

【思考与讨论】

（1）试述关键路线法（CPM）和计划评审技术（PERT）的内在联系与本质区别.

（2）日常生活中，哪些问题可以借助网络计划技术加以解决？请举例说明应用该技术后的优越性.

（3）与传统的甘特图法相比较，网络计划技术有哪些优点？

（4）为什么说网络计划技术是实现工程项目计划管理的科学手段，试举例说明.

（5）什么是虚工序？在哪些场所需要添加虚工序？在网络计划图的绘制过程中，虚工序的作用主要体现在哪些方面？多画虚工序对网络计划图有何影响？

（6）总时差与单时差之间有何区别？它们各自的用途有哪些？

（7）为什么说"统筹方法"的精华就是"时差"的应用？

（8）本章介绍了网络计划的工期优化、工期-资源优化和工期-费用优化，如果某工程管理部门要求你（项目经理）综合时间、资源、费用和风险进行优化，你怎么解决这个问题？试述解决该问题的思路.

【习题】

8.1　某基建项目的工序明细如表8-8所示，试编绘该项目的网络计划图.

表8-8

工序名称	A	B	C	D	E	F
紧前工序	-	A	A	B	C	C, D

8.2　某工程工序分解的资料如表8-9所示，试绘制该工程的网络计划图.

表 8-9

工序名称	a	b	c	d	e	f
紧后工序	b, d	f	d, e	f	f	—

8.3　现有一项调查工作任务，经任务的分解和分析，可列出作业(工序)明细如表8-10所示.

表 8-10

作业(工序)代号	作业(工序)说明	周期/天	紧前作业(工序)
A	系统地提出问题	4	—
B	研究选点问题	7	A
C	准备调研方案	10	A
D	收集资料，工作安排	8	B
E	挑选和训练调研人员	12	B、C
F	准备收集资料用的表格	7	C
G	实地调查	5	D, E, F
H	分析资料，写调研报告	4	G

要求：

(1)绘制网络计划图；

(2)确定关键路线及完工期.

8.4　已知某工程工序明细如表8-11所列，要求：

(1)绘制网络计划图；

(2)计算各节点的最早时间与最迟时间；

(3)计算各工序的最早开工、最早完工、最迟开工及最迟完工时间；

(4)计算各工序的总时差(总机动时间)；

(5)确定关键路线.

表 8-11

工序	紧前工序	工序时间/天	工序	紧前工序	工序时间/天
a	—	3	f	c	8
b	a	4	g	c	4
c	a	5	h	d, e	2
d	b, c	7	i	g	3
e	b, c	7	j	f, h, i	2

8.5 已知建设一个车库及引道的作业工程明细如表8-12所示,要求:

(1)计算该项工程从施工开始到全部结束的最短周期;

(2)若工序 l 由8天延长到10天,对整个工程进度有何影响?

(3)若工序 j 的时间由12天缩短到8天,对整个工程进度有何影响?

(4)为保证整个工程在最短周期内完成,工序 i 最迟必须在哪一天开工?

(5)若要求整个工程在75天完工,是否需要采取措施?若需要,应从哪些方面采取措施?

表 8-12

工序代号	工序名称	工序时间/天	紧前工序	工序代号	工序名称	工序时间/天	紧前工序
a	清理场地开工	10	—	h	装窗及边墙	10	f
b	备料	8	—	i	装门	4	f
c	车库地面施工	6	a, b	j	装天花板	12	g
d	预制墙及房顶	16	b	k	油漆	16	h, i, j
e	车库地面保养	24	c	l	引道施工	8	e
f	立墙架	4	d, e	m	引道保养	24	l
g	立房顶架	4	f	n	交工验收	4	k, m

8.6 已知某工程资料如表8-13所列,求出该项工程费用最低的最优工期(最低成本日程).

表 8-13

工序代号	正常时间/天	最短时间/天	紧前工序代号	正常完成的直接费用/百元	费用斜率/(百元/天)
A	4	3	—	20	5
B	8	6	—	30	4
C	6	4	B	15	3
D	3	2	A	5	2
E	5	3	A	18	4
F	7	5	A	40	7
G	4	3	B, D	10	3
H	3	2	E, F, G	15	6
合计				153	
工程的间接费用				5(百元/天)	

8.7 已知某工程资料如表8-14所列,要求:

(1)绘制网络计划图;

(2)求出每道工序的期望时间和方差;

(3)求出计划项目的期望工期和方差;

(4)求出工期不迟于50天完成的概率和比期望工期至少提前4天完成的概率.

表8-14

工序代号	紧前工序	乐观时间(a)/天	正常时间(m)/天	悲观时间(b)/天
A	—	2	5	8
B	A	6	9	12
C	A	6	7	8
D	B,C	1	4	7
E	A	8	8	8
F	D,E	5	14	17
G	C	3	12	21
H	F,G	3	6	9
I	H	5	8	11

习题答案

第9章 决策论——单目标决策

决策论是研究为了达到预期目的，从多个可供选择方案中如何选取最优或最满意方案的理论与方法，是运筹学的一个重要分支.《美国大百科全书》对决策论给出的定义是"决策就是在若干个可能的备选方案中进行选择，而决策论就是为了对制定决策的过程进行描述并使之合理化而发展起来的、范围很广的概念和方法". 它是人们政治、经济和日常生活中普遍存在的一种活动. 古代朴素的决策思想主要是凭借个人的知识、智慧和经验. 随着生产和科学技术的发展，要求决策者在瞬息多变的条件下，对复杂的问题迅速作出决断，如果重大问题一旦决策失误，将会导致严重后果，造成巨大损失. 这就要求对不同类型的决策问题，有一套科学的决策准则、程序和方法，即决策分析的原理和方法. 本章将从运筹学定量分析方法的角度介绍单目标决策问题的决策方法.

9.1 决策的基本概念及分类

9.1.1 决策的基本概念

首先我们来看一个决策问题的例子.

例 9.1 某厂要确定下一计划期内产品的生产批量，并拟定了三个可供选择的生产方案：方案 A_1 为大批量生产、方案 A_2 为中批量生产、方案 A_3 为小批量生产. 而这种产品的销路可能是好、一般、差三种情况. 各种方案在各种销路情形下可能获得的效益如表 9-1 所示. 试通过决策分析，确定合理的生产批量，使工厂获利最大.

视频9-1

表 9-1

效益值/万元 \ 生产方案	s_1(好)	s_2(一般)	s_3(差)
A_1(大批量生产)	20	11	5
A_2(中批量生产)	15	13	6
A_3(小批量生产)	13	12	10

下面通过例 9.1 来阐释决策问题的基本概念.

(1)决策问题的基本要素

决策问题的基本要素包括以下几个方面.

● **决策者**：即决策过程的主体，是指对所研究问题有权力、有能力作出最终判断和选择的个人或集体. 如本例决策者为"某厂决策部门".

● **决策目标**：是指决策者希望达到的状态或工作努力的目的. 决策的目标可以是一个，即称为单目标决策问题；也可以是多个，则多目标决策问题(将在第 10 章介绍). 本例的决策目标为"获利最大"，即为单目标决策问题.

● **方案集**：为了实现预定的目的，可以采取几种不同的行动，这个因素是决策者可以控制的. 一般用 A_i 表示第 i 个方案，$A = \{A_1, A_2, \cdots, A_m\}$ 表示所有可能方案的集合，A 中元素至少有两个. 如本例中确定生产批量方案 $A = \{A_1, A_2, A_3\}$.

● **状态集**：在一个决策问题中，无论采取哪种行动，都面临着不同的自然条件和客观环境，决策者无法控制的因素，称之为自然状态，简称为状态或条件. 一般用 s_j 表示第 j 种状态，$S = \{s_1, s_2, \cdots, s_n\}$ 表示所有状态的集合，本例中产品的销路 $S = \{s_1, s_2, s_3\}$.

状态与状态之间是相互排斥的，即现实只能出现一种，而且必定出现一种.

● **损益矩阵**：当采用某一行动方案，在不同自然状态发生的情况下，决策结果或为收益、或为损失，因此把方案 A_i 在不同自然状态 s_j 的决策结果称为损益值 c_{ij}. 若有 m 个方案面临 n 个状态，则损益矩阵 C 为

$$C = \begin{bmatrix} c_{11} & c_{12} & \cdots & c_{1n} \\ c_{21} & c_{22} & \cdots & c_{2n} \\ \vdots & \vdots & & \vdots \\ c_{m1} & c_{m2} & \cdots & c_{mn} \end{bmatrix}$$

本例中损益矩阵表示为

$$C = \begin{bmatrix} 20 & 11 & 5 \\ 15 & 13 & 6 \\ 13 & 12 & 10 \end{bmatrix}$$

所以，例 9.1 的决策问题就是要在给定状态集 S 条件下，工厂决策部门从方案集 A 中选取最优方案 A_i^*，以实现工厂获利最大.

(2)决策准则

决策准则就是比较、选择方案时的判断标准和评价规则，是备选方案的有效性度量. 不同的决策者有不同的评价准则，有的偏好追求利润最大，有的则寻求损失最小；有的敢于冒险，有的则力求稳妥. 不同的决策准则会导致不同的决策结果，因此决策准则的具体实施需要选择科学合理的决策方法.

(3)决策程序

任何决策的形成都必须执行科学的决策程序，如图 9-1 所示. 决策最忌讳的就是决策者灵机一动拍脑袋决策，只有经历过如图 9-1 所示的"预决策→决策→决策后"三个阶段的决策，才能称为科学决策.

(4)决策分析

决策分析是为了合理分析具有不确定性或风险性决策问题而提出的一套概念和系统分析

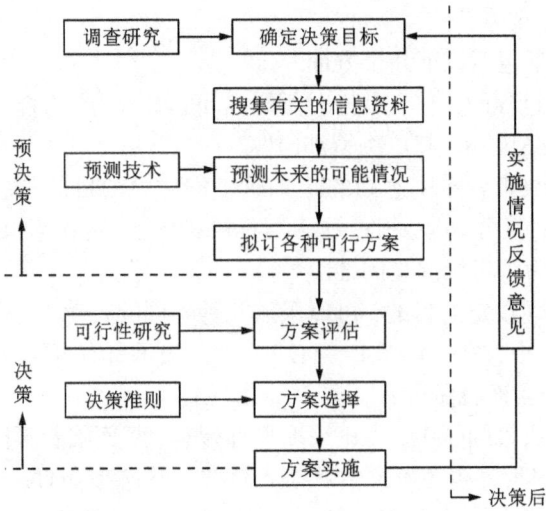

图 9-1

方法,其目的在于改进决策过程,从而辅助决策,但不是代替决策者进行决策.实践证明,当决策问题较为复杂时,决策者在保持与自身判断及偏好一致的条件下处理大量信息的能力将减弱,在这种情形下,决策分析方法可为决策者提供强有力的工具.

9.1.2 决策的分类

决策要解决的问题是多种多样的,为了便于分析和研究,人们常把各种各样的决策问题从不同角度进行分类. 如

(1)按目标个数,可分为单目标决策和多目标决策;

(2)根据决策环境的未来情况,可分为确定型决策、风险型决策和不确定型决策;

(3)按决策的层次,可分为单级决策和多级决策;

(4)根据决策人的多少,可分为个人决策和群体决策;

(5)按时间的长短,可分为长期决策、中期决策和短期决策;

(6)按定量和定性,可分为定量决策和定性决策;

(7)从管理的层次,可分为战略决策、战术决策和业务决策等等.

运筹学的决策论部分是根据决策环境的未来情况区分的.

确定型决策、风险型决策和不确定型决策的主要差别是确定型决策只有一个确定的自然状态,而后两种决策则有两个以上的决策自然状态. 而风险型决策与不确定型决策的主要差别是前者已知各自然状态出现的概率. 确定型决策可以看成是风险型决策的特例,即把确定的自然状态看作必然事件,而其他状态看作不可能事件的风险型决策.确定型决策是在已知决策环境的条件下进行的. 线性规划、动态规划、非线性规划、企业作业计划等都是解决确定型决策的方法. 本章主要介绍离散型决策问题中的风险型决策和不确定型决策的决策方法.

9.2　风险型决策

风险型决策是指在未来不确定的因素和信息不完全的条件下进行的决策. 它在生活和企业决策中, 特别是高层决策中大量存在. 由于未来信息的不完全, 何种状态发生难以预料, 故此决策常有一定的风险.

9.2.1　决策准则

解决风险型决策问题常用的决策准则有最大概率准则和期望值准则.

(1) 最大概率准则

由概率论知识可知, 一个事件的概率值越大, 发生的可能性就越大. 在风险型决策中, 选择概率最大的自然状态进行决策, 把风险型决策问题变成为确定型决策问题.

视频9-2

在例 9.1 中, 如果决策者通过市场调查和预测估计产品销路好的概率为 20%, 销路一般的概率为 70%, 销路差的可能性为 10%. 在这种情况下, 认为未来市场条件将是"销路一般". 按照最大概率准则, 决策者认为 s_2 发生, 并在"销路一般"状态下进行决策. 显然, A_2(中批量生产) 为最优方案, 此时收益最大为 13 万元.

值得注意的是, 最大概率准则仅适用于在一组自然状态中某一状态出现的概率比其他状态出现的概率特别大, 而其他状态下诸行动方案的损益值差别不是很大的情况, 否则就会造成较大的失策.

(2) 期望值准则

期望值是指概率论中离散随机变量的数学期望值. 期望值准则就是把每个方案的损益值视为离散型随机变量的取值, 求出它们的期望值, 并以此作为方案比较的依据, 选择期望收益最大或者期望损失最小的方案作为最佳决策方案. 期望值准则包含最大期望收益和最小期望损失两种决策准则.

设方案 A_i 在状态 s_j 下的损益值为 c_{ij}, 则方案 A_i 的期望值为

$$E(A_i) = \sum_{j=1}^{n} c_{ij} P(s_j) \quad (i = 1, 2, \cdots, m)$$

式中: $P(s_j)$ 是状态 s_j 发生的概率.

最优方案 A_k^* 分下列两种情形确定

① 当损益矩阵 C 为收益矩阵, 由最大期望收益准则有

$$\max_{1 \leqslant i \leqslant m} \{E(A_i)\} = E(A_k^*)$$

② 当损益矩阵 C 为损失 (或费用) 矩阵时, 由最小期望损失准则有

$$\min_{1 \leqslant i \leqslant m} \{E(A_i)\} = E(A_k^*)$$

从本质上讲期望收益最大准则与期望损失最小准则是一样的，在风险决策中一般采用期望值决策准则.

9.2.2 决策方法

在用期望值准则决策时，常用的决策方法有矩阵法和决策树法.

（1）矩阵法

现给定风险型决策问题的基本要素如下.

①方案集为 $A = \{A_1, A_2, \cdots, A_i, \cdots, A_m\}$.

②状态集为 $S = \{s_1, s_2, \cdots, s_j, \cdots, s_n\}$，状态概率向量 $P = (P_1, P_2, \cdots, P_j, \cdots, P_n)$ 且 $P_1 + P_2 + \cdots + P_j + \cdots + P_n = 1$，其中 P_j 为状态 s_j 发生的概率.

③损益矩阵为 $C = [c_{ij}]_{m \times n}$，其中 c_{ij} 是方案 A_i 在状态为 s_j 下的损益值.

不难发现，方案 A_i 的期望损益值 $E(A_i)$（即 $E(A_i) = c_{i1}P_1 + c_{i2}P_2 + \cdots + c_{ij}P_j + \cdots + c_{in}P_n$）恰好等于收益矩阵 C 的第 i 行元素与状态概率向量 P^T（P^T 为 P 的转置）的乘积，根据矩阵的乘法规则即可计算出各方案的期望损益值. 若令

$$E = \{E(A_1), E(A_2), \cdots, E(A_i), \cdots, E(A_m)\}^T$$

写成矩阵表达式为

$$E = C \cdot P^T$$

然后根据期望值的大小来选择最优方案，这就是决策分析中的矩阵法.

例9.2 在例9.1中，若通过调查分析得到，销路好的概率为0.3，销路一般的概率为0.5，销路差的概率为0.2，现用矩阵法作出决策.

解 由例9.1的资料可得

$$S = \{s_1, s_2, s_3\}, A = \{A_1, A_2, A_3\}, P = [0.3, 0.5, 0.2]$$

$$C = \begin{bmatrix} 20 & 11 & 5 \\ 15 & 13 & 6 \\ 13 & 12 & 10 \end{bmatrix}$$

于是

$$E = \begin{bmatrix} E(A_1) \\ E(A_2) \\ E(A_3) \end{bmatrix} = C \cdot P^T = \begin{bmatrix} 20 & 11 & 5 \\ 15 & 13 & 6 \\ 13 & 12 & 10 \end{bmatrix} \cdot \begin{bmatrix} 0.3 \\ 0.5 \\ 0.2 \end{bmatrix} = \begin{bmatrix} 12.5 \\ 12.2 \\ 11.9 \end{bmatrix}$$

因为 $E(A_1) = 12.5$ 万元是最大期望收益值，所以 A_1（大批量生产）为最优方案.

由上述可见：矩阵法是根据矩阵乘法的特点，求算各方案期望损益值的. 这种方法对于方案数和状态数较多的单级决策问题，利用计算机求解非常有效；同样也可在决策表上直接计算各方案的期望值进行决策，也称之为决策表法. 而对于多级决策问题，矩阵法或决策表法就不方便了，而要借助更直观、更有效的决策树法.

（2）决策树法

决策树是将决策问题的方案、状态、损益值、概率等用一些节点和边组成的类似于"树"

252

的图形表示出来, 用以帮助决策者进行决策的树形图. 如图 9-2 所示.

决策树由从左向右依次展开的四部分组成: 决策点, 用方框"□"表示; 状态点, 用圆圈"○"表示; 树枝(方案枝和概率枝), 用线条"—"表示, 概率枝上的数字表示对应状态出现的概率; 结果点(树梢), 用"△"表示, 写在决策树的最右端, 表示相应状态下的损益值.

利用决策树对多级风险型决策问题进行分析通常也是依据期望值准则, 具体做法是: 先从树的末梢开始, 计算出每个状态点上的期望

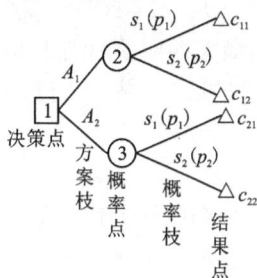

图 9-2

视频9-3

收益, 然后将其中的最大期望值标在相应的决策点旁. 决策时, 根据期望收益最大的原则从后向前进行"剪枝", 直到最开始的决策点, 从而得到一个由多级决策构成的完整的决策方案.

下面利用决策树, 根据期望值准则, 对单级决策问题、多级决策问题和有附加信息的决策问题分别进行分析及决策.

● **单级决策问题**. 单级决策问题是指仅需作一次决策, 在决策树中只有一个决策点.

例 9.3 用决策树法对例 9.2 的风险型决策问题作出决策.

解 绘制决策树, 并将原始数据标在决策树对应位置, 如图 9-3 所示.

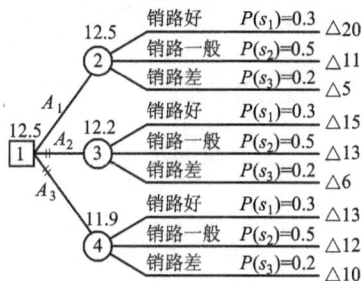

图 9-3

计算各状态点的期望收益值, 即

$$E(2) = 20 \times 0.3 + 11 \times 0.5 + 5 \times 0.2 = 12.5$$

$$E(3) = 15 \times 0.3 + 13 \times 0.5 + 6 \times 0.2 = 12.2$$

$$E(4) = 13 \times 0.3 + 12 \times 0.5 + 10 \times 0.2 = 11.9$$

将各状态点的期望收益值写在各状态点的上方, 决策点上的期望收益值为各方案枝对应的状态点中期望收益值的最大值, 即

$$E(1) = \max\{E(A_1), E(A_2), E(A_3)\} = \max\{12.5, 12.2, 11.9\} = 12.5$$

将 $E(1)$ 的值写在决策点的上方, 则 A_1 为最优方案, 最大期望收益为 12.5 万元, 其他各方案枝上画上双截号"‖"表示方案不被选取, 如图 9-3 所示.

● **多级决策问题**. 多级决策问题是指包含两级或两级以上的决策问题. 利用决策树对多级决策问题进行分析通常是依据期望值准则, 先从树的末梢开始, 计算出每个状态点上的期望收益, 然后将其中的最大期望值标在相应的决策点旁. 决策时, 根据期望收益最大的准则从后向前用双截号 "‖" 进行 "剪枝", 直到最开始的决策点, 从而得到一个由多级决策构成的完整的决策方案.

下面来看两个例子.

例 9. 4 某科研单位考虑向某工厂提出一项新产品开发建议. 为提出此建议, 要进行前期研制工作, 需花费 2 万元. 根据该科研单位的经验及对该工厂和产品竞争者的估计, 建议提出后, 有 60% 的可能性签订合同, 40% 的可能性签不成; 如签不成合同, 则 2 万元前期研究费用就得不到补偿.

该产品有两种生产方法, 方法一要花费 30 万元, 成功概率为 80%; 方法二只需花费 18 万元, 但成功概率仅为 50%.

如果该单位签订合同并研制成功, 厂方将付给该单位 80 万元技术转让费; 若研制失败, 该单位需付赔偿费 15 万元.

现需决策: 该研究单位是否应当提出开发建议?

解 这是一个多级(两级)决策问题, 根据题意可画出决策树, 如图 9-4 所示.

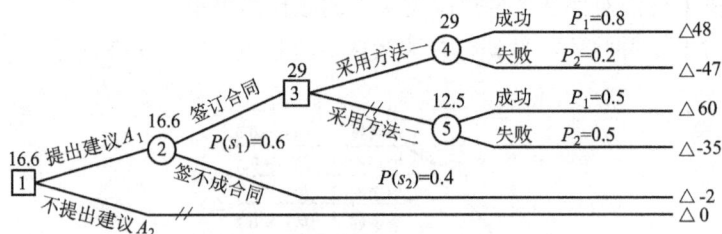

图 9-4

根据题设已知条件, 对各结果点的效益值计算如下.

如果科研单位提出了开发建议, 签订了合同, 采用第一种方法生产, 获得成功, 其收支情况为: 科研单位可得到厂方 80 万元的报酬; 研制费为 30 万元, 前期研制费 2 万元, 效益值为 $(80 - 30 - 2)$ 万元 $= 48$ 万元, 将其标在第一个 "△" 旁.

同理, 可算出其他各结果点的效益值, 如图 9-4 所示.

然后, 按从右到左的顺序计算各状态点的效益值

$$E(4) = 48 \times 0.8 - 47 \times 0.2 = 29(万元)$$

$$E(5) = 60 \times 0.5 - 35 \times 0.5 = 12.5(万元)$$

将 $E(4)$, $E(5)$ 计算值分别标记在状态点④和状态点⑤上方, 则有

$$E(3) = \max\{E(4), E(5)\} = \max\{29, 12.5\} = 29(万元)$$

故决策点③取方法一对应的期望收益值, 即 29 万元, 并标在决策点③的上方.

$$E(2) = 29 \times 0.6 - 2 \times 0.4 = 16.6(万元)$$

$$E(1) = \max\{E(A_1), E(A_2)\} = \max\{16.6, 0\} = 16.6(万元)$$

因此,该研究单位应该提出建议,可获收益期望值 16.6 万元;若不提出建议收益为 0.

根据图 9-4 可得该决策问题的策略:研究单位应该提出建议,如果签订合同,工厂采用方法一生产,期望收益为 16.6 万元;若签不成合同,研究单位损失 2 万元.

例 9.5　某单位有 100 万元的资金准备投资. 在今后 3 年,每一年的开头将有机会把该笔资金投入 A、B 两个项目中的任何一项. 若投入项目 A,在年末有 60% 的可能性能回收 200 万元(赢利 100 万元),有 40% 的可能性会丧失全部资金. 而投入项目 B,在年末有 80% 的可能性正好回收原来的 100 万元(不亏不赢),有 20% 的概率能回收 200 万元. 每年只允许作一项投资,且每次只能投入 100 万元(任何多余的积累资金都闲置不用). 试用决策树法求使 3 年后至少有 200 万元概率为最大的投资方案及其最大概率值.

解　通过分析项目 A 和项目 B 的风险情况,发现如果在某年末此投资项目单位已有 200 万元,则余下的几年将只选择项目 B(因为项目 B 无论如何不至于亏本),这样可以保证在第三年末至少得到 200 万元. 根据题意可绘制决策树如图 9-5 所示.

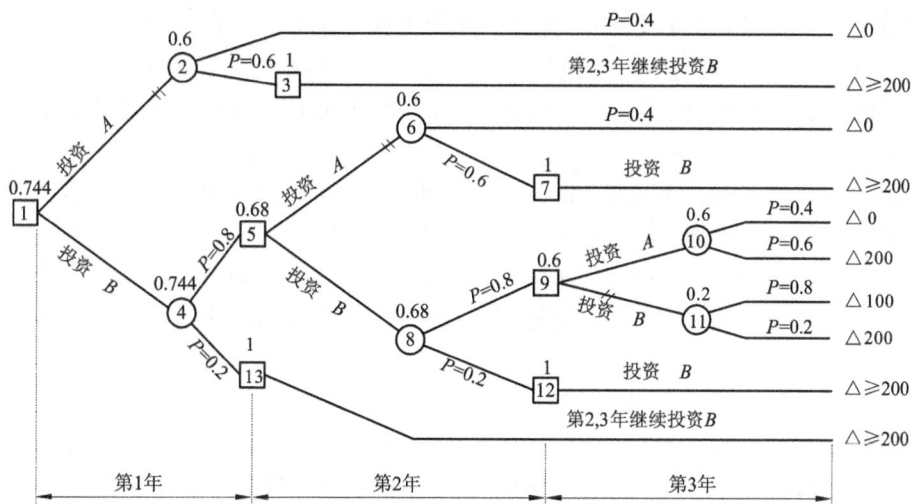

图 9-5

下面分别计算在各点上"3 年后至少有 200 万元"的概率. 计算过程从右向左逐步计算:

$P(3) = 1$,说明第 1 年投资 A 成功,第 2,3 年均投资 B,必然满足"3 年后至少有 200 万元",即为必然事件. 同理有:$P(7) = 1$,$P(12) = 1$,$P(13) = 1$.

再从右向左计算各概率点的期望概率值

$$P(2) = 0.4 \times 0 + 0.6 \times 1 = 0.6$$
$$P(6) = 0.4 \times 0 + 0.6 \times 1 = 0.6$$
$$P(10) = 0.4 \times 0 + 0.6 \times 1 = 0.6$$
$$P(11) = 0.8 \times 0 + 0.2 \times 1 = 0.2$$

由状态点⑩和状态点⑪的期望概率确定决策点 9 的期望概率

$$P(9) = \max\{P(10), P(11)\} = \max\{0.6, 0.2\} = 0.6$$

同理有

$$P(8) = 0.8 \times 0.6 + 0.2 \times 1 = 0.68$$

$$P(5) = \max\{P(6), P(8)\} = \max\{0.6, 0.68\} = 0.68$$

$$P(4) = 0.68 \times 0.8 + 1 \times 0.2 = 0.744$$

$$P(1) = \max\{P(2), P(4)\} = \max\{0.6, 0.744\} = 0.744$$

将计算所得的期望概率标记在图的各点相应位置,并用双截号"‖"划去未被选取的方案枝,如图 9-5 所示.

最优策略为:第 1 年和第 2 年均投资 B,第二年末如果仍只有 100 万元,则第三年投资 A;否则,第 3 年仍然投资 B.

在此投资策略下,3 年后"至少 200 万元"的最大概率为 0.744.

● **有附加信息的多级决策问题**. 决策是否正确与信息有密切的关系,决策者在决策过程中获得的信息越多,对未来状态出现概率估计或预测就越准确,据以作出的决策就越可靠.

例 9.6 有一工程项目准备施工,施工费用与工程完工时间有关. 如能按时完工,施工单位可获收益 8 万元;如工期拖延,将损失 2 万元. 假定天气是影响工程按时完工与否的决定因素,如天气好,工程可按时完工;天气不好,工程将延期完工. 又假定,暂不组织施工,将损失 0.2 万元.

根据过去的气象资料,计划施工期天气好的概率为 40%. 为了更好地掌握天气情况,施工单位可从气象局获取与施工期相应较长时期的天气预报资料. 假定天气预报资料相当可靠,对于好天气的预报正确率为 80%,坏天气的预报正确率为 90%,现在要求作出决策.

解 设 s_1 表示天气好的状态, s_2 表示天气坏的状态; T_1 表示预报天气好, T_2 表示预报天气坏. 根据题目已知条件有

天气好的概率: $P(s_1) = 0.4$, 天气坏的概率: $P(s_2) = 0.6$

天气好预报好的概率: $P(T_1/s_1) = 0.8$, 天气好预报坏的概率: $P(T_2/s_1) = 0.2$

天气坏预报坏的概率: $P(T_2/s_2) = 0.9$, 天气坏预报好的概率: $P(T_1/s_2) = 0.1$

根据全概率公式,可得预报天气好的概率为

$$P(T_1) = P(s_1) \cdot P(T_1/s_1) + P(s_2) \cdot P(T_1/s_2) = 0.4 \times 0.8 + 0.6 \times 0.1 = 0.38$$

预报天气坏的概率为

$$P(T_2) = 1 - P(T_1) = 1 - 0.38 = 0.62$$

根据贝叶斯(Bayes)概率公式

$$P(s_j/T_i) = \frac{P(T_i/s_j) \cdot P(s_j)}{P(T_i)}$$

可求得

预报天气好而实际天气好的概率: $P(s_1/T_1) = 0.84$

预报天气好而实际天气坏的概率: $P(s_2/T_1) = 1 - P(s_1/T_1) = 1 - 0.84 = 0.16$

预报天气坏而实际天气坏的概率: $P(s_2/T_2) = 0.87$

预报天气坏而实际天气好的概率: $P(s_1/T_2) = 1 - P(s_2/T_2) = 1 - 0.87 = 0.13$

由题意,决策树如图 9-6 所示.

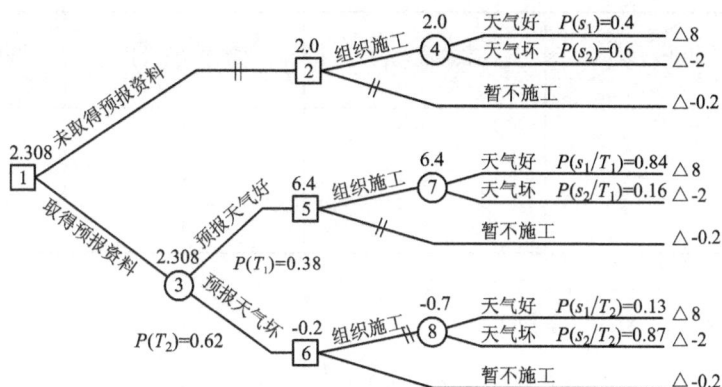

图 9-6

根据最大期望收益值准则,从右向左计算决策树上各节点的期望收益值并填写在各节点上,得最优策略为:首先取得预报资料进行分析,若预报天气好,则组织施工,若预报天气坏,则暂不施工,可获期望收益 2.308 万元.

由此可见,由于获得了气象预报资料这一附加信息,掌握了未来天气好坏的明确概率,增强了决策的信心,而且可多获收益期望值 0.308(即 2.308 − 2.0)万元.

附加信息有助于正确决策,但为获得附加信息,需要付出一定的代价(如组织调查研究、试产试销、情报资料等),这时就需要综合权衡.

9.3 不确定型决策

所谓不确定型决策是指决策者对决策环境一无所知,仅知道有几种可能状态发生,但这些状态发生的概率并不知道,这种情况下的决策主要取决于决策者的素质、要求和主观态度. 下面介绍几种常用的决策准则.

视频9-4

9.3.1 等可能准则(Laplace 准则)

等可能准则是 19 世纪的数学家 Laplace 提出的,因此又叫 Laplace 准则. 他认为一个人面对着 n 种自然状态可能发生时,如果没有确切理由说明这一自然状态比那一自然状态有更多的发生机会,那么就只能认为它们是机会均等的,即每一种自然状态发生的概率都是 $\frac{1}{n}$. 根据这个观点,决策者就把一个不确定型的决策问题转化为了一个风险型的决策问题,然后按风险型的决策方法进行决策.

例 9.7 设某产品有三种生产方案,市场对这种产品的需求状况又不全然知晓,据资料估计三个方案在不同需求状态下的效益值(单位:万元)如表 9-2 所示,试用等可能准则确定最优方案.

表 9-2

效益值/万元 状态 方案	需求高(s_1)	需求中(s_2)	需求低(s_3)
A_1	20	1	-6
A_2	9	8	0
A_3	4	4	3

解 由于 $S = \{s_1, s_2, s_3\}$，则

$$P = (p_1, p_2, p_3) = \left(\frac{1}{3}, \frac{1}{3}, \frac{1}{3}\right)$$

又因为 $A = \{A_1, A_2, A_3\}$

$$C = \begin{bmatrix} 20 & 1 & -6 \\ 9 & 8 & 0 \\ 4 & 4 & 3 \end{bmatrix}$$

由矩阵法

$$E = \begin{bmatrix} E(A_1) \\ E(A_2) \\ E(A_3) \end{bmatrix} = C \cdot P^{\mathrm{T}} = \begin{bmatrix} 20 & 1 & -6 \\ 9 & 8 & 0 \\ 4 & 4 & 3 \end{bmatrix} \cdot \begin{bmatrix} \frac{1}{3} \\ \frac{1}{3} \\ \frac{1}{3} \end{bmatrix} = \begin{bmatrix} 5 \\ \frac{17}{3} \\ \frac{11}{3} \end{bmatrix}$$

所以

$$E(A_i^*) = \max\{E(A_1), E(A_2), E(A_3)\} = \max\left\{5, \frac{17}{3}, \frac{11}{3}\right\} = \frac{17}{3}$$

即方案 A_2 为最优方案，期望效益为 $\frac{17}{3}$ 万元.

9.3.2 乐观准则(max-max 准则)

乐观准则是假定决策者对未来的结果持乐观态度，他决不放弃任何一个可能获得最好结果的机会，以争取好中之好. 记

$$u(A_i) = \max_{1 \leqslant j \leqslant n}\{c_{ij}\} \ (i = 1, 2, \cdots, m)$$

则最优方案 A_i^* 应满足

$$u(A_i^*) = \max_{1 \leqslant i \leqslant m}(A_i) = \max_{1 \leqslant i \leqslant m}\max_{1 \leqslant j \leqslant n}\{c_{ij}\} \ (i = 1, 2, \cdots, m; j = 1, 2, \cdots, n)$$

例 9.8 试用乐观准则对例 9.7 的决策问题进行决策.

解 根据题意有

$$u(A_1) = \max\{20, 1, -6\} = 20$$
$$u(A_2) = \max\{9, 8, 0\} = 9$$
$$u(A_3) = \max\{4, 4, 3\} = 4$$

由
$$u(A_1) = \max_{1 \leq i \leq 3} u\{A_i\} = 20$$
得最优方案为方案 A_1，效益为 20 万元.

9.3.3　悲观准则(min-max 准则)

与乐观准则相反，按悲观准则决策时，决策者是非常谨慎保守的，他总是从每个方案的最坏情况出发，从各种可能的最坏结果中选择一个相对最好的结果.

记
$$u(A_i) = \min_{1 \leq j \leq n} \{c_{ij}\} \quad (i = 1, 2, \cdots, m)$$
则最优方案 A_i^* 应满足
$$u(A_i^*) = \max_{1 \leq i \leq m} (A_i) = \max_{1 \leq i \leq m} \min_{1 \leq j \leq n} \{c_{ij}\} \quad (i = 1, 2, \cdots, m; j = 1, 2, \cdots, n)$$

例 9.9　用悲观准则对例 9.7 的决策问题进行决策.

解
$$u(A_1) = \min\{20, 1, -6\} = -6$$
$$u(A_2) = \min\{9, 8, 0\} = 0$$
$$u(A_3) = \min\{4, 4, 3\} = 3$$

由
$$u(A_3) = \max_{1 \leq i \leq 3} u\{A_i\} = 3$$
得最优方案为 A_3，效益为 3 万元.

按悲观准则决策，可能失去获得最好收益机会，但不管最终哪个自然状态发生，决策者得到的效益值不会少于各方案最小效益值中的最大者. 这样，可避免最坏的结果发生.

9.3.4　折衷准则

有的决策者认为采用乐观准则和悲观准则处理问题太极端了，于是提出把这两种决策准则综合起来，根据历史的经验确定一个乐观系数 $\alpha (0 \leq \alpha \leq 1)$，计算方案 A_i 的折衷效益值 $H(A_i)$
$$H(A_i) = \alpha \cdot \max_{1 \leq j \leq n} \{c_{ij}\} + (1 - \alpha) \min_{1 \leq j \leq n} \{c_{ij}\} \quad (i = 1, 2, \cdots, m)$$
然后，从 $H(A_i)$ 中选择最大者为最优方案 A_i^*，即
$$H(A_i^*) = \max_{1 \leq i \leq m} \{H(A_i)\}$$
如上例，取 $\alpha = \dfrac{1}{4}$，则
$$H(A_1) = \frac{1}{4} \times 20 + (1 - \frac{1}{4})(-6) = 0.5$$
$$H(A_2) = \frac{1}{4} \times 9 + (1 - \frac{1}{4}) \times 0 = 2.25$$
$$H(A_3) = \frac{1}{4} \times 4 + (1 - \frac{1}{4}) \times 3 = 3.25$$
则有

$$H(A_3) = \max_{1 \leq i \leq 3} \{H_i\} = 3.25$$

得最优方案 A_3，折衷效益为 3.25 万元.

当乐观系数 α 取不同值时，反映决策者对客观状态估计的乐观程度不同，因而决策结果也就不同. 当 $\alpha = 1$ 时，折衷准则即为乐观准则；而 $\alpha = 0$ 时，折衷准则就成了悲观准则.

9.3.5 后悔值准则(Savage 准则)

当决策者作出决策之后，若实际情况未能符合最理想的预期，时常会深感惋惜，因当初的选择不当而后悔，因而派生出以"后悔值最小"为准则的决策思想. 它是由经济学家沙万奇(Savage)提出的，故又称 Savage 准则.

该方法是将各自然状态下的最大收益(最小损失)定为理想目标，并将该状态中的其他值与理想目标值进行比较，差值是未达到理想目标的后悔值，反映后悔的程度；然后从各方案的最大后悔值中取一个最小的，相应的方案即为最优方案.

具体计算时，首先要根据收益矩阵算出决策者的"后悔值矩阵"，该矩阵的元素(后悔值)记为 b_{ij}，则

$$b_{ij} = \max_{1 \leq i \leq m} \{c_{ij}\} - c_{ij} \quad (i = 1, 2, \cdots, m; j = 1, 2, \cdots, n)$$

然后，记

$$r(A_i) = \max_{1 \leq j \leq n} \{b_{ij}\} \quad (i = 1, 2, \cdots, m)$$

所选的最优方案 A_i^* 应满足

$$r(A_i^*) = \min_{1 \leq i \leq m} \{r(A_i)\} = \min_{1 \leq i \leq m} \max_{1 \leq j \leq n} \{b_{ij}\}$$

例 9.10　用后悔值准则对例 9.7 的决策问题作出决策.

解　根据后悔值准则的基本思想，求得该决策问题的后悔值矩阵如表 9-3 所示.

表 9-3

后悔值 b_{ij}　状态 s_j　方案	s_1	s_2	s_3	最大后悔值 $r(A_i)$
A_1	0	7	9	9
A_2	11	0	3	11
A_3	16	4	0	16
理想值	20	8	3	

如：在 s_1 状态下理想值为 20，故各方案在 s_1 状态下的后悔值分别为

$$b_{11} = 20 - 20 = 0$$
$$b_{21} = 20 - 9 = 11$$
$$b_{31} = 20 - 4 = 16$$

同理，可求出其他各状态下的后悔值如表 9-3 所示.

各方案的最大后悔值：$r(A_1) = 9$，$r(A_2) = 11$，$r(A_3) = 16$

而在最大后悔值中最小的是 9, 故最优方案为方案 A_1.

综上所述, 不同的不确定型决策准则会导致不同的决策方案, 采用什么决策准则没有统一的标准, 至于采用哪个准则完全取决于决策者对各种不确定因素的主观判断. 持乐观态度者可用乐观准则; 持保守态度者可用悲观准则; 持中间态度者可用折衷准则; 如果重视决策产生的错误者, 可用后悔值准则; 如果对未来各种因素出现的可能性认为没有差别, 可用等可能准则. 实际决策中, 当决策者面临不确定性决策问题时, 往往会尽可能地获取有关自然状态的概率信息, 把不确定性决策问题转化为风险性决策问题.

9.4 效用理论在决策中的应用

在风险决策中, 大多应用期望值准则进行决策. 在应用这个准则时, 一般认为期望值相同的各个方案是等价的, 且同一期望值对不同决策者的吸引力也是一样的. 然而在实际决策中并非如此, 决策者的主观评价将深刻影响到最终决策结果. 为了衡量和比较人们对某些事物的主观价值、态度、偏爱、倾向等, 经济学家和社会学家们提出了效用这个概念, 并在此基础上建立了效用理论.

9.4.1 效用的概念

首先来看两个例子.

例 9.11 现有一家资产为 200 万元的酒店, 该酒店发生火灾的可能性为 0.1%, 酒店的决策者需要决策: 是否购买保险? 若买保险, 每年需支付 3000 元保险费, 一旦发生火灾, 保险公司可以偿还全部资产; 若不买保险, 就不需要支付保险费, 如果发生火灾, 酒店的决策者就要承担全部资产损失.

此时, 若按期望值准则进行决策, 酒店发生火灾的损失期望值为
$$2000000 \times 0.1\% = 2000(元)$$
而酒店需支付保险费 3000 元, 根据期望损失最小准则, 结论为不买保险.

但现实生活中, 酒店决策者一般是愿意购买保险的.

例 9.12 现有一个投资机会, 两个方案可供选择

方案一是投资 10 万元, 预期有 50% 的可能性获得 20 万元利润, 50% 的可能性损失 10 万元;

方案二是投资 10 万元, 预期有 100% 的可能性获得 3 万元利润.

现计算两个方案的利润期望值

方案一: $20 \times 50\% + (-10) \times 50\% = 5(万元)$

方案二: $3 \times 100\% = 3(万元)$

按期望利润最大准则可知, 方案一优于方案二.

假设这个投资项目为两个不同背景的投资者进行决策, 决策结果有可能完全不同.

资本雄厚的投资者甲: 一旦决策失误, 损失 10 万元对甲来说后果不算严重, 他很有可能会选择方案一, 获取期望利润 5 万元;

资金单薄的投资者乙: 选择方案一, 风险太大, 一旦决策失误, 后果非常严重, 这样他很有可能选择方案二, 确保 3 万元的投资利润.

由此可见，不同的决策者，由于他的处境、条件、个人特质等因素的不同，对于相同的期望值会有不同的反应和估价.同样，随着处境和条件等的变化，即使是同一决策者，对同一期望值的反应和估价也会变化，这种决策者对于利益或损失的主观估价称为**效用**(utility)."效用"是决策者的一种"**主观价值**"，是一个属于主观范畴的概念，这也正是效用能较好地解释现实中某些决策行为的原因所在.

综上分析表明

（1）同一货币量，在不同风险情况下，对同一决策者来说具有不同的效用值；

（2）在同等风险程度下，不同决策者对风险的态度是不一样的，即相同的货币量在不同人看来具有不同的效用.

9.4.2 效用曲线的确定

效用的量化表述称为**效用值**，效用值可以用来描述决策者对风险的态度.对每一个决策者来说，都可以测定反映他对风险态度的**效用曲线**.效用值是一个相对值，无量纲.其大小可规定在 $0 \sim 1$ 之间(也可规定在 $0 \sim 100$ 之间，等等).在一个决策问题中，通常将决策者可能得到的最大收益值对应的效用值定为 1(或 100)，而把可能得到的最小收益值(或最大的损失值)对应的效用值定为 0.如例 9.12 投资问题中决策者"获得 20 万元利润"的效用值为 1，"损失 10 万元"的效用值为 0.

确定效用曲线的方法主要是对比提问法.

设决策者面临两个可选方案 A_1 和 A_2，其中 A_1 表示他可无风险($p_1 = 1.0$)得到一笔收益 x_1，A_2 表示他可以概率 p_2 得到收益 x_2，以概率 $1-p_2$ 得到收益 x_3，其中 $x_3 > x_1 > x_2$ 或 $x_2 > x_1 > x_3$，设 $u(x)$ 表示收益 x 的效用值，则当决策者认为方案 A_1 和 A_2 等价时，可用如图 9-7 所示的决策树表述.

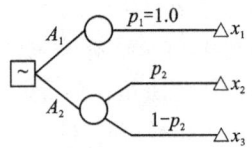

图 9-7

图中节点 $\sim$ 表示其右面的方案分枝都是等效的.于是有

$$p_2 u(x_2) + (1-p_2) u(x_3) = p_1 u(x_1) \qquad (9-1)$$

这就说明该决策者认为 x_1 的效用期望值等价于 x_2，x_3 的效用期望值之和.于是可用对比提问法来测定决策者的风险效用曲线.

从式($9-1$)可知，共有 x_1，x_2，x_3，p_2 四个变量，若其中任意三个已知，向决策者提问第四个变量应取何值？并请决策者对第四个变量的取值作出主观判断.

提问的方式常用以下两种.

（1）每次固定 p_2，x_2，x_3 的值，改变 x_1 的值，并向决策者提问："x_1 取何值时，您认为 A_1 和 A_2 等价？"

（2）每次固定 x_1，x_2，x_3 的值，改变 p_2 的值，并向决策者提问："p_2 取何值时，您认为 A_1 和 A_2 等价？"

实际计算中，取任意一种提问方式提问三次，即可得到效用曲线上的三个点，再加上当效益最差时效用值为 0 和效益最好时效用值为 1(或 100)两个点，就可以得到效用曲线上的五个点，根据这五个点可画出效用曲线的大致图形，称之为"五点法".下面以例 9.12 投资问题为例，用"五点法"确定决策者的效用曲线.

记 $u(20 \text{万元}) = 1$，$u(-10 \text{万元}) = 0$

采用第(1)种提问方式确定效用曲线上的其他三
个点.

提问① "方案 A_1 以 50% 的机会得到 20 万元，
50% 的机会损失 10 万元"和"方案 A_2 稳获 x 万元"
等效.

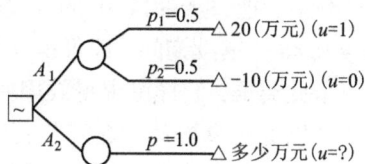
图 9-8

如果决策者回答为 2 万元(即 $x = 2$)，决策树表述
如图 9-8 所示. 则可计算出收益值为 2 万元对应的效用值

$$u(2 \text{ 万元}) = 0.5 \times 1 + 0.5 \times 0 = 0.5$$

提问② "方案 A_1 以 50% 的机会得到 20 万元，50%
的机会获得 2 万元"和"方案 A_2 稳获 x 万元"等效.

如果决策者回答为 9 万元(即 $x = 9$)，决策树表述如
图 9-9 所示. 则可计算出收益值为 9 万元对应的效用值

$$u(9 \text{ 万元}) = 0.5 \times 1 + 0.5 \times 0.5 = 0.75$$

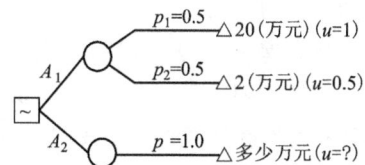
图 9-9

提问③ "方案 A_1 以 50% 的机会得到 2 万元，50% 的
机会损失 10 万元"和"方案 A_2 稳获 x 万元"等效. 如果决策者回答为损失 5 万元(即 $x = -5$)，则

$$u(-5 \text{ 万元}) = 0.5 \times 0.5 + 0.5 \times 0 = 0.25$$

这样就确定了当收益为 -10 万元、-5 万元、2 万元、9 万元和 20 万元时的效用值分别为
0、0.25、0.5、0.75 和 1，据此可画出该效用曲线的图形，如图 9-10 所示.

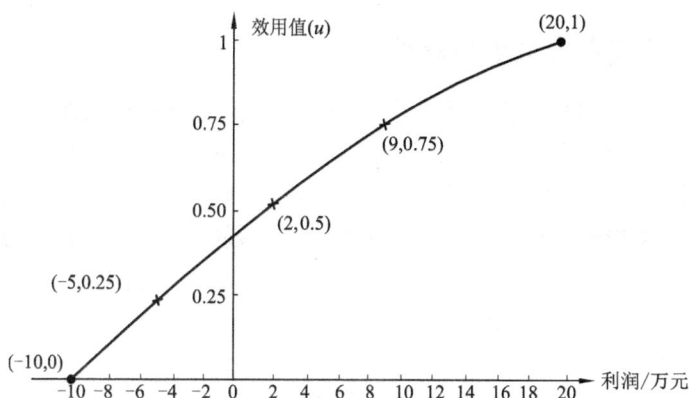
图 9-10

同样，可采用第(2)种提问方式确定效用曲线上的
其他 3 个点.

提问① "方案 A_1 以 p_1 的概率获得 20 万元，$1 - p_1$ 的概率损失 10 万元"和"方案 A_2 稳获 1 万元"等
效. 如果决策者回答可能性为 48%(即 $p_1 = 0.48$)，决策
树表述如图 9-11 所示. 则可计算出收益值为 1 万元的
效用值

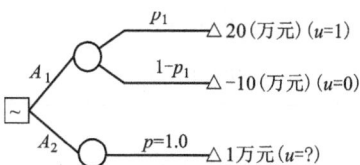
图 9-11

$$u(1 \text{ 万元}) = 0.48 \times 1 + (1 - 0.48) \times 0 = 0.48$$

然后,把图 9-11 中的 1 万元换成 5 万元,把"-10 万元($u = 0$)"换成"1 万元($u = 0.48$)"继续询问,即可得 u(5 万元).

依此类推,同样可求得效用曲线.(读者可自行完成)

从以上向决策者的提问及其回答的情况来看,不同决策者的选择是不同的,这样可得到不同形状的效用曲线,表示决策者对风险的态度不同.效用曲线一般可分为保守型(L_1)、中间型(L_2)、冒险型(L_3)三种类型,如图 9-12 所示.

具有保守型(L_1)效用曲线的决策者:当收益值较少时,效用值变动较快,反应比较敏感;当收益值较大时,效用值变动较缓慢,反应比较迟钝.即他不愿承受损失的风险.具

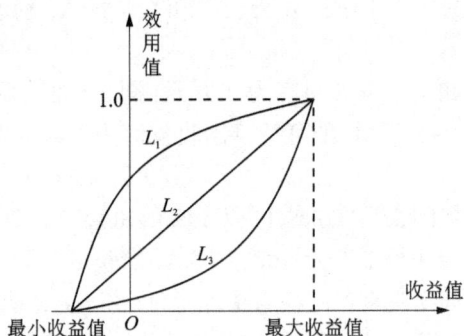

图 9-12

有冒险型(L_3)效用曲线的决策者:与保守型(L_1)决策者刚好相反.当收益值较大时,效用值变动较快,反应比较敏感;当收益值较少时,效用值变动较缓慢,反应比较迟钝.即他可以承受损失的风险.而中间型(L_2)效用曲线的决策者认为收益的效用值与收益的期望值成等比关系,他是一个介于保守型和冒险型之间的中间型决策者.

以上是三类具有代表性的曲线类型.实际中的决策者效用曲线可能是三种类型兼而有之,反映出当收益变化时,决策者对风险的态度也在发生变化.

9.4.3 效用曲线在决策中的应用

在决策分析中,除了以期望值为决策准则外,效用值也可以作为决策标准,即以期望效用值最大作为方案优选的准则.现举例说明效用值和效用曲线在决策分析中的应用.

例 9.13 某企业为了扩大生产规模生产新产品,计划投资建设新厂.现有两种方案可供选择:一是建大厂,需投资 280 万元;二是建小厂,需投资 150 万元.据市场预测,10 年内新产品需求高的概率为 0.5,需求中的概率为 0.3,需求低的概率为 0.2.相应的年度损益值如表 9-4 所示(单位:万元),问决策者愿意采用哪种方案?

表 9-4

效益值/万元 \ 状态 \ 方案	需求高(s_1)	需求中(s_2)	需求低(s_3)
建大厂(A_1)	100	60	-20
建小厂(A_2)	40	50	60

解 首先求出各方案在各种状态下 10 年内的利润值,如建大厂(A_1)在需求高(s_1)的状态下:$100 \times 10 - 280 = 720$(万元);同理可算出其他情形下同期的利润值如表 9-5 所示.

表 9-5

利润值/万元　状态及概率　方案	需求高(s_1)	需求中(s_2)	需求低(s_3)
	$P(s_1)=0.5$	$P(s_2)=0.3$	$P(s_3)=0.2$
建大厂(A_1)	720	320	-480
建小厂(A_2)	250	350	450

根据表 9-5 的利润值, 可画出该决策问题的决策树如图 9-13 所示.

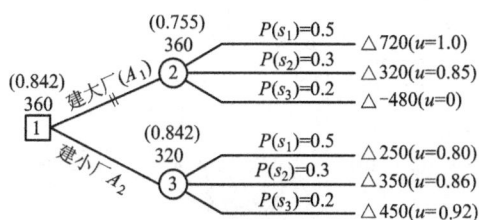

图 9-13

　　然后从右至左计算各节点的利润期望值, 并标在图 9-13 各节点上, 即建大厂(A_1)为最佳方案, 10 年的期望利润为 360 万元.

　　这时, 该企业决策者认为按利润期望值进行决策风险太大. 于是采用效用值准则进行决策. 根据表 9-5 中的数据可取 $u(720)=1$, $u(-480)=0$

　　然后, 对决策者进行三次提问.

　　(1)"以 0.5 的概率获得利润 720 万元, 以 0.5 的概率损失 480 万元"的方案与"确定获得多少"的方案等价, 决策者判断为"损失 120 万元";

　　(2)"以 0.5 的概率获得利润 720 万元, 以 0.5 的概率损失 120 万元"的方案与"确定获得多少"的方案等价, 决策者判断为"损失 180 万元";

　　(3)"以 0.5 的概率损失 480 万元, 以 0.5 的概率损失 120 万元"的方案与"确定获得多少"的方案等价, 决策者判断为"损失 340 万元".

　　根据以上提问结果, 可算出各利润值所对应的效用值

$$u(-120)=0.5u(720)+0.5u(-480)=0.5\times1+0.5\times0=0.5$$

同理: $u(180)=0.75$; $u(-340)=0.25$

用"五点法"即可确定该企业决策者的效用曲线如图 9-14 所示.

在图 9-14 的效用曲线上查出各利润值对应的效用值

$$u(250)=0.80; u(320)=0.85; u(350)=0.86; u(450)=0.92$$

并将这些效用值填在图 9-13 各利润值后面的括号里.

以效用值为标准计算各节点期望效用值, 即图 9-13 中

节点②的期望效用值为: $0.5\times1.0+0.3\times0.85+0.2\times0=0.755$

节点③的期望效用值为: $0.5\times0.80+0.3\times0.86+0.2\times0.92=0.842$

由此可见, 若以效用值为决策标准, 建小厂(A_2)为最佳方案.

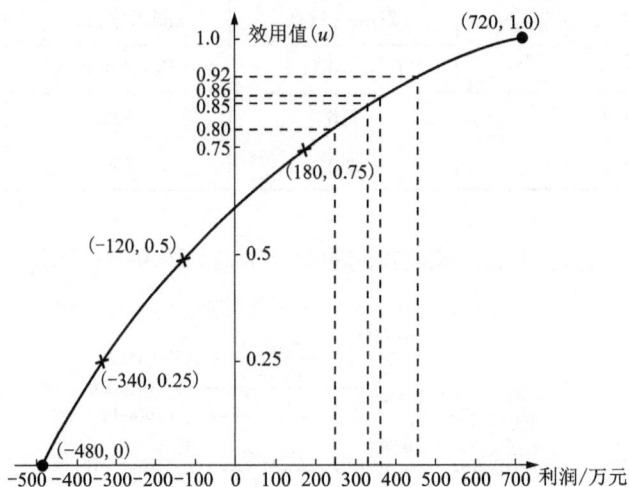

图 9-14

显然，该企业决策者属于保守型，他不想冒险获取最大的收益.

【本章导学】

1. 学习要点提示

(1)决策模型的基本要素及分类.

(2)风险型决策问题：概念、决策准则、决策方法、决策过程.

(3)不确定型决策问题. 概念、决策准则、决策过程.

(4)效用：概念，效用曲线绘制及应用.

2. 学习思路与方法建议

对于本章的学习，重点关注风险型决策问题和不确定型决策问题. 这两类决策问题的根本区别在于决策者对于决策环境的了解程度. 它们是决策理论与方法中有很强实用价值的基础问题，注意其求解思想和方法. 此外，本章从知识点内容和方法来看比较容易，但是对于运筹学理论的推演来说，应该是越来越复杂了，决策的结果不仅取决于问题本身，还受决策者个人或群体、决策环境等因素的影响. 必须清楚地认识到在决策问题中，决策者的风险态度和心理状态以及决策问题的处境会影响决策结果，应具体问题具体分析，以丰富的想象力去解决实际的决策问题. 在这个问题上建议学习参考有关效用理论以及效用理论与应用知识来帮助理解.

【思考与讨论】

(1)什么是科学决策？如何做到科学决策？

(2)试述确定型决策、风险型决策和不确定型决策有哪些相同与不同？

(3)风险型决策问题的基本特点是后果的不确定性和后果的效用性,试举例说明.

(4)本章介绍不确定型决策问题时采用了同一个算例用五种不同的决策准则进行决策分析,所得的最优决策方案不尽相同.这一现象反映了什么?

(5)不确定型决策问题从准则的选取到折衷系数数值的确定都有很大的人为主观性,试述现实企业最终如何判断决策的优劣?

(6)什么是效用?决策过程中引入效用有何意义?

【习题】

9.1 某企业计划明年对原工厂进行技术改造以扩大生产规模,决策部门提出了三个改造方案,即建新厂(A_1)、更新全部设备(A_2)、改造有关生产线(A_3).经预测,市场需求高的概率约为30%、需求中等的概率约为50%、需求低的概率约为20%;不同方案在不同的市场条件下可获得的利润如表9-6所列.试用期望值准则(矩阵法和决策树法)进行决策.

表9-6

效益值 状态及概率 方案	s_1 0.3	s_2 0.5	s_3 0.2
A_1	50	20	−20
A_2	30	25	−10
A_3	10	10	10

9.2 某厂自产自销一种产品,每箱成本30元,售价80元,但当天卖不掉的产品要报废.该厂去年90天中的日销售记录表明,有18天售出100箱,有36天售出110箱,有27天售出120箱,有9天售出130箱.问该厂今年每天应销售多少箱才能获利最大?

9.3 某活动分两阶段进行.第一阶段,参加者需要先支付20元,然后从含40%白球和60%黑球的箱子中任摸一球,并决定是否继续第二阶段.如继续,需再付20元,根据第一阶段摸到的球的颜色在相同颜色箱子中再摸一球.已知白色箱子中含80%蓝球和20%绿球,黑色箱子中含15%蓝球和85%绿球.当第二阶段摸到蓝色球时,参加者可得奖100元,如果摸到的是绿球或不参加第二阶段游戏的均无所得.试用决策树法确定参加者得奖的最优策略.

9.4 某一新产品准备投产,预计产品寿命周期为5年,现有两种方案建厂:一是建大厂,二是建小厂,相应的年盈利状况和初始投资额如表9-7所示.前2年销路好的概率为0.7.若前2年销路好,则后3年销路好的概率为0.9,销路不好的概率为0.1;若前2年销路差,则后3年销路肯定差.试用决策树法选择最佳建厂方案.

表 9-7

方案	销路好	销路差	初始投资额/万元
建大厂	100	-15	40
建小厂	50	20	25

9.5 某开发公司准备为一企业承包新产品的研制与开发任务,但是为得到合同必须参加投标.已知投标的准备费用为 4 万元,能够得到合同的可能性是 40%.如果得不到合同,准备费用得不到补偿.如果得到合同,可采用两种方法进行研制开发:方法 1 成功的可能性为 80%,费用为 26 万元;方法 2 成功的可能性为 50%,费用为 16 万元.如果研制开发成功,按合同开发公司可得到 60 万元,如果得到合同但没有研制开发成功,则开发公司需要赔偿 10 万元.试决定:

(1)是否参加投标?

(2)如果中标了,采用哪种方法研制开发?期望收益是多少?

9.6 某工程队承担一座桥梁的施工任务.由于施工地区夏季多雨,需要停工三个月.在停工期间该工程队可将施工机械移走或留在原处.如移走,需要费用 0.18 万元.如留在原处,一种方案是花 0.05 万元建筑护堤,防止河水上涨而损坏机械.如不筑护堤,发生河水上涨而损坏机械将损失 1 万元.如下暴雨,将发生洪水,不管是否筑护堤,施工机械留在原处都将损失 6 万元.根据历史资料,该地区发生河水上涨的概率为 25%,发生洪水的概率为 2%.试为该施工队进行最优决策.

9.7 设有某石油钻井队,在一片估计能出油的荒地钻井.可以先做地震试验,然后决定钻井与否.或不做地震试验,只凭经验决定钻井与否.做地震试验的费用每次 0.3 万元,钻井费用为 1 万元.若钻井后出油,可收入 4 万元;若不出油,就没有收入.各种情况下估计出油的概率为:试验好的概率 0.6,并钻井后出油的概率 0.85;试验不好的概率 0.4,并钻井后出油的概率 0.10;不试验而直接钻井后出油的概率 0.55.钻井队如何决策才能使期望收入最大?

9.8 某公司有 5 万元多余资金,如用于某项事业开发,估计成功概率为 0.96,成功后一年可以获利 12%.若一旦失败,有损失全部资金的风险.如把资金存放到银行,则可以稳得年利 6%.为获得更多回报,该公司求助于咨询服务,咨询费用为 500 元,但咨询意见仅供参考.过去咨询公司类似的 200 例咨询意见实施结果如表 9-8 所列.试用决策树法分析.

(1)该公司是否值得求助咨询服务?

(2)该公司多余资金应如何合理使用?

表 9-8

实施结果 / 咨询意见	投资成功/次	投资失败/次	合计/次
可以投资	154	2	156
不宜投资	38	6	44
合计	192	8	200

9.9 某企业要投产一新产品,投资方案有 A_1、A_2、A_3,各方案在不同经济形势下的利润如表9-9所示.

表9-9

利润值/万元　　　　　形势 方案	好	一般	差
A_1	10	0	−1
A_2	25	10	5
A_3	50	0	−40

试分别采用等可能准则、悲观准则、乐观准则、折衷准则(乐观系数 $\alpha = 0.6$)和后悔值准则,求出该企业的最优投资方案.

9.10 某地方书店希望订购最新出版的好图书.根据以往经验,新书的销售量可能为50册、100册、150册、200册.假定新书的订购价为40元/册,销售价为60元/册,剩书处理价为20元/册.

要求:(1)建立损益矩阵;

(2)分别用悲观准则、乐观准则及等可能准则决定该书店应订购多少册新书;

(3)令乐观系数 $\alpha = 0.4$,用折衷准则求最优订购方案;

(4)建立后悔值矩阵,并用后悔值准则确定书店应订购的新书数.

习题答案

第 10 章　决策论——多目标决策

对于传统的运筹学方法，虽然在解决不同类型问题时，其数学模型的形式和求解方法都有差异，但它们有一个共同点：都是寻求一个目标的最优解，即属于单目标决策问题，如求利润最大、成本最小、运费最小、距离最短等.

决策问题，就其本质来说，绝大多数都是多目标的. 企业生产经营活动中，一般都存在要求产量高、质量好、成本低、利润大、能源和原材料消耗少、运费少等多目标同时综合优选的问题. 本章将介绍多目标决策问题的基本概念及其解法.

10.1　基本概念

10.1.1　引例

例 10.1　某工厂生产 Ⅰ、Ⅱ 两种产品，已知有关数据如表 10-1. 问 Ⅰ、Ⅱ 两种产品各生产多少，才能使工厂获利最大？

解　这是一个单目标规划问题. 设 x_1, x_2 分别表示产品 Ⅰ、Ⅱ 的产量，则问题的线性规划模型为

表 10-1

产品	Ⅰ	Ⅱ	拥有量
原材料/kg	2	1	11
设备台时/h	1	2	10
利润(元/件)	8	10	

$$\max Z = 8x_1 + 10x_2$$

$$\text{s. t.} \begin{cases} 2x_1 + x_2 \leq 11 \\ x_1 + 2x_2 \leq 10 \\ x_1, x_2 \geq 0 \end{cases}$$

用图解法或单纯形法便可求得最优解为 $x_1 = 4$, $x_2 = 3$，目标函数的最大值为 $Z^* = 62$ 元. 如果企业的经营目标不仅仅是利润，而是要综合考虑如下三个目标.

(1)根据市场信息，产品 Ⅰ 的销售量有下降的趋势，故考虑产品 Ⅰ 的产量不应大于产品 Ⅱ 的产量.

(2)充分利用设备的有效台时，尽量不加班.

(3)在不考虑上述附加条件时，工厂最多可获利 62 元. 现由于上述要求，决策者认识到是不可能的，但要力争利润额不少于 56 元.

要综合考虑这三个目标来安排生产计划，线性规划显然是无能为力的.

总之，多目标决策问题是大量存在的现实问题，需要人们去研究其解决方法. 虽然在很

早以前，就有人提出过多目标优化的某些概念，但多目标决策的理论、方法和应用开发，却是近四十年来的事情. 它是运筹学与管理科学的最新发展成果.

10.1.2　解的概念

在单目标最优化问题中，只要比较任意两个解对应的目标函数值后，就能确定其优劣. 而在多目标情况下，就不能作这样简单的比较来确定谁优谁劣了. 例如，从一群人中选出最高者，无论有多少人，通过一一比较后总能选出最高者. 但如果再考虑另一个目标——体重，即要从一群人中挑出最高最重者，若某人最高最重，则就为最优者，但往往有人体高而轻，有人体矮而重，此二人就不可比较. 用图 10-1 来说明.

图 10-1 中，点 1 和点 2 分别表示有不同体重和身高的两个人，点 1 和点 2 就"不可比较". 这是和单目标情况不同之处. 再看点 3，它在两个目标下都比点 1 和 2 好. 因此，点 1 和点 2 是"可淘汰的". 综观图 10-1 中的所有点后，发现除点 7，9，10，12 外，所有点都是可淘汰的. 这种可淘汰的点就称为"劣解". 而点 7，9，10，12 彼此既互相不可比较，又没有其他点可以淘汰它们，但又非最优解（即在两个目标下同时最优），这样的点在多目标最优化问题中就称为"非劣解". 它们在多目标决策问题中起着很重要的作用.

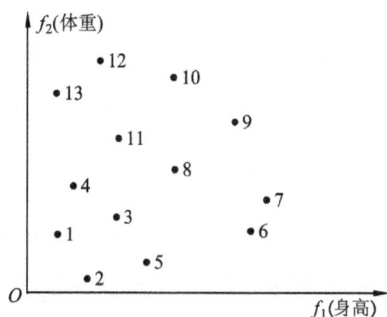

图 10-1

研究多目标决策问题就是帮助人们首先找出非劣解，如果它只有一个，这就是最优解. 当非劣解不止一个时，就必须按照预定的规则来选出一个认为是比较好的解，或称之为"选好解".

在单目标最优化问题中，任何两个解都可以比较优劣，因而是完全有序的. 多目标时任何两个解不一定都可以比较出优劣，因此只能是半序的.

对于 m 个目标，我们一般用 m 个目标函数 $f_1(x)$，$f_2(x)$，$\cdots$，$f_m(x)$ 来刻画. 其中 $x = (x_1, x_2, \cdots, x_n)^{\mathrm{T}}$ 表示方案. 当然 x 也有约束，那就是备选方案的范围.

10.1.3　多目标最优化的几类方法

在多目标最优化问题中很难求得同时使所有目标都达到最优的最优解. 有的问题根本没有这样意义下的最优解. 因此转而求另一种意义下的最优解，也即非劣解（或有效解）. 可是非劣解往往是很多个，甚至是无穷个，而最终选定使用的解往往只是一个，这个解就是选好解. 如果把找出非劣解的人看成"分析者"，最终决定采用哪一个非劣解的人看成"决策者"，则在如何得到最后选用的解的方式上，目前大体分成三种.

（1）"决策者"与"分析者"事前商定好一种原则（或方法），使得"分析者"按此原则找出的解就是选好解.

（2）"分析者"只管提供非劣解，由"决策者"从中自行选出一个选好解.

（3）"决策者"与"分析者"不断交换对解的看法而逐步改进非劣解，直到最后找到使"决策者"满意的选好解为止.

第 3 种方式是交互式（Interactive），从最近几年来看，第 3 种方式逐渐引起更多人的重视.

20 世纪 70 年代以来, 多目标决策问题引起国内外学者的日益重视, 提出了很多求解的方法, 我们可把这些方法分成三类(从不同的角度可得出不同的分类): 化多目标为单目标、引进次序法、直接求非劣解法. 下面对这些方法作一些简单的介绍.

10.2 目标规划法

由于直接解决多目标决策问题比较困难, 而单目标问题则好解决得多, 因此有很多人就想出种种方法来把多目标问题转化成单目标问题. 由于化法不一, 就形成了多种方法. 目标规划法就是其中的一种.

有的多目标最优化问题, 对每一个目标 $f_i(x)$ 预先规定了一定目标值 f_i^* ($i = 1, 2, \cdots, m$), 希望所有目标与相应的目标值尽量接近. 于是, 可构造下述评价函数

$$u(x) = \sum_{i=1}^{m} \left[f_i(x) - f_i^* \right]^2 \to \min$$

使该评价函数达到最小的方案就认为是好方案. 如果对其中不同目标值要求满足的程度不一样(即目标的主次不同), 则可对每个目标赋予不同的优先因子 P_i, 评价函数变为

$$u(x) = \sum_{i=1}^{m} P_i \left[f_i(x) - f_i^* \right]^2 \to \min$$

这种求 $u(x)$ 最小的问题就叫做目标规划问题. 求解这类问题的方法称为目标规划法. 注意: 评价函数的构造有多种形式, 上述形式只是其中的一种.

多目标方法并不认为能使所有目标最优. 然而, 人们可以对每一个目标确定期望实现的值, 并利用目标规划寻找一个"尽可能"满足所有目标值的解. 这就是说, 传统的运筹学方法强调单目标的最优化, 而目标规划则强调多目标的满足. 这就是目标规划同传统的单目标最优化之间的重大区别.

目标规划也可以根据其模型的特征, 分为如下几种类型.

(1)线性目标规划——完全由线性函数组成的多目标决策模型.

(2)线性整数目标规划——由线性函数组成的多目标决策模型, 其中部分或全部变量必须取整数.

(3)非线性目标规划——由部分或全部非线性函数组成的多目标决策模型.

相对地说, 线性目标规划是目前求解多目标决策问题的非常有效的方法之一, 我们将重点介绍.

现代化企业为了统一协调企业各部门人员围绕一个整体的目标工作, 产生了目标管理这种先进的管理技术. 而且目标规划正是实行目标管理的有效工具之一. 随着目标管理这一现代化管理方法的应用和推广, 也促进了目标规划理论的迅速发展, 并卓有成效地解决了多个领域的多目标决策问题.

10.2.1 线性目标规划问题的提出

线性目标规划是数学规划论中用于解决多目标规划问题的一个分支, 是针对线性规划只能寻求单目标最优的局限性发展起来的. 1961 年, 美国的查恩斯(A. Charnes)和库伯

(W. Cooper)首次提出了"目标规划"这一名称及偏差变量和满意解等有关概念. 1965 年, 尤吉·艾吉里(Y. Ijiri)提出了对多目标划分等级, 用优先权因子来处理多目标问题, 建立了求解线性目标规划的单纯形法, 为目标规划在以后的应用和发展奠定了基础. 后来斯·姆·李(S. M. Lee)与杰斯开莱尼(V. Jaaskelainen)又对目标规划进行了完善改进, 使目标规划在实际应用方面比线性规划更广泛, 更为管理者所重视.

线性规划主要是研究资源的有效分配利用, 模型的特点是满足一组约束条件的情况下, 寻求某一个目标(如产量、利润、成本)的最大值或最小值. 但其应用范围满足不了解决复杂多变的实际问题的要求.

例 10.2 由于经营管理的需要, 例 10.1 的决策者在制订生产方案时, 除了利润之外, 还需考虑其他方面的情况, 其优先顺序如下.

(1)原材料的消耗不得超过拥有量, 因其供应量受严格限制.

(2)根据市场信息, 产品 I 的销售量有下降的趋势, 故考虑产品 I 的产量不应大于产品 II.

(3)充分利用设备的有效台时, 尽量不加班.

(4)在不考虑上述附加条件时, 工厂可最多获得 62 元. 现由于上述要求, 决策者认识到是不可能的, 但要力争利润额不少于 56 元.

可见, 这样的生产计划就得综合考虑原材料消耗、产量、设备利用和利润等多项指标, 这些指标的度量单位不同, 各个指标的重要程度也不同. 因此, 线性规划就难以给出符合要求的答案. 而这样的问题在现实的生产经营活动中经常可能出现. 于是, 人们经过长期的探索, 在线性规划的基础上, 提出了解决这类问题的一种有效方法——线性目标规划法.

目标规划的基本思想是: 决策者面对一组预定的管理目标以及这些目标的轻重缓急次序, 探求一个与管理目标偏差最小的满意解, 即把"求利润最大"变成"尽可能达到管理目标".

10.2.2 基本概念和数学模型

线性目标规划是在线性规划的基础上发展起来的, 在其数学模型中引进了以下新概念.

(1)偏差变量

用来表示实际值与目标值之间的差距, 有两种情况.

d^+——超出目标值的差距, 称正偏差变量;

d^-——未达到目标值的差距, 称负偏差变量.

d^+与 d^-两者必有一个为零.

①当实际值超出目标值时, $d^- = 0$, $d^+ > 0$;

②当实际值未达到目标值时, $d^- > 0$, $d^+ = 0$;

③当实际值与目标值刚好一致时, $d^- = d^+ = 0$;

④任何一种情况下, 有 $d^- \cdot d^+ = 0$.

(2)绝对约束和目标约束

绝对约束是指必须严格满足的等式约束和不等式约束, 这种约束是由客观条件限定的, 管理者无法控制, 故不应考虑其偏差量, 所以又称为硬约束. 如线性规划问题的所有约束条件, 都可称为绝对约束, 不能满足这些约束条件的解称为非可行解.

在例 10.2 中原材料的消耗(条件 1)就为绝对约束,仍可写为

$$2x_1 + x_2 \leqslant 11$$

目标约束是目标规划特有的、实现起来可以有偏差的管理目标约束. 它把约束右端项看作要追求的目标值,在达到此目标值时允许发生正或负偏差,因此在这些约束中可加入正、负偏差变量,它们是软约束.

例 10.2 中的第 2 项要求是产品 Ⅰ 的产量不应大于产品 Ⅱ,这是一个目标要求. 当两者产量恰好相等时有 $x_1 - x_2 = 0$;当产品 Ⅰ 的产量少于 Ⅱ 时,有 $x_1 - x_2 < 0$,这时可加上一个负偏差变量 $d_1^- > 0$,使 $x_1 - x_2 + d_1^- = 0$;反之,Ⅰ 的产量超过 Ⅱ 时,有 $x_1 - x_2 > 0$,这时可减去一个正偏差变量 $d_1^+ > 0$,使有 $x_1 - x_2 - d_1^+ = 0$. 综合起来可写为

$$x_1 - x_2 + d_1^- - d_1^+ = 0 \qquad (10-1)$$

第 3 项要求也属目标约束,类似地可写成

$$x_1 + 2x_2 + d_2^- - d_2^+ = 10 \qquad (10-2)$$

线性规划问题的目标函数,在给定目标值和加入正、负偏差变量后,可变换为目标约束. 如例 10.1 中的目标函数 $Z = 8x_1 + 10x_2$. 在例 10.2 中给定利润的目标值为 56 元后,可变换为目标约束

$$8x_1 + 10x_2 + d_3^- - d_3^+ = 56$$

总之,目标规划中的约束包括无偏差量的绝对约束和允许有偏差的目标约束.

(3)线性目标规划的目标函数

当每一目标值确定后,决策者的要求是尽可能缩小偏离目标值. 因此,目标规划的目标函数应当是各个实际值与目标值之间的最小差距. 因为这些差距已经通过偏差变量来表示,因而目标规划中的目标函数就表示为偏差变量的函数,即 $\min Z = f(d^+, d^-)$. 其基本形式有 3 种

①要求恰好达到目标值,即正、负偏差变量都要尽可能小,这时

$$\min Z = f(d^+ + d^-)$$

②要求不超过目标值,即允许达不到目标值,也就是正偏差变量要尽可能小. 这时

$$\min Z = f(d^+)$$

③要求超过目标值,即超过量不限,因此,负偏差变量要尽可能小. 这时

$$\min Z = f(d^-)$$

下面对例 10.2 中的每个目标分别进行考虑.

①产品 Ⅰ 的产量不应大于产品 Ⅱ. 由式(10-1),当两者相等时,$d_1^- = d_1^+ = 0$;当 Ⅰ 的产量少于 Ⅱ 时,$d_1^+ = 0$,$d_1^- > 0$,这两种情况都达到目标要求. 企业所不希望出现的是产品 Ⅰ 的产量超过产品 Ⅱ 的产量,即出现 $d_1^+ > 0$,$d_1^- = 0$. 一旦出现这种情况,也希望 d_1^+ 尽可能小,即属上述第二种情形,因而这种情况下目标函数可表示为

$$\min Z = d_1^+$$

②要求充分利用设备的有效台时,又尽量不加班,即既不希望出现 $d_2^- = 0$,$d_2^+ > 0$;也不希望出现 $d_2^+ = 0$,$d_2^- > 0$. d_2^+ 和 d_2^- 均应越小越好,属上述第一种情形. 因此目标函数可写为

$$\min Z = d_2^- + d_2^+$$

③企业希望利润值不少于 56 元,即不希望出现 $d_3^+ = 0$, $d_3^- > 0$,属上述第三种情形.因而目标函数可表示为

$$\min Z = d_3^-$$

(4)优先因子与权系数

一个规划问题常常有若干目标.但决策者在要求达到这些目标时,是有主次或轻重缓急的.凡最重要的、要求第 1 位达到的目标赋予优先因子 P_1,次位的目标赋予优先因子 P_2,…,并规定 $P_k \gg P_{k+1}$,表示 P_k 比 P_{k+1} 有更大的优先权.即首先保证 P_1 级目标的实现,这时可不考虑次级目标;而 P_2 级目标是在实现 P_1 级目标的基础上考虑的,依此类推.需要注意的是,目标的重要程度是相对的,目标的优先级是一个定性概念,不同的优先级之间无法从数量上衡量、比较.

依题意,例 10.2 中的产量要求为首位目标,赋予优先因子 P_1,设备台时的利用为次位目标,赋予 P_2,而利润则为第三位目标,赋予 P_3.

对于属同一优先级、且度量单位相同的不同目标,按其重要程度可分别冠以不同权系数 ω_j,以区别同等目标间的差别.权系数是一种可以用数量来衡量的指标,即这是一个定量指标.

优先因子与权系数都由决策者按具体情况而定.

综上所述,例 10.2 的目标规划模型可以写为

$$\min Z = P_1 d_1^+ + P_2(d_2^- + d_2^+) + P_3 d_3^-$$

$$\text{s. t.} \begin{cases} 2x_1 + x_2 \leqslant 11 \\ x_1 - x_2 + d_1^- - d_1^+ = 0 \\ x_1 + 2x_2 + d_2^- - d_2^+ = 10 \\ 8x_1 + 10x_2 + d_3^- - d_3^+ = 56 \\ x_1, x_2, d_i^-, d_i^+ \geqslant 0, i = 1, 2, 3 \end{cases}$$

例 10.3 某电视机厂装配黑白和彩色两种电视机,每装配一台电视机需占用装配线 1 h,装配线每周计划开动 40 h.预计市场每周彩色电视机的销量是 24 台,每台可获利 80 元;黑白电视机的销量是 30 台,每台可获利 40 元.该厂确定的目标顺序为

(1)充分利用装配线每周计划开动 40 h;

(2)允许装配线加班,但加班时间每周尽量不超过 10 h;

(3)装配电视机的数量尽量满足市场需要,因彩色电视机的利润高,取其权系数为 2.

试建立求解该问题的目标规划模型.

解 设 x_1, x_2 分别表示黑白和彩色电视机的产量,则该问题的目标规划模型为

$$\min Z = P_1 d_1^- + P_2 d_2^+ + P_3(2d_3^- + d_4^-)$$

$$\text{s. t.} \begin{cases} x_1 + x_2 + d_1^- - d_1^+ = 40 \\ x_1 + x_2 + d_2^- - d_2^+ = 50 \\ x_1 + d_3^- - d_3^+ = 24 \\ x_2 + d_4^- - d_4^+ = 30 \\ x_1, x_2, d_i^-, d_i^+ \geqslant 0, i = 1, \cdots, 4 \end{cases}$$

目标规划的一般数学模型为

$$\min Z = \sum_{l=1}^{L} P_l \Big\{ \sum_{k=1}^{K} (\omega_{lk}^{-} d_k^{-} + \omega_{lk}^{+} d_k^{+}) \Big\}$$

$$\text{s. t.} \begin{cases} \sum_{j=1}^{n} c_{kj} x_j + d_k^{-} - d_k^{+} = g_k, \ k = 1, \cdots, K \\ \sum_{j=1}^{n} a_{ij} x_j \leqslant (=, \geqslant) b_i, \ i = 1, \cdots, m \\ x_j \geqslant 0, \ j = 1, \cdots, n \\ d_k^{-}, d_k^{+} \geqslant 0, \ k = 1, \cdots, K \end{cases}$$

由上面看到，目标规划比线性规划要灵活得多. 从其模型中便可看出以下特点

（1）由于目标函数表示为偏差变量的函数，这样就把多个目标的优化要求，统一到一个表达式中，有效地把多目标决策问题化为单目标决策问题.

（2）由于引进定性化的优先因子 P_k 和定量化的权系数 ω_j，因此，目标规划的目标函数是一种定性与定量相结合的决策公式.

（3）决策者通过调整目标的优先级和权系数，便可求出多种不同的备选方案.

（4）允许对计量单位不同的目标进行综合评价.

（5）目标规划中约束的柔性，给决策方案的选择带来了很大的灵活性.

用目标规划来处理问题时的难点，在于构造模型时需事先拟定目标值、优先等级和权系数等，它们都具有一定的主观性和模糊性，可以用专家评定法来帮助解决.

用目标规划求解问题的过程参见图 10-2.

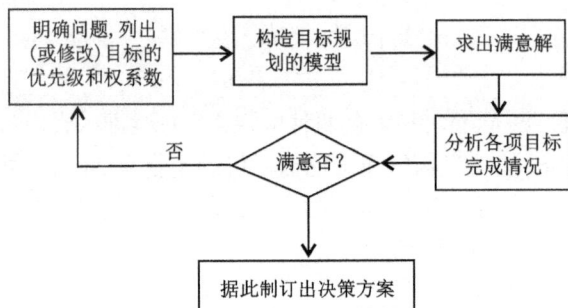

图 10-2

10. 2. 3 求解目标规划的单纯形法

目标规划是在线性规划的基础上发展起来的，两者的数学模型结构没有本质区别. 因此将单纯形法稍做改进后就可用于求解目标规划问题. 因目标规划问题的目标函数都是求最小化，所以以检验数 $c_j - z_j \geqslant 0 (j = 1, 2, \cdots, n)$ 为最优准则.

解目标规划问题的单纯形法的计算步骤如下：

（1）建立初始单纯形表，在表中将检验数行按优先因子个数及优先顺序分别列成 K 行，置 $k = 1$.

（2）检查该行中是否存在负检验数，且对应的前 $k-1$ 行的系数是零. 若有，取其中最小者对应的变量为换入变量，转（3）. 若无负数，则转（5）.

（3）按最小比值规则确定换出变量，当存在两个和两个以上相同的最小比值时，选取具有较高优先级别的变量为换出变量.

（4）按单纯形法进行基变换运算，建立新的计算表，返回（2）.

（5）当 $k=K$ 时，计算结束. 表中的即为满意解. 否则置 $k=k+1$，返回到（2）.

例 10.4　试用单纯形法来求解例 10.2.

解　将例 10.2 的数学模型化为标准型

$$\min Z = P_1 d_1^+ + P_2(d_2^- + d_2^+) + P_3 d_3^-$$

$$\text{s. t.} \begin{cases} 2x_1 + x_2 + x_s = 11 \\ x_1 - x_2 + d_1^- - d_1^+ = 0 \\ x_1 + 2x_2 + d_2^- - d_2^+ = 10 \\ 8x_1 + 10x_2 + d_3^- - d_3^+ = 56 \\ x_1, x_2, x_s, d_1^-, d_i^+ \geqslant 0, \ i = 1, 2, 3 \end{cases}$$

取 x_s，d_1^-，d_2^-，d_3^- 为初始变量，列初始单纯形表，见表 10-2.

取 $k=1$，检查检验数的 P_1 行，因该行无负检验数，故转步骤（5）.

因 $k(=1)<K(=3)$，置 $k=k+1=2$，返回到步骤（2）.

查出检验数 P_2 行中有 -1，-2，取 $\min(-1, -2)=-2$. 它对应的变量 x_2 为换入变量，转入步骤（3）.

在表 10-2 上计算最小比值

表 10-2

	$c_j \rightarrow$		0	0	0	0	P_1	P_2	P_2	P_3	0
C_B	X_B	b	x_1	x_2	x_s	d_1^-	d_1^+	d_2^-	d_2^+	d_3^-	d_3^+
0	x_s	11	2	1	1	0	0	0	0	0	0
0	d_1^-	0	1	-1	0	1	-1	0	0	0	0
P_2	d_2^-	10	1	[2]	0	0	0	1	-1	0	0
P_3	d_3^-	56	8	10	0	0	0	0	0	1	-1
		P_1					1				
$c_j - Z_j$		P_2	-1	-2					2		
		P_3	-8	-10							1

$$\theta = \min(11/1, \ -, \ 10/2, \ 56/10) = 10/2$$

它对应的变量 d_2^- 为换出变量，转入步骤（4）.

进行基变换运算，得表 10-3，返回到步骤（2）. 依此类推，直至得到最终表. 见表 10-4.

表 10-3

C_B	X_B	b	x_1	x_2	x_s	d_1^-	P_1 d_1^+	P_2 d_2^-	P_2 d_2^+	P_3 d_3^-	d_3^+
	x_s	6	3/2		1			-1/2	1/2		
	d_1^-	5	3/2			1	-1	1/2	-1/2		
	x_2	5	1/2	1				1/2	-1/2		
P_3	d_3^-	6	[3]					-5	5	1	-1
	P_1						1				
c_j-Z_j	P_2							1	1		
	P_3		-3					5	-5	1	

表 10-4

C_B	X_B	b	x_1	x_2	x_s	d_1^-	P_1 d_1^+	P_2 d_2^-	P_2 d_2^+	P_3 d_3^-	d_3^+
	x_s	3			1			2	-2	-1/2	1/2
	d_1^-	2				1	-1	3	-3	-1/2	1/2
	x_2	4		1				4/3	-4/3	-1/6	1/6
	x_1	2	1					-5/3	5/3	1/3	-1/3
	P_1						1				
c_j-Z_j	P_2							1	1		
	P_3									1	

检查表 10-4 的检验数行，发现非基变量 d_3^+ 的检验数为 0，这表示存在多重解. 在表 10-4 中以非基变量 d_3^+ 为换入变量，d_1^- 为换出变量，经迭代得到新解 $x_1^* = 10/3$，$x_2^* = 10/3$，如表 10-5.

表 10-5

C_B	X_B	b	x_1	x_2	x_s	d_1^-	P_1 d_1^+	P_2 d_2^-	P_2 d_2^+	P_3 d_3^-	d_3^+
	x_s	1			1	-1	1	-1	1		
	d_3^+	4				2	-2	6	-6	-1	1
	x_2	10/3		1		-1/3	1/3	1/3	-1/3		
	x_1	10/3	1			2/3	-2/3	1/3	-1/3		
	P_1						1				
c_j-Z_j	P_2							1	1		
	P_3									1	

10.3　化多目标为单目标的其他方法

10.3.1　分层序列法

由于同时处理 m 个目标是比较麻烦的，因此有时可采用分层法. 分层法的思想是把目标按重要程度给出一个序列，如果已排成 $f_1(x)$，$f_2(x)$，$\cdots$，$f_m(x)$，即 $f_1(x)$ 为最重要目标，$f_2(x)$ 次之，依此类推，然后就逐个地求最优.

设方案变量 $x \in R_0$（约束集合）. 首先对第一个目标求最优，找出所有最优解（多重解）的集合，记为 R_1；然后在 R_1 内求第二个目标的最优解，记这时的最优解集合为 R_2；依此类推，一直到求出第 m 个目标的最优解 x^0，其模型如下

$$f_1(x^0) = \max_{x \in R_0} f_1(x)$$

$$f_2(x^0) = \max_{x \in R_1} f_2(x)$$

$$\vdots \qquad \vdots$$

$$f_m(x^0) = \max_{x \in R_{m-1}} f_m(x)$$

这种方法有解的前提是 R_1，R_2，$\cdots$，R_{m-1} 非空，同时不能只有一个元素.

10.3.2　乘除法

设有 m 个目标 $f_1(x)$，$\cdots$，$f_m(x)$，要求其中 k 个（不妨设为 $f_1(x)$，$\cdots$，$f_k(x)$）达到最小，要求剩下的 $m-k$ 个（即 $f_{k+1}(x)$，$\cdots$，$f_m(x)$）达到最大，并假定 $f_{k+1}(x) > 0$，$\cdots$，$f_m(x) > 0$. 这时可采用

$$u(x) = \frac{f_1(x)f_2(x)\cdots f_k(x)}{f_{k+1}(x)f_{k+2}(x)\cdots f_m(x)} \to \min$$

作为评价解的优劣的目标函数（简称评价函数），并且就以使 $u(x)$ 达到最小的解作为多目标问题的选好解.

10.3.3　主要目标法

该方法的思想是：解决主要目标，兼顾其他目标.

设有 m 个目标 $f_1(x)$，$f_2(x)$，$\cdots$，$f_m(x)$ 要进行优化，其中方案变量 $x \in R$（约束集合）. 如果选中其中一个目标作为主要目标，例如 $f_1(x)$，要求它越大越好，而对其他目标只满足一定规格要求即可，例如

$$f_i' \leqslant f_i(x) \leqslant f_i''(i = 2, 3, \cdots, m)$$

其中当 $f_i' = -\infty$ 或 $f_i'' = \infty$ 就变成单边限制，这样问题便可化成求下述规划问题

$$\max_{x \in R'} f_1(x)$$

$$R' = \{x \mid f_i' \leqslant f_i(x) \leqslant f_i'', i = 2, 3, \cdots, m, x \in R\}$$

10.4 引进次序法

化多为少法是把多目标化成一个或一串单目标问题, 而单目标问题中每个解都可以有序, 因此容易找出最优解.

由于多目标问题任何两个解只能是半序的, 因此就难以比较优劣. 引进次序法的思想是先把多目标决策问题的劣解去掉, 留下的是非劣解集. 接着另外制订一些规则, 使这些非劣解有可能重排次序. 然后决定解的去留, 一直到最后找到选好解.

由于我们着重于排出次序, 因此, 目标的量纲并不重要, 甚至有一些定性的目标也可以处理.

10.5 直接求非劣解法

前面介绍的两类方法, 在使用过程中多少已掺入了一些主观想法, 例如对各种目标规定的权系数, 或者规定目标的重要次序等. 而直接求非劣解法是尽可能先把非劣解都找出来, 然后让决策者自己去进一步挑选; 或者是决策者和提供非劣解者互相讨论, 逐步修正, 最后找到一个选好解. 非劣解的求法很多, 本节仅介绍改变权系数法.

欲求某个最大化的多目标问题的所有非劣解, 这时可作新目标函数

$$u(x) = \sum_{i=1}^{m} \lambda_i f_i(x)$$

对于给定的一组权系数 λ_i, 可以对 $u(x)$ 求出最大解. 当 $f_i(x)$ 都是严格凹函数, 而且约束集 R 是凸集时, 那么这个解就是非劣解, 而且所有非劣解都通过不断改变权系数后, 求出相应 $u(x)$ 的最大解来得到.

例 10.5 求 $\max\limits_{x \in R} f(x)$, 其中 $f(x) = \{f_1(x), f_2(x)\}^{\mathrm{T}}$

$$f_1(x) = 2x - x^2$$
$$f_2(x) = x$$
$$R = [0, 2]$$

解 为求该问题的所有非劣解, 作新目标函数

$$u(x) = \lambda(2x - x^2) + (1 - \lambda)x, \quad \lambda \in [0, 1]$$

为在 R 中找到最大解, 对 $u(x)$ 求导, 并令其为零

$$u'(x) = \lambda(2 - 2x) + (1 - \lambda) = 0$$

可得

$$x = \frac{1 + \lambda}{2\lambda}$$

显然, 当 $\lambda = \frac{1}{3}$ 时, $x^* = 2$; $\lambda = 1$ 时, $x^* = 1$. 当 λ 从 $\frac{1}{3}$ 变到 1 时, 即可得到全部非劣解 $[1, 2]$; 而 λ 从 0 变到 $\frac{1}{3}$ 时, $u(x)$ 的最优解都只能取 $x^* = 2$ (否则就超出约束集合 R), 即权系数 λ 在这个范围内变动时, 得不到新的非劣解.

在应用该方法时，需注意两点.

（1）如果目标或约束中有一个不符合上述条件，则求出的 $u(x)$ 的最大解就不一定是非劣解，更不用说求出所有的非劣解.

（2）从上例中可以看出并不是 λ 在任何范围内变动时，都可以得出新的非劣解，所以如何"依次"变动权系数还是一个问题.

10.6 层次分析法

10.6.1 问题的提出

例 10.6 设某企业拥有一笔资金，有三种可能的投资去向：办实业、购买股票和存入银行. 由于不同去向所冒风险大小不等，资金利润率不一样，资金周转快慢也不同. 问如何选择投资去向才能得到最佳投资效益？

风险大小、利润多少、周转快慢是衡量投资效益的准则；而投资去向表示各种可能方案. 示意图见图 10-3.

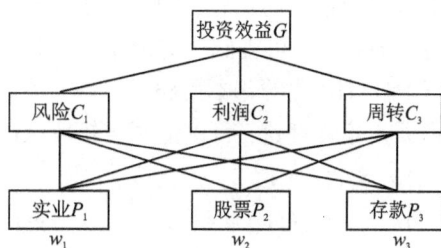

图 10-3

显然，这是一类多方案、多准则的综合评价问题，且假设最后只能选取某一方案作为最终行动方案. 如果我们能知道方案相对目标 G 的权重，则选取权重 (w_1, w_2, w_3) 最大者作为行动方案即可. 能比较有效地解决这些问题的方法是层次分析法.

层次分析法（analytic hierarchy process，AHP）是美国运筹学家 T. L·萨迪（T. L. Saaty）于 20 世纪 70 年代提出来的. 它是一种定性与定量分析相结合的多目标决策分析方法，适用于结构较复杂、决策准则多且不易量化的决策问题. 由于这种方法思路简单清晰，能将决策者的主观判断与偏好用数量形式表达和处理，是柔性运筹学的一项有代表性的方法，从而使得决策者在大部分情况下，可直接用 AHP 进行决策，大大提高了决策的有效性、可靠性和可行性，这种方法近年来在国内外得到了广泛的应用.

10.6.2 层次分析法的基本原理

层次分析法的基本原理主要是以特征向量方法为基础的数学原理. 我们用一个简单的事实来说明这个原理.

假设有 n 件物体 $A_1, A_2, \cdots, A_n$；它们的重量分别为 $w_1, w_2, \cdots, w_n$. 若将它们两两比较重量，其比值可构成 $n \times n$ 阶矩阵 A

$$A = \begin{bmatrix} w_1/w_1 & w_1/w_2 & \cdots & w_1/w_n \\ w_2/w_1 & w_2/w_2 & \cdots & w_2/w_n \\ \vdots & \vdots & & \vdots \\ w_n/w_1 & w_n/w_2 & \cdots & w_n/w_n \end{bmatrix}$$

若用重量向量 $W = (w_1, w_2, \cdots, w_n)^T$ 右乘矩阵 A，得到

$$AW = \begin{bmatrix} w_1/w_1 & w_1/w_2 & \cdots & w_1/w_n \\ w_2/w_1 & w_2/w_2 & \cdots & w_2/w_n \\ \vdots & \vdots & & \vdots \\ w_n/w_1 & w_n/w_2 & \cdots & w_n/w_n \end{bmatrix} \begin{bmatrix} w_1 \\ w_2 \\ \vdots \\ w_n \end{bmatrix} = n \begin{bmatrix} w_1 \\ w_2 \\ \vdots \\ w_n \end{bmatrix} = nW$$

即 $AW = nW$.

由矩阵理论可知，W 为矩阵 A 的特征向量，n 为矩阵 A 的特征值. 若 W 未知时，则决策者可根据对物体之间两两相比的关系，主观作出比值的判断，从而构造出一个判断矩阵 $\overline{A}$. 由判断矩阵计算出特征值，进而得到特征向量 W'. 这样就可确定这 n 件物体重量的排序.

这就提示我们，如果有一组与某一目标有关的因素，需要知道它们对目标影响程度，就可以把这些因素成对比较，构成比较判断矩阵 $\overline{A}$，通过求解判断矩阵 $\overline{A}$ 的最大特征值及其对应的特征向量，即可得到这些因素对目标影响的程度——权重，根据权重的大小进行排序选优. 这就是 AHP 法的基本思路.

根据正矩阵理论，可以证明若矩阵 A（设 $a_{ij} = w_i/w_j$）具有以下特点

(1) $a_{ii} = 1 (i = 1, 2, \cdots, n)$

(2) $a_{ij} = 1/a_{ji} (i, j = 1, 2, \cdots, n, i \neq j)$

(3) $a_{ij} = a_{ik}/a_{jk}$（或 $a_{ik} \cdot a_{kj}$）$(i, j = 1, 2, \cdots, n, i \neq j)$

则该矩阵一定存在唯一的不为零的最大特征值 λ_{max}，且 $\lambda_{max} = n$.

若求解时所构造的判断矩阵 $\overline{A}$ 完全具备上述三个特性，我们可以通过对矩阵 $\overline{A}$ 特征向量的计算，得到这几个因素的精确权重排序，这时称矩阵 $\overline{A}$ 完全满足一致性. 但在实际问题中，由于事物的复杂性和人们判断问题的局限性，使我们在两两比较时，不可能做到判断的完全一致性而存在估计误差. 这必然导致特征值及特征向量也有偏差. 这时问题由 $AW = nW$ 变成 $\overline{A}W' = \lambda_{max} W'$，这里 λ_{max} 是矩阵 $\overline{A}$ 的最大特征值，而 W' 便是带有偏差的相对权重向量，就是由判断不相容所引起的误差. 为了避免误差过大，我们需要检验判断矩阵 $\overline{A}$ 的一致性.

根据矩阵理论，如 $\lambda_1, \lambda_2, \cdots, \lambda_n$ 是满足 $AW = nW$ 的特征根，有

$$\lambda_{max} + \lambda_2 + \cdots + \lambda_n = n$$

$$\downarrow$$

$$\lambda_1 = \lambda_{max}$$

显然，当判断矩阵 $\overline{A}$ 与矩阵 A 完全一致时，$\lambda_1 = \lambda_{max} = n$，其余 λ_i 均为零. 如果 $\overline{A}$ 不具有完全一致性条件，则 $\lambda_1 = \lambda_{max} > n$，其他的特征根有下述关系

$$\lambda_{max} - n = -(\lambda_2 + \cdots + \lambda_n) = -\sum_{i=2}^{n} \lambda_i$$

当矩阵 $\overline{A}$ 具有"满意"一致性时，λ_{max} 稍大于矩阵的阶数 n，而其余的 λ_i 接近于零.

上述结论告诉我们，当判断矩阵 $\overline{A}$ 不能保证具有完全一致性时，其特征值也将发生变化. 因此用判断矩阵 $\overline{A}$ 的特征值 λ_{max} 的变化可以检验 $\overline{A}$ 的一致性程度.

于是引入如下指标来检验判断矩阵 $\overline{A}$ 的一致性.

$$CI = \frac{\lambda_{\max} - n}{n - 1} = \frac{-\sum_{i=2}^{n} \lambda_i}{n - 1}$$

当 $\lambda_{\max} = n$ 时, $CI = 0$, 为完全一致; CI(consistent index)值越大说明判断矩阵的一致性越差. 一般认为当 $CI \leqslant 0.1$ 时, 判断矩阵的一致性是可以接受的. 否则需要重新进行两两比较构造判断矩阵.

当判断矩阵的阶数 n 越大时, 一致性将越难以满足. 这时, 可放宽对判断矩阵一致性的要求. 于是引入平均随机一致性指标 RI(random index). RI 是多次重复进行随机判断矩阵的特征值计算之后取算术平均数得到的. 表 10-6 给出 1~9 阶矩阵的平均随机一致性指标. 由此可定义出更为合理的衡量判断矩阵一致性的指标 CR(consistent rate), 称为一致性比例指标.

$$CR = \frac{CI}{RI}$$

当 $CR \leqslant 0.1$ 时, 认为判断矩阵一致性是可以接受的. 否则, 应该对判断矩阵作适当修正. 对 1, 2 阶判断矩阵, RI 只是形式上的. 因为 1, 2 阶判断矩阵总具有完全一致性, 此时 $CR = 0$.

表 10-6

阶数	1	2	3	4	5	6	7	8	9
RI	0.00	0.00	0.58	0.90	1.12	1.24	1.32	1.41	1.45

10.6.3　AHP 法的基本步骤

用 AHP 法求解多目标决策问题时, 计算过程一般有四步.

(1)建立递阶层次结构模型

①明确问题. 弄清问题的范围, 所包含的因素及因素之间的关系, 最终要达到的目的等.

②划分和选定有关因素. 在明确问题的基础上, 弄清所要解决的问题将要涉及的主要因素.

③建立层次结构图. 把涉及决策问题的众多因素, 按其相互关系, 进行分类: (a)需要达到的目标类; (b)判断好坏的准则类; (c)解决问题的方案措施类. 把这些分类的因素划分在不同的层次中, 并用线段把上下层之间有关的因素连起来, 就构成了层次结构图. 参见图 10-3.

(2)构造判断矩阵

在所建立的递阶层次结构模型中, 除总目标层外, 每一层都由多个元素组成, 而同一层各个元素对上一层的某一元素的影响程度是不同的. 这就要求我们判断同一层次的元素对上一级某一元素的影响程度, 并将其定量化. 构造两两判断矩阵就是判断与量化上述元素间影响程度大小的一种方法.

表 10-7

C_s	P_1	P_2	$\cdots$	P_n
P_1	a_{11}	a_{12}	$\cdots$	a_{1n}
P_2	a_{21}	a_{22}	$\cdots$	a_{2n}
$\vdots$	$\vdots$	$\vdots$		$\vdots$
P_n	a_{n1}	a_{n2}	$\cdots$	a_{nn}

假设 C 层元素中 C_s 与下一层中的 $P_1, P_2, \cdots, P_n$ 元素有联系, 两两比较 P 层所有元素对上层 C_s 元素的影响程度, 将比较的结果以数字的形式写入矩阵表中即构成判断矩阵. 如

表 10-7 所示.

表中元素 a_{ij} 表示对于元素 C_s, P_i 比 P_j 的相对重要程度的标度, 即两两比较的比率的赋值. 这些赋值可以由决策者直接提供, 或由决策者同分析者对话来确定, 或由分析者通过各种技术咨询得到. 萨迪教授运用模糊数学理论, 集人类判别事物好坏、优劣、轻重、缓急的经验方法, 提出一种 1~9 标度法, 对不同情况的比较结果给予数量标度, 如表 10-8 所示. 它巧妙地解决了将思维判断定量化的问题.

表 10-8

标度 a_{ij}	定义	解释
1	同等重要	i 元素与 j 元素相同重要
3	略微重要	i 元素比 j 元素稍微重要
5	明显重要	i 元素比 j 元素比较重要
7	强烈重要	i 元素比 j 元素非常重要
9	极端重要	i 元素比 j 元素绝对重要
2, 4, 6, 8	上述两相邻判断的中值	为以上两判断之间的折中定量标度
上列各数的倒数	反比较	为 j 元素比 i 元素的重要标度

任何一个递阶层次结构, 均可以构建若干个判断矩阵, 其数目是该递阶层次结构图中, 除最低一层以外的所有各层的元素之和.

在建立判断矩阵时, 为了尽可能减少主观上的影响, 通常事先只遵守 $a_{ij} = 1$ 和 $a_{ij} = 1/a_{ji}$ 两个条件, 对各因素进行两两对比, 而后按一致性检验方法 (将在后面叙述) 进行检验. 如能通过, 则符合三条一致性条件. 否则需要修正赋值.

(3) 层次单排序及其一致性检验

判断矩阵是针对上一层次而言进行两两比较的评定数据, 层次单排序就是把本层所有各元素对相邻上一层元素来说排出一个评比的优先次序, 即求判断矩阵的特征向量.

根据判断矩阵进行层次单排序的方法有很多种, 我们介绍一种方根法.

① 先求判断矩阵 $\overline{A}$ 中每行元素之积 M_i, 有

$$M_i = \prod_{j=1}^{n} a_{ij} \qquad (i = 1, 2, \cdots, n)$$

② 再求 M_i 的 n 次方根, 得

$$\overline{W_i} = \sqrt[n]{M_i} \qquad (i = 1, 2, \cdots, n)$$

③ 然后对向量 $\overline{W} = (\overline{w}_1, \overline{w}_2, \cdots, \overline{w}_n)^{\mathrm{T}}$ 进行归一化, 得

$$W_i = \overline{W_i} \Big/ \sum_{i=1}^{n} \overline{W_i} \qquad (i = 1, 2, \cdots, n)$$

从而得到特征向量 $W = (w_1, w_2, \cdots, w_n)^{\mathrm{T}}$.

进行一致性检验的步骤如下

① 计算判断矩阵的最大特征根 (值)

$$\lambda_{\max} = \sum_{i=1}^{n} \frac{(AW)_i}{nW_i}$$

②计算

$$CI = \frac{\lambda_{\max} - n}{n - 1}$$

③计算

$$CR = \frac{CI}{RI}$$

若判断矩阵不满足一致性条件(<0.1),则需修改 $\overline{A}$.

(4)层次总排序及其一致性检验

利用层次单排序的计算结果,进一步综合计算出对更上一层(或总目标层)的权重次序就是层次总排序. 这一过程是由最高层次到最低层次逐层进行的.

设有目标层 G、准则层 C 及方案层 P 构成的层次模型(当层次更多时,计算方法类似),已计算出准则层 C 对目标层 G 的单排序为

$$W^{(1)} = (W_1^{(1)}, W_2^{(1)}, \cdots, W_m^{(1)})^{\mathrm{T}}$$

方案层 P 有 n 个方案,对准则层 C_i 准则的单排序为

$$W_i^{(2)} = (W_{1i}^{(2)}, W_{2i}^{(2)}, \cdots, W_{ni}^{(2)})^{\mathrm{T}} \qquad (i = 1, 2, \cdots, m)$$

这样,各方案层对目标而言,其总排序是通过单排序 $W^{(1)}$ 与 $W_i^{(2)}$ 组合而得到的,其计算可通过表 10-9 的格式进行,得

$$W^{(0)} = (W_1^{(0)}, W_2^{(0)}, \cdots, W_n^{(0)})^{\mathrm{T}}$$

即为 P 层的总排序.

表 10-9

C 层 单排序　　　P 层	C_1 $W_1^{(1)}$	C_2 $W_2^{(1)}$	⋯	C_m $W_m^{(1)}$	P 层总排序 $W_i^{(0)}$
P_1	$W_{11}^{(2)}$	$W_{12}^{(2)}$	⋯	$W_{1m}^{(2)}$	$W_1^{(0)} = \sum_{j=1}^{m} W_j^{(1)} W_{1j}^{(2)}$
P_2	$W_{21}^{(2)}$	$W_{22}^{(2)}$	⋯	$W_{2m}^{(2)}$	$W_2^{(0)} = \sum_{j=1}^{m} W_j^{(1)} W_{2j}^{(2)}$
⋮	⋮	⋮		⋮	⋮
P_n	$W_{n1}^{(2)}$	$W_{n2}^{(2)}$	⋯	$W_{nm}^{(2)}$	$W_n^{(0)} = \sum_{j=1}^{m} W_j^{(1)} W_{nj}^{(2)}$

为了评价层次总排序计算的一致性,需要进行与单排序类似的检验. 层次总排序的一致性检验也是由高到低逐层进行的. 如果 P 层次某些元素对于 C_j 单排序的一致性指标为 $(CI)_j$,相应的平均随机一致性指标为 $(RI)_j$,则层次总排序随机一致性比率为

$$CR = \frac{\sum_{j=1}^{m} W_j^{(1)} \cdot (CI)_j}{\sum_{j=1}^{m} W_j^{(1)} \cdot (RI)_j}$$

类似地，当 $CR<0.1$ 时，认为层次总排序结果具有满意的一致性，否则需要重新调整判断矩阵的元素取值.

10.6.4 实例分析

某企业拟引进一台新设备，希望设备的功能强、价格低、维修容易，现有 P_1, P_2, P_3 三种型号的设备可供选择，试运用层次分析法进行决策分析.

(1)建立递阶层次结构模型

很明显，选择三种型号的设备之一是我们比较选择的方案. 因此，把它们划为作为操作的最低层，即方案层；选择的设备，其特点从功能、价格、维修三方面来考虑，所以把它们列为准则层；最后，选择一种功能强、价格低、易维修的满意设备是该企业新增设备的目的和要求，它应是最高层次，即目标层. 通过上述分析，可建立该问题的递阶层次结构模型，如图 10-4 所示.

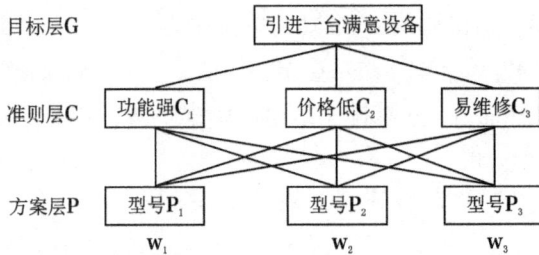

图 10-4

(2)构造判断矩阵

对于总目标 (G) 来说，准则层 (C) 的各项准则，其优先次序应根据该企业引进设备的具体要求而定. 假设该企业在设备的使用上首先考虑要功能强 (C_1)，其次要求易维修 (C_3)，再次才考虑价格低 (C_2)，据此可构造 $G-C$ 判断矩阵，如表 10-10 所示.

表 10-10

G	C_1	C_2	C_3	M_i	$\overline{W}_i=\sqrt[3]{M_i}$	$W_i=\overline{W}_i/\sum_{i=1}^{3}\overline{W}_i$
C_1	1	5	3	$1\times5\times3=15$	$\sqrt[3]{15}\approx2.466$	$W_1=2.446/3.872\approx0.637$
C_2	1/5	1	1/3	$1/5\times1\times1/3=0.067$	$\sqrt[3]{0.067}\approx0.406$	$W_2=0.406/3.872\approx0.105$
C_3	1/3	3	1	$1/3\times3\times1=1.0$	$\sqrt[3]{1}=1.0$	$W_3=1/3.872\approx0.258$
					$\sum_{i=1}^{3}\overline{W}_i=2.466+0.406+1=3.872$	

在方案层 (P)，如果已知三种备选设备中的功能、价格和维修情况如表 10-11.

表 10-11

	功能	价格	维修
P_1	较好	一般	一般
P_2	最好	较贵	一般
P_3	差	便宜	易

根据两两比较方法可分别构造 C_1-P，C_2-P 和 C_3-P 判断矩阵，如表 $10-12$~ 表 $10-14$.

表 10-12　对准 C_1(功能强)

C_1	P_1	P_2	P_3	M_i	$\overline{W}_i = \sqrt[3]{M_i}$	$W_i = \overline{W}_i / \sum_{i=1}^{3} \overline{W}_i$
P_1	1	1/4	2	$1 \times 1/4 \times 2 = 0.5$	$\sqrt[3]{0.5} \approx 0.794$	$W_1 = 0.794/4.366 \approx 0.182$
P_2	4	1	8	$4 \times 1 \times 8 = 32$	$\sqrt[3]{32} \approx 3.175$	$W_2 = 3.175/4.366 \approx 0.727$
P_3	1/2	1/8	1	$1/2 \times 1/8 \times 1 = 0.0625$	$\sqrt[3]{0.0625} \approx 0.397$	$W_3 = 0.397/4.366 \approx 0.091$
					$\sum_{i=1}^{3} \overline{W}_i = 0.794 + 3.175 + 0.397 = 4.366$	

表 10-13　对准 C_2(价格低)

C_2	P_1	P_2	P_3	M_i	$\overline{W}_i = \sqrt[3]{M_i}$	$W_i = \overline{W}_i / \sum_{i=1}^{3} \overline{W}_i$
P_1	1	4	1/3	$1 \times 4 \times 1/3 \approx 1.333$	$\sqrt[3]{1.333} \approx 1.101$	$W_1 = 1.101/4.299 \approx 0.256$
P_2	1/4	1	1/8	$1/4 \times 1 \times 1/8 = 0.031$	$\sqrt[3]{0.031} \approx 0.314$	$W_2 = 0.314/4.299 \approx 0.073$
P_3	3	8	1	$3 \times 8 \times 1 = 24$	$\sqrt[3]{24} \approx 2.884$	$W_3 = 2.884/4.299 \approx 0.671$
					$\sum_{i=1}^{3} \overline{W}_i = 4.299$	

表 10-14　对准 C_3(易维修)

C_3	P_1	P_2	P_3	M_i	$\overline{W}_i = \sqrt[3]{M_i}$	$W_i = \overline{W}_i / \sum_{i=1}^{3} \overline{W}_i$
P_1	1	1	1/3	$1 \times 1 \times 1/3 \approx 0.333$	$\sqrt[3]{0.333} \approx 0.693$	$W_1 = 0.693/3.744 \approx 0.185$
P_2	1	1	1/5	$1 \times 1 \times 1/5 = 0.20$	$\sqrt[3]{0.20} \approx 0.585$	$W_2 = 0.585/3.744 \approx 0.156$
P_3	3	5	1	$3 \times 5 \times 1 = 15$	$\sqrt[3]{15} \approx 2.466$	$W_3 = 2.466/3.744 \approx 0.659$
					$\sum_{i=1}^{3} \overline{W}_i = 3.744$	

(3)层次单排序及其一致性检验

应用方根法求解.计算步骤如下.

①计算判断矩阵每一行元素的乘积 M_i.

②计算 M_i 的 n 次方根 $\overline{W_i} = \sqrt[n]{M_i}$.

③对 W_i 进行归一化, $W_i = \overline{W_i} / \sum_{i=1}^{n} \overline{W_i}$.

则 $W_i(i = 1, 2, \cdots, n)$ 就构成了权重向量. 计算过程可分别在表 10-10~表 10-14 中进行.

接下来计算判断矩阵的最大特征根, 步骤如下:

①对目标 G, 有 $(G-C)$

$$AW = \begin{bmatrix} 1 & 5 & 3 \\ 1/5 & 1 & 1/3 \\ 1/3 & 3 & 1 \end{bmatrix} \begin{bmatrix} 0.637 \\ 0.105 \\ 0.258 \end{bmatrix} = \begin{bmatrix} 1.936 \\ 0.318 \\ 0.785 \end{bmatrix}$$

$$\lambda_{max} = \sum_{i=1}^{n} \frac{(AW)_i}{nW_i} = \frac{1.936}{3 \times 0.637} + \frac{0.318}{3 \times 0.105} + \frac{0.785}{3 \times 0.258} = 3.036$$

$$CI = \frac{\lambda_{max} - n}{n-1} = \frac{3.036 - 3}{3-1} = 0.018$$

查表, $n = 3$ 时, 得 $RI = 0.58$, 于是

$$CR = \frac{CI}{RI} = \frac{0.018}{0.58} = 0.03 < 0.10$$

可见, 判断矩阵 $G-C$ 具有满意的一致性.

②对准则 C_1, 单排序权值及其一致性检验结果为

$$AW = \begin{bmatrix} 1 & 1/4 & 2 \\ 4 & 1 & 8 \\ 1/2 & 1/8 & 1 \end{bmatrix} \begin{bmatrix} 0.182 \\ 0.727 \\ 0.091 \end{bmatrix} = \begin{bmatrix} 0.546 \\ 2.183 \\ 0.273 \end{bmatrix}$$

$$\lambda_{max} = \sum_{i=1}^{n} \frac{(AW)_i}{nW_i} = \frac{0.546}{3 \times 0.182} + \frac{2.183}{3 \times 0.727} + \frac{0.273}{3 \times 0.091} = 3$$

$$CI = \frac{\lambda_{max} - n}{n-1} = \frac{3-3}{3-1} = 0$$

查表, $n = 3$ 时, 得 $RI = 0.58$, 于是

$$CR = \frac{CI}{RI} = \frac{0}{0.58} = 0 < 0.10$$

故该判断矩阵具有完全的一致性.

③对准则 C_2, 单排序权值及其一致性检验结果为

$$AW = \begin{bmatrix} 1 & 4 & 1/3 \\ 1/4 & 1 & 1/8 \\ 3 & 8 & 1 \end{bmatrix} \begin{bmatrix} 0.256 \\ 0.073 \\ 0.671 \end{bmatrix} = \begin{bmatrix} 0.772 \\ 0.221 \\ 2.023 \end{bmatrix}$$

$\lambda_{max} = 3.019$, $CI = 0.009$, $RI = 0.58$, $CR = 0.016 < 0.10$.

④对准则 C_3, 同理

$W = (0.185, 0.156, 0.659)^T$, $\lambda_{max} = 3.031$, $CI = 0.016$, $RI = 0.58$, $CR = 0.026 < 0.10$.

(4) 层次总排序及其一致性检验

利用层次单排序的结果, 综合出更上一层次的优劣顺序叫层次总排序. 在我们的例子中,

已经分别得出 P_1, P_2, P_3 对准则 C_1, C_2, C_3 的优劣顺序和 C_1, C_2, C_3 对目标 G 的优劣顺序,现在要找 P_1, P_2, P_3 对 G 的顺序. 总排序的计算可在表 10-15 的格式上进行.

$$CI = \sum_{j=1}^{m} W_j^{(1)} \cdot (CI)_j = 0.637 \times 0 + 0.105 \times 0.009 + 0.258 \times 0.016 = 0.005$$

$$RI = \sum_{j=1}^{m} W_j^{(1)} \cdot (RI)_j = 0.637 \times 0.58 + 0.105 \times 0.58 + 0.258 \times 0.58 = 0.58$$

$$CR = \frac{0.005}{0.58} = 0.009 < 0.10$$

表 10-15

C 层 单排序	C_1	C_2	C_3	P 层总排序 $W_i^{(0)} = \sum_{j=1}^{n} W_j^{(1)} W_{ij}^{(2)}$
	0.673	0.105	0.258	
P_1	0.182	0.256	0.185	$0.637 \times 0.182 + 0.105 \times 0.256 + 0.258 \times 0.185 = 0.190$
P_2	0.727	0.073	0.156	$0.637 \times 0.727 + 0.105 \times 0.073 + 0.258 \times 0.156 = 0.511$
P_3	0.091	0.671	0.659	$0.637 \times 0.091 + 0.105 \times 0.671 + 0.258 \times 0.659 = 0.298$

即总排序具有满意的一致性.

根据上述计算结果, $W = (w_1, w_2, w_3)^T = (0.190, 0.511, 0.298)^T$,故选择设备型号 P_2 为最优.

10.6.5　对 AHP 的几点评价

尽管 AHP 具有模型的特色,在操作过程中使用了线性代数的方法,故原理严密,但是它自身的柔性色彩仍十分突出.

(1) AHP 从本质上讲是一种思维方法

它先将复杂的问题化为一系列相对简单的局部问题,进入分析过程. 再有条不紊地、既不重复也不遗漏地进行了全部的局部两两比较后,就将局部信息完整地汇集起来. 然后,进入归纳综合过程,将全部局部信息科学地汇总起来,进行综合判断,完成了多个方案经多个准则综合评价后的、关于目标的总的排序.

(2) AHP 是一种定性与定量相结合的方法

在一定意义上说,定量具有严格性、逻辑性,是人脑思维中逻辑性功能的反映;而定性则具有柔性和模糊性,是人脑思维中直觉性功能的反映.

在决策层中,非结构性、经验、智慧、偏好的比重更大,定性分析色彩更浓. AHP 的方法提供了决策者直接进入分析过程,将科学性与艺术性有机结合的有利渠道.

(3) 标度方法及一致性判断具有认知基础

Saaty 教授在回答为什么采用 1~9 及 1, 1/2, ⋯, 1/9 作为重要程度(或者是偏好)的标度时说,根据认知心理学的研究,对事物直觉地层次剖析与比较,以 1~9 级最有利于区分与判断. 太细的话直觉判断反而更加失真. 至于成对比较后获得的比较矩阵 $A = (a_{ij})_{n \times n}$,其一致性的定义为:对任意的 $i, j, k \in \{1, 2, \cdots, n\}$ 都满足

$$a_{ij} \cdot a_{jk} = a_{ik}$$

实际上是对复杂过程中比较与判断的理性或者是比较链中传递性的一种描述,是相容性的一种表现. 对不完全一致(实际情况多为不完全一致)可接受性的考虑,实际上是直觉的柔性的另一种体现.

(4)AHP 运用过程中决策者偏好的合理性问题

AHP 只提供了沟通决策者的渠道,构筑了柔性的框架,它自身不能替代或影响决策者的思考与判断. 有正确合理的判断,就会存在错误片面的判断. AHP 方法正确运用的隐含前提之一,应是决策者具有相当的理性、丰富的经验及较高的智慧. 只有这样,AHP 对科学决策的支持功能才会充分发挥.

【思考与讨论】

(1)与单目标决策相比,在多目标决策中,解的概念有何不同?

(2)简述评价函数与目标规划的关系、偏差变量与目标规划的关系.

(3)目标规划模型中的约束条件有哪些类型? 与线性规划中的约束条件有何区别?

(4)在目标规划中,是否可以将不同计量单位的优化目标放在一个目标函数中进行综合评价?

(5)层次分析法主要应用于哪类综合评价问题?

【习题】

10.1 用单纯形法求解下列目标规划问题的满意解.

(1)
$$\min S = P_1 d_2^+ + P_1 d_2^- + P_2 d_1^-$$
$$\text{s. t.} \begin{cases} x_1 + 2x_2 + d_1^- - d_1^+ = 10 \\ 10x_1 + 12x_2 + d_2^- - d_2^+ = 62.4 \\ 2x_1 + x_2 \leqslant 8 \\ x_1, x_2, d_i^-, d_i^+ \geqslant 0, i = 1, 2 \end{cases}$$

(2)
$$\min S = P_1 d_1^- + P_1 d_2^+ + P_3(5d_3^- + 5d_4^-) + P_4 d_1^+$$
$$\text{s. t.} \begin{cases} x_1 + x_2 + d_1^- - d_1^+ = 80 \\ x_1 + x_2 - d_2^- - d_2^+ = 90 \\ x_1 + d_3^- - d_3^+ = 70 \\ x_2 + d_4^- - d_4^+ = 45 \\ x_1, x_2, d_i^-, d_i^+ \geqslant 0, i = 1, 2, 3, 4 \end{cases}$$

10.2 某工厂装配甲、乙两种产品.每装配一种产品需占用装配线 2 h,装配线每周工作 5 d,每天操作 8 h.经市场预测:甲产品每周销售量为 24 件,每件可获利 180 元,乙产品每周销售量为 30 件,每件可获利 140 元,该厂确定的目标为

第一优先级:充分利用装配线每周开动 40 h;

第二优先级：可以考虑装配线加班，但加班时间每周不得超过 10 h；

第三优先级：尽量使两种产品满足市场需要. 因甲产品的利润高，取其权系数为 2.

要求：

(1) 建立该问题的目标规模模型.

(2) 求解甲、乙两种产品的产量.

10.3　已知某种产品由三个产地供应给四个销地，产地的生产量和销地的需要量及每件产品的运价如表 10-16 所示.

表 10-16

产地 ＼ 销地	B_1	B_2	B_3	B_4	产量
A_1	5	2	6	7	3000
A_2	3	5	4	6	2000
A_3	4	5	2	3	4000
销量	2000	1000	4500	2500	9000/10000

经研究，其调运方案依次考虑以下七个目标，并规定其相应的优先等级.

P_1——B_4 是重点保证单位，必须全部满足其需要；

P_2——A_3 向 B_1 提供的产量不少于 100 单位；

P_3——每个销地的供应量不小于其需要量的 80%；

P_4——所订调运方案的总运费不超过最小运费调运方案的 10%；

P_5——因运输路线上的限制，尽量避免将 A_2 的产品运往 B_4；

P_6——各生产地运给 B_1 和 B_2 的供应率要相同；

P_7——力求运费最少.

试求满意的调运方案.

10.4　某工厂生产两种产品，产品Ⅰ每件可获利 10 元，产品Ⅱ每件可获利 8 元. 每生产一件产品Ⅰ消耗 3 h，每生产一件产品Ⅱ消耗 2.5 h. 每周可提供的有效时间为 120 h. 若加班生产，则每件产品Ⅰ的利润降低 1.5 元，每件产品Ⅱ的利润降低 1 元. 决策者希望在允许的工作及加班时间内取得最大的利润，试用目标规划方法求解.

第 11 章 存贮论

　　人们在生产和日常生活中经常把所需的物资、用品和食物暂时存贮起来，以备将来使用或消费. 这种存贮物品的现象是为了解决供应(生产)与需求(消费)之间不协调的一种措施，这种不协调性一般表现为供应量与需求量和供应时期与需求时期的不一致，出现供过于求或供不应求现象. 由于"供过于求"造成物资积压浪费，影响资金周转；而"供不应求"造成商品脱销，影响销售利润与竞争能力，两者均会带来有形或无形损失. 为了权衡得失，人们在供应与需求之间加入存贮环节，用以缓解供应与需求之间的不协调性，并研究如何控制存贮量和存贮时期的问题，以使损失达到最小. 经过长期实践与理论探讨，于 20 世纪 50 年代，形成了研究存贮问题的运筹学分支——存贮论(theory of storage)，又称库存论.

　　存贮论研究的基本问题是对于特定的需求类型，以怎样的方式进行补充(供应)，才能最好地实现存贮管理的目标. 根据需求和补充中是否包含随机性因素，存贮问题分为确定型和随机型两种. 由于存贮论研究中经常以存贮策略的经济性作为存贮管理的目标，所以，费用分析是存贮论研究的基本方法.

　　存贮论在现代工业和商业流通等领域得到了广泛的应用并取得了良好的效果. 诸如生产存贮、供应链管理、仓库分配、均衡生产以及未来设备能力的合理确定等问题，都可以应用其思想和方法加以解决，达到有效降低企业成本提高服务水平的目的，如案例 11-1.

　　本章将介绍存贮论的基本概念，确定性和随机性存贮模型及其拓展，以及存贮论在实际中的应用.

案例 11-1

11.1 存贮问题的基本概念

　　一般地，在讨论存贮问题时将涉及以下几个概念.

　　(1)存贮系统

　　物资的存贮，按其目的的不同，可分为三种，即**生产存贮**，它是企业为了维持正常生产而储备的原材料或半成品；**产品存贮**，它是企业为了满足其他生产部门的需要而存贮的半成品或成品；**供销存贮**，它是指存贮在供销部门的各种资源，直接满足顾客的需要. 但不论哪种类型的存贮系统，均是以供应为输入、以需求为输出的动态系统，如图 11-1 所示. 在存贮系统中，

视频 11-1

决策者可以通过控制供货时间间隔和供货量的多少来调节系统的运行，使其在某种准则下系统运行达到最优.

图 11-1

(2) 需求及需求量

对于一个存贮系统而言，存贮的目的是满足需求，需求就是系统的输出，即从存贮系统中取出一定数量的物资以满足生产或消费的需要，存贮量因满足需求而减少. 单位时间的需求称为**需求量或需求率**，记作 R 或 r. 根据需求的时间特征，可将需求分为连续性需求和间断性需求，如图 11-2(a) 和 (b) 所示. 根据需求的数量特征，可将需求分为确定性需求和随机性需求. 在确定性需求中，需求发生的时间和数量是确定的. 如某矿区按合同每天向铁路请求空车 100 辆；在随机性需求中，需求发生的时间和数量是不确定的. 如某书店每天销售的新书数是不确定的.

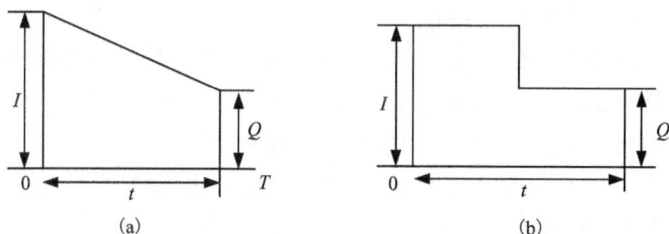

图 11-2

图 11-2 中 I 是初始存贮量，经过时间 t 后，存贮量为 Q，输出量为 $I-Q$.

对存贮系统来说，需求是客观存在的，它不受存贮系统控制，存贮管理者必须设法了解或预测所存贮物资的需求规律. 对于随机性需求，可以根据大量的统计资料，用某种随机分布来加以描述.

(3) 补充及补充量

存贮量由于需求而不断减少，必须加以补充，否则最终将无法满足需求. 补充就是存贮系统的输入. 补充就是原材料的进货或生产部门产品入库. 指定周期内的订货数量或生产数量称为**补充量**(订购量或生产量)，以 Q 表示. 存贮系统对于补充订货的订货时间(常用 t 或 T 表示)及每次订货的数量(即补充量) Q 是可以控制的.

补充是通过向供货厂商订购或者自己组织生产来实现的，从订货到货物入库往往需要一段时间，这段时间称为备货时间. 从另一个角度看，为了在某一时刻能补充存贮，必须提前订货，那么这段时间也可称之为提前时间，提前时间可以是确定性的，也可以是随机性的.

(4) 存贮策略

存贮策略是指决定补充量与补充时机的策略. 常见的存贮策略有三种类型.

● t **循环策略**：每隔 t 时间补充存贮量 Q.

- **(s, S) 策略**：每当存贮量 $x > s$ 时不补充；当 $x \le s$ 时补充存贮，补充量 $Q = S - x$，将存贮量补充到 S. 其中，s 称为最低存贮量，S 是最大存贮量.

- **(t, s, S) 混合策略**：每经过 t 时间检查存贮量 x，当 $x > s$ 时不补充；当 $x \le s$ 时补充存贮，补充量 $Q = S - x$，使存贮量达到 S.

(5) 费用

在存贮论的研究中，常用费用标准来评价和优选存贮策略. 为了正确地评价和优选存贮策略，不同存贮策略的费用计算必须符合可比性要求. 最重要的可比性要求是时间可比和计算口径可比. 存贮系统中常考虑的费用项目有存贮费、订货费和缺货费等. 在实际计算存贮策略的费用时，对于不同存贮策略费用相同的项目可以省略.

一般地，各费用项目的构成和属性大致如下.

- **存贮费**：包括存贮物资所占用流动资金应付的利息以及使用仓库、保管物资及其损坏变质等支出的费用，它随存贮物的数量及时间增加而增加. 每件存贮物在单位时间内所分摊的费用用 c_1(元/件·时间)表示.

- **订货费**：包括两项费用，一项是订购费(固定费用)，如手续费、联络通信费和派人外出采购的差旅费等. 订购费与订货次数有关，而与订货数量无关. 另一项是货物的成本费用，如货物的价格和运费等，它与订货数量有关(可变费用). 假设每次订货量为 Q，货物单价为 K 元，订购费为 c_3 元，则订货费为 $c_3 + KQ$.

对于生产型企业自身生产的产品、半成品的存贮问题，其生产准备的费用(如更换工、夹、模具和调整机床所需要的工时，或者需要专门添加的专用设备等)相当于固定费用，而与产品生产直接相关的材料费，工时费等则相当于可变费用.

- **缺货费**：当存贮供不应求时所引起的损失. 如失去销售机会的损失、停工待料的损失以及不能履行合同而缴纳的罚款等. 单位缺货物资单位时间的损失费记为 c_2(元/件·时间).

由于缺货损失费涉及丧失信誉带来的损失，所以它比存贮费、订货费更难准确确定，对不同部门、不同物资，缺货损失费的确定有不同标准，要根据具体要求分析计算，将缺货造成的损失数量化. 在不允许缺货的情况下，在费用上处理的方式是将缺货费视为无穷大.

以上由存贮费、订货费和缺货费的分析可以知道，为了维持一定的库存，要付出存贮费；为了补充库存，要付出订货费；当存贮不足发生缺货时，要付出缺货损失费. 这三项费用之间是相互矛盾、相互制约的. 存贮费与所存贮物资的数量和时间成正比，如降低存贮量，缩短存贮周期，自然会降低存贮费；但缩短存贮周期，就要增加订货次数，势必增大订货费支出；为了防止缺货，就要增加安全库存量，这样在减少缺货损失费的同时，增大了存贮费的开支. 因此，存贮理论就是以存贮系统总费用最小为前提，进行综合分析，寻求一个最佳的订货批量和订货周期.

(6) 目标函数

要在一类策略中选择一个最优策略，就需要有一个衡量优劣的标准，这就是目标函数. 在存贮问题中，通常把目标函数取为平均费用函数或平均利润函数. 选择的最优策略应使平均费用达到最小，或使平均利润达到最大. 要确定最优存贮策略，首先是把存贮问题按某种准则抽象成数学模型，然后求出最佳的期和量的数值. 如果模型中的期和量都是确定值，则称之为确定型模型；如果期或量是随机变量，则称之为随机型模型.

（7）存贮状态图

在一个存贮系统中，存贮量因需求而减少，随补充而增加. 在直角坐标系中，如以时间 T 为横轴，实际存贮量 Q 为纵轴，则描述存贮系统实际存贮量动态变化规律的图象称为存贮状态图. 对于同一个存贮问题，不同存贮策略的存贮状态图是不同的. 存贮状态图是存贮论研究的重要工具.

11.2　确定型存贮模型

本节所讨论的存贮模型，假定存贮量和存贮周期均为确定的，而且各种存贮物的存贮量和存贮周期相互独立. 下面分别介绍不同情形下的确定型存贮模型.

11.2.1　经济订购批量模型

模型一　瞬时到货、不许缺货（又称经济批量 E.O.Q 模型）

为了便于描述和分析，对模型作如下假设.

（1）需求是连续均匀的，即需求速度或需求率 R 为常数；

（2）当存贮物降至零时，可以立即得到补充，即补充时间近似为零；

（3）单位缺货费 c_2 为无穷大，即不允许缺货；

（4）每次订货量不变，记为 Q，订购费 c_3 为常数；存贮物的单价为 K；

（5）单位存贮费不变，即 c_1 为常数.

采用 t 循环策略. 设补充间隔时间为 t，补充时存贮物已耗尽，每次补充量（订货量）为 Q. 存贮状态图如图 11-3 所示.

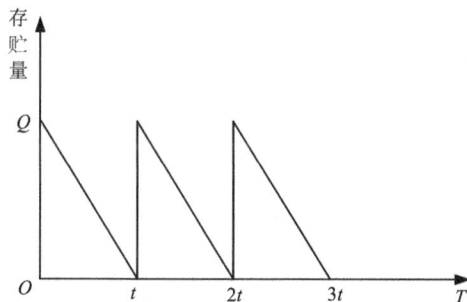

图 11-3

建立存贮模型. 由于可以立即得到补充，所以不会出现缺货，在研究这种模型时，不再考虑缺货损失费. 因此，在时间间隔 t 内平均总费用 $C(t)$，包括存贮费、订货费和货物成本费三项单位时间平均费用之和.

一次补充量 Q 必须满足 t 时间内的需求，故 $Q = Rt$. 因此，订货费为 $c_3 + KRt$，而 t 时间内

的平均订货费为 $\dfrac{c_3}{t} + KR.$

由于需求是连续均匀的, 故 t 时间内的平均存贮量为 $\dfrac{1}{t}\int_0^t RT\mathrm{d}T = \dfrac{1}{2}Rt.$ 因此, t 时间内的平均存贮费为 $\dfrac{1}{2}c_1 Rt.$

由于不允许缺货, 所以 t 时间内的平均总费用为

$$C(t) = \frac{1}{2}c_1 Rt + \frac{c_3}{t} + KR \qquad (11-1)$$

$C(t)$ 与 t 的关系如图 11-4 所示. 当 $t = t^*$ 时, $C(t^*)$ 是 $C(t)$ 的最小值.

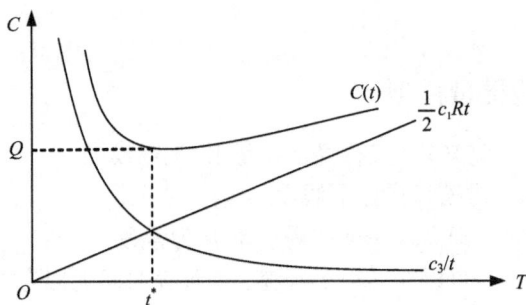

图 11-4

为了求得 t^*, 将式 $(11-1)$ 对 t 求导数并令其为零, 有

$$\frac{\mathrm{d}C(t)}{\mathrm{d}t} = \frac{1}{2}c_1 R - \frac{c_3}{t^2} = 0$$

得

$$t^* = \sqrt{\frac{2c_3}{c_1 R}} \qquad (11-2)$$

由此

$$Q^* = Rt^* = \sqrt{\frac{2c_3 R}{c_1}} \qquad (11-3)$$

$$C^* = C(t^*) = \sqrt{2c_1 c_3 R} + KR \qquad (11-4)$$

所以, 按照循环策略, 应当每隔 t^* 时间补充存贮量 Q^*, 这样平均总费用为 C^* 最小. 则称 t^* 为最佳订货周期, Q^* 为最佳订货批量.

由于 Q^*、t^* 皆与货物单价 K 无关, 因此, 存贮物总价 KQ 和存贮策略的选择无关. 所以为了分析计算的方便, 在费用函数式 $(11-1)$ 中, 将 KR 项略去. 于是有

$$C^* = C(t^*) = \sqrt{2c_1 c_3 R} \qquad (11-5)$$

模型一是存贮论研究中最基本的模型, 式 $(11-3)$ 称为著名的经济订购批量(economic ordering quantity)公式, 简称为 E. O. Q 公式, 或称为经济批量(economic lot size)公式.

例 11.1　某建筑公司每天需要某种标号的水泥 100 t,设该公司每次向水泥厂订购,需支付订购费 100 元,每吨水泥在公司仓库内每存放一天需 0.08 元的存贮保管费.若不允许缺货,假设一订货就可提货,试问

(1)每批订购时间多长,每次订购多少吨水泥,费用最小,其最小费用是多少?

(2)若每天需求提高到 400 t,其他条件不变.试问最佳订购量是否也提高到原来订购量的 4 倍?

解　(1)这里 $R = 100$, $c_1 = 0.08$, $c_3 = 100$,由式(11-2)、式(11-3)和式(11-5),分别有

$$t^* = \sqrt{\frac{2c_3}{c_1 R}} = \sqrt{\frac{2 \times 100}{0.08 \times 100}} = 5(天)$$

$$Q^* = \sqrt{\frac{2c_3 R}{c_1}} = \sqrt{\frac{2 \times 100 \times 100}{0.08}} = 500(t)$$

$$C^* = \sqrt{2c_1 c_3 R} = \sqrt{2 \times 0.08 \times 100 \times 100} = 40(元)$$

所以,应该每隔 5 天进货一次,每次订购水泥 500 t,能使总费用(存贮费和订购费之和)最小,平均约 40 元/天.

(2)这里将 $R = 400$ 代入式(11-2)、式(11-3)和式(11-5),即可求得

$$t^* = 2.5 天$$
$$Q^* = 1000 t$$
$$C^* = 80 元$$

比较(1)与(2)可以看出,需求速度与订购量并不是同步增长的,说明建立存贮模型进行优化的重要性.

模型二　瞬时到货、允许缺货

在某些情况下,允许缺货可能是有利的.因为在存贮水平降为零以后,再等一段时间去订货,可以减少订货次数,少付订购费,少支付一些存贮费用.即使产生了缺货损失,而综合考虑企业的经济效益,仍能使单位时间内的总费用有所降低.

假设条件

(1)允许缺货,单位缺货费为 c_2;

(2)其余条件均与模型一相同,即设单位存贮费为 c_1,每次订货费为 c_3,需求率为 R.存贮状态图如图 11-5 所示.

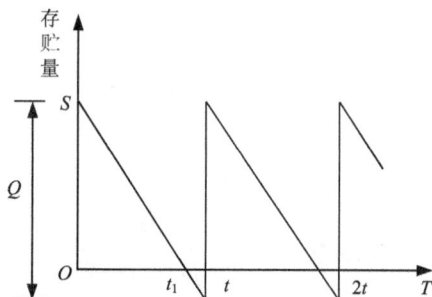

图 11-5

建立存贮模型. 假设初始存贮量为 S, 经过时间 t_1 后, 存贮量全部耗尽, 即 $S = 0$. 显然, t 时间内的平均存贮量为 $\frac{1}{2}St_1$, 而每一循环 t 内最大缺货量为 $Rt - S$, 平均缺货量为

$$\frac{1}{2}(Rt - S)(t - t_1)$$

由于 S 仅能满足 t_1 时间的需求, 故 $S = Rt_1$, 则: $t_1 = \frac{S}{R}$

在时间 t 内平均存贮量为

$$\frac{1}{2}St_1 = \frac{S^2}{2R} \qquad (11-6)$$

在时间 t 内的平均缺货量为

$$\frac{1}{2}(Rt - S)(t - t_1) = \frac{(Rt - S)^2}{2R} \qquad (11-7)$$

订购费为 c_3, 不考虑货物成本费, 综合式(11-6)和式(11-7)有

单位时间的平均总费用为

$$C(t, S) = \frac{1}{t}\left[c_1\frac{S^2}{2R} + c_2\frac{(Rt - S)^2}{2R} + c_3\right] \qquad (11-8)$$

式(11-8)中有两个变量 t 和 S, 利用多元函数求极值的方法求 $C(t, S)$ 的最小值. 即解方程组

$$\begin{cases} \dfrac{\partial C(t, S)}{\partial S} = 0 \\[2mm] \dfrac{\partial C(t, S)}{\partial t} = 0 \end{cases}$$

得最佳订货周期和最佳实际存贮量为

$$t^* = \sqrt{\frac{2c_3}{c_1 R}}\sqrt{\frac{c_1 + c_2}{c_2}} \qquad (11-9)$$

$$S^* = \sqrt{\frac{2c_3 R}{c_1}}\sqrt{\frac{c_2}{c_1 + c_2}} \qquad (11-10)$$

平均总费用的最小值为

$$C^* = C(t^*, S^*) = \sqrt{2c_1 c_3 R}\sqrt{\frac{c_2}{c_1 + c_2}} \qquad (11-11)$$

最佳理论订货批量

$$Q^* = Rt^* = \sqrt{\frac{2c_3 R}{c_1}}\sqrt{\frac{c_1 + c_2}{c_2}} \qquad (11-12)$$

最大缺货量记为 q^*, 则

$$q^* = Q^* - S^* = \sqrt{\frac{2Rc_1 c_3}{c_2(c_1 + c_2)}} \qquad (11-13)$$

若所缺的货不需要补充, 则最佳经济批量即为 S^*.

模型二与模型一相比较,对于订货周期 t^* 和订货批量 Q^* 两指标,模型二是模型一的 $\sqrt{\dfrac{c_1+c_2}{c_2}}$ 倍;而相应的订货次数减少了,费用却缩减到模型一总费用的 $\sqrt{\dfrac{c_2}{c_1+c_2}}$ 倍.

例 11.2 若本节例 11.1 中允许水泥有缺货,其缺货损失估计为每吨 2 元. 试确定该建筑公司的最佳订货策略.

解 此处 $c_2=2$. 由公式(11-9)~(11-12)得

$$S^* = \sqrt{\frac{2\times 100\times 100}{0.08}}\sqrt{\frac{2}{0.08+2}} \approx 490(件)$$

$$Q^* = \sqrt{\frac{2\times 100\times 100\times(0.08+2)}{0.08\times 2}} \approx 510(t)$$

$$t^* = \frac{Q^*}{R} = \frac{510}{100} = 5.1(天)$$

$$C^* = \sqrt{2\times 0.08\times 100\times 100}\sqrt{\frac{2}{0.08+2}} \approx 39.2(元)$$

所以,当允许水泥缺货时,建筑公司的订货周期延长了,但总费用却减少了.

11.2.2 经济生产批量模型

模型三 有一定的生产时间,不许缺货

这种模型最早用在确定生产批量上,故称为生产批量模型(production lot size,PLS). 在生产活动中,大部分情况下产品的生产时间是不可忽视的. 即生产批量 Q 要有一定的时间 t_p 才能完成. 这类模型与经济订购模型略有差别.

假设条件

(1)一定时间 t_p 内生产批量 Q,单位时间的产量即生产速率以 P 表示,则 $P=Q/t_p$;

(2)需求速度为 R,应满足 $P>R$;

(3)其他条件与模型一相同.

存贮状态图如图 11-6 所示.

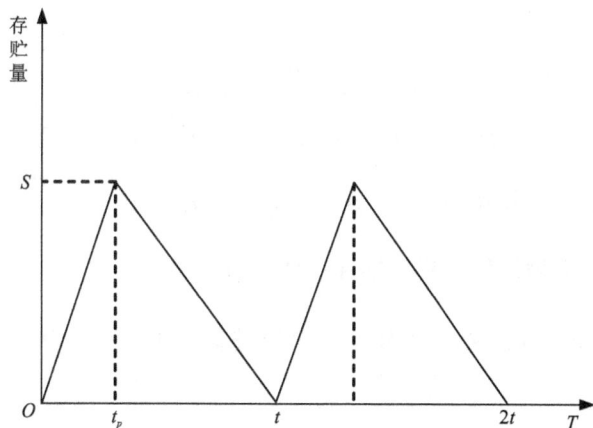

图 11-6

建立存贮模型

在 $[0, t_p]$ 时间区间内,存贮量以 $(P-R)$ 的速度增加,在 $[t_p, t]$ 时间区间内,存贮量以速度 R 减少. t_p 与 t 皆为待定数.从图 11-6 易知

$$(P-R)t_p = R(t-t_p)$$

即 $Pt_p = Rt$,也就是说 t_p 时间内的生产量等于 t 时间内的需求量,由此得

$$t_p = \frac{R}{P}t \qquad (11-14)$$

t 时间内平均存贮量为 $\frac{1}{2}(P-R)t_p t = \frac{1}{2}(P-R)\frac{R}{P}t^2$

t 时间内所需的存贮费用为 $\frac{1}{2}c_1(P-R)\frac{R}{P}t^2$

又订购费为 c_3,不考虑存贮物成本,则单位时间的平均总费用为

$$C(t) = \frac{1}{t}\left[\frac{1}{2}c_1(P-R)\frac{R}{P}t^2 + c_3\right]$$

为使总费用最小,利用微积分方法可求得最佳订货周期 t^* 为

$$t^* = \sqrt{\frac{2c_3}{c_1 R}}\sqrt{\frac{P}{P-R}} \qquad (11-15)$$

最佳生产批量为

$$Q^* = Rt^* = \sqrt{\frac{2c_3 R}{c_1}}\sqrt{\frac{P}{P-R}} \qquad (11-16)$$

平均总费用最小为

$$C^* = C(t^*) = \sqrt{2c_1 c_3 R}\sqrt{\frac{P-R}{P}} \qquad (11-17)$$

利用 t^* 可求出最佳生产时间为

$$t_p^* = \frac{R}{P}t^* = \sqrt{\frac{2c_3 R}{c_1 P(P-R)}} \qquad (11-18)$$

进入存贮的最高数量

$$S^* = Q^* - Rt_p^* = \sqrt{\frac{2c_3 R}{c_1}}\sqrt{\frac{P}{P-R}} - R\sqrt{\frac{2c_3 R}{c_1 P(P-R)}} = \sqrt{\frac{2c_3 R}{c_1}}\sqrt{\frac{P-R}{P}} \qquad (11-19)$$

将模型三的参数式(11-15)、式(11-16)、式(11-17)与模型一的参数式(11-2)、式(11-3)、式(11-5)相比较可以看出,模型三的 t^*、Q^* 是模型一的 $\sqrt{\frac{P}{P-R}}$ 倍.而这个因子是大于 1 的,即模型三中的最佳订货周期和最佳订货批量都较模型一大,而总费用反而是它的 $\sqrt{\frac{P-R}{P}}$ 倍,即费用减少了.这是因为逐步均匀进货(边生产边满足需求),减少了存贮费用.

例 11.3　某电视机厂自行生产扬声器用以装配本厂生产的电视机. 该厂每天生产 100 部电视机, 而扬声器生产车间每天可以生产 5000 个. 已知该厂每批电视机装备的生产准备费为 5000 元, 而每个扬声器在一天内的存贮费为 0.02 元. 试确定该厂扬声器的最佳生产批量、生产时间和电视机的装配周期.

解　此存贮模型为有一定生产时间, 不允许缺货模型. 且 $R = 100$, $P = 5000$, $c_1 = 0.02$, $c_3 = 5000$. 所以由式(11 - 16)得

$$Q^* = \sqrt{\frac{2 \times 5000 \times 100 \times 5000}{0.02 \times (5000 - 100)}} \approx 7140(\text{个}) ; \ t^* = \frac{Q^*}{R} = \frac{7140}{100} \approx 71(\text{天})$$

即该厂每批扬声器的生产量为 7140 个, 电视机的装配周期为 71 天. 又由式(11 - 18)得

$$t_p^* = \frac{Rt^*}{P} = \frac{Q^*}{P} = \frac{7140}{5000} \approx 1.5(\text{天})$$

即扬声器的生产时间约为一天半.

模型四　有一定的生产时间, 允许缺货

本模型的假设条件除允许缺货外, 其余条件均与模型三相同. 实际上, 它是以上三个存贮模型的综合形式. 即既要考虑生产速度, 又要考虑允许缺货的情形.

存贮状态图如图 11-7 所示.

建立存贮模型

取$[0, t]$为一个生产周期, $[0, t_2]$时间内存贮量为零, B 为最大缺货量.

$[t_1, t_3]$时间为生产时间, 其中$[t_1, t_2]$时间内除满足需求外, 还须补足$[0, t_1]$时间内的缺货, $[t_2, t_3]$时间内满足需求后的货物

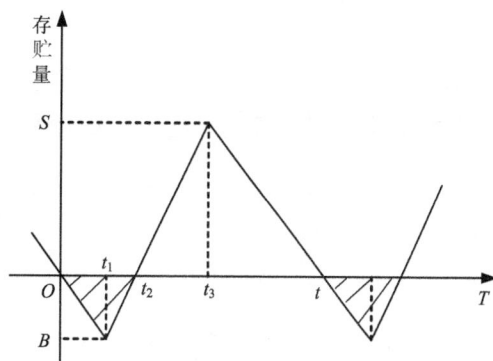

图 11-7

进入存贮, 存贮量以$(P-R)$的速度增加, S 表示实际存贮量, t_3 时刻存贮量达到最大, 这时停止生产.

$[t_3, t]$时间存贮量以需求速度 R 减少, 由图 11-7 存贮量的变化情况易知

最大缺货量为

$$B = Rt_1 = (P-R)(t_2-t_1)$$

所以

$$t_1 = \frac{P-R}{P}t_2 \tag{11 - 20}$$

最大实际存贮量

$$S = (P-R)(t_3-t_2) = R(t-t_3)$$

则

$$t_3-t_2 = \frac{R}{P}(t-t_2) \tag{11 - 21}$$

在$[0, t]$时间内所需的费用

①存贮费 $\qquad \dfrac{1}{2}c_1(P-R)(t_3-t_2)(t-t_2)$

将式(11-21)代入消去 t_3，得

$$\dfrac{1}{2}c_1(P-R)\dfrac{R}{P}(t-t_2)^2$$

②缺货费 $\qquad \dfrac{1}{2}c_2Rt_1t_2$

将式(11-20)代入消去 t_1，得

$$\dfrac{1}{2}c_2R\dfrac{P-R}{P}t_2^2$$

③订购费 c_3

同样不考虑存贮物成本，则在 $[0,t]$ 时间内的平均总费用为

$$C(t,t_2)=\dfrac{1}{t}\left[\dfrac{1}{2}c_1(P-R)\dfrac{R}{P}(t-t_2)^2+\dfrac{1}{2}c_2R\dfrac{P-R}{P}t_2^2+c_3\right]$$

$$=\dfrac{(P-R)R}{2P}\left[c_1t-2c_1t_2+(c_1+c_2)\dfrac{t_2^2}{t}\right]+\dfrac{c_3}{t}$$

式中有两个变量 t 和 t_2，利用多元函数求极值的方法求 $C(t,t_2)$ 的最小值. 即联立求解

$$\begin{cases}\dfrac{\partial C(t,t_2)}{\partial t}=0\\[2mm]\dfrac{\partial C(t,t_2)}{\partial t_2}=0\end{cases}$$

得最佳订货(生产)周期和最佳订货(生产)批量(理论)分别为

$$t^*=\sqrt{\dfrac{2c_3}{c_1R}}\sqrt{\dfrac{c_1+c_2}{c_2}}\sqrt{\dfrac{P}{P-R}} \tag{11-22}$$

$$Q^*=Rt^*=\sqrt{\dfrac{2c_3R}{c_1}}\sqrt{\dfrac{c_1+c_2}{c_2}}\sqrt{\dfrac{P}{P-R}} \tag{11-23}$$

最佳缺货时间为

$$t_2^*=\dfrac{c_1}{c_1+c_2}\sqrt{\dfrac{2c_3}{c_1R}}\sqrt{\dfrac{c_1+c_2}{c_2}}\sqrt{\dfrac{P}{P-R}} \tag{11-24}$$

最大实际存贮量为

$$S^*=R(t^*-t_3)=R(t^*-\dfrac{R}{P}t^*-\dfrac{P-R}{P}t_2)$$

$$=\sqrt{\dfrac{2c_3R}{c_1}}\sqrt{\dfrac{c_2}{c_1+c_2}}\sqrt{\dfrac{P-R}{P}} \tag{11-25}$$

最大缺货量为

$$B^*=Rt_1=\dfrac{R(P-R)}{P}t_2=\sqrt{\dfrac{2c_1c_3R}{(c_1+c_2)c_2}}\sqrt{\dfrac{P-R}{P}} \tag{11-26}$$

平均总费用最小为

$$C^* = \sqrt{2c_1c_3R}\sqrt{\frac{c_2}{c_1+c_2}}\sqrt{\frac{P-R}{P}} \qquad (11-27)$$

将模型四中的一组式(11-22)、式(11-23)和式(11-27)与前面三个模型的对应式相比较,不难发现,它们是前面模型公式的综合,其中模型一中的三个式(11-2)、式(11-3)和式(11-5)是最基本的. 在此基础上,如果是允许缺货,瞬时到货,则在式(11-2)和式(11-3)中乘上因子$\sqrt{\frac{c_1+c_2}{c_2}}$,即得式(11-9)和式(11-12);在式(11-5)中乘上因子$\sqrt{\frac{c_2}{c_1+c_2}}$,即得式(11-11). 如果考虑有一定的生产时间,均匀到货,则在式(11-2)和式(11-3)中乘上因子$\sqrt{\frac{P}{P-R}}$,即得式(11-15)和式(11-16);在式(11-5)中乘上因子$\sqrt{\frac{P-R}{P}}$,即得式(11-17). 最后,如果是允许缺货,又考虑一定的生产时间均匀到货,则将模型二和模型三中的两个因子分别乘到式(11-2)、式(11-3)和式(11-5)中,即得(11-22),式(11-23)和式(11-27).

11.2.3 具有附加条件的存贮模型

这里讨论的仍是确定型存贮模型,但有一定的附加条件. 附加条件有不同的类型,如货物的价格有一定的折扣,存贮场地面积有一定的限制,流动资金占有量有一定的要求等等. 在生产和经营管理活动中,这类存贮问题是很常见的. 下面重点介绍有价格折扣和存贮场地有限的两类典型存贮模型.

模型五 价格有折扣的经济订购批量模型

以上讨论的确定型存贮模型中,假设货物的单价是常量,得出的存贮策略与货物单价无关. 但实际中的订货问题有时与单价有关,如商品有所谓零售价、批发价和出厂价之分,购买同一种商品的数量不同,商品的单价也不同. 一般情况下购买的数量越多,商品的单价越低. 在少数情况下,某种商品限额供应,超出限额部分的商品单价要提高. 若价格有优惠,订货时就希望多订. 但订货多了,存贮费必然增加,造成积压. 如何在这两者之间权衡,使得既充分利用价格优惠,又使总费用最小,这就是讨论价格有折扣的存贮问题所必须解决的问题. 下面是基于模型一(E. O. Q)考虑有价格折扣的存贮问题.

除去货物单价随订购数量而变化外,其余条件皆与模型一的假设相同,问应如何制订相应的存贮策略?

记货物单价为$K(Q)$,其中Q为订货量. 为讨论的方便,设$K(Q)$按三个数量等级变化

$$K(Q) = \begin{cases} K_1 & 0 \leqslant Q < Q_1 \\ K_2 & Q_1 \leqslant Q < Q_2 \\ K_3 & Q \geqslant Q_2 \end{cases}$$

且$K_1 > K_2 > K_3$,如图11-8所示.

由式(11-1)可知,在时间t内的平均总费用为

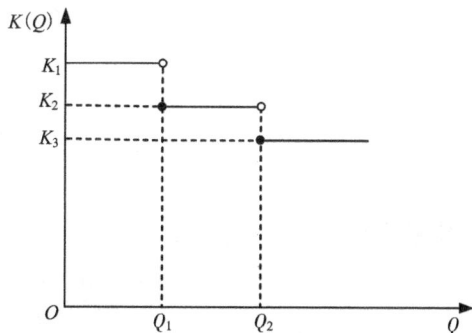

图11-8

$$C(t) = \frac{1}{2}c_1Rt + \frac{c_3}{t} + K(Q) \cdot R$$

则在时间 t 内的总费用为

$$
\begin{aligned}
C &= t \cdot C(t) \\
&= t\left[\frac{1}{2}c_1Rt + \frac{c_3}{t} + K(Q) \cdot R\right] \\
&= \frac{1}{2}c_1Rt^2 + c_3 + K(Q) \cdot Rt
\end{aligned}
\tag{11-28}
$$

又因为 $Q=Rt$，则 $t=\dfrac{Q}{R}$

所以，式(11-28)可表示为

$$C = \frac{1}{2}c_1Q \cdot \frac{Q}{R} + c_3 + K(Q) \cdot Q \tag{11-29}$$

记平均每单位贮存物所需的总费用为 $C(Q)$，则由式(11-29)得

$$C(Q) = \frac{1}{Q}\left[\frac{1}{2}c_1\frac{Q^2}{R} + c_3 + K(Q) \cdot Q\right] = \frac{1}{2}c_1\frac{Q}{R} + \frac{c_3}{Q} + K(Q) \tag{11-30}$$

显然有

$$C^1(Q) = \frac{1}{2}c_1\frac{Q}{R} + \frac{c_3}{Q} + K_1 \quad Q \in [0, Q_1)$$

$$C^2(Q) = \frac{1}{2}c_1\frac{Q}{R} + \frac{c_3}{Q} + K_2 \quad Q \in [Q_1, Q_2)$$

$$C^3(Q) = \frac{1}{2}c_1\frac{Q}{R} + \frac{c_3}{Q} + K_3 \quad Q \in [Q_2, \infty)$$

如果不考虑 $C^1(Q)$，$C^2(Q)$，$C^3(Q)$ 的定义域，它们之间只差一个常数，因此它们的导函数相同，故它们表示的是一簇平行曲线，如图11-9所示.

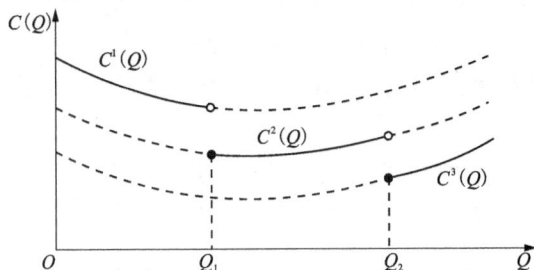

图 11-9

为求最小总费用，可先对式(11-30)求导

$$\frac{\mathrm{d}C(Q)}{\mathrm{d}Q} = \frac{c_1}{2R} - \frac{c_3}{Q^2}$$

再令 $\dfrac{\mathrm{d}C(Q)}{\mathrm{d}Q}=0$，得

$$Q_0=\sqrt{\dfrac{2c_3R}{c_1}} \tag{11-31}$$

这就是模型一中的最佳经济批量. Q_0 落在哪一个区间，事先难以预计. 假设 $Q_1<Q_0<Q_2$，这时也不能肯定 $C^2(Q_0)$ 最小. 从图 11-9 的直观启发我们考虑：是否 $C^3(Q_2)$ 的费用更小？按此思路，在给出价格有折扣情况下，求最佳订购批量 Q^* 的步骤如下.

（1）对 $C(Q)$（不考虑定义域）根据式（11-31）求得极值点 Q_0；

（2）若 $Q_0<Q_1$，则计算 $C^1(Q_0)$，$C^2(Q_1)$ 和 $C^3(Q_2)$，取其中最小者对应的批量为 Q^*. 例如，$\min\{C^1(Q_0),C^2(Q_1),C^3(Q_2)\}=C^2(Q_1)$，则取 $Q^*=Q_1$；

（3）若 $Q_1\leqslant Q_0<Q_2$，则计算 $C^2(Q_0)$，$C^3(Q_2)$，由 $\min\{C^2(Q_0),C^3(Q_2)\}$ 决定 Q^*；

（4）若 $Q_0\geqslant Q_2$，则取 $Q^*=Q_0$.

以上步骤可以推广到单价具有 m 个等级的情形.

设订购量为 Q，其单价

$$K(Q)=\begin{cases}K_1 & 0\leqslant Q<Q_1\\ K_2 & Q_1\leqslant Q<Q_2\\ \vdots \\ K_j & Q_{j-1}\leqslant Q<Q_j\\ \vdots \\ K_m & Q\geqslant Q_{m-1}\end{cases}$$

对应的平均单位贮存物所需费用为

$$C^j(Q)=\dfrac{1}{2}c_1\dfrac{Q}{R}+\dfrac{c_3}{Q}+K_j \quad (j=1,2,\cdots,m)$$

首先按（11-31）式求出 Q_0. 若 $Q_{j-1}\leqslant Q_0<Q_j$，则求

$$\min\{C^j(Q_0),C^{j+1}(Q_j),\cdots,C^m(Q_{m-1})\}=C^l(Q_{l-1})$$

则取 $Q^*=Q_{l-1}$ 为最佳订货批量.

例 11.4　设某车间每月需要某种零件 30000 个，每次的订购费是 500 元，每月每件的存贮费为 0.2 元，零件批量的单价如下.

$$K(Q)=\begin{cases}1 & 0\leqslant Q<10000\\ 0.98 & 10000\leqslant Q<30000\\ 0.94 & 30000\leqslant Q<50000\\ 0.90 & Q\geqslant 50000\end{cases}$$

若不允许缺货，瞬时进货，试求最佳的订货批量.

解　根据模型一，在单价不变的情况下，求出最佳订购批量为

$$Q_0=\sqrt{\dfrac{2c_3R}{c_1}}=\sqrt{\dfrac{2\times500\times30000}{0.2}}\approx12247（个）$$

因 $10000\leqslant Q_0<30000$，故平均单个零件所需费用

$$C^2(Q_0) = C^2(12247) = \frac{1}{2}c_1\frac{Q_0}{R} + \frac{c_3}{Q_0} + K_2 = \frac{1}{2} \times 0.2 \times \frac{12247}{30000} + \frac{500}{12247} + 0.98 \approx 1.062(\text{元}/\text{个})$$

$$C^3(Q_2) = C^3(30000) = \frac{1}{2}c_1\frac{Q_2}{R} + \frac{c_3}{Q_2} + K_3 = \frac{1}{2} \times 0.2 \times \frac{30000}{30000} + \frac{500}{30000} + 0.94 \approx 1.057(\text{元}/\text{个})$$

$$C^4(Q_3) = C^4(50000) = \frac{1}{2}c_1\frac{Q_3}{R} + \frac{c_3}{Q_3} + K_4 = \frac{1}{2} \times 0.2 \times \frac{50000}{30000} + \frac{500}{50000} + 0.90 \approx 1.077(\text{元}/\text{个})$$

由比较可知

$$\min\{C^2(Q_0), C^3(Q_2), C^4(Q_3)\} = C^3(Q_2)$$

故取 $Q_2 = 30000$ 为最佳订购批量, $Q^* = 30000$ 个.

本模型中, 由于订购批量不同, 订购周期长短不一样, 所以才利用平均单位货物所需费用比较优劣. 当然也可以将 $t = Q/R$ 代入式(11-1)转化为 $C(Q)$, 即利用单位时间内的平均总费用

$$C(Q) = \frac{1}{2}c_1Q + \frac{c_3R}{Q} + KR$$

作为比较的标准. 本例中

$$C^2(Q_0) = C^2(12247) = \frac{1}{2} \times 0.2 \times 12247 + \frac{500 \times 30000}{12247} + 0.98 \times 30000 \approx 31849(\text{元})$$

$$C^3(Q_2) = C^3(30000) = \frac{1}{2} \times 0.2 \times 30000 + \frac{500 \times 30000}{30000} + 0.94 \times 30000 = 31700(\text{元})$$

$$C^4(Q_3) = C^4(50000) = \frac{1}{2} \times 0.2 \times 50000 + \frac{500 \times 30000}{50000} + 0.90 \times 30000 = 32300(\text{元})$$

由于

$$\min\{C^2(Q_0), C^3(Q_2), C^4(Q_3)\} = C^3(Q_2)$$

所以, 最佳经济批量为 $Q^* = 30000$ 个.

也有的折扣条件为

$$K(Q) = \begin{cases} K_1 & \text{当 } Q < Q_1 \text{ 时} \\ K_2 & \text{当 } Q > Q_1 \text{ 时, 超过 } Q_1 \text{ 部分}(Q - Q_1)\text{才按 } K_2 \text{ 计算货物单价} \end{cases}$$

如果 $K_2 < K_1$, 显然是鼓励大量购买货物. 在特殊情况下会出现 $K_2 > K_1$, 这时是利用价格的变化限制购货数量. 本章节提供的方法稍加变化后可解决这类问题.

模型六　存贮场地有限制的经济订购批量模型

在前述各模型中, 通过费用分析求出了单位时间内平均总费用最小的最佳订购批量(或生产批量). 若存贮条件有一定的约束, 如存贮场地的面积(或容积)有一定限制, 使得求出的最佳订购量的货物堆放不下而影响生产的正常进行或造成损失. 接下来讨论基于模型一(E.O.Q)存贮场地有限的存贮问题.

如果只考虑一种存贮物的存贮场地, 问题比较简单. 如假定场地面积要求订购量 Q 不能超过某一常数 B(场地限制), 则可求出无约束时的最佳订购量 Q_0, 当 $Q_0 \leqslant B$ 时, 最佳订购量即为 Q_0; 当 $Q > B$ 时, 最佳订购量为 B.

若有多种类型的存贮物使用同一场地, 这种情况比单一存贮物的情形要复杂得多. 如某单位需要订购 3 种货物, 其订购量分别为 Q_1, Q_2, Q_3, 其他条件均与模型一相同, 问如何制

定相应的存贮策略?

设三种存贮物对应的费用为 $C(Q_1)$, $C(Q_2)$, $C(Q_3)$, 它们的总费用为

$$C(Q_1, Q_2, Q_3) = C(Q_1) + C(Q_2) + C(Q_3) \qquad (11-32)$$

将 $t = Q/R$ 代入式(11-1)且不考虑存贮物的单价, 转换为 Q 的费用函数, 式(11-32)中的 $C(Q_i) = \dfrac{R_i}{Q_i}c_{3i} + \dfrac{Q_i}{2}c_{1i}$ ($i = 1, 2, 3$); 而 c_{3i} 为第 i 种货物的订购费, c_{1i} 为第 i 种货物的单位存贮费.

设给定的存贮场地面积最大值为 B, 每单位第 i 种货物需要场地面积为 b_i, 则应满足

$$b_1Q_1 + b_2Q_2 + b_3Q_3 \leqslant B \qquad (11-33)$$

这里可能出现两种情况: 其一是 3 种存贮物所需存放面积之和小于存贮场地面积 B, 此时, 约束条件不起作用. 即可求出最佳订购批量

$$Q_i^* = \sqrt{\frac{2c_{3i}R_i}{c_{1i}}}, \ i = 1, 2, 3$$

其二是 3 种存贮物所需存放面积之和大于存贮场地面积 B, 这时必须把 Q_i 中的一种或几种货物的订购量减少, 使 3 种货物占用总面积等于(或无限接近)场地面积 B. 因此, 使式(11-33)的等式成立. 即

$$b_1Q_1 + b_2Q_2 + b_3Q_3 = B$$

现在的问题是在上述约束条件下, 使总费用函数达到最小, 并求出相应的各种存贮物的最佳订购批量.

在此, 引用拉格朗日乘子法来求解.

引入拉格朗日乘子 λ, 写出如下函数

$$\begin{aligned}
L(Q_1, Q_2, Q_3, \lambda) &= C(Q_1) + C(Q_2) + C(Q_3) + \lambda(b_1Q_1 + b_2Q_2 + b_3Q_3 - B) \\
&= \frac{R_1}{Q_1}c_{31} + \frac{Q_1}{2}c_{11} + \frac{R_2}{Q_2}c_{32} + \frac{Q_2}{2}c_{12} + \frac{R_3}{Q_3}c_{33} + \frac{Q_3}{2}c_{13} \\
&\quad + \lambda(b_1Q_1 + b_2Q_2 + b_3Q_3 - B)
\end{aligned} \qquad (11-34)$$

分别对式(11-34)中的 Q_1, Q_2, Q_3, λ 求偏导数, 并令其为零, 得到

$$\left. \begin{aligned}
\frac{\partial L}{\partial Q_1} &= -\frac{R_1}{Q_1^2}c_{31} + \frac{1}{2}c_{11} + \lambda b_1 = 0 \\[2mm]
\frac{\partial L}{\partial Q_2} &= -\frac{R_2}{Q_2^2}c_{32} + \frac{1}{2}c_{12} + \lambda b_2 = 0 \\[2mm]
\frac{\partial L}{\partial Q_3} &= -\frac{R_3}{Q_3^2}c_{33} + \frac{1}{2}c_{13} + \lambda b_3 = 0 \\[2mm]
\frac{\partial L}{\partial \lambda} &= b_1Q_1 + b_2Q_2 + b_3Q_3 - B = 0
\end{aligned} \right\} \qquad (11-35)$$

解联立方程组(11-35)得

$$Q_1^* = \sqrt{\frac{2c_{31}R_1}{c_{11} + 2\lambda b_1}}$$

$$Q_2^* = \sqrt{\frac{2c_{32}R_2}{c_{12} + 2\lambda b_2}}$$

$$Q_3^* = \sqrt{\frac{2c_{33}R_3}{c_{13} + 2\lambda b_3}}$$

$$b_1\sqrt{\frac{2c_{31}R_1}{c_{11} + 2\lambda b_1}} + b_2\sqrt{\frac{2c_{32}R_2}{c_{12} + 2\lambda b_2}} + b_3\sqrt{\frac{2c_{33}R_3}{c_{13} + 2\lambda b_3}} - B = 0$$

$$(11-36)$$

求解式(11-36)可得 λ 值,但在很多情况下,求解 λ 值的计算过程复杂,故一般采用试算法求解,得到 λ 值后即可求得 Q_1^*,Q_2^*,Q_3^*.

例 11.5 某颜料商店需订购 3 种不同型号的颜料. 已知商店仓库最大存放面积为 20 m²(这里假设不叠放),其他资料如表 11-1 所示.

表 11-1

项目	第 1 种颜料	第 2 种颜料	第 3 种颜料
需求量/(桶/月)	32	24	20
订购费/元	25	18	20
存贮费/(元/桶·月)	1	1.5	2
每桶颜料占地面积/m²	0.4	0.3	0.2

试求仓库面积容许条件下,各种颜料的最佳订购批量.

解 首先,根据已知条件,求出在不考虑仓库面积限制情况下的经济订购批量.

$$Q_1 = \sqrt{\frac{2c_{31}R_1}{c_{11}}} = \sqrt{\frac{2\times25\times32}{1}} = 40(桶)$$

$$Q_2 = \sqrt{\frac{2c_{32}R_2}{c_{12}}} = \sqrt{\frac{2\times18\times24}{1.5}} = 24(桶)$$

$$Q_3 = \sqrt{\frac{2c_{33}R_3}{c_{13}}} = \sqrt{\frac{2\times20\times20}{2}} = 20(桶)$$

订购这些数量的颜料共需占地面积为

$$0.4\times40 + 0.3\times24 + 0.2\times20 = 27.2(m^2)$$

显然,超出了仓库存放面积. 为此,引入拉格朗日乘子 λ,根据式(13-36)中的算式并简化,得

$$16\sqrt{\frac{1}{1+0.8\lambda}} + 7.2\sqrt{\frac{1}{1.5+0.6\lambda}} + 4\sqrt{\frac{1}{1+0.2\lambda}} - 20 = 0$$

现用试算法确定 λ 值,上述方程的左边是一个 λ 的单调递减函数. 当 $\lambda = 0$ 时,等式值为 27.2,正是仓库面积无限制的情形. 若要使 Q_i 减小,则 $\lambda > 0$. 当 $\lambda = 1$ 时,该方程的值为 0.543;$\lambda = 2$ 时,该方程的值为 -2.312. 故有 $1 < \lambda < 2$. 表 11-2 为试算法的计算结果.

表 11-2

λ	$16\sqrt{\dfrac{1}{1+0.8\lambda}}+7.2\sqrt{\dfrac{1}{1.5+0.6\lambda}}+4\sqrt{\dfrac{1}{1+0.2\lambda}}-20$
2.0	−2.312
1.5	−1.056
1.15	0.022
1.149	0.017
1.1495	0.000

将 $\lambda=1.1495$ 代入式 $(11-36)$ 得 $Q_1^*\approx28$(桶)，$Q_2^*\approx19$(桶)，$Q_3^*\approx18$(桶).

订购这 3 种数量的颜料，每月付出的总费用为

$$C(Q_1^*,Q_2^*,Q_3^*)=C(28)+C(19)+C(18)=119.8(元)$$

如果没有场地限制，则每月付出的费用为

$$C(Q_1,Q_2,Q_3)=C(40)+C(24)+C(20)=116(元)$$

上例中的结果是显而易见的. 虽然有约束条件下的 Q_i^* 公式与无约束条件下的 Q_i 公式相仿，但前者的公式在每式的分母中多加了一项 $2\lambda b_i$，项中 λ 是常数. 因此，可根据实际问题的背景形象地描述 λ 的含义. 如本例中，可以把 λ 看作是场地的租金. 这就是说，假如订购量大于仓库容量，就需租用仓库，将所付出的租金进行摊派，相当于增加了存贮费.

11.3 随机型存贮模型

确定型存贮问题假定需求、供给(补货)及供货提前(或滞后)期等都已确定. 在实际问题中，由于各种因素的影响，某些变量无法事先确定，即为随机变量，而且这些随机变量可以是离散型的，也可以是连续型的. 因此，随机存贮问题往往比确定型存贮问题复杂、多样. 下面讨论需求量为随机变量的单周期及多周期随机存贮问题.

11.3.1 单周期随机存贮模型

单周期随机存贮模型的主要特点是在一个周期内订货只进行一次，若未到期末货已售完也不再补充订货；若发生滞销，未售出的货应在期末降价处理. 这类订货可以重复进行，但在各周期之间订货量与销售量互相保持独立. 如易腐产品库存问题、季节性商品、时髦物品等的订货.

由于问题在所考虑的时期内，总需求量是不确定的，这就形成了两难的局面. 如果货订多了，将会由于卖不出去而造成损失；反之，如果

视频11-3

货订少了，却会因供不应求而失去销售机会. 因此，决策者总是要在"太多"与"太少"两者之间作出订购批量决策.

模型一　需求是随机离散的单周期存贮模型

下面用一个典型的例子——报童问题来分析这类问题的建模求解.

报童问题：报童每天从邮局订购报纸零售，如订购量太多，当天推销不完，到第二天就

难以卖出去,因而受到一定的经济损失;如订购量太少,供不应求,收入就减少.因此,报童每天要考虑也只需考虑当天订购多少报纸,才能使自己的收入最大(或损失最小),至于报纸在当天什么时间卖完是无关紧要的.

报童每天售卖报纸数量是一个离散的随机变量,经长时间统计后得知报童每天出售报纸份数为 r 的概率 $P(r)$.邮局规定每卖出一份报纸报童得报酬 k 元,如卖不出去退回邮局或降价处理,每份报纸亏损 h 元.问报童每天应向邮局订多少份报纸才能使损失最小(或收益最大)?

设报童每天订购数量为 Q,售出报纸数量为 r 的概率 $P(r)$.报童每天可能面临

(1)订多了 $(0 \leqslant r \leqslant Q)$,由于订购多了而滞销造成损失的期望值为

$$\sum_{r=0}^{Q} h(Q-r)P(r)$$

(2)订少了 $(r>Q)$,由于订购少了供不应求造成机会损失期望值为

$$\sum_{r=Q+1}^{\infty} k(r-Q)P(r)$$

故报童总的期望损失值为

$$C(Q)=h\sum_{r=0}^{Q}(Q-r)P(r)+k\sum_{r=Q+1}^{\infty}(r-Q)P(r) \qquad (11-37)$$

要从式(11-37)中决定 Q 的值,使 $C(Q)$ 最小.

由于报纸订购的份数 Q 和需求量 r 都是离散型随机变量,所以不能用微积分的方法求(11-37)式的极值.为此设报童每天订购报纸的最佳量为 Q^*,则其损失期望值应有

$$C(Q^*)\leqslant C(Q^*+1) \qquad (11-38)$$
$$C(Q^*)\leqslant C(Q^*-1) \qquad (11-39)$$

式(11-38)和式(11-39)表示多订和少订一份报纸的损失均会大于等于报纸最优订购份数 Q^*,由式(11-38)推导有

$$h\sum_{r=0}^{Q^*}(Q^*-r)P(r)+k\sum_{r=Q^*+1}^{\infty}(r-Q^*)P(r)\leqslant h\sum_{r=0}^{Q^*}(Q^*+1-r)P(r)+k\sum_{r=Q^*+2}^{\infty}(r-Q^*-1)P(r)$$

经整理得

$$(k+h)\sum_{r=0}^{Q^*}P(r)-k\geqslant 0$$

即

$$\sum_{r=0}^{Q^*}P(r)\geqslant \frac{k}{k+h} \qquad (11-40)$$

由式(11-39)推导得

$$h\sum_{r=0}^{Q^*}(Q^*-r)P(r)+k\sum_{r=Q^*+1}^{\infty}(r-Q^*)P(r)\leqslant h\sum_{r=0}^{Q^*-1}(Q^*-1-r)P(r)+k\sum_{r=Q^*}^{\infty}(r-Q^*+1)P(r)$$

经化简后得

$$(k+h)\sum_{r=0}^{Q^*-1}P(r)-k\leqslant 0$$

$$\sum_{r=0}^{Q^*-1}P(r)\leqslant \frac{k}{k+h} \qquad (11-41)$$

报童应向邮局订购报纸的最佳数量 Q^* 应按下列不等式确定

$$\sum_{r=0}^{Q^*-1} P(r) < \frac{k}{k+h} \leqslant \sum_{r=0}^{Q^*} P(r) \qquad (11-42)$$

式 $(11-42)$ 中的 $\frac{k}{k+h}$ 称为临界值,累计概率越接近临界值的即为最佳订购批量 Q^* 的概率. 式中 k, h 及 $P(r)$ 均为已知,从中可以解出 Q^* 值.

此外,式 $(11-42)$ 还可用差分法导出,也可以从报童赢利的期望值最大的角度进行推导,读者均可自行尝试.

例 11.6 假设某货物的需求量在 17 件和 26 件之间,已知需求量 r 的概率分布如表 11-3 所示.

表 11-3

需求量 r	17	18	19	20	21	22	23	24	25	26
概率 $P(r)$	0.12	0.18	0.23	0.13	0.10	0.08	0.05	0.04	0.04	0.03

并知其成本为每件 5 元,售价为每件 10 元,处理价为每件 2 元. 问应进货多少,能使总利润的期望值最大?

解 已知 $k = 10 - 5 = 5$, $h = 5 - 2 = 3$. 根据单周期随机离散需求的存贮模型的临界值计算式 $(11-42)$ 得

$$\frac{k}{k+h} = \frac{5}{5+3} = 0.625$$

由表 11-3 有

$$P(17) = \sum_{r=0}^{17} P(17) = 0.12$$

$$\sum_{r=0}^{18} P(18) = 0.12 + 0.18 = 0.30$$

$$\sum_{r=0}^{19} P(19) = 0.30 + 0.23 = 0.53 < 0.625$$

$$\sum_{r=0}^{20} P(20) = 0.53 + 0.13 = 0.66 > 0.625$$

所以,最佳订货批量 $Q^* = 20$(件).

例 11.7 例 11.6 中,若因缺货造成的损失为每件 25 元,问最佳经济批量又该是多少?

解 凡售出一件商品的获利数,应看成是有形的获利与潜在的获利数之和,显然有

$$k = (10 - 5) + 25 = 30, \quad h = 5 - 2 = 3$$

即

$$\frac{k}{k+h} = \frac{30}{30+3} = 0.91$$

通过计算累计概率,可得

$$Q^* = 24(件)$$

所以,最佳订货批量 $Q^* = 24$(件).

模型二 需求是随机连续的单周期存贮模型

设有某种单周期需求的物资,需求量 r 为连续型随机变量,已知其概率密度为 $\varphi(r)$,同模型一每售出一件该物品获利 k 元,如果当期销售不出去,下一期就要降价处理,每件亏损 h 元. 试确定最佳订货批量 Q^*.

同需求为离散型随机变量一样,根据概率论知识,可得出损失的期望值为

$$C(Q) = h\int_0^Q (Q-r)\varphi(r)\,\mathrm{d}r + k\int_Q^\infty (r-Q)\varphi(r)\,\mathrm{d}r \qquad (11-43)$$

将对式(11 - 43)求导数并令其等于零,即可求出值.

$$\frac{\mathrm{d}C(Q)}{\mathrm{d}Q} = \frac{\mathrm{d}}{\mathrm{d}Q}\Big[h\int_0^Q (Q-r)\varphi(r)\,\mathrm{d}r + k\int_Q^\infty (r-Q)\varphi(r)\,\mathrm{d}r\Big] = 0$$

因

$$\frac{\mathrm{d}}{\mathrm{d}Q}\int_0^Q (Q-r)\varphi(r)\,\mathrm{d}r = \int_0^Q \frac{\partial(Q-r)}{\partial Q}\varphi(r)\,\mathrm{d}r + \frac{\mathrm{d}}{\mathrm{d}Q}(Q-Q)\varphi(Q) - \frac{\mathrm{d}}{\mathrm{d}Q}(Q-0)\varphi(0)$$

$$= \int_0^Q \varphi(r)\,\mathrm{d}r$$

而

$$\frac{\mathrm{d}}{\mathrm{d}Q}\int_Q^\infty (r-Q)\varphi(r)\,\mathrm{d}r = \int_Q^\infty \frac{\partial(r-Q)}{\partial Q}\varphi(r)\,\mathrm{d}r + \frac{\mathrm{d}}{\mathrm{d}Q}(\infty - Q)\varphi(\infty) - \frac{\mathrm{d}}{\mathrm{d}Q}(Q-Q)\varphi(Q)$$

$$= -\int_Q^\infty \varphi(r)\,\mathrm{d}r$$

故

$$\frac{\mathrm{d}C(Q)}{\mathrm{d}Q} = h\int_0^Q \varphi(r)\,\mathrm{d}r - k\int_Q^\infty \varphi(r)\,\mathrm{d}r$$

$$= h\int_0^Q \varphi(r)\,\mathrm{d}r - k\Big[\int_0^\infty \varphi(r)\,\mathrm{d}r - \int_0^Q \varphi(r)\,\mathrm{d}r\Big]$$

$$= h\int_0^Q \varphi(r)\,\mathrm{d}r - k\Big[1 - \int_0^Q \varphi(r)\,\mathrm{d}r\Big]$$

$$= (h+k)\int_0^Q \varphi(r)\,\mathrm{d}r - k = 0$$

于是有

$$\int_0^Q \varphi(r)\,\mathrm{d}r = \frac{k}{h+k} \qquad (11-44)$$

故由式(11 - 44)求出的 Q 即为对应 $C(Q)$ 最小的最佳订购量 Q^*.

例 11.8 某书亭经营一种期刊杂志,每册进价 8 元,售价 10 元,如过期处理价为 5 元. 根据多年统计表明,需求服从均匀分布,最高需求量 $b = 1000$ 册,最低需求量 $a = 500$ 册,问应进货多少,才能保证期望利润最高?

解 由题意得 $k = 2$,$h = 3$;根据概率论可知,均匀分布的概率密度为

$$\varphi(r) = \begin{cases} \dfrac{1}{b-a} & a \leqslant r \leqslant b \\ 0 & \text{其他} \end{cases}$$

由式(11 - 44)得

$$\frac{k}{k+h}=\frac{2}{2+3}=0.40$$

又

$$\int_0^Q \varphi(r)\mathrm{d}r=\int_a^Q \frac{1}{b-a}\mathrm{d}r=\frac{Q-a}{b-a}$$

所以

$$\frac{Q^*-500}{1000-500}=0.40$$

由此可得，最佳订货批量为 $Q^*=700$ 册.

模型三　有初始库存量的单周期存贮模型

有初始库存量的单周期存贮模型与模型一类似，只考虑一个时间段落的单周期问题，不同的是在周期开始有一初始库存量 I. 由于需求是一个随机变量，因此需计算总费用的期望值，从而确定最佳订购量 Q.

在周期开始时，若订购量为 Q，则存贮量为 $I+Q$. 此时需求 r 与初期存贮水平相比，可能出现两种情况中的一种：一是 $r\le I+Q$，即供过于求；二是 $r>I+Q$，即供不应求. 需求 r 是随机变量，可以求出有关费用的期望值.

（1）当 $r\le I+Q$ 时，造成货物积压，应付出的存贮费用期望值为

$$\sum_{r\le I+Q}c_1(I+Q-r)P(r)$$

（2）当 $r>I+Q$ 时，造成货物短缺，其缺货费用的期望值为

$$\sum_{r>I+Q}c_2(r-I-Q)P(r)$$

（3）若每次订购费为 c_3，货物单价为 K，则付出的订货费为

$$c_3+KQ$$

周期内总费用期望值为

$$C(I+Q)=c_3+KQ+c_1\sum_{r\le I+Q}(I+Q-r)P(r)$$
$$+\sum_{r>I+Q}c_2(r-I-Q)P(r) \tag{11-45}$$

问题是求出 Q，且使 $C(I+Q)$ 达到最小. 式（11-45）是 r 取离散值情况下的费用公式，仍然可以利用差分解法. 为此定义 $S=I+Q$，并人为地排列需求 r 的随机值为 $r_0,r_1,r_2,\cdots,r_m$，且 $r_{i+1}>r_i$（$i=0,1,2,\cdots,m-1$）. S 只在 r_i 中取值，当 $S=r_i$ 时，记作 S_i.

$$\Delta S_i=S_{i+1}-S_i=r_{i+1}-r_i=\Delta r_i>0$$

则式（11-43）变为

$$C(S_i)=c_3+K(S_i-I)+\sum_{r\le S_i}c_1(S_i-r)P(r)+\sum_{r>S_i}c_2(r-S_i)P(r)$$

$$C(S_{i+1})=c_3+K(S_{i+1}-I)+\sum_{r\le S_{i+1}}c_1(S_{i+1}-r)P(r)+\sum_{r>S_{i+1}}c_2(r-S_{i+1})P(r)$$

令

$$\Delta C(S_i)=C(S_{i+1})-C(S_i)$$

经过一些运算后得

$$\Delta C(S_i)=K\Delta S_i+c_1\Delta S_i\sum_{r\le S_i}P(r)-c_2\Delta S_i+c_2\Delta S_i\sum_{r\le S_i}P(r)$$

令　$\Delta C(S_i) = 0$，由于 $\Delta S_i \neq 0$，故有

$$K + c_1 \sum_{r \leqslant S_i} P(r) - c_2 + c_2 \sum_{r \leqslant S_i} P(r) = 0$$

$$K + (c_1 + c_2) \sum_{r \leqslant S_i} P(r) - c_2 = 0$$

得

$$\sum_{r \leqslant S_i} P(r) = \frac{c_2 - K}{c_1 + c_2} \qquad (11-46)$$

式(11-46)右边的临界值 $M = \dfrac{c_2 - K}{c_1 + c_2}$ 恒小于 1，为使等式成立，S 选 $\sum\limits_{r \leqslant S_i} P(r) \geqslant M$ 中 S_i 的

最小整数值，这时 $Q^* = S - I$。

例 11.9　某商店代销一种产品，每件进价 3 元，单位时间内每件产品应付存贮费 1 元，若出现缺货，每件应承担缺货费用 16 元。已知产品需求概率如表 11-4 所示，且店内仍有 10 件存货。问仍需向外订购多少件产品，才能使费用期望值最小？

表 11-4

r	17	18	19	20	21	22	23	24
$P(r)$	0.02	0.06	0.12	0.34	0.20	0.14	0.08	0.04
$\sum P(r)$	0.02	0.08	0.20	0.54	0.74	0.88	0.96	1.00

解　由题意可知：$c_1 = 1$ 元/件，$K = 3$ 元/件，$c_2 = 16$ 元/件。

求 S 的最小整数值使下式成立

$$\sum_{r \leqslant S} P(r) \geqslant \frac{c_2 - K}{c_1 + c_2} = \frac{16 - 3}{1 + 16} = \frac{13}{17} \approx 0.7647$$

根据表 11-4

$$\sum_{r \leqslant 21} P(21) = 0.74 < 0.7647$$

$$\sum_{r \leqslant 22} P(22) = 0.88 > 0.7647$$

故 $S^* = 22$（件）

已知 $I = 10$，得

$$Q^* = S^* - I = 22 - 10 = 12（件）$$

即该商品订购 12 件能使费用期望值达到最小。

如果 r 为连续型随机变量，其公式推导过程与式(11-44)相同，经过一些运算后，可得出临界值公式

$$\int_0^S f(r)\,\mathrm{d}r = \frac{c_2 - K}{c_1 + c_2} = M \qquad (11-47)$$

当 $f(r)\mathrm{d}r$ 为已知的密度函数时，则可计算出 S 值。

例 11.10　其他条件如例 11.9，需求 r 服从 $\mu = 20$，$\sigma = 5$ 的正态分布，为了使总费用期望值达到最小，问应订购多少件产品为最佳？

解 已知 $c_1 = 1$ 元/件，$K = 3$ 元/件，$c_2 = 16$ 元/件，由式(11-47)有

$$\int_0^S f(r)\,dr = \frac{c_2 - K}{c_1 + c_2} = \frac{16 - 3}{1 + 16} \approx 0.7647$$

上式的意义可由图11-10说明.

图11-10中，阴影部分的面积为该正态曲线图形面积的0.7647对应的 S 所求之值.

为便于查表，应将一般正态分布函数转化为 $\mu = 0$，$\sigma = 1$ 的标准型正态分布，为此设统计量

$$Z = \frac{S - 20}{5}$$

查正态分布表，可知使

$$\int_0^z N(0,1)\,dz = 0.7647$$

成立的 $Z \approx 0.72$，所以

$$Z = \frac{S - 20}{5} \approx 0.72$$

得

$$S^* = 23.6 \approx 24(件)，\quad Q^* = S^* - I = 24 - 10 = 14(件)$$

模型四 考虑订购费的单周期模型

在此之前，本节只讨论了最佳订购量的确定问题. 由于订购费 c_3 不是 S^* 的函数，所以在求它们的临界值公式中没有这个参数. 在考虑订购费的情况下，如何确定最佳初始库存水平，并决定是否需要补充库存，这是在这一节中介绍的 (s, S) 型存贮策略问题.

在这种策略下，检查库存量 I，当 I 大于某一存贮水平 s，即 $I > s$ 时可以不订购；当 $I \leqslant s$ 时需要订购，订购量 $Q = S - I$，即把库存量提高到 S. 现在的问题是求出 s 值.

因 S 只能满足 $S > r_i (i = 0, 1, 2, \cdots, m)$，通过上述推导的临界值公式，可以求出最优的 S^*. 设 $S = S^*$ 时的最小费用为 $C(S^*)$，则

$$C(S^*) = c_3 + KS^* + \sum_{r \leqslant S^*} c_1(S^* - r)P(r) + \sum_{r > S^*} c_2(r - S^*)P(r)$$

现在考虑那些 $r_i \leqslant S^*$ 的 $r_i (i = 0, 1, 2, \cdots, m)$，找出 S 等于哪一个 r_i 时就可以不订购. 与 r 对应的期望费用值为 $C(r)$

$$C(r) = Ks + \sum_{r \leqslant s} c_1(s - r)P(r) + \sum_{r > s} c_2(r - s)P(r)$$

当 $c(r) = C(S^*)$ 成立，即不订购的费用期望值与订购时的费用期望值相等时，就可以解出 r 值，这个 r 值就是存贮水平的临界值 s. 但在计算中，s 值的计算式比较繁杂，所以一般要用测算法求解. 由于满足条件的 r_i 使 $r_i \leqslant S^*$，故只需使 $c(r) \leqslant c(S^*)$ 成立的最小的 r 值就是所求的 s 值. 下面用例题说明其解算过程.

例11.11 某单位用一种原料加工产品出售，已知每箱原料购价为800元，每次订购费为 $c_3 = 60$ 元，每箱存贮费 $c_1 = 40$ 元，每箱缺货费 $c_2 = 1015$ 元，原有存货 $I = 10$ 箱，又知需求概率如表11-5所示.

表 11-5

r	30	40	50	60
$P(r)$	0.20	0.20	0.40	0.20

试求该单位的存贮策略.

解 （1）计算临界值 $M = \dfrac{1015 - 800}{1015 + 40} \approx 0.204$

（2）使 $\sum\limits_{r \leqslant S_i} P(r) \geqslant M$ 成立的 S^*

$$\sum\limits_{r \leqslant 30} P(r) = 0.20$$

$$\sum\limits_{r \leqslant 40} P(r) = \sum\limits_{r \leqslant 30} P(r) + \sum\limits_{30 < r \leqslant 40} P(r) = 0.20 + 0.20 > 0.204$$

故 $S^* = 40$

（3）选取 $r_i \leqslant S^*$ 的可能值. $S^* = 40$，而可作为 s 的 r 值有 $r_1 = 30$ 和 $r_2 = 40$

（4）计算 $r_1 = 30$，$r_2 = 40$ 时期望费用值.

$$C(r = 30) = 800 \times 30 + 1015 \times [(40 - 30) \times 0.2 + (50 - 30) \times 0.4 + (60 - 30) \times 0.2] = 40240$$

$$C(r = 40) = 60 + 800 \times 40 + 40 \times [(40 - 30) \times 0.2] + 1015 \times [(50 - 40) \times 0.4 + (60 - 40) \times 0.2] = 40260$$

即　　$C(r = 30) < C(S^* = 40)$

故得 $s = 30$.

即本例的存贮策略为每阶段开始时检查库存量 I，当 $I > 30$ 时不必订购，当 $I \leqslant 30$ 时补充库存，补充量增至 $S^* = 40$.

例 11.12 某一客运站设立一商店，出售某种食品以满足中转旅客的要求. 已知每箱食品价为 60 元，存贮费为 10 元，每月末每箱可得存贮补贴费 50 元，若发生缺货，则每箱应承担损失费用 125 元，又知每次外出订货的费用为 50 元，月初存货 10 箱. 经长期统计，得知需求量是在 $[18, 24]$ 区间的均匀分布. 试求月初的最佳库存量和最佳订购量以及存贮策略.

解 已知 $I = 10$，$c_1 = 10 - 50 = -40$，$c_2 = 125$，$c_3 = 50$，$K = 60$. 需求分布 $f(r) = \dfrac{1}{6}$，$18 \leqslant r \leqslant 24$.

（1）计算临界值 M

$$\int_{18}^{S} \frac{1}{6} \mathrm{d}r = \frac{c_2 - K}{c_1 + c_2} = \frac{125 - 60}{-40 + 125} \approx 0.7647$$

（2）求 S^*

$$\int_{18}^{S} \frac{1}{6} \mathrm{d}r = \frac{1}{6}(S - 18) = 0.7647$$

$$S = 6 \times 0.7647 + 18 \approx 22.58$$

取　$S^* = 23$

（3）利用公式求 s

若 $C(r) \leqslant C(S^*)$ 满足，则对应的 r 值为 s. 用 s 代替 r 列出下式

$$K(s - 10) + c_1 \int_{18}^{s} (s - r)f(r)\mathrm{d}r + c_2 \int_{s}^{24} (r - s)f(r)\mathrm{d}r$$

$$= c_3 + K(23 - 10) + c_1 \int_{18}^{23} (23 - r)f(r)\mathrm{d}r + c_2 \int_{23}^{24} (r - 23)f(r)\mathrm{d}r$$

经简化得

$$7.0833s^2 - 320s + 3562.92 = 0$$

解出 $s \approx 19.899 \approx 20$

因此，当 $I = 10$ 时，最佳库存量 $S^* = 23$，最佳订购量 $Q^* = S^* - I = 23 - 10 = 13$. 此时，$s = 20$，$I < s$，故可以订购，订购量 $Q^* = 13$（箱）.

11.3.2 多周期随机存贮模型

在单周期模型中，虽然需求是随机变量，但由于两次订货之间不发生联系，只是独立的单周期订货. 现在设定从提出订货的时刻起到交货的时刻为止的时段 L 为随机变量，或 L 确定而 L 内的需求为随机变量时，这就涉及多个周期.

在多周期模型中，有连续检查和定期检查两种存贮策略. 现分别予以介绍.

模型五 再订购点批量模型

固定提前期. 在这种情况下，由于需求使库存减少. 为了及时补充库存，需对库存水平进行连续检查，当库存水平降低到某一个数值就要提出订购. 称开始提出订购时的库存水平为再订购点，以 Q_R 表示，这时的订购量仍以 Q 表示. 并且假定，在 T 内的需求 r 为随机变量，其分布密度函数为已知. 同时又知某一时间区域内的期望需求，且允许缺货.

在推导 Q_R 和 Q 的计算公式之前，先分析一下这种情况的存贮状态. 当 L 尚未结束之前，有可能出现缺货现象. 如图 11-11 和图 11-12 所示.

这两种缺货情况下的库存状态图是有区别的. 图 11-11 表示的是当库存终了后，把未能满足的需求"积累"起来，等到货后再予补交. 图 11-12 所示是当库存终了时，任其短缺，不再补交. 前者称为"缺货预约"，后者称为"缺货不供应". 因这两种情况差异不大，可以同时讨论.

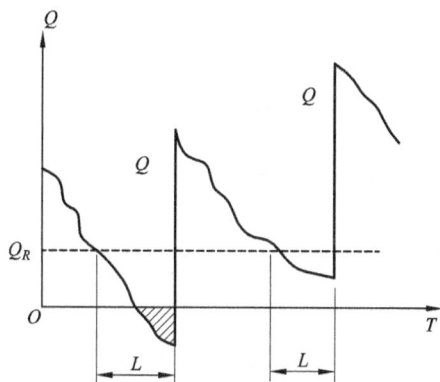

图 11-11

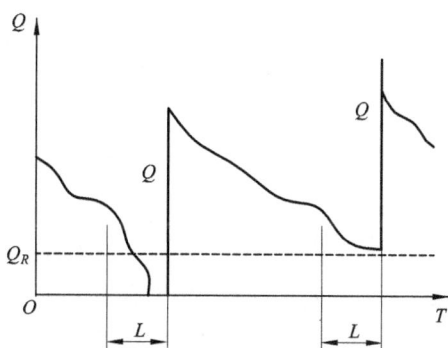

图 11-12

从图 11-11 和图 11-12 中可见，它们的库存水平都随时变化而变化. 在图 11-11 中，库存水平出现负值（图中阴影部分）. 即使每一周期中的 L 和 Q 相等，但订购周期是不相等的. 而且，补充进货之后的库存水平也并非等高. 在图 11-12 中，库存水平不出现负值，即是它的订购量 Q 全部进入了库存，而在缺货预约的情况下，由于 Q 要供应早先短缺的要求，因而在其他因素相同的情况下，缺货不供应与缺货预约相比，其平均库存水平要高一些. 明确这一特点将在以后的讨论中有用.

为不失一般性, 我们仍然首先考察费用函数. 沿用以前的符号, r 表示单位时间的需求件数, 本节可以理解它为随机变量的期望值. r 的概率分布密度函数以 $f(r)$ 表示, 这个概率分布的均值用 μ 表示, 而 $\mu = rL$ 是成立的.

由于订货, 缺货和货物存贮均要付出费用, 所以目标仍然是确定使单位时间(如年, 月等)内总费用期望值为最小的 Q_R 和 Q. 设年度总费用的期望值为 $C(Q_R, Q)$, 则

$$C(Q_R, Q) = C_O + C_S + C_H$$

式中: $\quad C(Q_R, Q)$——Q_R, Q 的函数

$\quad\quad C_O$——年度订货费用

$\quad\quad C_S$——年度缺货费用

$\quad\quad C_H$——年度存贮费用

C_O 应为每次订货费 c_3 和订购次数(即周期数)之积. 已知 r 为年度的期望需求, Q 为每周期的订购量, 故每年的期望周期数为 r/Q. 若需求全部得到满足, 则在缺货预约的情况下

$$C_O = c_3 \cdot r/Q \tag{11-48}$$

对于缺货不供应的情况, 式(11-48)虽是一个近似值, 但仍然可以采用.

C_S 用年度缺货费用期望值表示. 它的值为 $c_2 \times$ 每周期缺货数 $\times$ 每年平均周期数, 其中平均周期数为 r/Q. 当提前时间开始时, 库存水平为 Q_R, 如果在 L 中的需求超过了 Q_R, 即会出现缺货. 所以不论在何种缺货情况下, 都会出现如下状态(x 为 L 中的需求)

缺货数量

$$\begin{cases} 0 & x \leqslant Q_R \\ x - Q_R & \text{其他} \end{cases}$$

故每周期缺货量的期望值为

$$\begin{aligned} B(Q_R) &= \int_0^{Q_R} 0 \cdot f(x)\,dx + \int_{Q_R}^{\infty} (x - Q_R) f(x)\,dx \\ &= \int_{Q_R}^{\infty} (x - Q_R) f(x)\,dx \end{aligned}$$

则得

$$\begin{aligned} C_S &= c_2 \frac{r}{Q} B(Q_R) = c_2 \int_{Q_R}^{\infty} \frac{r}{Q} (x - Q_R) f(x)\,dx \\ &= c_2 \frac{r}{Q} \int_{Q_R}^{\infty} (x - Q_R) f(x)\,dx \end{aligned} \tag{11-49}$$

C_H 之值为 $c_1 \times$ 年度平均库存量.

在缺货预约的情况下, L 开始时, 库存水平为 Q_R, 设在 L 中的期望需求为 μ, 当经过 L 后的瞬间, 期望库存水平降至 $Q_R - \mu$, 而周期开始时的库存水平为 $Q + Q_R - \mu$. 如图 11-13 所示.

易见周期内的平均库存量为 $Q + Q_R - \mu$ 和 $Q_R - \mu$ 的平均值.

$$\frac{1}{2}(Q + Q_R - \mu + Q_R - \mu) = \frac{Q}{2} + Q_R - \mu$$

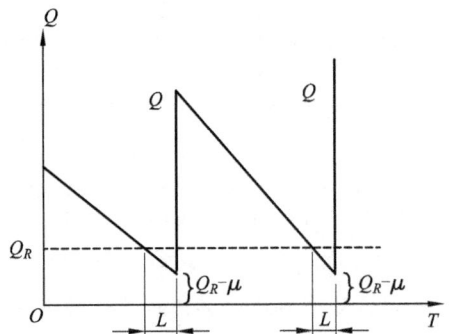

图 11-13

故得

$$C_H = c_1 \left(\frac{Q}{2} + Q_R - \mu \right) \quad \text{（缺货预约）} \tag{11-50}$$

在缺货不供应的情况下，L 结束时瞬时库存水平不会是 $Q_R - \mu$，而是出现下列状态

$$\begin{cases} Q_R - x & x \leqslant Q_R \\ 0 & \text{其他} \end{cases}$$

取以上 x 函数的期望值，则周期末的期望库存水平为

$$\int_0^{Q_R} (Q_R - x) f(x) \, dx$$

$$= \int_0^{\infty} (Q_R - x) f(x) \, dx - \int_{Q_R}^{\infty} (Q_R - x) f(x) \, dx$$

$$= Q_R \int_0^{\infty} f(x) \, dx - \int_0^{\infty} x f(x) \, dx + \int_{Q_R}^{\infty} (x - Q_R) f(x) \, dx$$

$$= Q_R - \mu + B(Q_R) \tag{11-51}$$

式 (11-51) 表明，补充前的瞬时期望库存水平比缺货预约的情况高，高出的数量为 $B(Q_R)$，即每一周期缺货数量的期望值，于是求得缺货不供应时的

$$C_H = c_1 \left[\frac{Q}{2} + Q_R - \mu + B(Q_R) \right] \tag{11-52}$$

综合式 (11-48) 和式 (11-49)，可得年总费用期望值

$$C(Q_R, Q) = c_3 \frac{r}{Q} + c_2 \frac{r}{Q} \cdot B(Q_R) + c_1 \left[(Q/2) + Q_R - \mu \right] B(Q_R) \quad \text{（缺货不供应）}$$

为了求得使 $C(Q_R, Q)$ 达到最小的 Q_R 和 Q，分别对 Q 和 Q_R 求偏导数并令其值为零. 即有

$$\frac{\partial C(Q_R, Q)}{\partial Q} = -\frac{c_3 r}{Q^2} - \frac{c_2 r B(Q_R)}{Q^2} + \frac{c_1}{2} = 0$$

解出

$$Q = \sqrt{\frac{2r \left[c_3 + c_2 B(Q_R) \right]}{c_1}}$$

对 Q_R 求偏导数得
缺货预约时

$$\frac{\partial C(Q, Q_R)}{\partial Q_R} = c_1 + \frac{c_2 r}{Q} \cdot \frac{dB(Q_R)}{dQ_R}$$

缺货不供应时

$$\frac{\partial C(Q, Q_R)}{\partial Q_R} = c_1 + \left(\frac{c_2 r}{Q} + c_1 \right) \frac{dB(Q_R)}{dQ_R}$$

如前述，$B(Q_R) = \int_{Q_R}^{\infty} (x - Q_R) f(x) \, dx$，利用莱布尼兹法则，有

$$\frac{dB(Q_R)}{dQ_R} = \int_{Q_R}^{\infty} f(x) \, dx \tag{11-53}$$

将式 (11-53) 代入对 Q_R 的偏导数，并令其等于零，得
缺货预约时

$$\int_{Q_R}^{\infty} f(x) \, dx = \frac{c_1 Q}{c_2 r} \tag{11-54}$$

缺货不供应时

$$\int_{Q_R}^{\infty} f(x)\,\mathrm{d}x = \frac{c_1 Q}{c_2 r} + c_1 Q \qquad (11-55)$$

式(11-54)和式(11-55)的右边称为临界值,左边是在 L 中需求超过 Q_R 的概率,当缺货的概率恰等于临界值时,所求的 Q_R 值为最佳.

但是,在 Q 和 Q_R 的计算公式中,仍然含有相互依赖的未知数,而不能一下解出最终结果,为此采用逐步逼近的迭代法求解.这种方法对于离散型随机问题和连续型随机问题的求解都是有效的.它的一般步骤如下.

(1)由于本节求得的 Q 的计算公式与确定性最佳批量公式相似,仅多一项 $c_2 B(Q_R)$,所以先设 $B(Q_R)=0$,把它当作确定型问题求解,求出初始值 $Q_1 = \sqrt{2rc_3/c_1}$;

(2)应用 Q_1,用临界值公式求 Q_R 的初始值 Q_{R1};

(3)应用 Q_{R1},求出 $B(Q_{R1}) = \int_{Q_{R1}}^{\infty}(x-Q_{R1})f(x)\,\mathrm{d}x$;

(4)将 Q_{R1} 代入 $Q = \sqrt{\dfrac{2r[c_3 + c_2 B(Q_R)]}{c_1}}$ 中求出 Q_2;

(5)应用 Q_2 按上述步骤求出 Q_{R2};

(6)如此迭代,直到 Q_i 和 Q_{Ri} 值不再发生变化,所得的最终值就是最佳再订购点 Q_R^* 和最佳订购量 Q^*.

一般来说,上述迭代过程会较快收敛.但是,在计算 $B(Q_R) = \int_{Q_R}^{\infty}(x-Q)f(x)\,\mathrm{d}x$ 时,$f(x)$ 为提前时间内需求密度函数.当 $f(x)$ 复杂时,将会给计算带来困难.在不易求出积分值的情况下可以通过表格计算.下面用例题进一步说明其计算方法.

例 11.13 有一工厂生产一种产品,其原料向外订购.设提前时间为 1/10 年,在此期间内的需求呈正态分布,其均值为 1000 kg,标准差为 250 kg.订购费 $c_3 = 100$ 元,存贮费每年每公斤 $c_1 = 0.15$ 元,考虑采用缺货预约的方式,$c_2 = 1.0$ 元,试求最佳订购点及最佳订购量.

解 根据 L 内的需求情况,可求得平均年需求量 $r = \mu/L = 1000 \times 10 = 10000$.

(1)设 $B(Q_R)=0$,求 Q_1

$$Q_1 = \sqrt{\frac{2rc_3}{c_1}} = \sqrt{\frac{2\times 10000 \times 100}{0.15}} = 3651.5$$

(2)用临界值公式求 Q_{R1}

$$\int_{(Q_R-1000)/250}^{\infty} f(x)\,\mathrm{d}x = \frac{Q_1 c_1}{c_2 r} = \frac{3651.5 \times 0.15}{1 \times 10000} \approx 0.055$$

上式的积分已化成标准正态形式,查正态表得

$$\frac{Q_{R1}-1000}{250} = 1.60$$

有 $$Q_{R1} = 1400$$

(3)应用 Q_{R1},求 $B(Q_{R1})$

$$B(Q_{R1}) = \int_{Q_{R1}}^{\infty}(x-Q_{R1})f(x)\,\mathrm{d}x$$

因是正态分布,可以证明(证明从略)

$$B(Q_R) = \sigma f\left(\frac{Q_R-\mu}{\sigma}\right) + (\mu-Q_R)G\left(\frac{Q_R-\mu}{\sigma}\right)$$

式中：$f(x)$——密度函数曲线的高度

$G(x)$——密度函数曲线右侧尾部之下的面积

由已知条件，可算出

$$B(Q_{R1}=1400) = \int_{Q_{R1}}^{\infty}(x-Q_{R1})f(x)\,\mathrm{d}x$$

$$= \sigma f\left(\frac{Q_R-\mu}{\sigma}\right) + (\mu-Q_{R1})G\left(\frac{Q_R-\mu}{\sigma}\right)$$

$$= 250 \times f(1.60) + (1000-1400)G(1.60)$$

查正态表，得

$$f(1.60) = 0.1109, \quad G(1.60) = 1 - 0.9452 = 0.0548$$

故

$$B(Q_{R1}=1400) = 250 \times 0.1109 + (1000-1400) \times 0.0548 \approx 5.81$$

（4）求 Q_2

$$Q_2 = \sqrt{\frac{2r\left[c_3+c_2 B(Q_{R1})\right]}{c_1}}$$

$$= \sqrt{\frac{2\times10000(100+1\times5.81)}{0.15}} \approx 3756.06$$

（5）通过新的临界比，求 Q_{R2}

$$\int_{Q_{R2}}^{\infty} f(x)\,\mathrm{d}x = \frac{c_1 Q_2}{c_2 r} = \frac{0.15\times3756.06}{1\times10000} = 0.0563$$

$$\frac{Q_{R2}-1000}{250} = 1.586, \quad Q_{R2} = 1396.5$$

（6）应用 Q_{R2} 求 $B(Q_{R2})$

$$B(Q_{R2}=1396.5) = 250f(1.586) - 397.5G(1.586)$$

$$= 250\times0.113 - 397.5\times0.056 = 5.99$$

（7）算出 Q_3

$$Q_3 = \sqrt{\frac{2\times10000(100+1\times5.99)}{0.15}} \approx 3759.3$$

计算结果汇总于表 11-6 中. 到此，可以认为迭代完毕，得最佳订购点为 1396.5 kg，最佳订购量为 3759.3 kg.

表 11-6

迭代顺号	Q	临界值	Q_R	$B(Q_R)$
1	3651.5	0.055	1400	5.81
2	3756.1	0.0563	1396.5	5.99
3	3759.3	0.0563	1396.5	5.99

例 11.14 设一次货物的订购费 $c_3 = 20$ 元, 每周存贮费 $c_1 = 1$ 元, 每件缺货费 $c_2 = 5$ 元, 提前时间为 1 周. 已知周内需求为离散型随机变量, 其需求概率为如表 11-7 所示. 求最佳订购点和最佳订购量.

表 11-7

r	10	11	12	13	14
$P(r)$	0.30	0.25	0.20	0.15	0.10

解 L 是固定的. 需求是离散型的随机变量, 每周平均需求量为

$$\sum_{r=0}^{14} rP(r) = 10 \times 0.30 + 11 \times 0.25 + 12 \times 0.20$$
$$+ 13 \times 0.15 + 14 \times 0.10 = 11.5$$

(1) 求 Q_1

$$Q_1 = \sqrt{2rc_3/c_1} = \sqrt{\frac{2 \times 11.5 \times 20}{1}} \approx 21.45$$

(2) 求 $\sum_{r > Q_R} P(r) = M$, 再确定 Q_{R1}

$$\sum_{r > Q_R} P(r) = \frac{c_1 Q_1}{c_2 r} = \frac{1 \times 21.45}{5 \times 11.5} \approx 0.373$$

因 $P(13) + P(14) = 0.15 + 0.10 = 0.25 < 0.373$

而 $P(12) + P(13) + P(14) = 0.45 > 0.373$

得 $Q_{R1} = 12$

(3) 求 $B(Q_{R1})$

$$B(Q_{R1}) = \sum_{r=12}^{14} (r - 12)P(r)$$
$$= (12 - 12) \times 0.20 + (13 - 12) \times 0.15$$
$$+ (14 - 12) \times 0.10 = 0.35$$

(4) 应用 $B(Q_{R1})$, 求 Q_2

$$Q_2 = \sqrt{\frac{2r[c_3 + c_2 B(Q_{R1})]}{c_1}}$$
$$= \sqrt{\frac{2 \times 11.5(20 + 5 \times 0.35)}{1}} \approx 22.37$$

(5) 应用 Q_2, 求出

$$\sum_{r > Q_{R1}} P(r) = \frac{c_1 Q_2}{c_2 r} = \frac{1 \times 22.37}{5 \times 11.5} \approx 0.39$$

因

$$\sum_{r=13}^{14} P(r) < \sum_{r > Q_{R2}} P(r) < \sum_{r=12}^{14} P(r)$$

则 $Q_{R2} = 12$

计算结束, 得 $Q_R^* = 12$, $Q^* = 22.37 \approx 23$

对于提前期 L 为随机变量的再订购点批量模型, 由于推导过程和计算方法都比较复杂, 在此不作介绍.

模型六 定期检查的随机模型

这种模型是在计划期内按一定时间对库存量进行定期检查,然后根据检查的情况确定存贮水平和订购量.

定期检查模型与连续检查模型一样,有不同的形式,一般可归纳为两类:其一是不考虑订购点的情况.检查时,只要在检查间隔时间内有需求,就提出订购.订购量为最大存贮水平与检查时库存量之差,即把库存提高到最大的存贮水平.其二是考虑订购点的情况,每隔一定的时间检查库存量,当它低于订购点时,则提出订货,订购量为最大存贮水平与当时库存量之差;当它高于定购点时,则不订货.

下面介绍第一类存贮问题,即进行各种费用的权衡后求出最佳的存贮水平和检查间隔时间.据此,可以依据检查时的库存量确定最佳订购量.

设提前时间 L 是固定的. L 内需求分布的密度函数为 $f(r_L)$,最大存贮水平为 S,两次检查间隔时间为 t_r,并定义 $E(r)$ 为计划期内的期望需求量, $E(r_L)$ 为 L 内的期望需求量,其他费用参数同前.

首先建立费用方程.

(1)订购费用.为使计算简单,设计划期为单位时间,如年、月等,则检查周期数为 $1/t_r$.如把检查费用和订购费用之和用 c_3 表示,得计划期内的订购费用为 c_3/t_r.

(2)存贮费用.先确定计划期内的平均存贮量,如图 11-14 所示.

某单位提出订货,经过时间 L 后收到订货.在 L 结束的时刻,初始库存量为 $[S-E(r_L)]$.计划期内的期望需求量为 $E(r)$,则在 t_r 内期望需求量为 $E(r)\cdot t_r$,故在 t_r 时段内最末库存量为 $[S-E(r_L)-E(r)\cdot t_r]$.取以上两种库存量的平均值为计划期内的平均库存量,该计划期内的存贮费的期望值为

$$C(S)=\frac{c_1}{2}[S-E(r_L)+S-E(r_L)-E(r)\cdot t_r]$$

$$=c_1[S-E(r_L)-\frac{1}{2}E(r)\cdot t_r]$$

(3)缺货费用.图 11-14 右边的图形表示有缺货的情况.在周期性检查时, t_r 内可能会因为需求大于存贮而产生缺货, L 内也可能因为不能立即补充继续脱销,因此要考虑时段 t_r+L 内的缺货情况.在 t_r+L 内,若需求 $R<S$ 时,不会缺货;若 $R>S$ 时,则会出现缺货,定义 $f(R/(t_r+L))$ 为 t_r+L 内需求量的密度函数,则周期内的期望缺货数为

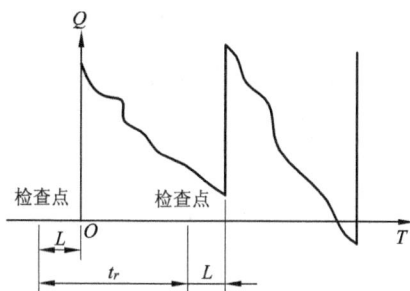

图 11-14

$$E(B)=\int_S^\infty(R-S)f(R/(t_r+L))\mathrm{d}R$$

而相应的计划期内的期望缺货费为

$$C(B)=\frac{c_2}{t_r}\cdot E(B)$$

将上述 3 种费用相加,便可得到计划期内的总费用

$$E(c)=\frac{c_3}{t_r}+c_1[S-E(r_L)-\frac{1}{2}E(r)\cdot t_r]+\frac{c_2}{t_r}\int_S^\infty(R-S)f(R/(t_r+L))\mathrm{d}R$$

为求出使 $E(c)$ 达到最小的 t_r 和 S, 可按上述各节的方法, 用 $E(c)$ 分别对 t_r 和 S 求偏导数并令其等于零. 但一般来说, t_r 往往可以根据问题的背景而确定. 当 t_r 为常量时, 只需使

$$\frac{\mathrm{d}E(c)}{\mathrm{d}S} = c_1 - \frac{c_2}{t_r} \int_S^\infty f(R/(t_r+L)) \mathrm{d}R = 0$$

解出

$$\int_S^\infty f(R/(t_r+L)) \mathrm{d}R = \frac{c_1 t_r}{c_2}$$

或

$$\int_{-\infty}^S f(R/(t_r+L)) \mathrm{d}R = 1 - \frac{c_1 t_r}{c_2}$$

在 t_r 未知的情况下, 可利用设定的若干个 t_r 值代入上式, 从而求出对应的 S 值, 然后分别计算每组的 t_r 和 S 的期望费用, 使计划期内的费用达到最小的 t_r 和 S 即为最佳检查间隔时间和最佳存贮量水平.

以下举例说明 t_r 未知情况下的计算过程.

例 11.15 有一种货物的订购 $c_3 = 30$ 元/次, 每件每周存贮费 $c_1 = 1$ 元, 每件缺货费 $c_2 = 5$ 元, 每次检查费 $E = 10$ 元. 提前时间固定为 1 周. 又知 7 周内需求量为正态分布, 平均值 $2t$, $\sigma^2 = 1t$. L 内需求亦为正态分布, 平均值 $E(r_L) = 12$. 试求最佳检查间隔时间和最佳存贮水平.

解 t_r 为未知, 采用试算法求解($L = 1$).

当 $t_r = 1$(周)时, t_r 内需求量的期望值 $\mu = 12$, $\sigma^2 = 1$, 所以考虑 2 周的需求量, 有

$$\int_{-\infty}^\infty f(R/(t_r+L)) \mathrm{d}R = 1 - \frac{c_1 t_1}{c_2} = 1 - 0.2 = 0.8$$

由于需求为正态分布, 即有

$$1 - G\left(\frac{S-\mu}{\sigma}\right) = 0.8$$

或

$$G\left(\frac{S-24}{1.414}\right) = 0.2$$

式中, $t = t_r + L = 1 + 1 = 2$, 故在 t 内需求的 $\mu = 24$, $\sigma^2 = 2$, $\sigma = 1.414$

查正态分布表, 得 $G(0.84) = 0.2$, 又

$$\frac{S-24}{1.414} = 0.84$$

得

$$S \approx 25.19$$

计算周期内缺货数的期望值, 根据本节 L 为固定值的公式, 有

$$\int_{25.19}^\infty (R - 25.19) f(R/Z) \mathrm{d}R = \sigma f\left(\frac{S-\mu}{\sigma}\right) + (\mu - S)\left(\frac{S-\mu}{\sigma}\right)$$

$$= 1.414 \times f(0.84) + (24 - 25.19) G(0.84)$$

$$= 1.414 \times 0.2803 + (-1.19) \times 0.2 \approx 0.1583$$

计算总费用

$$E(c) = \frac{\Delta}{t_r} + c_1 \left[(S - E(r_L) - \frac{1}{2}E(r) \cdot t_r \right] + \frac{c_2}{t_r}\int_S^\infty f(R/(t_r + L))\,\mathrm{d}R$$

$$= \frac{40}{1} + 1 \times \left(25.19 - 12 - \frac{1}{2} \times 12 \times 1\right) + \frac{5}{1} \times 0.1583$$

$$= 40 + 7.19 + 0.7915 \approx 47.98(元)$$

依上法可算出 $t_r = 2.0$, $t_r = 2.2\cdots$ 时的 S 值和相应总费用. 部分 t_r 值的计算结果列于表 11-8.

表 11-8

t_r	μ	σ	S	Z	$f(Z)$	$G(Z)$	订购费/元	存贮费/元	缺货费/元	总费用/元
1.0	24.0	1.414	25.190	0.840	0.2803	0.20	40.00	7.19	0.79	47.98
2.0	36.0	1.732	36.440	0.255	0.3862	0.40	15.00	12.44	1.23	28.67
2.2	38.4	1.789	38.668	0.150	0.3945	0.44	13.64	13.47	1.34	28.45
2.3*	39.6	1.817	39.782*	0.100	0.3970	0.46	13.04	13.98	1.39	28.41*
2.4	40.8	1.844	40.892	0.050	0.3984	0.48	12.50	14.44	1.44	28.43
3.0	48.0	2.000	47.490	0.255	0.3862	0.60	10.00	17.49	1.80	29.29

计算结果表明: $t_r = 2.3$ 周时, $S = 39.782$, 相应总费用期望值为 28.41 元(为最小), 故最佳检查间隔时间为 2.3 周, 最佳存贮量为 39.782.

本章介绍的确定型和随机型存贮问题中的基本模型, 是在一定的假设条件下进行探讨的, 而实际的存贮问题往往还要复杂得多. 因此, 在应用存贮模型时, 要根据问题的实际背景加以修正. 对于一些特殊的或者比较复杂的存贮问题, 求解时应用运筹学的其他分支, 如线性规划、动态规划、排队论或模拟方法, 可能更为方便和有效. 读者可以作进一步的研究和探讨, 在此不作赘述. 国内外的实践经验证明, 存贮论的应用是有广阔前途的, 它的发展潜力很大, 将会给企业提高经济效益、改善经营管理, 提供一些有效的方法.

【本章导学】

1. 学习要点提示

(1) 相关概念: 存贮系统、需求(输出)、补充(输入)、存贮策略和费用分析.

(2) 确定型存贮问题: E.O.Q 模型特点及求解思路、以 E.O.Q 模型为基础衍生出的确定型存贮系列模型、各模型需要考虑的费用和需要计算的量.

(3) 随机存贮问题: 单周期(报童问题)和多周期随机存贮问题, 需求是离散或连续随机变量; 求解方法.

2. 学习思路与方法建议

本章学习的重点应放在需求确定型存贮问题和单周期随机存贮问题的分析与求解上, 注重 E.O.Q 模型所需的输入数据与输出结果, 理解各公式的推导过程, 而不是硬背公式. 注重最基本模型 E.O.Q 的背景介绍和分析, 理解实践中的情况与理论模型间的差距、处理方法和思路, 思考假设条件变化后的模型与推算结果变化的内在规律. 在此基础上, 进一步分析随机问题, 建议大家注意本章内容的逻辑推演进程: 从确定型问题到随机型问题, 而且模型在形式上与前面很多章中讨论的模型不同, 仅关注存贮系统直接相关的因素(费用), 从这一点上注意拓展对运筹学模型的深入理解, 学会用运筹学的思维如何解决从实际问题抽象出理论问题、再从理论问题又逐步回归实际问题的方法.

【思考与讨论】

(1)确定型与随机型存贮模型如何判断?

(2)确定型存贮模型中列出了很多假设, 你认为通过模型优化的决策对于实际存贮问题还有支持意义吗? 为什么?

(3)在确定型存贮问题中, 当缺货成本增加1%时, 总成本是不是也增加1%? 为什么?

(4)有人说"库存是万恶之源", 请联系实际谈谈研究存贮论对改进企业经营管理的意义.

【习题】

11.1 某工厂对某种零件的需要量为10000件/年, 单价为100元/件. 每组织一次订货需2000元, 每件每年的存贮费用为外购件价值的20%, 求最优订购批量及年总费用.

11.2 某厂对某种材料的全年需要量为1040 t, 其单价为1200元/t. 每次采购该种材料的订购费为2040元, 每年保管费为170元/t. 试求工厂对该材料的最优订购批量及每年订货次数.

11.3 某货物每周的需要量为2000件, 每次订货的固定费用为15元, 每件产品每周保管费为0.30元, 求最优订货批量及订货时间.

11.4 某电器零售商店预期年电器销售量为350件, 且在全年(按300天计)内基本均衡. 若该商店组织一次进货需订购费50元, 存贮费为每年每件13.75元, 当供应短缺时, 每短缺一件的机会损失为25元. 已知订货提前期为零, 求经济订货批量和最大允许的缺货量.

11.5 某生产线如果全部用于某种型号产品生产时, 其年生产能力为60万台. 据预测, 对该型号产品的年需求量为26万台, 并在全年内需求基本保持平衡, 因此该生产线将用于多品种的轮番生产. 已知在生产线上更换一种产品时, 需准备结束费1350元, 该产品每台成本为45元, 年存贮费为产品成本的24%, 不允许发生供应短缺, 求使费用最小的该产品的生产批量.

11.6 某生产线单独生产一种产品时的能力为8000件/年, 但对该产品的需求仅为2000件/年, 故在生产线上组织多品种轮番生产. 已知该产品的存贮费为60元/(年·件), 不允许缺货, 更换生产品种时, 需准备结束费300元. 目前该生产线上每季度安排生产该产品500件, 问这样安排是否经济合理? 如不合理, 提出你的建议, 并计算你建议实施后可能带来的节约.

11.7 某电子设备对一种元件的需求为$R = 200$件/年, 提前订货期为零, 每次订货费为25元. 该元件每件成本为50元, 年存贮费为成本的20%. 如发生缺货, 可在下批货到达时补

上，但缺货损失费为每件每年30元. 求

（1）经济订购批量及全年的总费用.

（2）如不允许发生缺货，重新求经济订货批量，并同（1）的结果进行比较.

11.8 某出租车公司拥有2500辆出租车，均由一个统一的维修厂进行维修. 维修中某个部件的月需量为8套，每套价格8500元. 已知每提出一次订货需订货费1200元，年存贮费为每套价格的30%，订货提前期为2周. 又每台出租车如因该部件损坏后不能及时更换，每停止出车一周，损失为400元. 试决定该公司维修厂订购该种部件的最优策略.

11.9 某加工制作羽绒服的某厂预测下年度的销售量为15000件，准备在全年的300个工作日内均衡组织生产. 假如为加工制作一件羽绒服所需的各种原材料成本为48元，又制作一件羽绒服所需材料的年存贮费为其成本的22%，提出一次订货所需费用为250元，订货提前期为零，则

（1）求经济订货批量.

（2）若工厂一次订购三个月加工所需的原材料时，原材料价格上可给预见8%的折扣优惠（存贮费也相应减少），试问该厂能否接受此优惠条件？

11.10 某单位每年需零件5000件，无订货提前期. 设该零件的单价为5元/件，年存贮费为单价的20%，不允许缺货. 每次的采购费为49元，一次购买1000~2499件时，给予3%折扣，购买2500件以上时，给予5%折扣. 试确定一个使采购加存贮费之和为最小的采购批量.

11.11 某仓库最大容积为1400 m^3，现准备存贮甲、乙、丙三种物品，已知有关数据如表11-9所示. 表中w_i为每件物品占用的仓库容量（m^3）. 试求每种物品最优的订购批量.

表11-9

物 品	订购费/元	订购量/件	存贮费/元	w_i/m^3
甲	50	1000	0.4	2
乙	75	500	2.0	8
丙	100	2000	1.0	5

11.12 某水果店以1.2元/kg的价格购进每筐重100 kg的香蕉. 第一天以2元/kg的价格出售，当天销售余下的香蕉再以平均0.8元/kg的处理价出售. 需求情况如表11-10所示.

表11-10

需求量/筐	1	2	3	4	5	6	7
概率	0.10	0.15	0.25	0.25	0.15	0.05	0.05

为获取最大利润，该店每天应购进多少筐香蕉？

11.13 某产品的需求量服从正态分布，已知$\mu = 150$，$\sigma = 25$. 又知每个产品的进价为8元，售价为15元，如销售不完按每个5元退回原单位. 问该产品的订货量应为多少个，才能使预期的利润为最大？

11. 14 已知某产品需求量 x 的分布密度函数 $\varphi(x) = 2 - 0.2x$；又知出售单位产品获利 95 元，积压单位产品赔 15 元. 试求最佳存贮量.

习题答案

第 12 章 排队论

排队论(queuing theory)是研究排队系统(也称随机服务系统)的理论和方法,是运筹学的一个重要分支.排队论最初是丹麦数学家 A·K·爱尔朗(A. K. Erlang)在利用数学方法研究电话作业时,所提出的一套关于随机过程的理论,后来逐步发展成为一门学科.排队论主要是研究解决各种排队服务系统中的拥挤现象,具体的例子包括通讯系统、交通运输系统、生产系统、计算机系统等.在这些领域里排队论和最优化的方法相结合可以成为一种强有力的管理工具.

12.1 概 述

12.1.1 排队现象和研究目的

排队是我们所熟悉的现象,特别是在现代文明社会中,如去医院看病,去售票处购票,在公交车站等车,在超市收银处交款等等.这些看得见摸得着的排队我们称为"有形排队".另外,还有一些看不见摸不着的排队,称为"无形排队".例如,在同一时间内,可能有几个人都想接通某台电话机,那么这些拨打电话的人就各自在自己的电话机旁排起了队.以上这些现象中,排队的都是人,但物也可以排队.例如等待修理

视频12-1

的机器、等待装卸货物的车辆等.为叙述方便,凡是到购票处购票的旅客,到医院看病的病人,请求修理的机器等,都称之为"**顾客**".而凡是为"顾客"服务的设备或人员,例如售票员、医生、修理工、理发师等,统称为"**服务员**".顾客和服务员组成**排队服务系统**.

排队现象是我们不希望出现的现象.因为人的排队,意味着至少是时间的浪费;物的排队,则意味着物资的积压.但是现实生活中,排队现象却是无法完全消除的.排队现象产生的原因是由于顾客到达间隔时间的随机性和(或)服务间隔时间的随机性引起的.

对于顾客来说,总是希望少排队或不排队,也就是希望服务机构有足够多的服务员,使得进入服务系统后能尽快得到服务.而服务机构本身,则希望充分发挥服务员的工作效率,尽量减少服务员的空闲时间,因此就不希望配备太多的服务员.这是相互矛盾的两个方面,研究解决这一矛盾的方法就是排队论的方法.换句话说,排队论就是用定量分析方法研究顾客和服务员之间**合理关系**的一门学科.

何谓合理关系？一般而言，为减少顾客在服务系统中的停留时间(从而减少停留费用)，就必须增加服务员数目，或采取一些其他措施来提高服务强度.但这必将增加服务机构的成本.我们研究的合理关系就是把这两个方面看作一个整体，寻求使两者费用之和达到最小的最优服务强度.如图 12-1 所示，顾客停留费用是服务强度的减函数，服务费用是服务强度的增函数，一般是非线性函数.使总费用最小的服务强度就是最优服务强度，如果按照此最优服务强度来设计服务系统，整体效益将是最好的.

单位时间内排队服务系统总费用的期望值可按下式计算

$$C(\mu) = c_1\mu + c_2 L_系$$

其中，μ 表示服务强度；

c_1 表示单位时间内服务强度 μ 提高一个单位的费用；

c_2 表示每个顾客在系统中停留单位时间的费用；

$L_系$ 表示系统中顾客的平均数，是排队服务系统中一个重要的系统运行指标.

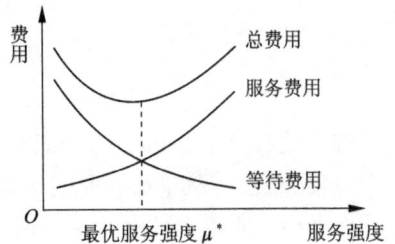

图 12-1

可见，问题就转化为确定与服务强度有关的服务费用和顾客停留费用.相对而言，服务费用较为容易确定，因为增加一个服务员，或采取一项加强服务强度的措施，所需要的费用基本上是固定的.而顾客停留费用的确定要复杂一些，因为 $L_系$ 的计算涉及顾客到达强度 λ、服务员服务强度 μ，以及排队服务系统的有关特征等，必须分别建立不同的数学模型来计算.因此，为了进行相关的费用分析，首先必须根据实际问题的不同，分别建立各种排队模型，计算相应的系统运行指标.

12.1.2　排队服务系统的特征与分类

现实生活中有各种各样的排队服务系统，为了对其进行研究，有必要根据系统的几个主要特征进行分类.

(1)服务系统分类

● **损失制系统**.当顾客到达服务系统时，如果服务员都忙着，则顾客立即离去，另求服务.对于服务系统来说，顾客的离去是一种损失，故称为损失制系统.本系统的基本特征是没有顾客排队.

● **等待制系统**.当顾客到达服务系统时，若服务员都在为先到达的顾客服务，则参加排队，等待服务，一直到服务员为其服务为止.这种系统的基本特征是顾客无限排队.

● **混合制系统**.在现实生活中，很多服务系统介于损失制和等待制之间，即当顾客到达服务系统时，若服务员都在忙着且有空余的排队位置，该顾客就排队等待；如果排队位置都已占满，则立即离去.这种系统的特点是排队长度有限.

混合制的另一种情形是，当顾客到达服务系统时，若服务员都在忙着，则参加排队，等待服务.当顾客等了一段时间后，还轮不到为他服务，就离开排队的队列，另求服务.这种系统的特点是排队时间有限.这种系统中的顾客可称为没有耐心的顾客.例如药品、胶卷等的过期失效就属于这种类型.

（2）服务规则

在等待制和混合制系统中，都有顾客排队，因此就存在服务规则问题. 常见的服务规则有

● **先到先服务**（first come, first served, FCFS）. 按顾客到达的先后顺序给予服务, 这是最普遍的情形.

● **随机服务**（served in random order, SIRO）. 服务员从排队等待的顾客中, 任取一个进行服务.

● **优先服务**（priority, PR）. 对具有优先权的顾客先服务. 例如, 在我国铁路客运服务中, 带有婴儿的旅客可以到母婴候车室候车, 并比普通旅客优先进站上车.

（3）输入过程（顾客到达）特征

顾客到达排队服务系统的特征是多种多样的, 也就是说系统的输入过程是多种多样的. 这种多样性主要表现在顾客的到达是独立的还是与某个因素有关; 顾客是单个到达还是成批到达; 顾客是来自有限的总体还是来自无限的总体; 最重要的是顾客的到达间隔时间是随机的, 但总会服从某种概率分布. 因此, 顾客到达间隔时间的概率分布是输入过程的基本特征. 实际的输入过程不同, 服从的概率分布也不同. 排队论中常涉及的顾客到达间隔时间的概率分布有: 指数分布（也称负指数分布）, 记为 M; k 阶爱尔朗分布, 记为 E_k.

（4）服务机构特征

服务机构特征包括服务员特征和服务时间特征. 服务员特征主要包括: ①服务员数目, 是一个还是多个; ②在有多个服务员的时候, 是串联还是并联为顾客服务, 见图 12-2 至图 12-4; ③对顾客是逐个进行服务还是成批服务, 见图 12-5 和图 12-6.

图 12-2 多个服务员串联服务的排队系统

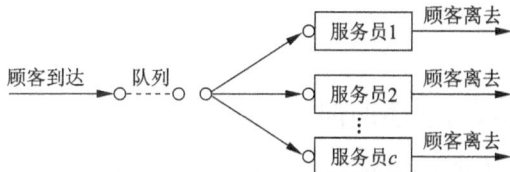

图 12-3 多个服务员并联服务, 一个队列的排队系统

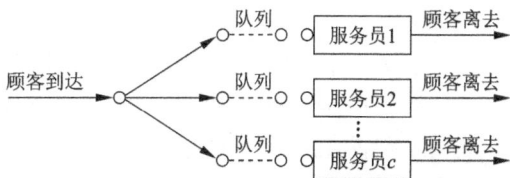

图 12-4 多个服务员并联服务, 多个队列的排队系统

图 12-5　对顾客逐个进行服务的排队系统

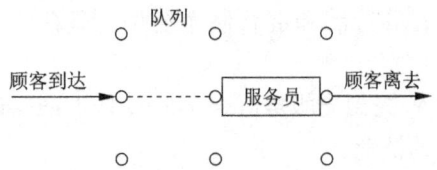

图 12-6　对顾客成批进行服务的排队系统

服务时间特征主要是指服务间隔时间服从何种概率分布.对每个顾客的服务时间有长有短,是一个随机变量,但也会服从某种概率分布.同样地,也可用概率分布来描述服务间隔时间.排队论中常涉及的服务间隔时间的概率分布有:定长分布(D)、指数分布(M)、k阶爱尔朗分布(E_k)和一般分布(G)等.

12.1.3　排队模型的符号表示

排队服务系统的上述特征可以有很多种组合,从而形成不同的排队模型.因此需要有一个排队模型的符号表示法来简明地表示出模型的主要特征.较为常用的表示形式是$(A/B/C)$:$(d/e/f)$.其中,A表示到达间隔时间的概率分布;B表示服务间隔时间的概率分布;C表示并联工作的服务员数目(服务通道数);d表示排队系统的容量,即排队系统有多少可供排队的位置;e表示顾客来源总体;f表示服务规则.

例如,$(M/M/1)$:$(\infty/\infty/FCFS)$排队模型的特征是:到达间隔时间和服务间隔时间服从指数分布,一个服务员,系统能容纳无限多个顾客,顾客来源总体数也是无限多,服务规则为先到先服务.有时为了简便,如果$(d/e/f)$为$(\infty/\infty/FCFS)$形式,则省去后三项或后两项.例如上述模型可以写为$(M/M/1)$模型或$(M/M/1/\infty)$模型.

12.2　排队论基础

12.2.1　顾客到达流与服务时间分布

求解排队问题,首先需要确定顾客到达流和服务时间流的分布率.正如前面所述,排队论中常涉及的概率分布主要有指数分布、k阶爱尔朗分布、一般分布等.在本节中,我们重点介绍指数分布.

（1）事件流

同类事件在随机的时刻,一个接一个地发生的序列叫做事件流.例如,电话局的呼唤流、商店的顾客到达流、列车到站流等.这些事件流可以看作"点"在时间轴上的分布,见图 12-7.

对于事件流,有以下几个特征.

- **流的强度(λ).** 指单位时间内事件发生的平均数.对于排队服务系统的输入过程,就是单位时间内顾客到达的平均数;而对于服务过程,就是单位时间内服务顾客的平均数.

视频12-2

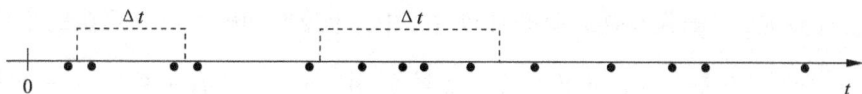

图 12-7

- **正则流**. 事件发生的间隔时间是相等的、固定的事件流.
- **平稳流**. 事件发生的概率特征与时间无关的流. 或者说事件发生的概率只与 Δt 的长度有关, 而与 Δt 在时间轴上的位置无关, 即发生一个事件的概率近似为 $\lambda \Delta t$, 见图 12-7.
- **无后效性的流**. 每个事件发生的时刻互不相关. 例如, 顾客到商店购物, 一般来说是无后效性的, 因为顾客们事先没有约好在哪个时刻到商店.
- **普通性的流**. 在充分小的时间间隔中, 最多有一个事件发生. 流的普通性表示事件是 "逐个" 发生的.

(2) 泊松流

同时具有平稳性、无后效性和普通性的事件流称为泊松流 (Poisson 流, 也称最简单流). 泊松流在排队论中具有重要作用.

泊松流的概率分布, 即在时间 t 内到达 m 个顾客的概率

$$P_m(t) = \frac{(\lambda t)^m}{m!} e^{-\lambda t}$$

数学期望为 $M(m) = \lambda t$. 若取单位时间, 即 $t = 1$, 则 $M(m) = \lambda$. 可见泊松流主要描述 "在给定时间内, 系统到达顾客数这一特征".

泊松流还有一个很有用的性质, 就是它的可加性. 如果有两个泊松流, 平均到达强度分别为 λ_1 和 λ_2, 两个过程相互独立, 则两个流相加后仍为一泊松流, 其平均到达强度为 $\lambda_1 + \lambda_2$.

(3) 指数分布

泊松流的另一重要特征是 "相邻两顾客到达的间隔时间 T".

- **间隔时间 T 的概率分布**. 由于系统内到达的顾客数是随机的, 那么间隔时间 T 也是随机的. 间隔时间 T 大于等于时间 t 的概率 (在 t 时间内没有顾客到达的概率)

$$P_0(t) = P(T \geq t)$$

间隔时间 T 小于时间 t 的概率 (在 t 时间内有顾客到达的概率)

$$F(t) = P(T < t) = 1 - P(T \geq t) = 1 - P_0(t)$$

根据概率分布

$$P_m(t) = \frac{(\lambda t)^m}{m!} e^{-\lambda t}$$

当 $m = 0$ 时, $P_0(t) = e^{-\lambda t}$. 所以间隔时间 T 的概率分布函数可表示为如下的指数函数

$$F(t) = 1 - e^{-\lambda t}$$

由此可见, 如果到达的顾客流是泊松流, 则相邻两个顾客的到达间隔时间 T 服从指数分布.

- **间隔时间 T 的数学期望**. 即平均到达间隔时间为

$$M(t) = \frac{1}{\lambda}$$

上面以输入过程为背景讨论了泊松流和指数分布. 这些讨论对于输出过程(服务过程)也是有意义的. 也就是说, 假设在连续服务时间过程中, 单位时间顾客离开系统的平均数为 μ, 若这个输出过程服从参数为 μ 的泊松分布, 则服务间隔时间必然服从参数为 $\frac{1}{\mu}$ 的指数分布 ($\frac{1}{\mu}$ 为数学期望).

在后面的讨论中, 对于一个输入流和输出流都是泊松流(或者说到达间隔时间和服务间隔时间都服从指数分布)的服务系统, 将习惯地描述为到达流服从泊松分布, 服务间隔时间服从指数分布.

12.2.2 马尔可夫随机过程

马尔可夫随机过程在排队论中有着重要的作用, 有必要对其作一些简单的介绍.

马尔可夫是俄国数学家, 在 20 世纪初, 他在经过多次试验后发现, 系统状态在转移过程中, 在某些因素作用下, 第 n 次试验结果的概率规律常取决于第 $(n-1)$ 次试验的结果, 而与更早的结果无关. 他首先对这种现象作了系统的研究. 后来, 学术界就把这种过程称为**马尔可夫过程**.

视频12-3

在自然界中, 事物变化的过程可以分为确定性和随机性两大类. 所谓确定性就是事物变化的过程具有确定的形式, 即实物系统的状态随着时间而变化的转移规律是可以料到的. 若系统状态变化的规律, 事先不能确切知道, 即系统状态的变化是随机的, 则称为**随机过程**.

马尔可夫随机过程的核心是描述系统的状态和状态的转移. 当描述系统状态的变量中, 由一个特定的值转移到另一个值, 就称系统的状态实现了转移. 例如, 车站候车室里有 100 个旅客是一个状态, 经过任意时间后, 候车室里有 101 个旅客, 又是一个状态, 这就是一个状态转移.

定义 12.1　在任意时刻 t_0, 系统的状态处于 S_0, 若系统过程"未来"状态的概率特征, 只取决于 t_0 时刻的状态, 而与更早的系统状态无关, 这样的随机过程称为马尔可夫随机过程.

简单地说, 马尔可夫随机过程是"未来"取决于"现在", "过去"对"未来"的影响只能通过现在来体现.

马尔可夫随机过程的主要概念是状态和状态转移. 状态既有用离散的变量描述的, 也有用连续的变量描述的. 如定义状态表示车站候车室的旅客人数, 就可用一个离散的变量来描述. 而状态的转移有在离散时刻实现的, 也有在连续时刻实现的. 因此, 马尔可夫随机过程就有以下几种主要类型.

离散状态离散时间转移; 离散状态连续时间转移; 连续状态离散时间转移; 连续状态连续时间转移.

其中, 离散状态和连续时间的马尔可夫随机过程在排队论中有重要作用.

例如, 由两台机床组成的机械系统, 它的可能状态为: S_0——两台机床都正常工作; S_1——第一台机床发生故障, 第二台机床正常工作; S_2——第二台机床发生故障, 第一台机床正常工作; S_3——两台机床都发生故障. 可见状态是离散的, 而每台机床都可能在任意时刻发生故障, 一旦发生故障, 需进行维修, 每次需要的修理时间也是随机的, 修复的时间可以在任意时刻发生, 即状态的转移过程是连续的. 系统的状态图见图 12-8. 图中 S_0 状态不能转

到 S_3 状态是因为两台机床同时发生故障的概率趋向于零,可以忽略不计.

一个排队服务系统,如果它的输入流和输出流都是泊松流,或者说到达间隔时间和服务间隔时间都服从指数分布,就称这个服务系统的过程是马尔可夫过程. 这是因为泊松分布和指数分布都满足马尔可夫随机过程的性质. 若到达和服务两者中有一个不满足泊松分布和指数分布,就说该系统是非马尔可夫的. 马尔可夫过程的排队模型比非马尔可夫过程的要简单,我们将在后面作重点介绍. 关于马尔可夫链的收敛性,感兴趣的读者可参阅案例 12-1 侯氏定理的相关资料。

案例12-1

12.2.3 哥尔莫可尔夫方程

本小节将把事件流以及离散状态和连续时间的马尔可夫随机过程结合起来讨论,以推导出哥尔莫可尔夫方程.

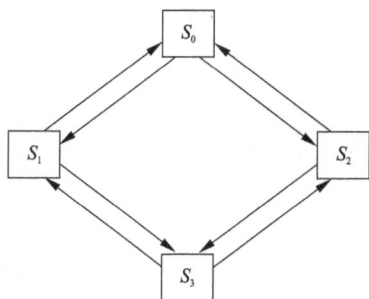

图 12-8

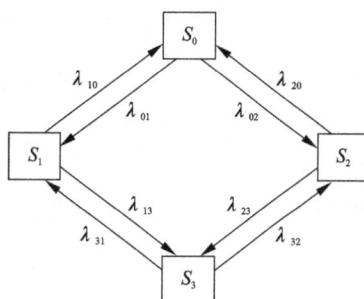

图 12-9

系统中所有状态的转移是在某个流的作用下进行的. 例如前面提到的机械系统的例子中,是什么流把系统的状态由 S_0 转到 S_1 呢? 显然,这是第一台机床的故障流,假设它的强度为 λ_{01}. 又是什么流把系统状态由 S_1 转到 S_0 呢? 这是第一台机床的还原流(修复流),假设它的强度为 λ_{10},其余类推,参见图 12-9.

在某个时刻 t,系统处于哪个状态呢? 由于状态的转移是随机的,因此系统处于哪一个状态都有可能,即都有一定的概率.

设用 $P_0(t)$ 表示 t 时刻系统处于状态 S_0 的概率,$P_1(t)$ 表示 t 时刻系统处于状态 S_1 的概率,等等. 当然,在任何时刻状态概率之和等于 1,即

$$\sum_{i=0}^{3} P_i(t) = P_0(t) + P_1(t) + P_2(t) + P_3(t) = 1$$

在时刻 t,系统处于状态 S_0 的概率为 $P_0(t)$. 现在给 t 某些增量 Δt,再求 $P_0(t+\Delta t)$,即在 $(t+\Delta t)$ 时刻,系统仍处于状态 S_0 的概率. 怎样实现呢? 有三种可能情况.

(1)在时刻 t,系统已经处于状态 S_0,而在 Δt 时间内,没有改变这种状态,既没有转移到状态 S_1,也没有转移到状态 S_2. 假设使状态 S_0 转到状态 S_1 和 S_2 的事件流都是泊松流,其强度分别为 λ_{01} 和 λ_{02},根据泊松流的可加性,则改变状态 S_0 的综合流是以 $(\lambda_{01}+\lambda_{02})$ 为强度的一个泊松流. 所以在 Δt 时间内,系统从状态 S_0 转移走的概率为

$$(\lambda_{01} + \lambda_{02})\Delta t$$

而没有转移走的概率为

$$[1 - (\lambda_{01} + \lambda_{02})\Delta t]$$

则此情形(在 t 时刻处于 S_0, 而 $(t + \Delta t)$ 仍处于 S_0)的概率为

$$P_0(t)[1 - (\lambda_{01} + \lambda_{02})\Delta t]$$

(2)在时刻 t, 系统处于状态 S_1, 而在 Δt 时间内, 系统由 S_1 转移到 S_0, 其概率为

$$P_1(t)\lambda_{10}\Delta t$$

(3)在时刻 t, 系统处于状态 S_2, 而在 Δt 时间内, 系统由 S_2 转移到 S_0, 其概率为

$$P_2(t)\lambda_{20}\Delta t$$

根据概率加法定理, 这三个概率相加就得到 $(t + \Delta t)$ 时刻系统处于 S_0 状态的概率

$$P_0(t + \Delta t) = P_0(t)[1 - (\lambda_{01} + \lambda_{02})\Delta t] + P_1(t)\lambda_{10}\Delta t + P_2(t)\lambda_{20}\Delta t$$

在等号两边都除以 Δt, 整理得

$$\frac{P_0(t + \Delta t) - P_0(t)}{\Delta t} = \lambda_{10}P_1(t) + \lambda_{20}P_2(t) - (\lambda_{01} + \lambda_{02})P_0(t)$$

令 $\Delta t \to 0$, 则等号左边成为 $P_0(t)$ 的导数, 即

$$\frac{\mathrm{d}P_0(t)}{\mathrm{d}t} = \lambda_{10}P_1(t) + \lambda_{20}P_2(t) - (\lambda_{01} + \lambda_{02})P_0(t) \tag{12-1}$$

同理, 可以建立其余状态的微分方程

$$\frac{\mathrm{d}P_1(t)}{\mathrm{d}t} = \lambda_{01}P_0(t) + \lambda_{31}P_3(t) - (\lambda_{10} + \lambda_{13})P_1(t) \tag{12-2}$$

$$\frac{\mathrm{d}P_2(t)}{\mathrm{d}t} = \lambda_{02}P_0(t) + \lambda_{32}P_3(t) - (\lambda_{20} + \lambda_{23})P_2(t) \tag{12-3}$$

$$\frac{\mathrm{d}P_3(t)}{\mathrm{d}t} = \lambda_{13}P_1(t) + \lambda_{23}P_2(t) - (\lambda_{31} + \lambda_{32})P_3(t) \tag{12-4}$$

另外还有

$$P_0(t) + P_1(t) + P_2(t) + P_3(t) = 1 \tag{12-5}$$

方程$(12-1) \sim (12-5)$就称为**哥尔莫可尔夫方程**.

当 $t \to \infty$ 时, 系统的状态概率将发生什么变化, $P_0(t)$, $P_1(t)$, $P_2(t)$, $P_3(t)$ 是否会趋于某个极限呢?

随机过程理论已经证明: ①若作用于系统的事件流是泊松流; ②系统的状态数是有限的, 且从其中的每一个状态出发, 可以转移到任何一个状态; 则极限概率存在. 即

$$\lim_{t \to \infty} P_i(t) = P_i$$

P_i 表示极限概率, 但已不是时间的函数, 而是常数.

这个极限概率表示的是, 在极限平稳情况下, 系统处于该状态的平均停留时间. 例如, 某系统有 3 个状态: S_1, S_2 和 S_3, 它们的极限概率分别为 0.2, 0.3 和 0.5. 这就是说, 系统处于极限平稳情况下, 平均20%的时间处于状态 S_1, 30%的时间处于状态 S_2, 而50%的时间处于状态 S_3.

如何计算极限概率呢? 非常简单, 因为在极限平稳状态下, 系统状态的概率是常数, 则

它们的微分等于零，即

$$\frac{\mathrm{d}P_i(t)}{\mathrm{d}t} = \frac{\mathrm{d}P_i}{\mathrm{d}t} = 0$$

这样，方程$(12-1) \sim (12-5)$就变为

$$\lambda_{10}P_1 + \lambda_{20}P_2 = (\lambda_{01} + \lambda_{02})P_0$$
$$\lambda_{01}P_0 + \lambda_{31}P_3 = (\lambda_{10} + \lambda_{13})P_1$$
$$\lambda_{02}P_0 + \lambda_{32}P_3 = (\lambda_{20} + \lambda_{23})P_2$$
$$\lambda_{13}P_1 + \lambda_{23}P_2 = (\lambda_{31} + \lambda_{32})P_3$$
$$P_0 + P_1 + P_2 + P_3 = 1$$

可见，该组方程已不再是微分方程，而是线性代数方程，非常容易求解. 另外，从该方程组还可以看出系统状态的平衡原理："进来之和" = "出去之和". 因此，为求系统状态的极限概率，可直接按状态图写出该线性方程组.

12.2.4 生灭过程

如图 12-10 所示的系统状态图称为生灭图

图 12-10

该图的特点是，系统的所有状态可看作一条链，链的中间环节(状态)S_1, S_2, $\cdots$, S_{n-1} 用正、反方向的箭线将左、右相邻的环节(状态)连接起来，链的两个端点环节 S_0 和 S_n 只与一个相邻状态连接.

假设作用于系统的所有事件流都是泊松流，又由于生灭图中每个状态都能够转移到其余任何一个状态，且系统的状态数是有限的，因而极限概率存在. 根据前述的状态平衡原理，可写出图中各状态的代数方程.

对 S_0，有

$$\lambda_0 P_0 = \mu_1 P_1$$

对 S_1，有

$$(\lambda_1 + \mu_1)P_1 = \lambda_0 P_0 + \mu_2 P_2$$
$$(\lambda_1 + \mu_1)P_1 = \mu_1 P_1 + \mu_2 P_2$$
$$\lambda_1 P_1 = \mu_2 P_2$$

同样地，有

$$\lambda_2 P_2 = \mu_3 P_3$$
$$\cdots$$

一般地，有

$$\lambda_{k-1}P_{k-1} = \mu_k P_k$$

因此，极限概率满足下列方程组

$$\lambda_0 P_0 = \mu_1 P_1$$
$$\lambda_1 P_1 = \mu_2 P_2$$
$$\lambda_2 P_2 = \mu_3 P_3$$
$$\cdots$$
$$\lambda_{k-1} P_{k-1} = \mu_k P_k$$
$$\cdots$$
$$\lambda_{n-1} P_{n-1} = \mu_n P_n$$
$$P_0 + P_1 + P_2 + \cdots + P_n = 1$$

解该方程组, 从第一个方程开始

$$P_1 = \frac{\lambda_0}{\mu_1} P_0$$

$$P_2 = \frac{\lambda_1}{\mu_2} P_1 = \frac{\lambda_0 \lambda_1}{\mu_1 \mu_2} P_0$$

$$\cdots$$

$$P_k = \frac{\lambda_0 \lambda_1 \cdots \lambda_{k-1}}{\mu_1 \mu_2 \cdots \mu_k} P_0$$

$$\cdots$$

$$P_n = \frac{\lambda_0 \lambda_1 \cdots \lambda_{n-1}}{\mu_1 \mu_2 \cdots \mu_n} P_0$$

由上述式可见, 在分子中, 流的强度的积是从初始状态自左向右的, 而分母中流的强度的积是自右向左的. 另外, 全部状态概率 P_1, P_2, $\cdots$, P_n 都可用 P_0 表示出来. 利用条件 $P_0 + P_1 + P_2 + \cdots + P_n = 1$, 可得

$$P_0 \left(1 + \frac{\lambda_0}{\mu_1} + \frac{\lambda_0 \lambda_1}{\mu_1 \mu_2} + \cdots + \frac{\lambda_0 \lambda_1 \cdots \lambda_{k-1}}{\mu_1 \mu_2 \cdots \mu_k} \right) = 1$$

从而得到

$$P_0 = \left(1 + \frac{\lambda_0}{\mu_1} + \frac{\lambda_0 \lambda_1}{\mu_1 \mu_2} + \cdots + \frac{\lambda_0 \lambda_1 \cdots \lambda_{k-1}}{\mu_1 \mu_2 \cdots \mu_k} \right)^{-1}$$

求出 P_0 后, 其余各式都可得出. 上述式子在求解排队问题时十分有用.

12.2.5　李太勒公式

在极限平稳的情况下, 排队服务系统内顾客的平均数 $L_{系}$ 和顾客在系统内平均停留时间 $W_{系}$ 之间的关系, 可用著名的李太勒公式描述

$$L_{系} = \lambda W_{系}$$

类似地, 顾客平均排队时间 $W_{队}$ 与系统内排队顾客的平均数 $L_{队}$ 之间的关系为

$$L_{队} = \lambda W_{队}$$

12.3　单通道等待制($M/M/1$)排队模型

单通道等待制排队模型是一种重要的马尔可夫排队模型. 所谓马尔可夫排队模型就是指作用于服务系统的所有事件流都是泊松流的排队模型.

单通道等待制排队服务系统在实际工作中经常会遇到, 其模型在排队论中具有特别重要的意义.

在单通道等待制排队服务系统中, 顾客到达间隔时间和服务间隔时间都服从指数分布. 单位时间内到达的顾客数为 λ, 单位时间内服务 μ 个顾客. 系统内只有一个服务员, 顾客到达时, 若服务员不空, 参加排队, 等待服务, 一直等到服务员为其服务为止.

视频12-4

下面就来讨论如何求系统状态的极限概率及其运行指标.

该排队服务系统理论上的状态数(任一时刻系统内的顾客数)是无限的, 即在系统内可以有无限多个顾客在排队. 系统状态图如图 12-11 所示.

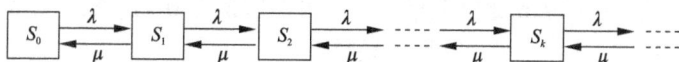

图 12-11

在该系统状态图中, 系统的状态表示系统内的顾客数目.

S_0——系统内没有顾客, 服务员闲着

S_1——系统内有一个顾客, 服务员正在为该顾客服务, 没有顾客排队

S_2——系统内有两个顾客, 服务员正在为先到的顾客服务, 后到的顾客正在排队, 等待服务

…

S_k——系统内有 k 个顾客, 服务员正在为一个顾客服务, 有 $(k-1)$ 个顾客在排队, 等待服务

…

该系统状态图与前面介绍的生灭图有两点不同: ①系统的状态数是无限的; ②流的强度上面的都为 λ, 下面的都为 μ. 那么极限概率存在吗? 理论证明, 这种排队服务系统的极限概率并非都存在, 只有当 $\rho = \dfrac{\lambda}{\mu} < 1$ 时极限概率才存在(即系统没有超负荷时). 而当 $\rho \geq 1$ 时, 排队长度无限增加. 因此, 当条件 $\rho < 1$ 满足时, 按生灭图推导得到的极限概率公式也适用. 于是可得 P_0 的表达式为

$$P_0 = \left[1 + \frac{\lambda}{\mu} + \left(\frac{\lambda}{\mu}\right)^2 + \cdots + \left(\frac{\lambda}{\mu}\right)^k + \cdots \right]^{-1} = (1 + \rho + \rho^2 + \cdots + \rho^k + \cdots)^{-1}$$

上式等号右边的括号里是几何级数, 当 $\rho < 1$ 时, 该级数收敛. 而当 $\rho \geq 1$ 时, 该级数是发散的. 这也就间接地证明了状态的极限概率只有当 $\rho < 1$ 时才存在. 现假设 $\rho < 1$, 则对该级数

求和后得

$$P_0 = \left(\frac{1}{1-\rho}\right)^{-1} = 1-\rho$$

按下列公式可求得

$$P_1 = \frac{\lambda}{\mu}P_0 = \rho P_0 = \rho(1-\rho)$$

$$P_2 = \left(\frac{\lambda}{\mu}\right)^2 P_0 = \rho^2(1-\rho)$$

$$P_3 = \rho^3(1-\rho)$$

$$\cdots$$

$$P_k = \rho^k(1-\rho)$$

$$\cdots$$

其中 $\rho = \dfrac{\lambda}{\mu}$ 表示系统的负荷,或系统服务能力的利用率.

下面讨论如何求系统的运行指标.

(1) 系统中顾客的平均数(数学期望) $L_系$

系统中的顾客数是一个离散随机变量,它的可能取值有 $0,1,2,\cdots,k,\cdots$. 其相应的概率为 $P_0,P_1,P_2,\cdots,P_k,\cdots$. 因此,其数学期望为

$$L_系 = 0 \times P_0 + 1 \times P_1 + 2 \times P_2 + \cdots + k \times P_k + \cdots$$

$$= \sum_{k=0}^{\infty} kP_k$$

$$= \sum_{k=0}^{\infty} k\rho^k(1-\rho)$$

$$= (1-\rho)\rho \sum_{k=0}^{\infty} k\rho^{k-1}$$

$$= (1-\rho)\rho \sum_{k=0}^{\infty} \frac{\mathrm{d}}{\mathrm{d}\rho}\rho^k$$

$$= (1-\rho)\rho \frac{\mathrm{d}}{\mathrm{d}\rho}\sum_{k=0}^{\infty} \rho^k$$

$$= (1-\rho)\rho \frac{\mathrm{d}}{\mathrm{d}\rho}\left(\frac{1}{1-\rho}\right)$$

$$= (1-\rho)\rho \frac{1}{(1-\rho)^2}$$

$$= \frac{\rho}{1-\rho}$$

$$= \frac{\lambda}{\mu-\lambda}$$

(2) 系统中排队顾客的平均数(数学期望) $L_队$

当系统中有1个顾客时,有0个在排队,出现此情形的概率为 P_1;有2个顾客时,有一个在排队,另一个正在接受服务,其概率为 $P_2\cdots$ 因此,排队顾客的数学期望值为

$$L_队 = 0 \times P_1 + 1 \times P_2 + 2 \times P_3 + \cdots + (k-1) \times P_k + \cdots$$

$$= \sum_{k=1}^{\infty} (k-1) P_k$$

$$= \sum_{k=1}^{\infty} k P_k - \sum_{k=1}^{\infty} P_k$$

$$= \sum_{k=0}^{\infty} k P_k - \left(\sum_{k=0}^{\infty} P_k - P_0 \right)$$

$$= L_系 - (1 - P_0)$$

$$= L_系 - [1 - (1-\rho)]$$

$$= L_系 - \rho$$

$$= \frac{\rho}{1-\rho} - \rho$$

$$= \frac{\rho^2}{1-\rho}$$

此外,因排队顾客数是随机变量,它的值应等于系统内顾客数的数学期望减去正在被服务的顾客数的数学期望,即 $L_队 = L_系 - L_服$. 由于 $L_队 = L_系 - \rho$,所以有 $L_服 = \rho$.

有了 $L_系$ 和 $L_队$,就可根据李太勒公式求出相应的 $W_系$ 和 $W_队$.

$$W_系 = \frac{L_系}{\lambda}$$

$$W_队 = \frac{L_队}{\lambda}$$

至此,排队服务系统的主要运行指标均已求得.

例 12.1　某火车票售票处在一天的繁忙期内,平均每小时到达 15 人,服从泊松分布. 该售票处设有一个售票窗口,每个顾客的平均售票时间为 3 min,服从指数分布. 试计算这个排队服务系统的有关运行指标.

解　已知平均到达强度 $\lambda = 15$ 人/h,平均服务强度 $\mu = 60/3 = 20$ 人/h,得系统的负荷 $\rho = \dfrac{\lambda}{\mu} = \dfrac{15}{20} = 0.75$

(1)售票处内购票顾客的平均数

$$L_系 = \frac{\rho}{1-\rho} = \frac{0.75}{1-0.75} = 3(\text{人})$$

(2)排队等待购票的顾客平均数

$$L_队 = L_系 - \rho = 3 - 0.75 = 2.25(\text{人})$$

(3)顾客购票时在售票处的平均停留时间

$$W_系 = \frac{L_系}{\lambda} = \frac{3}{15} = 0.2(\text{h}) = 12(\text{min})$$

(4)顾客平均排队时间

$$W_队 = \frac{L_队}{\lambda} = \frac{2.25}{15} = 0.15(\text{h}) = 9(\text{min})$$

（5）顾客无须排队的概率
$$P_0 = 1 - \rho = 1 - 0.75 = 0.25$$

（6）顾客到达后必须等待 k 个顾客以上的概率

实际上就是求系统中顾客数超过 k 个的概率

$$
\begin{aligned}
P(n > k) &= \sum_{n=k+1}^{\infty} P_n \\
&= 1 - \sum_{n=0}^{k} P_n \\
&= 1 - \left[(1-\rho) + \rho(1-\rho) + \rho^2(1-\rho) + \cdots + \rho^k(1-\rho) \right] \\
&= 1 - (1 - \rho + \rho - \rho^2 + \rho^2 - \rho^3 + \cdots + \rho^k - \rho^{k+1}) \\
&= \rho^{k+1}
\end{aligned}
$$

若 $k = 3$，则

$$P(n > 3) = \rho^4 = 0.75^4 \approx 0.3164$$

12.4 多通道等待制（$M/M/n$）排队模型

该模型描述的是这样一类排队系统：顾客到达流服从泊松分布，服务时间服从指数分布，系统有 n 个服务员（$n > 1$），系统容量和顾客来源无限，先到先服务. 顾客到达后，若有空闲的服务员，则立即接受服务，否则参加排队（一个队）. 参见图 12-3.

需要注意的是，如果顾客是在每个服务员前形成一个队列，且这个队列中的顾客也只接受该服务员的服务，则为 n 个"单通道等待制（$M/M/1$）"排队系统.

（$M/M/n$）排队模型的系统状态图如图 12-12 所示.

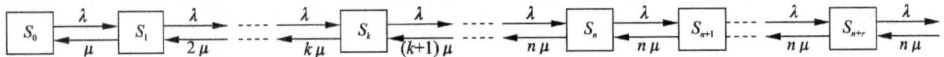

图 12-12

图 12-12 中

S_0——系统内没有顾客，所有服务员都闲着

S_1——系统内有一个顾客，有一个服务员正在为该顾客服务，其余服务员闲着

…

S_k——有 k 个服务员忙着，其余服务员闲着

…

S_n——所有 n 个服务员都忙着

S_{n+1}——所有 n 个服务员都忙着，有一个顾客排队

…

S_{n+r}——所有 n 个服务员都忙着，有 r 个顾客排队

…

同样地，当系统的负荷 $\dfrac{\lambda}{n\mu} = \dfrac{\rho}{n} < 1$ 时，系统的极限概率存在. 根据该系统状态图，可建立状态概率的代数方程

对 S_0： $\lambda P_0 = \mu P_1$，$P_1 = \dfrac{\lambda}{\mu} P_0 = \rho P_0$

对 S_1： $\lambda P_1 = 2\mu P_2$，$P_2 = \dfrac{\lambda}{2\mu} P_1 = \dfrac{\rho}{2} \rho P_0 = \dfrac{\rho^2}{2!} P_0$

对 S_2： $\lambda P_2 = 3\mu P_3$，$P_3 = \dfrac{\lambda}{3\mu} P_2 = \dfrac{\rho^3}{3!} P_0$

…

对 S_{n-1}： $\lambda P_{n-1} = n\mu P_n$，$P_n = \dfrac{\rho^n}{n!} P_0$

…

对 S_n： $\lambda P_n = n\mu P_{n+1}$，$P_{n+1} = \dfrac{\lambda}{n\mu} P_n = \dfrac{\rho}{n} \cdot \dfrac{\rho^n}{n!} P_0 = \dfrac{\rho^{n+1}}{n \cdot n!} P_0$

对 S_{n+1}： $\lambda P_{n+1} = n\mu P_{n+2}$，$P_{n+2} = \dfrac{\rho^{n+2}}{n^2 \cdot n!} P_0$

…

对 S_{n+r-1}： $\lambda P_{n+r-1} = n\mu P_{n+r}$，$P_{n+r} = \dfrac{\rho^{n+r}}{n^r \cdot n!} P_0$

…

正则条件：$P_0 + P_1 + P_2 + \cdots + P_{n+r} + \cdots = 1$

于是有

$$P_0 + \rho P_0 + \dfrac{\rho^2}{2!} P_0 + \cdots + \dfrac{\rho^n}{n!} P_0 + \dfrac{\rho^{n+1}}{n \cdot n!} P_0 + \dfrac{\rho^{n+2}}{n^2 \cdot n!} P_0 + \cdots + \dfrac{\rho^{n+r}}{n^r \cdot n!} P_0 + \cdots = 1$$

$$
\begin{aligned}
P_0 &= \left[\left(1 + \rho + \dfrac{\rho^2}{2} + \cdots + \dfrac{\rho^n}{n!}\right) + \left(\dfrac{\rho^{n+1}}{n \cdot n!} + \dfrac{\rho^{n+2}}{n^2 \cdot n!} + \cdots + \dfrac{\rho^{n+r}}{n^r \cdot n!} + \cdots\right) \right]^{-1} \\
&= \left[\left(1 + \rho + \dfrac{\rho^2}{2} + \cdots + \dfrac{\rho^n}{n!}\right) + \dfrac{\rho^{n+1}}{n \cdot n!}\left(1 + \dfrac{\rho}{n} + \left(\dfrac{\rho}{n}\right)^2 + \cdots + \left(\dfrac{\rho}{n}\right)^r + \cdots\right) \right]^{-1} \\
&= \left[\left(1 + \rho + \dfrac{\rho^2}{2} + \cdots + \dfrac{\rho^n}{n!}\right) + \dfrac{\rho^{n+1}}{n \cdot n!}\left(\dfrac{1}{1 - \dfrac{\rho}{n}}\right) \right]^{-1} \\
&= \left[\left(1 + \rho + \dfrac{\rho^2}{2} + \cdots + \dfrac{\rho^n}{n!}\right) + \dfrac{\rho^{n+1}}{n! \,(n - \rho)} \right]^{-1}
\end{aligned}
$$

有了 P_0，其他状态的概率也就可以表示出来了，即

$$P_k = \dfrac{\rho^k}{k!} P_0 \quad (1 \leqslant k \leqslant n)$$

$$P_{n+r} = \dfrac{\rho^{n+r}}{n^r \cdot n!} P_0 \quad (r \geqslant 1)$$

下面来求系统的运行指标.

（1）系统中排队顾客的平均数（数学期望）$L_队$

$$L_队 = 1 \times P_{n+1} + 2 \times P_{n+2} + 3 \times P_{n+3} + \cdots + rP_{n+r} + \cdots$$

$$= \frac{\rho^{n+1}}{n \cdot n!}P_0 + 2\frac{\rho^{n+2}}{n \cdot n!}P_0 + \cdots + r\frac{\rho^{n+r}}{n^r \cdot n!}P_0 + \cdots$$

$$= \frac{\rho^{n+1}}{n \cdot n!}P_0 \cdot \left(1 + 2\frac{\rho}{n} + \cdots + r\frac{\rho}{n}\right)^{r-1} + \cdots$$

$$= \frac{\rho^{n+1}}{n \cdot n!}P_0 \cdot \frac{1}{\left(1 - \frac{\rho}{n}\right)^2}$$

（2）顾客平均排队时间

$$W_队 = \frac{L_队}{\lambda}$$

（3）顾客在系统内的平均停留时间

$$W_系 = W_队 + W_服 = W_队 + \frac{1}{\mu} = \frac{L_队}{\lambda} + \frac{1}{\mu}$$

（4）系统内顾客的平均数

$$L_系 = \lambda W_系 = \lambda\left(\frac{L_队}{\lambda} + \frac{1}{\mu}\right) = L_队 + \frac{\lambda}{\mu} = L_队 + \rho$$

例 12.2 仍考虑例 12.1 所举的某火车票售票处的例子. 为了减少顾客排队等待时间，增设一个售票窗口，即增加了一个服务员，其平均服务间隔时间仍为 3 min，服从指数分布. 试计算这个排队服务系统的有关运行指标.

解 $n = 2$, $\rho = \frac{\lambda}{\mu} = \frac{15}{20} = 0.75$, 系统的负荷为

$$\frac{\lambda}{n\mu} = \frac{\rho}{n} = \frac{0.75}{2} = 0.375$$

$$P_0 = \left[\left(1 + \rho + \frac{\rho^2}{2!} + \cdots + \frac{\rho^n}{n!}\right) + \frac{\rho^{n+1}}{n!(n-\rho)}\right]^{-1} = 0.4545$$

（1）系统中排队顾客的平均数

$$L_队 = \frac{\rho^{n+1}}{n \cdot n!}P_0 \frac{1}{\left(1 - \frac{\rho}{n}\right)^2} = 0.122715（人）$$

（2）顾客在系统内的平均停留时间

$$W_系 = \frac{L_队}{\lambda} + \frac{1}{\mu} = 3.49（\min）$$

（3）顾客无须排队的概率

$$P(k \leq 1) = P_0 + P_1 = 0.796$$

若两个窗口分别出售一个方向的车票，并假设各方向购票旅客到达强度为原来的一半，即 7.5 人/h，仍服从泊松分布. 试计算该系统的运行指标.

在这种情况下，系统变成了两个单通道排队系统，每一个的 $\lambda = 7.5$, $\mu = 20$. 于是有

$$L_{系} = \frac{\rho}{1-\rho} = \frac{\lambda}{\mu-\lambda} = \frac{7.5}{20-7.5} = 0.6(人)$$

$$W_{系} = \frac{L_{系}}{\lambda} = \frac{0.6}{7.5} = 0.08(h) = 4.8(min)$$

顾客在系统内的平均停留时间 $W_{系}$ 比 $(M/M/2)$ 系统中的大. 可见, 尽管都是设置两个服务员, 但采用不同的排队模型, 效果是不一样的. 采用集中使用的方案(从而形成多通道排队系统)优于采用分散使用的方案(包括形式上在一起, 实际上是分开使用的方案). 因此, 在考虑服务设施的布局与使用时需要注意这一因素, 如案例 12-2.

案例12-2

12.5 单通道混合制$(M/M/1/N)$排队模型

这是系统容量有限的服务系统, 其特点是: 当系统内的顾客数已经达到 N 个时, 再到达的顾客不进入系统, 立即离去, 另求服务.

例如, 一个汽车加油站的停车位, 包括加油的车在内只能停 5 辆车. 若任何一个司机都不愿意在站外等待, 则在加油站内已有 5 辆车时, 任何到达的车辆都立即走开, 到其他加油站加油.

系统状态图如图 12-13 所示.

图 12-13

其中

S_0——系统内没有顾客, 服务员闲着

S_1——系统内有一个顾客, 服务员正在为该顾客服务, 没有顾客排队

S_2——服务员正在为先到的顾客服务, 有一个顾客正在排队, 等待服务

…

S_N——系统内有 N 个顾客, 服务员正在为一个顾客服务, 有$(N-1)$个顾客在排队

r 表示希望进入系统的顾客到达强度, 而实际进入系统的顾客到达强度与系统的状态有关, 即

$$\lambda_k = \begin{cases} r & 0 \le k \le N-1 \\ 0 & k = N \end{cases}$$

系统的服务强度为 μ, 得 $\rho = \dfrac{r}{\mu}$.

由系统状态图可见, 系统由一个状态可以转移到任何其他状态, 且系统的状态数是有限的, 所以极限概率存在. 因此, 可以直接写出哥尔莫可尔夫方程

$$P_1 = \rho P_0$$

$$P_2 = \rho^2 P_0$$
$$\cdots\cdots$$
$$P_N = \rho^N P_0$$
$$P_0 + P_1 + P_2 + \cdots + P_N = 1$$

于是有

$$P_0 + \rho P_0 + \rho^2 P_0 + \cdots + \rho^N P_0 = 1$$

整理得

$$P_0 = (1 + \rho + \rho^2 + \cdots + \rho^N)^{-1}$$

括号中的几何级数求和后得

$$P_0 = \begin{cases} \dfrac{1-\rho}{1-\rho^{N+1}} & \rho \neq 1 \\[3mm] \dfrac{1}{N+1} & \rho = 1 \end{cases}$$

求系统的运行指标,当 $\rho \neq 1$ 时

$$L_{\text{系}} = 0 \times P_0 + 1 \times P_1 + 2 \times P_2 + \cdots + N \times P_N$$
$$= \sum_{k=0}^{N} k P_k$$
$$= \sum_{k=0}^{N} k \rho^k P_0$$
$$= \frac{1-\rho}{1-\rho^{N+1}} \rho \sum_{k=0}^{N} k \rho^{k-1}$$
$$= \frac{1-\rho}{1-\rho^{N+1}} \rho \sum_{k=0}^{N} \frac{\mathrm{d}}{\mathrm{d}\rho} \rho^k$$
$$= \frac{\rho}{1-\rho} - \frac{(N+1)\rho^{N+1}}{1-\rho^{N+1}}$$

当 $\rho = 1$ 时

$$L_{\text{系}} = \sum_{k=0}^{N} k P_k$$
$$= \sum_{k=0}^{N} k \rho^k P_0$$
$$= \sum_{k=0}^{N} k \frac{1}{N+1}$$
$$= \frac{1}{N+1} \sum_{k=0}^{N} k$$
$$= \frac{1}{N+1} \cdot \frac{N(N+1)}{2}$$
$$= \frac{N}{2}$$

类似地,可求出

$$L_{\text{队}} = 0 \times P_1 + 1 \times P_2 + 2 \times P_3 + \cdots + (N-1) P_N$$

$$= \sum_{k=1}^{N}(k-1)P_k$$

$$= \sum_{k=1}^{N}kP_k - \sum_{k=1}^{N}P_k$$

$$= \sum_{k=0}^{N}kP_k - \left(\sum_{k=0}^{N}P_k - P_0\right)$$

$$= L_{系} - (1 - P_0)$$

有了 $L_{系}$ 和 $L_{队}$，就可以求 $W_{系}$ 和 $W_{队}$. 但用李太勒公式求 $W_{系}$ 和 $W_{队}$ 时，式中的 λ 必须是实际进入系统的顾客到达强度. 而 r 只是希望进入系统的顾客到达强度. 实际进入多少与系统的状态有关. 因此，单位时间内实际可进入系统的顾客的平均数为

$$\lambda = r \times P_0 + r \times P_1 + r \times P_2 + \cdots + rP_{N-1} + 0 \times P_N$$

$$= r \cdot \sum_{k=0}^{N-1}P_k + 0 \times P_N$$

$$= r(1 - P_N)$$

于是有

$$W_{系} = \frac{L_{系}}{\lambda} = \frac{L_{系}}{r(1 - P_N)}$$

$$W_{队} = \frac{L_{队}}{\lambda} = \frac{L_{队}}{r(1 - P_N)}$$

且仍有

$$W_{系} = W_{队} + \frac{1}{\mu}$$

需注意的是，这里的 $W_{系}$ 和 $W_{队}$ 都是针对能够进入系统的顾客而言的.

例 12.3　某理发店有一个服务员，并有 6 把椅子供顾客排队等待理发. 希望理发的顾客到达强度为 3 人/h，服从泊松分布. 理发时间平均 15 min 一个，服从指数分布. 假设顾客到达时发现 6 把椅子都坐满等待理发的人，就不进入该理发店而到别处理发. 求该系统的有关运行指标.

解　已知 $N = 6 + 1 = 7$，$r = 3$ 人/h，$\mu = 4$ 人/h. 得

$$\rho = \frac{3}{4} = 0.75 \ (\neq 1)$$

(1)顾客一到就能理发的概率

$$P_0 = \frac{1-\rho}{1-\rho^{N+1}} = \frac{1-0.75}{1-0.75^8} = 0.2778$$

(2)在理发店内的平均顾客数

$$L_{系} = \frac{\rho}{1-\rho} - \frac{(N+1)\rho^{N+1}}{1-\rho^{N+1}} = \frac{0.75}{1-0.75} - \frac{8 \times 0.75^8}{1-0.75^8} = 2.11（人）$$

(3)排队顾客的平均数

$$L_{队} = L_{系} - (1 - P_0) = 2.11 - (1 - 0.2778) = 1.39（人）$$

(4)系统损失的概率 $P_{损}$

当理发店满座时(7 人)，此时再来的顾客立即离去，另求服务. 对于系统来说，是一种损

失. 其概率为

$$P_{损} = P_N = P_7 = \rho^7 P_0 = 0.75^7 \times 0.2778 \approx 0.037$$

(5)实际进入系统的到达强度

$$\lambda = r(1 - P_N) = 3 \times (1 - 0.037) = 2.889$$

(6)顾客为理发在理发店的平均停留时间

$$W_{系} = \frac{L_{系}}{\lambda} = \frac{2.11}{2.889} = 0.73(h) = 43.8(min)$$

在上述的单通道混合制$(M/M/1/N)$排队系统中, 当 $N = 1$ 时, 即系统中只有服务台, 没有排队位置, 则为单通道损失制排队系统.

12.6 多通道混合制$(M/M/n/N)$排队模型

这是更为一般的容量有限的、服务员数为 n 的排队模型. 本模型的状态图如图 12-14 所示.

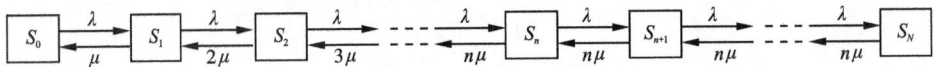

图 12-14

其中

S_0——系统内没有顾客, 服务员都闲着

S_1——系统内有一个顾客, 有一个服务员忙着

…

S_n——n 个服务员都忙着为先到的顾客服务, 没有顾客排队

S_{n+1}——n 个服务员都忙着为先到的顾客服务, 有一个顾客正在排队等待服务

…

S_N——n 个服务员都忙着为顾客服务, 有$(N-n)$个顾客在排队

仍以 r 表示希望进入系统的顾客到达强度, 而实际进入系统的顾客到达强度与系统的状态有关, 即

$$\lambda_k = \begin{cases} r & 0 \le k \le N-1 \\ 0 & k = N \end{cases}$$

每个服务员的服务强度为 μ, 得 $\rho = \dfrac{r}{\mu}$.

由系统状态图可见, 系统由一个状态可以转移到任何其他状态, 且系统的状态数是有限的, 所以极限概率存在. 可写出如下的哥尔莫可尔夫方程

$$P_k = \begin{cases} \dfrac{\rho^k}{k!} P_0 & 0 \leqslant k \leqslant n \\[3mm] \dfrac{\rho^k}{n! \; n^{k-n}} P_0 & n \leqslant k \leqslant N \end{cases}$$

其中

$$P_0 = \begin{cases} \left(\displaystyle\sum_{k=0}^{n-1} \dfrac{\rho^k}{k!} + \dfrac{\rho^n \left(1 - \left(\dfrac{\rho}{n}\right)^{N-n+1}\right)}{n! \; \left(1 - \left(\dfrac{\rho}{n}\right)\right)} \right)^{-1} & \dfrac{\rho}{n} \neq 1 \\[5mm] \left(\displaystyle\sum_{k=0}^{n-1} \dfrac{\rho^k}{k!} + \dfrac{\rho^n}{n!}(N-n+1) \right)^{-1} & \dfrac{\rho}{n} = 1 \end{cases}$$

排队顾客的平均数为

$$L_队 = 1 \times P_{n+1} + 2 \times P_{n+2} + 3 \times P_{n+3} + \cdots + (N-n)P_N$$

$$= \begin{cases} \dfrac{P_0 \rho^n \left(\dfrac{\rho}{n}\right)}{n! \; \left(1 - \dfrac{\rho}{n}\right)^2} \left[1 - \left(\dfrac{\rho}{n}\right)^{N-n+1} - \left(1 - \dfrac{\rho}{n}\right)(N-n+1)\left(\dfrac{\rho}{n}\right)^{N-n} \right] & \dfrac{\rho}{n} \neq 1 \\[5mm] \dfrac{P_0 \rho^n (N-n)(N-n+1)}{2n!} & \dfrac{\rho}{n} = 1 \end{cases}$$

同样地，实际进入系统的到达强度为

$$\lambda = r(1 - P_N)$$

则

$$L_系 = L_队 + \dfrac{\lambda}{\mu}$$

$$W_系 = \dfrac{L_系}{\lambda}$$

$$W_队 = \dfrac{L_队}{\lambda} = W_系 - \dfrac{1}{\mu}$$

例 12.4 某汽车加油站设有两个加油机，需加油的汽车按泊松流，平均每分钟到达 2 辆. 汽车加油时间服从负指数分布，平均加油时间为 2 min. 又知加油站上最多只能停放 3 辆等待加油的汽车，汽车到达时，若已停满车，则必须开到别的加油站去. 试对该系统进行分析.

解 可将该系统看作是一个 $(M/M/2/5)$ 排队系统，其中

$$r = 2(辆/min), \; \mu = 0.5(辆/min), \; \rho = \frac{r}{\mu} = 4, \; n = 2, \; N = 5$$

（1）系统空闲的概率

$$P_0 = \left[1 + 4 + \frac{4^2(1 - (4/2)^{5-2+1})}{2! \; (1 - 4/2)} \right]^{-1} = 0.008$$

（2）顾客损失率

$$P_5 = \frac{4^5 \times 0.008}{2! \times 2^{5-2}} = 0.512$$

（3）加油站内在等待加油的汽车平均数

$$L_队 = \frac{0.008 \times 4^2 \times \left(\frac{4}{2}\right)}{2! \left(1 - \frac{4}{2}\right)^2} \left[1 - \left(\frac{4}{2}\right)^{5-2+1} - \left(1 - \frac{4}{2}\right)(5-2+1)\left(\frac{4}{2}\right)^{5-2}\right] \approx 2.18(辆)$$

（4）加油站内汽车的平均数

$$\begin{aligned} L_系 &= L_队 + \frac{\lambda}{\mu} \\ &= L_队 + \frac{r(1-P_N)}{\mu} \\ &= 2.18 + \frac{2(1-0.512)}{0.5} \\ &\approx 4.13（辆） \end{aligned}$$

（5）汽车在加油站内平均逗留时间

$$W_系 = \frac{L_系}{\lambda} = \frac{4.13}{2(1-0.512)} \approx 4.23(\min)$$

（6）汽车在加油站内平均等待加油时间

$$W_队 = \frac{L_队}{\lambda} = W_系 - \frac{1}{\mu} = 4.23 - 2 \approx 2.23(\min)$$

在上述的多通道混合制($M/M/n/N$)排队系统中，当 $N = n$ 时，即系统中只有服务台，没有排队位置，则为多通道损失制排队系统.

12.7 排队服务系统的优化

在前面几节中，讨论了几种排队模型及其系统运行指标的计算. 有了运行指标，就可以算出相应的顾客停留费用并对排队系统进行费用分析，从而对系统中的服务员数、服务强度等作出决策，使系统达到最优，获得最大的经济效益.

视频12-5

12.7.1 费用模型

在设计一个排队服务系统时，要面对的一个基本问题是如何确定该系统的服务强度 μ，才是经济上最合理的，即总费用最小. 而

总费用 = 服务费用 + 顾客停留费用

下面以单通道等待制($M/M/1$)排队模型最优 μ 值的确定为例进行介绍.

（1）μ 取连续值

设 μ 与费用的关系是线性的，且 μ 可以在 λ 至 ∞ 的范围内连续变动. 显然，如图 12-1 所示，μ 越大，费用越高. 正如本章第一节中所述，系统的期望总费用为

$$C(\mu) = c_1\mu + c_2 L_{系}$$
$$= c_1\mu + c_2\left(\frac{\lambda}{\mu-\lambda}\right)$$

总费用是 μ 的函数. 因为 μ 取连续值，为了求该函数的最小值，先求一阶导数，再令其等于零

$$\frac{\mathrm{d}C(\mu)}{\mathrm{d}\mu} = c_1 - \frac{c_2\lambda}{(\mu-\lambda)^2} = 0$$

因而有

$$\mu - \lambda = \sqrt{\frac{c_2\lambda}{c_1}}$$

因 $\mu > \lambda$，故上式取正值. 于是得最优的 μ 值

$$\mu^* = \lambda + \sqrt{\frac{c_2\lambda}{c_1}}$$

（2）μ 取离散值

在许多情况下，μ 未必都能取连续值. 假定 μ 有 m 个可能的离散取值，从小到大分别为 $\mu_1, \mu_2, \cdots, \mu_m$. 这就不能用求导数的方法求最优的 μ 值. 下面介绍另一类方法.

分三种情形考虑.

情形 1：μ_i 与费用之间成线性关系 $c_1\mu_i$. 该情形可按下述步骤求最优的 μ 值.

①按 μ 取连续值的方法求出 μ^*

②若 μ^* 存在于可能的 μ_i 系列中（恰好等于其中一个），则 μ^* 就是最优解. 否则转入第③步

③在可能的 μ_i 系列中找出 μ^* 值两边的两个值 μ_i 和 μ_{i+1}，即 $\mu_i < \mu^* < \mu_{i+1}$，则对应于总费用最小的一个就是最优值

可以证明，顾客停留费用 $c_2 L_{系}$ 是凸函数. 又因为 $c_1\mu_i$ 是线性的，所以总费用函数 $C(\mu) = c_1\mu + c_2 L_{系}$ 仍然是凸函数. 因此，最优的 μ 值必是两个当中费用较小的一个.

情形 2：μ_i 与费用之间成非线性关系 $c_1(\mu_i)$，并有

$$\frac{c_1(\mu_{i+2}) - c_1(\mu_{i+1})}{\mu_{i+2}-\mu_{i+1}} \geqslant \frac{c_1(\mu_{i+1}) - c_1(\mu_i)}{\mu_{i+1}-\mu_i}$$

即随 μ_i 的增大，费用增长的速度越来越快.

在该情形中，总费用函数也是凸函数. 利用凸函数的性质，从最小的 μ_i 开始计算总费用，一旦发现某一 $C(\mu_{i+1})$ 大于 $C(\mu_i)$ 就停止计算，并得到 $\mu^* = \mu_i$.

例 12.5 有某个 $(M/M/1)$ 排队服务系统，需要在 6 种类型的机器中选出一种来提供服务，这些机器的类型、服务强度和每小时费用见表 12-1. $c_2 = 8$ 元/h，$\lambda = 5$ 人/h. 要求找出最优的 μ 值.

表 12-1

机器类型 i	μ_i	$c_1(\mu_i)$
1	6.0	60
2	6.5	66
3	7.0	73
4	7.3	78
5	8.0	90
6	9.0	108

解 从最小的 μ_i 开始计算总费用. 表 12-2 列出了所有 μ_i 值对应的总费用. 实际上, 在计算出 $C(\mu_3)$ 就可停止计算了, 因为 $C(\mu_3) > C(\mu_2)$, 并得到最优服务强度 $\mu_2 = 6.5$.

表 12-2

机器类型 i	μ_i	$c_1(\mu_i)$	$L_{系}$	$c_2 L_{系}$	总费用 $C(\mu_i)$
1	6.0	60	5.0000	40.00	100.00
2	6.5	66	3.3333	26.67	92.67
3	7.0	73	2.5000	20.00	93.00
4	7.3	78	2.1739	17.39	95.39
5	8.0	90	1.6667	13.33	103.33
6	9.0	108	1.2500	10.00	118.00

情形 3：μ_i 与费用之间成非线性关系 $c_1(\mu_i)$, 但不具有情形 2 中的特点. 此时总费用函数不是凸函数, 必须对每一个 μ_i 计算总费用, 才能找出最优的 μ_i^*.

12.7.2 愿望模型

上一节中介绍的费用模型, 是从服务机构这一方面考虑问题, 侧重于费用分析, 因此, 首先得正确地估计有关费用. 但有时候作出这些估计是很困难的. 在这种情况下可以考虑用愿望模型来分析. 实际上, 愿望模型是侧重于从顾客(或管理者)的要求这一方面来考虑应如何设计排队服务系统的.

例 12.6 医院某专科门诊部有一名医生. 设病人的到达强度为每小时 3 人, 服从泊松分布, 医生给每位病人看病的时间平均为 15 min, 服从指数分布. 医院管理部门希望病人站着排队等待看病的概率小于 0.1. 问该专科门诊部至少应配备多少把椅子?

解 这是一个 $(M/M/1)$ 排队系统, $\lambda = 3$, $\mu = 60/15 = 4$. 若配备 m 把椅子, 站着排队的概率为 α, 则

$$\alpha = P_m + P_{m+1} + \cdots = \sum_{k=m}^{\infty} P_k = 1 - \sum_{k=0}^{m-1} P_k = \rho^m$$

要求 $\alpha < 0.1$, 即

$$\rho^m = \left(\frac{\lambda}{\mu}\right)^m < 0.1$$

解得 $m = 8.004$. 即至少应配备 8 把椅子.

例 12.7 假设某个 $(M/M/n)$ 系统，$\lambda = 10$，$\mu = 3$. 管理人员的愿望是：n 应取何值才能使得

（1）服务员空闲率不大于 0.4；

（2）每个顾客平均排队等待时间 $W_队 < 5$ min.

解 （1）因为服务员的利用率为 $\frac{\lambda}{n\mu}$，所以第一个愿望转化为

$$1 - \frac{\lambda}{n\mu} = 1 - \frac{10}{3n} \leqslant 0.4$$

解得 $n \leqslant 5.56$.

但为了使系统的极限概率存在，必须有 $\frac{\lambda}{n\mu} = \frac{\rho}{n} < 1$，即 $n > 3.33$. 所以，为达到第一个愿望，n 的取值范围是：$3.33 < n \leqslant 5.56$，即 $n = 4$ 或 5.

（2）在愿望（1）的基础上，求出各 n 值相对应的 $W_队$ 即可确定 n 的取值.

$$当\ n = 4\ 时，W_队 = 19.73(\min)$$
$$当\ n = 5\ 时，W_队 = 3.92(\min)$$

可见，满足此两个愿望的 n 值（服务员个数）是 5.

【本章导学】

1. 学习要点提示

（1）排队问题：排队系统、特征、顾客、服务员、排队（服务）规则、顾客到达和服务时间分布、系统状态图、生灭过程、平衡方程.

（2）排队系统模型及分类：排队论中广泛采用"Kendall 记号"$(A/B/C):(d/e/f)$，注意各符号的意义. 排队系统分为：等待制、损失制和混合制排队服务系统.

（3）排队论的主要数量指标及其计算公式：平均队长、平均排队长、平均逗留时间、平均等待时间等.

（4）马尔可夫（泊松分布输入—负指数分布输出）排队系统：特征、模型.

（5）排队系统优化：费用模型、愿望模型.

2. 学习思路与方法建议

本章学习的重点应放在对排队系统的分析和认识上. 通过对排队系统组成部分特征的分析，了解排队问题是一类极其复杂的运筹学问题，但生活和工作中却无处不在. 本章内容逻辑推演进程是：从复杂的排队问题中选择一类马尔可夫（泊松分布输入—负指数分布输出）排队系统问题进行分析研究，借助生灭过程系统状态转移图和系统平衡方程等求得系统稳态概率，从而求得系统相应运行指标. 重点关注马尔可夫排队模型建模及求解思路.

（1）根据已知条件绘制状态转移图（生灭图）.

(2)依据状态转移图写出稳态概率之间的关系.

(3)求出各种状态的稳态概率及平均(有效)到达率.

(4)计算系统运行指标、用系统运行指标构造目标函数,对系统进行优化.

排队系统的优化,本章介绍了两种比较简单的情况,应注重排队系统的优化思想和优化方法.

【思考与讨论】

(1)排队论又称随机服务系统理论,系统中"随机性"产生的原因有哪些?

(2)排队论研究的目的是什么?试述衡量排队服务系统的主要性能指标及其相互关系.

(3)什么是瞬时概率?什么是稳态概率?两者之间的联系与区别是什么?

(4)试述马尔可夫过程的状态转移与动态规划问题中的状态转移的区别与联系.

(5)阐述最简单排队系统(马氏排队系统)中各类模型之间的关系和相互演化及其在决策中的应用.

(6)排队系统优化的两类模型:费用模型和愿望模型.试述它们的应用条件和特点.

(7)对于排队系统的设计来说,如何体现"以顾客为中心"的设计理念?

(8)【问题背景】当今社会在市场经济环境下,各种机械设备和产品销售之后的维修服务保障是生产厂家和销售商的一项重要工作,要求做好售后服务工作是消费者的基本权利,也是生产厂家或销售商的责任.售后服务质量的好坏,是生产厂家与销售商信誉的一个重要指标.任何一个售后服务中心都要依据产品的销售情况和客户的需求来确定服务人员的数量.当然,服务人员越多,服务效率高,效果也会好,但运行成本也会高;相反,效果就要差一些.因此,合理安排售后服务中心的服务人员数量就是一个值得深入研究的问题.

试根据排队论知识阐述其研究思路.

【习题】

12.1 顾客来到某快餐店的平均到达率为75人/h,店内有三名服务员,到达店内的顾客排成一列,按先到先服务的规则服务,每名服务员服务一个顾客的平均时间为2 min.求该系统内服务员的平均繁忙率.

12.2 某工厂工具检测部门,要求检测的工具来自该厂各车间,平均25件/h,服从泊松分布.检测每件工具的时间为负指数分布,平均每件2 min.试求:

(1)该检测部门空闲的概率;

(2)一件送达的工具到检测完毕,其停留时间超过20 min的概率;

(3)等待检测的工具平均数;

(4)等待检测的工具在检测部门平均逗留时间;

(5)等待检测的工具在8~10件间的概率.

12.3 某铁路售票处设有两个售票窗口,有两种售票方式可供选择.一种是两个窗口分别发售上行和下行的客票;另一种售票方式是两个窗口均发售两个方向的客票.如果旅客按泊松流到达,两个方向的到达强度相同,都为 0.45 人/min;发售一张客票的平均时间为 2 min.问哪种售票方式较好?

12.4　货运卡车以泊松流到达,平均每小时 8 辆.用吊车卸货,一台吊车卸一辆汽车的平均时间为 12 min,服从负指数分布.问用两台吊车同时卸一辆汽车和各卸一辆汽车,哪一种作业方式好些? 为什么?

12.5　汽车按泊松分布到达某高速公路收费口,平均每小时 90 辆,每辆车通过收费口平均需要 35 s,服从负指数分布.由于一些司机抱怨等待交费时间太长,管理部门拟采用自动收费装置使收费时间缩短到 30 s,但条件是原收费口平均等待车辆超过 6 辆,且新装置的利用率不低于 75% 时才采用.问在上述条件下,新装置应否被采用?

12.6　某医院有一台心电图机,要求做心电图的病人按泊松分布到达,平均每小时 5 人.又为每名病人做心电图时间服从负指数分布,平均每人 10 min.设心电图室除正做的病人外,尚有 5 把等待的椅子.问

(1)到达的病人中有多大比例能有椅子坐;

(2)为使到达的病人有 95% 以上能有椅子坐,则在心电图室至少应设多少把等待的椅子?

12.7　某场篮球比赛前来到体育馆某售票窗口买票的观众按泊松分布到达,平均每小时 60 人,设该售票口售票时间服从负指数分布,平均售一张票时间为 20 s.试回答:

(1)如有一个球迷于比赛前 2 min 到达售票口,买到票后需 1.5 min 后才能找到座位坐下,求该球迷在比赛开始前找到座位坐下的概率;

(2)如该球迷希望有 99% 的把握在比赛开始前找到座位坐下,他至少应提前多少时间到达售票口?

12.8　某停车场有 10 个停车位,汽车到达服从泊松分布,平均 10 辆/h,每辆汽车停留时间服从负指数分布,平均 10 min.试求:

(1)停车位置的平均空闲数;

(2)到达汽车能找到一个空位停车的概率;

(3)在该场地停车的汽车占总到达的比例;

(4)每天(24 h)在该停车场找不到空闲位置停放的汽车的平均数.

12.9　一名机器维修工负责 5 台机器维修.已知每台机器平均 2 h 发生一次故障,服从负指数分布.该工人的维修速度为 3.2 台/h,服从泊松分布.试求:

(1)全部机器处于运行状态的概率;

(2)等待维修的机器平均数;

(3)若该维修工人负责 6 台机器维修,其他各项数字不变,则上述(1)(2)的结果又如何?

(4)若希望至少 50% 时间内所有机器能正常运转,求该维修工人最多负责的机器数.

12.10　某车站的卸车设备有甲、乙和丙三个方案可供选择,要求选择总费用最小的方案.有关的费用如表 12-3 所示.设货车按泊松流到达,平均每天(按 10 h 计)到达 15 辆,每辆车平均装有货物 500 件.卸车时间服从指数分布.一辆车停留 1 h 的费用为 10 元.

表 12-3

方案	固定费用/(元/天)	运转费用/(元/天)	卸车强度/(件/h)
甲	60	100	1000
乙	130	150	2000
丙	250	200	6000

习题答案

附 录

附录 A　在线开放课程《运筹学》
教学视频的二维码与知识点对照表

二维码名	章节【知识点】
视频 1-1	线性规划问题及其数学模型【建模案例分析，LP 问题的基本特征】
视频 1-2	线性规划问题的图解法【基本思想，算例解析，解的图象特征，局限性与启示】
视频 1-3	线性规划模型的标准型及其转化【标准型的形式，非标准型转化方法，算例解析】
视频 1-4	线性规划问题解的概念【可行解，最优解，基本解，基本可行解，退化解】
视频 1-5	单纯形法【LP 问题的几何意义】
视频 1-6	单纯形法【LP 问题算例的经济解释】
视频 1-7	单纯形法【算法思想，算法步骤】
视频 1-8	单纯形法【算例解析】
视频 1-9	单纯形法的进一步讨论【大 M 法，两阶段法，算例解析】
视频 1-10	线性规划问题解的讨论【多重解，算例解析】
视频 1-11	线性规划问题解的讨论【无可行解，无限界解，退化解，算例解析】
视频 2-1	对偶问题及其数学模型【引例，概念，原问题与对偶问题的模型特征分析】
视频 2-2	对偶问题模型的构建【对应关系分析，对偶问题模型构建方法，算例解析】
视频 2-3	对偶问题性质【对称性，弱对偶性，可行解为最优解性质，对偶定理，互补松弛性】
视频 2-4	对偶单纯形法【对偶问题的经济解释，影子价格，算法原理，算法步骤及流程，算例解析】
视频 2-5	线性规划灵敏度分析【概念，原理】
视频 2-6	线性规划灵敏度分析【价值系数 c_j 的灵敏度分析，算例解析】
视频 3-1	整数规划问题及其特点【数学模型，模型特征分析】
视频 3-2	分支定界法【算法思想，算法流程，算例解析】
视频 3-3	割平面法【算法思想，算法流程，算例解析】
视频 4-1	运输问题及其数学模型【案例建模，数学模型特征分析】

续表

二维码名	章节【知识点】
视频 4-2	表上作业法【算法思想，原理，算法步骤及要点】
视频 4-3	表上作业法【确定初始调运方案：最小元素法、差值法，算例解析】
视频 4-4	表上作业法【检验数的确定：闭回路法、位势法，算例解析】
视频 4-5	表上作业法【调运方案调整，非平衡运输问题处理，算例解析】
视频 4-6	指派问题及其数学模型【案例建模，数学模型特征分析】
视频 4-7	匈牙利算法【思想，原理，算法步骤，算例解析】
视频 4-8	匈牙利算法【独立 0 元素确定，算例解析，特殊指派问题处理】
视频 6-1	动态规划【引言，引例 1-最短路线问题，图解法解析】
视频 6-2	动态规划【引例 2-投资金额分配问题，表格法解析】
视频 6-3	动态规划【最优化原理及基本概念】
视频 6-4	离散确定型动态规划问题【背包问题及其解析】
视频 6-5	离散确定型动态规划问题【车辆装载问题和资源分配问题及其解析】
视频 6-6	离散确定型动态规划问题【复合系统可靠性问题及其解析】
视频 6-7	连续确定型动态规划问题【机器负荷问题及其解析】
视频 6-8	连续确定型动态规划问题【生产与存贮问题及其解析】
视频 6-9	多维动态规划问题【二维资源分配问题，二维背包问题，算例解析】
视频 6-10	多维动态规划问题【购销量计划问题及其解析】
视频 7-1	图与网络【定义及要素，相关术语，图的矩阵描述，网络及其基本要素】
视频 7-2	树【定义，性质，最小支撑树及求解方法】
视频 7-3	最短路问题【引例，最短路特性】
视频 7-4	最短路问题【Dijkstra 算法，思想，流程，算例解析】
视频 7-5	最短路问题【设备更新问题，建模，解析】
视频 7-6	网络最大流问题【引例，概念(网络与流、可行流、最大流)】
视频 7-7	网络最大流问题【概念(增流链、截集截量)，术语，定理】
视频 7-8	网络最大流问题【算法(标号法)、思想，流程，算例解析】
视频 8-1	网络计划概述【产生的背景，概念(网络计划图、工序、事项、关键路线、网络计划技术或统筹方法)，CPM 法与 PERT 技术区别与联系】
视频 8-2	网络计划图及其绘制【基本要求，绘制规则及相关概念(虚工序、平行工序、交叉工序)，绘图步骤及注意事项，算例解析】
视频 8-3	网络计划图的时间参数计算【工序工期，事项时间参数，工序时间参数，机动时间，工程完工期，关键路线的确定方法，算例解析】
视频 8-4	网络计划的调整与优化【工期的调整与优化，工期-资源优化，算例解析】
视频 8-5	网络计划的调整与优化【工期-费用优化(最低成本日程)，算例解析】

续表

二维码名	章节【知识点】
视频 9-1	决策论【概念及类型，决策模型的基本要素】
视频 9-2	风险型决策问题【特征，决策准则(最大概率、最大期望值)，矩阵法，算例解析】
视频 9-3	风险型决策问题【决策树法，单级与多级决策问题，算例解析】
视频 9-4	不确定型决策问题【特征，决策准则(等可能、乐观、悲观、乐观系数、后悔值)，算例解析】
视频 11-1	存贮论【存贮系统，需求(输出)，补充(输入)，存贮策略，费用分析，目标函数】
视频 11-2	确定型存贮模型【模型特征分析，E.O.Q 模型(建模、求解、意义)，算例解析】
视频 11-3	单周期随机存贮模型【模型特征分析，报童问题建模求解，算例解析】
视频 12-1	排队论概述【概念，系统组成，系统特征(输入过程、排队(服务)规则、服务机制)，系统分类，模型表示，系统运行指标】
视频 12-2	顾客到达流与服务时间的分布【事件流，泊松流(Poisson 流)，(负)指数分布】
视频 12-3	生灭过程及其状态平衡方程【生灭过程，系统状态图，状态平衡方程，系统运行指标之间的关系】
视频 12-4	$M/M/s$ 等待制排队模型【模型特征，$M/M/1$ 模型运行指标推导，算例解析】
视频 12-5	排队服务系统的优化【优化原理，费用模型优化，愿望模型优化，算例解析】

注：通过百度搜索"爱课程"用个人真实的邮箱注册，然后登录，进入"中国大学 MOOC"，搜索"运筹学"进入"运筹学(中南大学)"即可，网址为 http://www.icourse163.org/course/CSU-1003512003

附录 B 《运筹学》课程案例二维码与内容融合点对照表

二维码名	案例名	案例类型	内容融合点	备注
案例 1-1	单纯形法——追求卓越、精益求精	思政	单纯形法算法思想与算法步骤	文档
案例 2-1	对偶问题的"一体两面"与"对立统一"的辩证法观点	思政	对偶理论、对偶问题、对偶单纯形法	文档
案例 3-1	分支定界法与毛泽东军事思想(分割包围、各个击破)	思政	整数规划问题的求解算法(分支定界法)的思想及其实现	文档
案例 5-1	Jan de Wit 公司：优化生产计划和销售	应用	线性规划方法应用于生产计划和销售中的建模、求解及成效	文档
案例 5-2	IBM 微电子公司：利用资源与需求匹配优化供应链管理	应用	线性规划方法应用于供应链管理领域中的建模、求解及成效	文档
案例 5-3	新西兰航空公司：掌握空乘人员排班的艺术	应用	整数规划方法应用于排班问题中的建模、求解及成效	文档
案例 6-1	某地区餐饮业巨头连锁餐厅的原料配送	应用	动态规划方法的应用	文档
案例 7-1	UPS：提高规划和快递效率	应用	图与网络优化技术在物流业领域的应用	文档
案例 7-2	加拿大太平洋铁路公司：完善铁路运量规划的方法	应用	网络极值问题(最短路径等)在铁路运输中的应用	文档
案例 7-3	习近平主席关于综合交通规划的精辟论断	思政	网络最短路问题中的"权"的广泛意义	微视频+文档
案例 7-4	我国综合立体交通网存在的"瓶颈"或"短板"	思政	最大流与最小截(瓶颈或短板)的确定与意义	文档+链接
案例 7-5	我国数学家管梅谷教授对国际运筹学学科发展的代表性贡献	思政	中国邮递员问题	文档
案例 8-1	"统筹方法"的由来	思政	网络计划技术在中国的应用和发展	文档
案例 8-2	社会热点新闻之网络计划技术	思政	网络计划技术中的"时间-资源"优化	文档+链接
案例 11-1	飞利浦电子公司：提高生产效能，库存管理	应用	存贮论在供应链管理中的应用及成效	文档
案例 12-1	马尔可夫随机过程与侯氏定理	思政	马尔可夫随机过程	文档+链接
案例 12-2	物流网络节点(物流中心)的高效运作机理分析	应用	单通道与多通道马氏排队模型在物流规划中的应用与成效	文档

参考文献

［1］夏伟怀，符卓.运筹学.长沙：中南大学出版社，2011.

［2］《运筹学》教材编写组编.运筹学(第5版).北京：清华大学出版社，2021.

［3］胡运权等.运筹学教程(第4版).北京：清华大学出版社，2012.

［4］裘宗沪.解线性规划的单纯形算法中避免循环的几种方法.数学的实践与认识，1978(4)：21-23.

［5］张杰，郭丽杰，等.运筹学模型及其应用.北京：清华大学出版社，2012.

［6］潘平奇.线性规划计算.北京：科学出版社，2016.

［7］(美)罗纳德 L. 拉丁(Ronald L. Rardin)著；肖勇波，梁湧译.运筹学(Optimization in Operations Research, 2nd Edition).北京：机械工业出版社，2018.

［8］刘华丽，徐代忠.运筹学.北京：高等教育出版社，2019.

［9］Ronald L. Rardin. Optimization in Operations Research, 2nd Edition. Pearson Education, Inc. 2017.

［10］Adrian Carrillo-Galveza, Fabián Flores-Bazána, Enrique López. A duality theory approach to the environmental/economic dispatch problem. Electric Power Systems Research，2020(184)：106285(1-10).

［11］肖勇波.运筹学原理、工具及应用.北京：机械工业出版社，2021.

［12］熊伟.运筹学(第3版).北京：机械工业出版社，2014.

［13］韩中庚.运筹学及其工程应用.北京：清华大学出版社，2014.

［14］谢家平，梁玲，等.管理运筹学(第4版).北京：中国人民大学出版社，2021.

［15］李工农.运筹学基础及其MATLAB应用.北京：清华大学出版社，2016.

［16］张文会.交通运筹学.北京：机械工业出版社，2014.

［17］郝海，熊德国.物流运筹学(第2版).北京：北京大学出版社，2017.

［18］徐玖平，等.运筹学——数据·模型·决策(第二版).北京：科学出版社，2010.

［19］唐加山.排队论及其应用.北京：科学出版社，2016.

［20］唐应辉，唐小我.排队论——基础与分析技术.北京：科学出版社，2006.

［21］Hua-Guang ZHANG, Xin ZHANG etc.. An Overview of Research on Adaptive Dynamic Programming. Acta Automatica Sinica, 2013(39)4：303-311.

［22］Thang Trung Nguyen. A high performance social spider optimization algorithm for optimal power flow solution with single objective optimization. Energy, 2019(171)：218-240.

［23］François Combes, Lóránt A. Tavasszy. Inventory theory, mode choice and network structure in freight transport. EJTIR, 2016, 16(1)：38-52.

［24］Chen Chen, Lee Kong Tiong. Using queuing theory and simulated annealing to design the facility layout in an AGV-based modular manufacturing system. International Journal of Production Research, 2018. https://doi. org/10. 1080/00207543. 2018. 1533654

［25］Charnes A, Duffuaa S, Ryan M. Degeneracy and the More-for-less Paradox. J. Info. Optimiz. 1980, 1：52-56.

［26］ XIA Weihuai. The multi-objective decision model of the SCLRI efficiency. Proceedings of the Eighth International Conference of Chinese Logistics and Transportation Professionals，2008.

［27］ 何应清，汤代焱.指派问题的一次最优法.工业技术经济，1998(6)：56-59.

［28］ 符卓.运输问题的灵敏度分析.长沙铁道学院学报，1991(1)：21-25.

［29］ 符卓，肖雁.求指派问题多重最优解的分枝定界法.长沙铁道学院学报，2000(1)：5-9.

［30］ 夏伟怀.基于随机服务过程的物流集货运作机理.交通运输工程学报，2007，26(2)：12-15.

［31］ 夏伟怀.基于多目标决策模型的物流资源整合效率研究.铁道科学与工程学报，2009，6(6)：36-40.

［32］ 边文思等.运筹学(第四版)同步辅导及习题全解.北京：中国水利出版社，2014.

［33］ 宋晓东，伍国华，夏伟怀，等.“运筹学”课程思政教育案例研究.高等教育研究学报，2021，44(3)：114-119.

［34］ Jose Vicente Caxeta-Filho. Optimization of the Production Planning and Trade of Lily Flower sat Jan de Wit Company. Interfaces，2002，32(1)：35-46.

［35］ Peter Lyon, Matching Assets with Demand in Supply-Chain Management at IBM Microelectronics. Interfaces，2001，31(1)：108-124.

［36］ E. Rob Butcher, Optimized Crew Scheduling at Air New Zealand. Interfaces，2001，31(1)：30-56.

［37］ Andrew P. Armacost et al. UPS Optimizes Its Air Network. Interfaces，2004，34(1)：15-25.

［38］ Phil Ireland. Perfecting the Scheduled Railroad at Canadian Pacific Railway. Interfaces，2003，33(1)：80-89.

［39］ Ton de Kok et al. Philips Electronics Synchronizes Its Supply Chain to End the Bullwhip Effect. Interfaces，2005，35(1)：37-48.

图书在版编目(CIP)数据

运筹学 / 夏伟怀，符卓编著. —2 版. —长沙：中南
大学出版社，2024. 10

ISBN 978-7-5487-5715-3

Ⅰ. ①运… Ⅱ. ①夏… ②符… Ⅲ. ①运筹学－高等
学校－教材 Ⅳ. ①O22

中国国家版本馆 CIP 数据核字(2024)第 008047 号

运筹学（第 2 版）

YUNCHOUXUE（DI-2 BAN）

夏伟怀　符　卓　编著

□出 版 人	林绵优	
□责任编辑	刘　辉	
□责任印制	李月腾	
□出版发行	中南大学出版社	
	社址：长沙市麓山南路	邮编：410083
	发行科电话：0731-88876770	传真：0731-88710482
□印　　装	广东虎彩云印刷有限公司	

□开　　本　787 mm×1092 mm　1/16　□印张 23.5　□字数 595 千字
□互联网+图书 二维码内容　字数 65 千字　图片 15 张　视频 10 小时 55 分钟
□版　　次　2024 年 10 月第 2 版　□印次 2024 年 10 月第 1 次印刷
□书　　号　ISBN 978-7-5487-5715-3
□定　　价　88.00 元

图书出现印装问题,请与经销商调换